ACTA BIOLOGICA ET MEDICA GERMANICA

AKADEMIE-VERLAG · BERLIN · BAND 18 · HEFT 3 · SEITE 305—450 · 1967

AUFNAHMEBEDINGUNGEN

1. Es werden nur Arbeiten angenommen, die nicht an anderer Stelle mit demselben Inhalt veröffentlicht oder zur Veröffentlichung angeboten werden. Der Autor verpflichtet sich nach Annahme, die Arbeit an keiner anderen Stelle zu veröffentlichen.

2. Die Arbeit muß wissenschaftlich wertvoll sein. Bestätigungen bekannter Tatsachen, Versuche und Beobachtungen ohne positives Ergebnis werden, wenn überhaupt, nur in kürzester Form aufgenommen. Nicht aufgenommen werden Arbeiten referierenden Charakters, Polemiken und rein spekulative Arbeiten, falls sie nicht ganz wesentliche neue Gesichtspunkte enthalten.

3. Kurzmitteilungen für experimentelle Ergebnisse werden bei der Drucklegung zeitlich bevorzugt. Für ihren Inhalt ist ausschließlich der Autor verantwortlich.

4. Die Arbeiten müssen kurz und klar geschrieben und gegliedert sein. Problematik (Einleitung), Methodik, Befunde und Diskussion, evtl. Schlußfolgerungen sollen deutlich in Erscheinung treten. Der Arbeit soll ein Kurzreferat der wesentlichsten Ergebnisse vorausgestellt werden. Neben einer anderssprachigen erscheint auf jeden Fall eine deutsche Zusammenfassung. Die Arbeiten werden in folgenden Sprachen angenommen: Deutsch, Russisch, Englisch und Französisch.

5. Die Arbeiten werden im Sofortumbruch gesetzt; größere Korrekturen in Form von Streichungen bzw. Zusätzen sind daher in der Umbruchkorrektur nicht mehr möglich.

6. Genaue Hinweise zur Manuskriptgestaltung sind von der Redaktion der Zeitschrift anzufordern und sind unbedingt einzuhalten.

7. Manuskripte sind an die Herausgeber zu senden oder direkt an die Redaktion der Acta biologica et medica germanica, 1115 Berlin-Buch, Lindenberger Weg 70.

8. Von jeder Originalarbeit werden kostenlos 80 Sonderdrucke geliefert. Darüber hinaus können bis zu 100 Sonderdrucke gegen Berechnung bezogen werden.

Die Herausgeber

ACTA BIOLOGICA ET MEDICA GERMANICA

Herausgeber:

R. Baumann · H. Dutz · A. Graffi · H. Gummel · F. Jung · L.-H. Kettler
S. M. Rapoport

Band 18 1967 Heft 3

Acta biol. med. german., Band 18, Seite 305—313 (1967)

Aus dem Institut für Physiologische und Biologische Chemie
der Humboldt-Universität zu Berlin (Direktor: Prof. Dr. Dr. S. RAPOPORT)

Über den Einfluß des anorganischen Phosphats auf die Glykolyse; seine Unwirksamkeit auf die Hexokinase des Menschenerythrozyten

G. GERBER, E. KLOPPICK und S. RAPOPORT

(Eingegangen am 22. 9. 1966)

Zusammenfassung

Es wurde der Einfluß von anorganischem Phosphat auf die Hexokinase (E.C. 2.7.1.1.) von Menschenerythrozyten in Anwesenheit von Glukose-6-phosphat als Inhibitor untersucht.
Auf die phosphohexoisomerasefreie Hexokinase hat das anorganische Phosphat keine Wirkung,
Im stromafreien Hämolysat wird Glukose-6-phosphat sehr schnell über die Phosphofruktokinase abgebaut. Infolgedessen wird die Hexokinase enthemmt. Anorganisches Phosphat beschleunigt durch Aktivierung der Phosphofruktokinase den Glukose-6-phosphat-Abbau. Dadurch wird ein Effekt des anorganischen Phosphats auf die Hexokinase vorgetäuscht.

Einleitung

Zu Vollblut zugegebenes P_i erhöht seine Einbaurate in die glykolytischen Metabolite (LAWACZECK [1]). An Karzinomzellen fanden WARBURG et al. [2], daß P_i die Glykolyse steigert. LYNEN [3] machte P_i als begrenzenden Faktor von Atmung und Glykolyse für PASTEUR- und CRABTREE-Effekt in Hefezellen verantwortlich. Die Glyzeraldehyd-3-phosphat-Dehydrogenase-Reaktion (E.C. 1.2.1.9.) sah er als Angriffspunkt in der

Folgende Abkürzungen werden in dieser Arbeit verwendet: ATP = Adenosin-5-triphosphat; DOG = 2-Desoxy-D-Glukose; DOGP = 2-Desoxy-D-Glukose-6-phosphat; EDTA = Äthylen-diamin-tetraazetat (Dinatriumsalz); FDP = Fruktose-1,6-diphosphat; G-6-P = D-Glukose-6-phosphat; NADP = Nikotinsäure-Adenin-Dinukleotid-Phosphat; $NADH_2$ = Nikotinsäure-Adenin-Dinukleotid (reduziert); P_i = anorganisches Phosphat; PFK = Phosphofruktokinase (E.C. 2.7.1.11.); PHI = Phosphohexoisomerase (E.C. 5.3.1.9.); SFH = stromafreies Hämolysat; Triose-P = Dihydroxyazeton-phosphat + Glyzeraldehyd-3-phosphat

Glykolyse, nachdem deren Mechanismus kurz zuvor aufgeklärt worden war [4]. An verschiedenem Zellmaterial, z. B. Hefe [5], Aszites-Tumor [6]–[9], E. coli [10], Insektenmuskel [11], Froschmuskel [12], Lymphknoten [13], konnte dann die Steigerung des aeroben Glukoseabbaus durch P_i bestätigt werden. Auch die anaerobe Glykolyserate von Aszites-Tumorzellen bzw. deren Homogenat war durch P_i noch steigerbar [8], [14]. Bevorzugtes Studienobjekt für diesen Effekt war in den letzten Jahren der Erythrozyt, da bei dieser Zelle die Einflüsse von Zitratzyklus, oxydativer Phosphorylierung, Lipoid- und Eiweißsynthese und Glykogenstoffwechsel ausgeschaltet sind. Verschiedene Autoren [15]–[19] berichten über die Glykolyseerhöhung durch P_i im Konzentrationsbereich von ca. 10^{-2} M in roten Blutzellen vom Menschen.

Für den Ort der Einwirkung des P_i werden dabei 3 Möglichkeiten diskutiert: 1. Glyzeraldehyd-3-phosphat-Dehydrogenase; 2. Phosphofruktokinase [20]; 3. Hexokinase.

Die Hexokinasekapazität der Erythrozyten vom Menschen beträgt das Mehrfache (4–5fach) der Glykolyserate [21]–[24]. RAPOPORT et al. [25] hatten diesem Enzym eine Schrittmacherrolle für die Glykolyse zugeschrieben. Substratangebot und Inhibitoren regulieren die aktuelle Aktivität dieses Enzyms in der Zelle. Die Hexokinase vom Gehirn ist durch G-6-P hemmbar [26]. An Erythrozyten [27], aber auch am Gehirn [28], Herzmuskel [29] und Lymphom [30] verhält sich die Hexokinaseaktivität umgekehrt zur intrazellulären G-6-P-Konzentration. ROSE et al. [16], DE VERDIER und GARBY [31] und UYEDA und RACKER [32] schlußfolgerten aus ihren Befunden, daß P_i die durch G-6-P verursachte Hexokinasehemmung teilweise oder vollständig aufhebt und dadurch die Glykolyse beschleunigt. Allerdings war diese Enthemmung bei Verwendung von Hexokinase gleicher Herkunft und prinzipiell gleicher Bestimmungsmethodik bei den verschiedenen Autoren recht unterschiedlich.

In der vorliegenden Arbeit wird die Wirkung von P_i auf den G-6-P-Umsatz in Hämolysaten und auf die Hexokinase roter Blutzellen vom Menschen untersucht.

Methodik

1. Herstellung des Hämolysats

Mit einer heparinisierten Spritze wurde Blut aus der gestauten Armvene junger gesunder Spender entnommen und in ein Eisbad gestellt. Die weiteren Arbeiten wurden, wenn nicht anders vermerkt, im Kühlraum bei 4 °C durchgeführt. Nach Zentrifugation wurden Plasma und Leukozyten abgesaugt und die Erythrozyten 2mal mit isotoner Kochsalz-Lösung gewaschen. Zu dem nach der letzten Waschung verbliebenen Sediment wurden 2 Volumen eiskalter 10^{-3} M EDTA-Lösung zugegeben, das Sediment sorgfältig aufgerührt und 15 min im Eisbad stehengelassen. Unter kräftigem Rühren wurde dann das Hämolysat bei Zimmertemperatur an der Glaselektrode auf *p*H 6,5 durch vorsichtige Zugabe von 0,05 n HCl gebracht. Bei 4 °C wurde das Stroma abzentrifugiert und der Überstand durch ein grobes, mit EDTA vorbehandeltes Papierfilter filtriert. Das so gewonnene SFH wurde nach Dialyse gegen 20 Volumen 10^{-3} M EDTA-Lösung für die Versuche verwendet.

2. Herstellung von PHI- und hämoglobinfreier Hexokinase

DEAE-Sephadex A 50 (medium) wurde nach der üblichen Vorbehandlung mit destilliertem Wasser, 0,5 n HCl und 0,5 n NaOH mehrmals mit destilliertem Wasser gewaschen und mit einem 0,003 M Phosphat-Puffer, *p*H 6,5, (EDTA 10^{-3} M) äquilibriert. Vom Sediment des Gels wurden 50 ml (= ca. 5 g Austauschertrockensubstanz) auf eine Jenaer G 2-Fritte gebracht. Die Höhe des Austauschersediments betrug etwa 1 cm. Durch den Austauscher wurden 750 ml SFH (*p*H 6,5) laufengelassen. Dabei wurden die Gelkörner regelmäßig mit einem Glasrührer aufgewirbelt. Dann wurden etwa 3 l Phosphatpuffer (0,003 M, *p*H 6,5, EDTA 10^{-3} M) portionsweise durchlaufengelassen, bis die Austauschersuspension nur noch schwach rosa gefärbt war. Die Elution erfolgte mit je 2mal 50 ml 0,25 M Na_2SO_4-Lösung. Die Eluate wurden vereinigt und 2mal gegen je 2 l 0,1 M KCl-Lösung (EDTA 10^{-3} M, *p*H 6,2) dialysiert. Die Hexokinaseaktivität des Hämolysats wurde im Eluat zu $>90\%$ wiedergefunden, die PHI-Aktivität war immer $<3\%$ der Hexokinaseaktivität, in einigen Fällen $<1\%$, der Gesamtphosphatgehalt war $<10^{-4}$ M. Die PHI-Aktivitätsbestimmung erfolgte durch Messung der Fruktose-6-phosphat-Bildung [33] aus G-6-P. Inkubationsmedium: 0,1 M Tris-Puffer, *p*H 8,0, G-6-P $= 7 \cdot 10^{-2}$ M.

3. Bestimmung von DOGP, G-6-P, FDP, Triose-P

a) DOGP (nach [34], [35]): 0,5 (bzw. 0,3) ml Probe wurden zu 2,0 (bzw. 2,2) ml 8%iger Trichloressigsäure gegeben. Der Eiweißniederschlag wurde abzentrifugiert. 2,0 ml Überstand wurden in ein Zentrifugenröhrchen pipettiert, 2 Tropfen 0,1%iges Phenolphthalein zugegeben und mit NaOH (5 n, 0,05 n) und HCl (0,1 n) auf einen schwachrosa Farbton eingestellt. 0,5 ml $Ba(OH)_2$ (0,3 n) und 0,5 ml $ZnSO_4$ (5%ig), die vorher mit Phenolphthalein eingestellt waren, wurden unter kräftigem Schütteln einpipettiert. Nach 15 min wurde zentrifugiert, der Überstand verworfen und der Niederschlag 2mal mit destilliertem Wasser (je ca. 8 ml) gewaschen. 5 ml 5,5%ige Trichloressigsäure wurden einpipettiert, der Niederschlag gründlich aufgerührt und wieder zentrifugiert. Nach Dekantieren des Überstandes wurde der Vorgang noch 3mal wiederholt. Die Überstände wurden vereinigt und in einem Meßkölbchen auf 25 ml mit 5,5%iger Trichloressigsäure aufgefüllt.

Zu 4 ml Überstand wurden 0,8 ml KJO_4 (0,025 n in 0,125 n H_2SO_4) gegeben und 1 Std. bei 40 °C inkubiert. Nach Zugabe von 1,6 ml H_3AsO_3 (1,5%ig in 0,5 n HCl) wurden 10 ml Thiobarbitursäure (0,71 g 2-Thiobarbitursäure in 90 ml destilliertem Wasser + 0,7 ml 1 n NaOH, aufgefüllt mit Wasser auf 100,0 ml) zugegeben und 20 min im Wasserbad gekocht.

Unter fließendem Leitungswasser wurde abgekühlt und danach die Extinktion der Lösung am „Spekol" mit Zusatzverstärker (VEB Carl Zeiss Jena) bei einer Schichtdicke von 5 cm und einer Wellenlänge von 532 nm gemessen. 10 nMol DOGP in 4 ml Extrakt haben unter diesen Bedingungen eine Extinktion von 0,430.

b) G-6-P, FDP und Triose-P: Eine Probe wurde mit dem gleichen Volumen 0,6 M eiskalter Perchlorsäure gefällt. Nach Abzentrifugation des Eiweißniederschlages wurde der Überstand dekantiert. Das Perchlorat wurde mit einer gepufferten 1,3 M K_2CO_3-Lösung (1,0 M Triäthanolamin-hydrochlorid) als Kaliumsalz in der Kälte gefällt und abzentrifugiert. Im Überstand (ca. *p*H 7,6) wurden G-6-P, FDP und Triose-P bestimmt.

G-6-P: Zu 0,4–1,0 ml Überstand wurde 0,05 M Triäthanolaminpuffer (*p*H 7,6) zur Erreichung eines Endvolumens von 1,6 ml zugegeben. 0,15 ml EDTA (0,2 M) und 0,1 ml NADP (10 mg/ml) wurden einpipettiert und die Reaktion mit 0,05 bzw. 0,1 ml hexokinasehaltiger G-6-P-Dehydrogenase gestartet. Die Fluoreszenzzunahme wurde am Fotometer Eppendorf gemessen.

FDP und Triose-P: 1,0 ml perchloratfreier, neutralisierter Überstand wurde zu 0,5 ml 0,05 M Triäthanolaminpuffer (*p*H 7,6) zugegeben. Nach Zugabe von 0,1 ml $NADH_2$ (10 mg/ml) wurde ein eventuell auftretender Vorlauf abgewartet und dann mit 0,01 ml Glyzerophosphatdehydrogenase (+ Trioseisomerase; 10 mg Protein/ml) gestartet. Innerhalb 1 min kam die Reaktion zum Stillstand.

Dann wurde FDP durch Zugabe von 0,01 ml Aldolase (6,5 mg Protein/ml) bestimmt. Die Reaktion war nach 8 min beendet. Eine dann noch auftretende schleichende Extinktionsabnahme machte eine rechnerische Korrektur der Werte erforderlich.

Für die Versuche wurden handelsübliche Chemikalien verwendet. Barium-G-6-P war früher im Institut hergestellt worden. Das Barium wurde mit Dowex WX8 nach einem Batch-Verfahren entfernt. Die Prüfung auf Ba^{++} erfolgte nach Abzentrifugation des Austauschers durch Zugabe von 1 n H_2SO_4 zu einer kleinen Probe des Überstandes.

4. Inkubationsansatz mit Hämolysat

a) Das Endvolumen von 4 ml enthielt 1 ml SFH, $8 \cdot 10^{-3}$ M ATP; $1{,}5 \cdot 10^{-2}$ M $MgSO_4$; $5 \cdot 10^{-3}$ M DOG und $3{,}7 \cdot 10^{-4}$ M G-6-P. Wurde P_i zugegeben, betrug seine Endkonzentration $1 \cdot 10^{-2}$ M. Die Inkubation erfolgte bei 38 °C und *p*H 8,1 unter N_2-Begasung am *p*H-Stat [23]. Durch automatische Zugabe 0,003 n KOH wurde der *p*H konstant gehalten. Zur *p*H- und Temperatureinstellung wurde die Mischung ohne G-6-P und DOG zunächst 4 min vorinkubiert. Der Start erfolgte durch Zugabe von neutralisiertem G-6-P, 20 sec danach wurde DOG in den Ansatz pipettiert. Beide Lösungen waren vor der Zugabe auf 38 °C vorgewärmt worden. Nach 5, 10, 15 und 20 min wurden Proben zur G-6-P und DOGP-Bestimmung entnommen.

b) In einem anderen Versuch wurde der gleiche Ansatz verwendet, lediglich die Endkonzentration des G-6-P war $3 \cdot 10^{-4}$ M. 1 bzw. 8,5 und 16,5 min nach dem Start mit G-6-P und DOG wurden je 1,0 ml Probe entnommen, mit 1,0 ml eiskalter Perchlorsäure (0,6 M) enteiweißt und für die FDP- und Triose-P-Bestimmungen aufgearbeitet. 8,5 min nach Zugabe der DOG wurden gleichfalls 0,3 ml entnommen, gefällt und das DOGP bestimmt.

5. Inkubationsansatz mit PHI-freier Hexokinase

Die Inkubation erfolgte am *p*H-Stat [23] bei 38 °C und *p*H 8,1 [37]. Das Endvolumen von 1,5 ml enthielt 0,4 ml Hexokinase, die Endkonzentration an G-6-P war $6 \cdot 10^{-5}$ M, an ATP 2 bzw. 4 und $8 \cdot 10^{-3}$ M, an P_i $1 \cdot 10^{-2}$ M, an Mg^{++} $1{,}3 \cdot 10^{-2}$ M und 0,1 M an KCl. Gestartet wurde mit 0,1 ml 0,1 M DOG. Die Inkubation dauerte jeweils 10 min. Aus der automatisch registrierten Zugabe 0,003 n KOH pro Zeiteinheit wurde die Hexokinaseaktivität berechnet.

Ergebnisse

In Abbildung 1 ist der G-6-P-Abbau und die DOGP-Bildung durch SFH roter Blutzellen vom Menschen ohne und mit P_i-Zusatz (10^{-2} M) dargestellt. Bereits innerhalb der ersten 5 min ist schon mehr als die Hälfte des G-6-P in beiden Ansätzen verschwunden. Im Ansatz mit P_i ist nach 20 min das G-6-P nicht mehr meßbar, im Kontrollansatz liegt seine Konzentration noch im Bereich der Hemmkonstante für die Hexokinase [27], [31]. P_i beschleunigt eindeutig den G-6-P-Abbau. Im P_i-haltigen Medium häuft sich das DOGP schneller an, ein Zeichen also, daß hier gegenüber der Kontrolle eine höhere Hexokinaseaktivität vorliegt.

Aus der logarithmischen Darstellung ist ersichtlich (Abb. 2), daß der G-6-P-Abbau einer Reaktion 1. Ordnung folgt und keine weiteren Einflüsse auf diese Abbaugeschwindigkeit auftreten. Das G-6-P häuft sich als FDP und Triose-P an, wie die Tabelle 1 zeigt. Bereits nach 1 min, das ist die Zeit, die zwischen G-6-P-Zugabe und Enteiweißung der 1. Probe vergeht, sind im P_i-Medium 40% und in der Kontrolle 27% umgesetzt worden. Nach 8,5 min ist die Hälfte des G-6-P über die PFK abgebaut worden, dagegen sind es im P_i-haltigen Ansatz 225 von 300 nMol eingesetztem G-6-P.

Abbildung 3 macht deutlich, daß P_i in der Konzentration von 10^{-2} M die Hexokinaseaktivität bei verschiedenen ATP-Konzentrationen nicht beein-

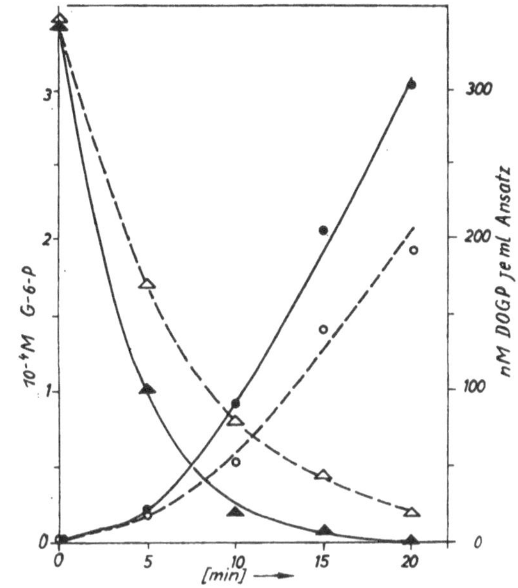

Abb. 1. Einfluß von P_i auf den G-6-P-Abbau und die DOGP-Bildung im Hämolysat (Mensch). Es werden die zum jeweiligen Zeitpunkt gemessenen stationären Konzentrationen dargestellt.
G-6-P (+ P_i) ▲——▲;
G-6-P △– – –△;
DOGP (+ P_i) ●——●;
DOGP ○– – –○

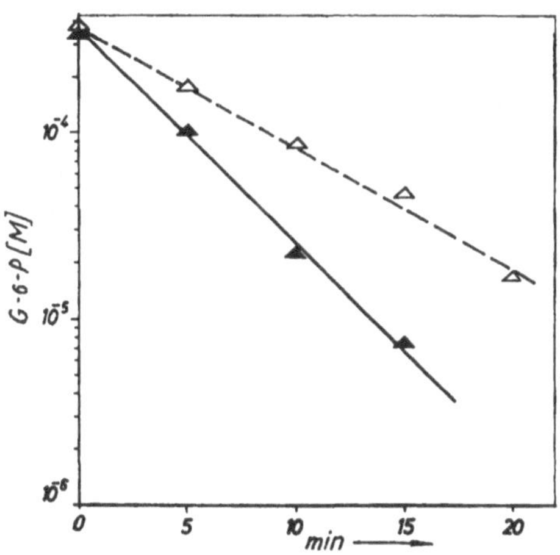

Abb. 2. Einfluß von P_i auf die stationäre Konzentration von G-6-P im Hämolysat.
Kontrolle △– – –△; + P_i ▲——▲

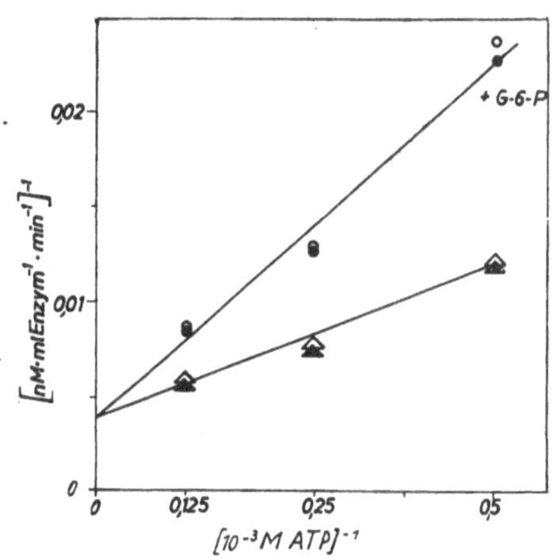

Abb. 3. Wirkung von G-6-P und P_i auf die PHI-freie Hexokinase roter Blutzellen vom Menschen.
Kontrolle △——△; + G-6-P ○——○; + P_i ▲——▲; + G-6-P + P_i ●——●

flußt. Durch Zusatz von G-6-P ist das Enzym, welches keine PHI mehr enthält, gehemmt. Diese Hemmung ist auch nach P_i-Zusatz unvermindert vorhanden. P_i ist somit auf die gehemmte und ungehemmte Hexokinase ohne Wirkung.

Tabelle 1

Einfluß von P_i auf die Bildung von FDP, Triose-P und DOGP in Hämolysaten roter Blutzellen vom Menschen bei Inkubation mit G-6-P. (Angaben in nMol/ml Inkubationsansatz; Ansatz: s. u. „Methodik"; G-6-P-Konzentration zu Beginn des Versuches: 300 nMol/ml)

Zeit	DOGP		FDP		Triose-P		FDP + Triose-P (als C_6)	
[min]	–	+ P_i	–	+ P_i	–	+ P_i	–	+ P_i
1	–	–	60	87	42	77	81	126
8,5	17	38	72	120	190	270	167	255
16,5	–	–	75	100	300	300	225	250

Diskussion

Aus dem in Abbildung 3 dargestellten Experiment geht hervor, daß die Hexokinaseaktivität in An- und Abwesenheit von G-6-P durch P_i nicht beeinflußt wird.

Bei einem mit Tris-Puffer (0,1 M, *p*H 8,1) durchgeführten Kontrollversuch mit dem Hexokinasepräparat und chemischer Bestimmung des DOGP war das P_i ebenfalls ohne Wirkung auf die G-6-P-Hemmung. Dieser Befund steht im Widerspruch zu den Angaben anderer Autoren [16, [31], [32]. Wir hatten die Vermutung, daß der von diesen Autoren gefundene Phosphat-Effekt dadurch auftritt, daß das für die Versuche verwendete Hämolysat, welches eine hohe PHI- und PFK-Aktivität aufweist, das G-6-P schnell umsetzt. Die PFK-Aktivität kann durch P_i gesteigert werden [20]. Das könnte bewirken, daß dadurch die G-6-P-Konzentration rascher abnimmt, was zu einer beschleunigten Enthemmung der Hexokinase führen würde. Die G-6-P-Konzentration war von den genannten Autoren während der Inkubation nicht kontrolliert worden[1].

Mit Glukose als Substrat für Hexokinase kann die Rückwirkung der PFK auf die Hexokinaseaktivität nicht untersucht werden, da die G-6-P-Konzentration während des Versuches durch Hexokinase und PHI in gegensinniger Richtung beeinflußt wird. Wir verwendeten deshalb DOG als Substrat für die Hexokinase. Dieses Hexoseanalogon wird genauso schnell phosphoryliert wie Glukose [36] und hat eine vergleichbare Affinität zum Enzym

[1] Unter Verwendung einer DEAE-Sephadex-Säule (*p*H 8,0) hatten DE VERDIER und GARBY ebenfalls eine Hexokinasepräparation roter Blutzellen vom Menschen erhalten, die nach den Angaben der Autoren [31] keine meßbare PHI-Aktivität mehr enthielt. Bei ihrem Verfahren werden die Enzyme erheblich verdünnt, bei der von uns benutzten Methode wird dagegen die Hexokinase im Eluat um etwa 1 Größenordnung angereichert. DE VERDIER maß die Hexokinaseaktivität mit einer hochempfindlichen Isotopenmethode, die PHI-Aktivität mit einem weniger empfindlichen Verfahren, so daß möglicherweise störende Verunreinigungen der Hexokinase durch dieses Enzym nicht erfaßt wurden. Wir deuten in diesem Sinne den aus Abbildung 6 der Arbeit [31] ersichtlichen Befund, daß P_i auch ohne zugesetztes G-6-P die Hexokinaseaktivität steigert.

[23]. Das Reaktionsprodukt DOGP wird praktisch nicht weiter umgesetzt [38], [39] und hemmt die Hexokinase in diesen Konzentrationen nicht [40]. Somit wird es möglich, die durch PFK hervorgerufene G-6-P-Veränderung zu verfolgen und gleichzeitig die Hexokinaseaktivität zu bestimmen. Bei der späteren chemischen Bestimmung des DOGP stört das G-6-P nicht, bei der enzymatischen Bestimmung des G-6-P mit G-6-P-Dehydrogenase stört das DOGP nicht wesentlich [38], [39].

Abbildungen 1, 2 und 3 bestätigen die oben geäußerte Annahme. Das G-6-P wird von PHI und PFK verhältnismäßig rasch umgesetzt und häuft sich auf der Stufe des FDP und der Triose-P an. Dieser Umsatz wird durch P_i beschleunigt[2]. Parallel zum G-6-P-Abfall erfolgt die Steigerung der Hexokinaseaktivität, welche im P_i-haltigen Ansatz gegenüber der Kontrolle erhöht ist.

Interessant ist der Zeitraum zwischen 15. und 20. min in Abbildung 1. Im P_i-haltigen Ansatz ist das G-6-P nahezu verbraucht, dagegen liegt seine Konzentration in der Kontrolle noch im Bereich der Hemmkonstante der Hexokinase [27], [31]. Die Differenz der DOGP-Konzentration beträgt erwartungsgemäß im P_i-Medium etwa das Doppelte.

Im Hexokinasepräparat ist keine wesentliche PHI-Aktivität mehr vorhanden und das P_i kann über die PFK nicht mehr die Hexokinase beeinflussen (Abb. 3).

Für die Glykolyseregulation in Erythrozyten bedeutet dieser Befund, daß die Hexokinasereaktion als unmittelbarer Angriffspunkt für das P_i ausscheidet und nur PFK und Glyzeraldehydphosphat-Dehydrogenase in Frage kommen.

Literatur

[1] Lawaczeck, H.: Biochem. Z. **145**, 351 (1924).
[2] Warburg, O., K. Posener u. E. Negelein: Biochem. Z. **152**, 309 (1924).
[3] Lynen, F.: Ann. Chimie **546**, 120 (1941).
[4] Warburg, O. u. W. Christian: Biochem. Z. **303**, 46 (1939).
[5] Holzer, H. u. E. Holzer: Hoppe-Seyler's Z. physiol. Chem. **292**, 232 (1953).
[6] Acs, G. u. F. B. Straub: Ber. Akad. Wiss. UdSSR **95**, 1021 (1954).
[7] Kvamme, E.: Acta physiol. scand. **42**, 204 (1958).
[8] Wu, R. u. E. Racker: J. biol. Chemistry **234**, 1029 (1959).
[9] McComb, R. B. u. W. D. Yushok: Cancer Res. **24**, 193 (1964).

[2] Berechnet man aus den FDP- und Triose-P-Werten der Tabelle die Gleichgewichtskonstante für die Aldolasereaktion (E.C. 4.1.2.7.) unter der Annahme, daß die Triosephosphatisomerase-Reaktion sich immer auf das Gleichgewicht (Dihydroxyazetonphosphat: Glyzeraldehydphosphat = 28:1 [28]) einstellt, so findet man in der 1. min einen Wert von $K_{Ald} = 1$, nach 8,5 min von $K_{Ald} = 20$ und nach 16,5 min von $K_{Ald} = 30-40$. Die Gleichgewichtskonstante für die Aldolase-Reaktion wird mit $K_{Ald} = \frac{[DHAP] \cdot [GAP]}{[FDP]} = 80-100$ angegeben [28]. Die Verzögerung der Einstellung des Gleichgewichts zeigt, daß die Aldolase unter diesen Bedingungen begrenzend ist. Eine solche Verzögerung hatten auch Betz und Chance [41] bei glykolytischen Oszillationen an Hefe beobachtet.

[10] HOLZER, H. u. H. GRUNICKE: Biochim. biophysica Acta [Amsterdam] **53**, 591 (1961).
[11] KUBISTA, V. u. M. FOUSTKA: Nature [London] **195**, 702 (1962).
[12] ÖZAND, P., H. T. NARAHARA u. C. F. CORI: J. biol. Chemistry **237**, 3037 (1962).
[13] HELMREICH, E. u. H. N. EISEN: J. biol. Chemistry **234**, 1958 (1959).
[14] TIEDEMANN, H. u. J. BORN: Z. Naturforsch. **14b**, 477 (1959).
[15] STERK, V. V. u. E. M. ZAKARIA: J. Lab. clin. Med. **62**, 616 (1963).
[16] ROSE, I. A., J. V. B. WARMS u. E. I. O'CONNELL: Biochem. biophysic. Res. Commun. **15**, 33 (1964).
[17] TSUBOI, K. K. u. K. FUKUNAGA: J. biol. Chemistry **240**, 2806 (1965).
[18] GARBY, L. u. C.-H. DE VERDIER: Scand. J. Haematol. **1**, 150 (1964).
[19] MINAKAMI, S. u. H. YOSHIKAWA: Biochim. biophysica Acta [Amsterdam] **99**, 175 (1965); J. Biochem. **59**, 145 (1966)
[20] PASSONNEAU, J. V. u. O. H. LOWRY: Biochem. biophysic. Res. Commun. **7**, 10 (1962).
[21] GRIGNANI, F. u. G. W. LÖHR: Klin. Wschr. **38**, 796 (1960).
[22] CHAPMAN, R. G., M. R. HENNESSEY, A. M. WALTERSDORPH, F. M. HUENNEKENS u. B. W. GABRIO: J. clin. Invest. **41**, 1249 (1962).
[23] GERBER, G. u. U. HINTERBERGER: Folia haematol. [Leipzig] **83**, 225 (1964).
[24] JACOBASCH, G. u. I. SYLLM-RAPOPORT: Folia haematol. [Leipzig] **83**, 244 (1964).
[25] RAPOPORT, S., U. HINTERBERGER u. E. C. G. HOFMANN: Naturwissenschaften **48**, 501 (1961).
[26] WEIL-MALHERBE, H. u. A. D. BONE: Biochem. J. **49**, 339 (1951).
[27] ROSE, I. A. u. E. L. O'CONNELL: J. biol. Chemistry **239**, 12 (1964).
[28] LOWRY, O. H. u. J. V. PASSONNEAU: J. biol. Chemistry **239**, 31 (1964).
[29] REGEN, D. M., W. W. DAVIS, H. E. MORGAN u. C. R. PARK: J. biol. Chemistry **239**, 43 (1964).
[30] WENNER, C. E.: Nature [London] **207**, 478 (1965).
[31] DE VERDIER C.-H. u. L. GARBY: Scand. J. Haematol. **2**, 305 (1965).
[32] UYEDA, K. u. E. RACKER: J. biol. Chemistry **240**, 4682 (1965).
[33] ROE, J. H.: J. biol. Chemistry **107**, 15 (1934).
[34] WARAVDEKAR, V. S. u. L. D. SASLAW: J. biol. Chemistry **234**, 1945 (1959).
[35] FOMINA, M. u. N. TITOWA: Biochimija **26**, 662 (1961).
[36] SOLS, A. u. R. K. CRANE: J. biol. Chemistry **210**, 581 (1954).
[37] HINTERBERGER, U., E. OCKEL, W. GERISCHER-MOTHES u. S. RAPOPORT: Acta biol. med. german. **7**, 50 (1961).
[38] KIRKMAN, H. N.: Nature [London] **184**, 1291 (1959).
[39] EGYÜD, L. G. u. W. J. WHELAN: Biochem. J. **86**, 11p (1963).
[40] CRANE, R. K. u. A. SOLS: J. biol. Chemistry **210**, 597 (1954).
[41] BETZ, A. u. B. CHANCE: Arch. Biochem. Biophysics **109**, 585 (1965).

Summary

G. GERBER, E. KLOPPICK and S. RAPOPORT: Effect of inorganic phosphate on glycolysis; its uneffectiveness on the hexokinase of human erythrocytes

The effect of inorganic phosphate on the hexokinase of human erythrocytes in presence of glucose-6-phosphate as inhibitor has been investigated.
Inorganic phosphate failed to act on phosphohexoisomerase-free hexokinase.
In the stroma-free hemolysate, glucose-6-phosphate is degraded very rapidly through phosphofructokinase, causing desinhibition of the hexokinase. Inorganic phosphate accelerates the degradation of glucose-6-phosphate by activating phosphofructokinase, whereby an effect of inorganic phosphate on the hexokinase is simulated.

Резюме

Г. Гербер, Е. Клоппик и С. Рапопорт: О влиянии неорганического фосфата на гликолиз, отсутствие эффекта на гексокиназу человеческих эритроцитов

Изучалось влияние неорганического фосфата на гексокиназу человеческих эритроцитов в присутствии глюкозы-6-фосфата в качестве ингибитора.
Неорганический фосфат не имеет влияния на гексокиназу, свободную от фосфогексоизомеразы.
В бесстромном гемолизате глюкоза-6-фосфат весьма быстро расщепляется через фосфофруктокиназу, вследствие чего дезингибируется гексокиназа. Благодаря активации фосфофруктокиназы неорганический фосфат ускоряет расщепление глюкозы-6-фосфата. Таким образом симулируется эффект неорганического фосфата на гексокиназу.

Acta biol. med. german., Band 18, Seite 315—320 (1967)

Aus dem Physiologisch-chemischen Institut der Martin-Luther-Universität Halle (Direktor: Prof. Dr. H. HANSON) und aus der Serumabteilung (Leiter: Dr. H. SCHÜTZLER) des Forschungsinstitutes für Impfstoffe Dessau der Deutschen Akademie der Landwirtschaftswissenschaften zu Berlin (Direktor: Obervet.-Rat Prof. Dr. med. vet. habil. H. MÖHLMANN)

Über die Wirkung intravenös injizierter kristallisierter Leuzinaminopeptidase[1] aus Rinderaugenlinsen bei Rindern[2]

D. GLÄSSER, M. JOHN und H. SCHÜTZLER

(Eingegangen am 18. 10. 1966)

Zusammenfassung

2 Jahre alten Ochsen wurden bis zu 300 mg einfach kristallisierte Leuzinaminopeptidase aus Rinderaugenlinsen i.v. injiziert. Obwohl es dabei zu einem 800- bis fast 1000fachen Aktivitätsanstieg im Serum der Tiere kam, wurden die Injektionen ohne klinische Reaktionen vertragen. Bei einem der Tiere kam es nach Reinjektionen zu Schockreaktionen, die bei Injektion von rekristallisierter LAP nicht mehr auftraten. Im Serum dieses Tieres konnten freie, mit LAP präzipitierende Antikörper nicht nachgewiesen werden. Es wird angenommen, daß homologe Antikörper gegen Begleitsubstanzen der einfach kristallisierten LAP gebildet wurden, die LAP selbst aber nicht zu den Linsenproteinen gehört, die bereits in relativ geringen Konzentrationen zur Autoantikörperbildung führen.

Einleitung

In vorausgegangenen Untersuchungen konnte gezeigt werden, daß die kristallisierte, hochmolekulare Leuzinaminopeptidase (LAP) aus Rinderaugenlinsen nach i.v. Injektion bei Kaninchen, Mäusen und Ratten selbst dann nicht zu toxischen Erscheinungen führt, wenn eine über 1000fache Aktivitätssteigerung im Serum erreicht wird [1]. Nach i.v. Injektion bei Kaninchen erfolgt eine relativ langsame Elimination aus dem Serum. Die Halbwertszeit beträgt zwischen der 15. und 42. Std. nach der Injektion etwa 35 Std. [2]. Wiederholt man die i.v. Injektion, kommt es bei Kaninchen zur Bildung freier, präzipitierender Antikörper, die mit LAP aus Augenlinsen, Leber und Niere von Rindern und anderen Spezies kreuzreagieren [2]. In der vorliegenden Arbeit haben wir die i.v. Injektionsversuche auf Rinder ausgedehnt. Einmal wollten wir die Kenntnis über die Toxizität i.v. app-

[1] EC 3.4.1.1.; Leuzinaminopeptidase = LAP (Hersteller: VEB Arzneimittelwerk Dresden)

[2] Die Untersuchungen wurden im Rahmen eines Forschungsauftrages des VEB Arzneimittelwerk Dresden ausgeführt.

lizierter LAP im Hinblick auf mögliche therapeutische Anwendungen [1] erweitern, zum anderen wollten wir prüfen, ob die LAP zu denjenigen Linsenproteinen gehört, die eine Autoantikörperbildung verursachen. Seit den ersten Angaben von UHLENHUTH [3], der eine Kreuzreaktion von Augenlinsenproteinen einer Spezies mit Augenlinsenproteinen anderer Spezies, aber nicht mit Organen der gleichen Spezies fand — diese Ergebnisse wurden von zahlreichen Nachuntersuchern bestätigt — hielt man die Augenlinsenproteine für organ- und nicht für speziesspezifisch. Auf Grund dieser Befunde ist angenommen worden, daß die nach Linsenverletzung gelegentlich auftretende Entzündung (Endophthalmitis anaphylactica) auf die Bildung von Autoantikörpern zurückzuführen ist. Erst mit den in den letzten 15 Jahren entwickelten verfeinerten immunologischen Methoden ist es gelungen, in Augenlinsen neben organspezifischen auch speziesspezifische Proteine nachzuweisen [4], [5].

Methodik

Für die Untersuchungen wurden 3 schwarzbunte Niederungsrinder eingesetzt. Alle 3 männlichen Tiere — Nr. 526, 527, 529 — sind in der Landwirtschaftlichen Abteilung des Forschungsinstitutes für Impfstoffe Dessau aufgezogen worden, wurden dort blutig kastriert, waren zu Beginn dieses Versuches 2 Jahre alt und hatten ein Gewicht von 350—400 kg. Die 3 Tiere wurden in der Serumabteilung des Forschungsinstitutes in einem Stall gehalten, bekamen den gleichen Koppelauslauf und erhielten eine einheitliche Fütterung, die aus grüner Luzerne, Kleie, Trockenschnitzel, Mineralstoffmischung mit Hefe und Heu bestand. Vor Beginn der LAP-Injektionen hatten die Tiere keine anderen Immunisierungsinjektionen erhalten. Während des Versuchsablaufes wurden Temperaturmessungen durchgeführt und die klinischen Reaktionen der Tiere geprüft.

Den Tieren wurden im Abstand von 4—5 Tagen steigende Mengen einfach kristallisierter LAP in die V. jugularis injiziert (Injektionsschema vergl. Abb. 1 u. 2). Unmittelbar vor und 45 min nach der LAP-Injektion wurden Blutproben aus der V. jugularis entnommen. Nach Aufbewahrung über Nacht bei $+4°$ wurde das Blut zur Serumgewinnung zentrifugiert und das abgenommene Serum wenige Tage bis höchstens eine Woche bei $-20°$ gelagert.

Die Bestimmung der LAP-Aktivität erfolgte unter den in [6] für die kristallisierte LAP ermittelten Optimalbedingungen mit 0,05 M L-Leu-NH_2, 0,002 M Mn^{++}, 0,2 M Trispuffer, *p*H 9,0; 20 min Präinkubation des Enzyms mit Mn^{++} bei *p*H 9,0 und 40° und Inkubation bei 40°.

Über die papierchromatographische Auswertung nach HASCHEN und HANSON und die Berechnung der Enzymaktivität siehe ebenfalls in [6].

Zur Beurteilung einer Antikörperbildung wurden folgende Kriterien herangezogen:

1. Das klinische Bild. 2. Die Höhe der LAP-Aktivität 45 min nach LAP-Injektion. 3. Hemmung bzw. Präzipitatbildung kristallisierter LAP mit dem Serum der injizierten Tiere. Präzipitationsansätze: Je 0,5 ml einer Serumverdünnungsreihe (unverdünnt, 1:2, 1:10 und 1:40 verdünnt) wurden mit 0,5 ml LAP-Lösung, die 40 µg N des kristallisierten Enzyms enthielt, zunächst 30 min bei 37°, dann 16—24 Std. bei $+4°$ gehalten [7]. Danach wurde 5 min bei 8000 U/min in einer Kühlzentrifuge zentrifugiert und der Überstand auf LAP-Aktivität getestet. Die mitgeführten Kontrollansätze enthielten Serum von nichtbehandelten Rindern.

Die injizierte LAP waren einfach kristallisierte Präparationen, hergestellt nach [6] ohne Mn-Zusatz, mit C_1-Werten von 110—130. Sie wurde in 10—20 ml 0,03 M Trispuffer,

pH 8,0, injiziert. Rekristallisierte LAP wurde lediglich bei dem Tier 526 am 21. 3. injiziert (vgl. Abb. 2).

Ergebnisse

Aus Abbildung 1 (Rind Nr. 527) ist zu ersehen, daß die 45 min nach erfolgter Injektion gemessene LAP-Aktivität des Serums den injizierten LAP-Mengen etwa linear proportional ist. Anschließend erfolgt ein exponentieller

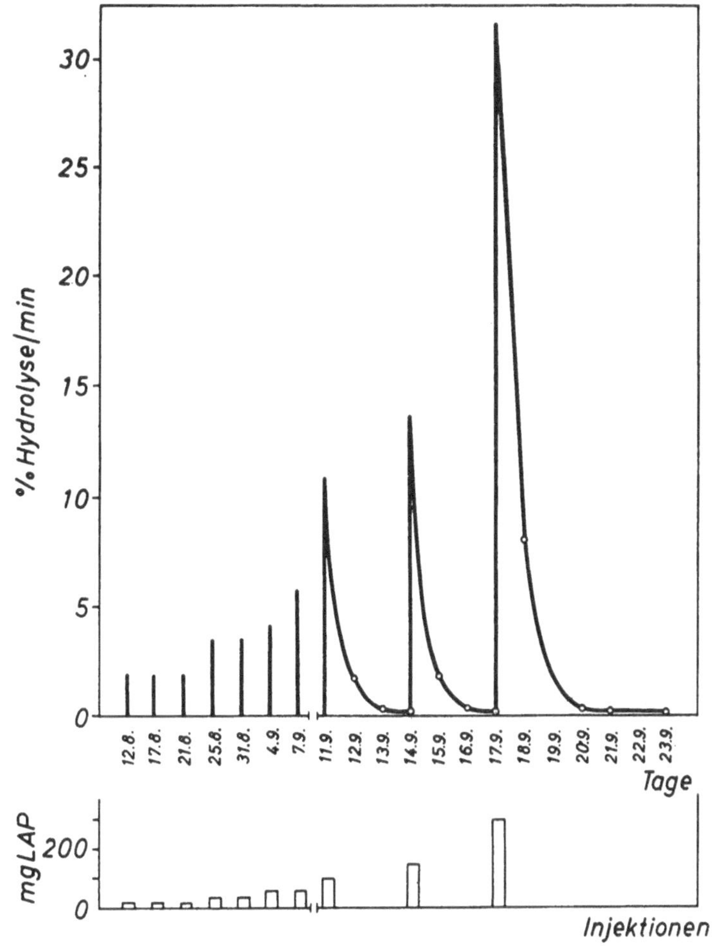

Abb. 1. Intravenöse Injektionen einmal kristallisierter LAP bei Rind Nr. 527. Es wurden 20 mg (12. 8.—21. 8.), 40 mg (25. 8.—31. 8.), 60 mg (4. 9. u. 7. 9.), 100 mg (11. 9.), 150 mg (14. 9.) und 300 mg (17. 9.) kristallisiertes Enzym mit einem C_1-Wert von 125 injiziert.

Auf der Ordinate ist die 45 min nach der Injektion im Serum gemessene LAP-Aktivität gegenüber L-Leu-NH_2 (nähere Bedingungen s. Methodik) in Prozent Hydrolyse pro min angegeben. Die gemessene Aktivität nach der 300-mg-Injektion vom 17. 9. entspricht einem 870fachen Aktivitätsanstieg der LAP, verglichen mit den Serumwerten vor Beginn der Injektionen

Abfall (Bestimmungen vom 11. 9. bis zum 23. 9.). Die klinische Beobachtung ergab selbst nach 300 mg i.v. injizierter LAP, die zu einem 870fachen Aktivitätsanstieg des Serums gegenüber L-Leuzinamid führte, keine Hinweise für eine Beeinträchtigung des Tieres. Analoge Befunde wurden bei dem Tier 529 erhalten. Hier führte die 300-mg-Injektion zu einer 940fachen Aktivitätssteigerung, ohne daß klinische Erscheinungen auftraten.

Das Tier 526 zeigte zunächst bis vor der Injektion vom 17. 9. die gleichen Befunde (Abb. 2). Wenige Minuten nach der 300-mg-Injektion vom 17. 9. reagierte es jedoch mit den klinischen Zeichen einer allergischen Reaktion. Die LAP-Aktivität des Serums erreichte 45 min nach Injektion nur etwa 25—30% der zu erwartenden Werte (Abb. 2).

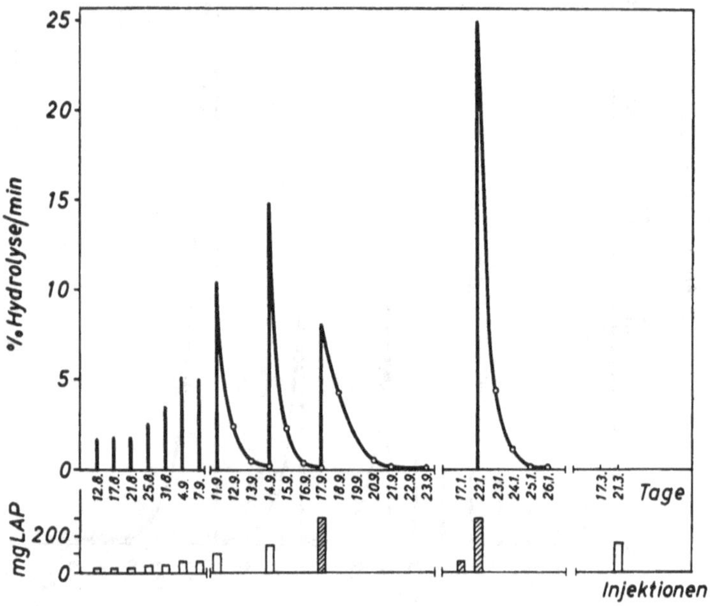

Abb. 2. Intravenöse Injektionen kristallisierter LAP bei Rind Nr. 526. Bis zum 17. 9. entsprechen das Injektionsschema und die injizierten LAP-Mengen den in Abb. 1 gemachten Angaben. Am 17. 9. schockte das Tier, ebenso bei erneuten Injektionen einmal kristallisierter LAP am 17. 1. (60 mg; die LAP-Aktivität des Serums wurde nach dieser Injektion nicht bestimmt) und am 22. 1. (300 mg) (schraffierte Darstellung der injizierten LAP-Menge = Schocksymptome). Am 17. 3. wurden 20 mg Ammoniumsulfat in 5 ml Aq. dest. und am 21. 3. 160 mg rekristallisierte LAP injiziert. Schocksymptome traten nicht mehr auf. Zur Angabe der auf der Ordinate dargestellten LAP-Aktivität vgl. Abb. 1

Zur Klärung der allergischen Reaktion wurden dem Tier am 17. 1. 66 nochmals 60 mg und am 22. 1. 66 300 mg einfach kristallisierte LAP injiziert. Am 17. 1. trat wenige Minuten nach der Injektion eine Unruhe mit leichtem

Muskelzittern in der Hinterpartie auf, was sich im Laufe von 20 min wiedeı verlor. Am 21.1. zeigten sich 20 min nach der Injektion deutliche Erscheinungen eines allergischen Schocks, wie Unruhe, Muskelzittern am ganzen Körper, erschwerte, tiefe und beschleunigte Atmung mit Heben der Flanken, Husten und Kotabsatz. Die Körpertemperatur stieg von 38,1° auf 40,0° 4 Std. nach der Injektion an. Danach Abfall der Temperatur und Einspielung auf physiologische Werte.

Die Vermutung, daß es zur Bildung von LAP-Antikörpern gekommen ist, ließ sich jedoch nicht bestätigen. Zunächst ergaben die folgenden Testungen vom 18. 9. und 20. 9. keinen verstärkten LAP-Abfall, wie es bei Antikörper-Bildung zu erwarten gewesen wäre. Im Serum des Tieres, das am 23. 9. abgenommen wurde, ließen sich keine mit kristallisierter LAP präzipitierenden Antikörper nachweisen. Die nach der 300-mg-Injektion vom 22. 1. 66 erfolgten Aktivitätskontrollen ergaben einen praktisch ungehemmten Aktivitätsanstieg und normalen Eliminationsverlauf. Wir nahmen nunmehr an, daß die Schocksymptome auf Begleitsubstanzen zurückzuführen seien und injizierten deshalb am 21. 2. 66 20 ml 0,03 M Trispuffer, *p*H 8,0, die ohne besondere Reaktionen im klinischen Verhalten vertragen wurden. Im Temperatur-Bild trat ein nur geringgradiger Anstieg von 38,2° auf 39,4° 2 Std. nach der Injektion ein. Am 17. 3. 66 erhielt das Tier 20 mg Ammoniumsulfat in 5 ml Aqua dest. (geringe Mengen Ammoniumsulfat können in den LAP-Präparationen noch enthalten sein) und am 21. 3. 66 160 mg rekristallisierte LAP in 20 ml 0,03 M Trispuffer, *p*H 8,0. Beide Injektionen wurden ohne die geringsten Schocksymptome vertragen. Auch mit Hilfe der Agar-Immunodiffusion und in den mehrfach wiederholten Präzipitationsversuchen, wobei die Serumverdünnungen von unverdünnt bis 1:8 und die kristallisierte LAP von 0,05 µg bis 500 µg pro Ansatz variiert wurden, konnten im Serum dieses Tieres niemals freie, präzipitierende LAP-Antikörper nachgewiesen werden.

Wir nehmen daher an, daß das Tier 526 Antikörper gegen Begleitsubstanzen, die einfach kristallisierte LAP in geringen Mengen noch enthält, gebildet hat. Offen bleibt die Frage, ob das Tier sessile Antikörper gehabt hat. Der verminderte LAP-Anstieg nach der Injektion vom 17. 9. könnte dahin deuten. Dem steht entgegen, daß nach dem Versuch vom 21. 6. 66 trotz ausgeprägter Schocksymptome LAP-Anstieg und -Abfall ungefähr den bei den anderen Tieren gemessenen Werten entsprechen. Möglicherweise steht der verminderte LAP-Anstieg am 17. 9. mit dem durch Fremdsubstanzen ausgelösten Schockgeschehen in Zusammenhang.

Bemerkenswert ist der Befund, daß bei Rindern geringe Mengen i.v. injizierter homologer Augenlinsenproteine ohne Anwendung von Adjuvantien zu Schocksymptomen führen können.

Herrn Prof. Dr. H. HANSON danken wir für sein förderndes Interesse an diesen Untersuchungen.

Literatur

[1] Noch unveröffentlichte Ergebnisse unseres Laboratoriums.
[2] Glässer, D. u. M. John: Vortrag auf der 2. Tagung der Förderation Europäischer Biochemischer Gesellschaften, Wien 1965.
[3] Uhlenhuth, P. T.: Festschrift zum 60. Geburtstage von Robert Koch, Gustav Fischer-Verlag Jena, 1903, S. 49.
[4] Halbert, S. P. u. L. Fitzgerald: Amer. J. Ophthalmol. **46**, 187 (1958).
[5] Mehta, P. D., S. N. Cooper u. S. S. Rao: Exp. Eye Res. **3**, 192 (1964).
[6] Hanson, H., D. Glässer u. H. Kirschke: Hoppe-Seyler's Z. physiol. Chem. **340**, 107 (1965).
[7] Heidelberger, M. u. F. E. Kendall: J. exp. Medicine **62**, 697 (1935), zit. nach E. A. Kabat u. M. M. Mayer: Experimental Immunochemistry, C. Thomas, Springfield 1964, S. 23.

Summary

D. Glaesser, M. John and H. Schuetzler: Effect of intravenously injected crystalized leucine aminopeptidase of bullock's eye lenses in cattle

2-year-old oxes were injected intravenously with a maximum of 300 mg. of singly crystalized leucine aminopeptidase of bullock's eye lenses. Although the activity in the serum of the animals increased by 800 to 1000 times, the injections were tolerated without any clinical reaction. One reinjected animal showed shock reactions, which did no longer occur when injecting recrystalized LAP. Free, antibodies precipitating with LAP, could not be demonstrated in the serum of this animal. It is assumed that homologous antibodies against accompanying substances of the singly crystalized LAP have been formed, but the LAP itself does not belong to the lens proteins, which lead to an autoantibody formation already at relatively low concentrations.

Резюме

Л. Глэссер, М. Йон и Г. Шютцлер: Действие кристаллической лейцинаминопептидазы из хрусталика крупного рогатого скотаж внутривенно введенной быкам

Бакам возрастом 2 лет внйтривенно вводилась однократно кристаллизованная лейцинаминопептидаза из хрусталика крупного рогатого скота в количестве до 300 мг. Хотя эта доза вызвала повышение активности в сыворотке животных в 800 почти до 1000 раз, животные переносили инъекции без клинических реакций. После повторной инъекции у одного животного появились реакции шока, которые исчезли при инъекции перекристаллизованной ЛАП. В сыворотке животного не удалось обнаружить свободные антитела, осаждающиеся с ЛАП. Высказывается предположение, что образовались гомологичные антитела против сопроводительных веществ однократно кристаллизованно ЛАП, а что сама ЛАП не принадлежит к протеинам хрусталика, которые уже в небольших концентрациях приводят к образованию автоантител.

Acta biol. med. german., Band 18, Seite 321—327 (1967)

Aus dem Physiologisch-chemischen Institut der Martin-Luther-Universität in Halle (Saale) (Direktor: Prof. Dr. H. HANSON)

Ultrazentrifugenanalytische und papierelektrophoretische Untersuchungen der Bluteiweiße nach partieller Hepatektomie an der Ratte

W. BLECH

(Eingegangen am 26. 10. 1966)

Zusammenfassung

1. Ultrazentrifugenanalytisch läßt sich Rattenserum in vier Fraktionen auftrennen. Bis 14 Tage nach einer partiellen Hepatektomie ändern sich die Sedimentationskonstanten dieser Fraktionen nicht, während geringfügige, z. T. jedoch signifikante Verschiebungen in der Mengenverteilung der einzelnen Komponenten zu beobachten sind.

2. Die Gesamteiweißmenge ändert sich während der Dauer des Versuches nicht.

3. Papierelektrophoretisch kommt es zu einer vorübergehenden nichtsignifikanten Abnahme der Albumine und α_1-Globuline und für einige Zeiten zu einer entsprechenden signifikanten Zunahme der β- und γ-Globuline. Am 7. Tag post op. tritt eine zusätzliche Komponente, die zwischen den α_2- und β-Globulinen wandert, in Erscheinung.

Einleitung

Die Leber des erwachsenen Säugetiers zeichnet sich u. a. dadurch aus, daß sie eine bemerkenswerte Wachstumskapazität besitzt. Nach Verlust von gesundem Lebergewebe, z. B. nach partieller Hepatektomie, vermag die Restleber durch kompensatorische Hypertrophie und Hyperplasie den Ausfall in kurzer Zeit zu ersetzen [1].

Die Leber ist der Hauptbildungsort der Blutplasmaalbumine und zum Teil auch der Globuline [2]. Nach einer partiellen Hepatektomie muß die Restleber sowohl die Neubildung von Lebergewebe als auch die Produktion der Bluteiweiße aufrecht erhalten. Es wurde mit Hilfe der Ultrazentrifugentechnik geprüft, ob unter diesen Bedingungen die Restleber in der Lage ist, die Blutplasmaproteine in normaler Menge und Zusammensetzung zu synthetisieren und ob es zum Auftreten von atypischen Proteinen kommt. Angeregt worden sind diese Untersuchungen durch die Feststellung der veränderten proteolytischen Fermentaktivität als Folge einer partiellen Hepatektomie in der sich regenerierenden Restleber der Ratte [15]. Zur

Ergänzung dieser Untersuchungen wurde der Gesamteiweißgehalt des Serums bestimmt und eine papierelektrophoretische Trennung durchgeführt.

Methodik

Für die Versuche wurden 40 männliche Albinoratten mit einem Durchschnittsgewicht von 190 g verwendet. Die Zweidrittelhepatektomie wurde nach den Angaben von HIGGINS und ANDERSON [3] in Äthernarkose vorgenommen. Da Mitosevorgänge bei der Leberregeneration eine große Rolle spielen [1], die Mitose selbst aber zu Änderungen des intermediären Stoffwechsels führt, wurde darauf geachtet, daß die Ratten möglichst immer zur gleichen Zeit (zwischen 8 und 9 Uhr) getötet wurden. Folgende Zeiten sind getestet worden: 6, 12, 24, 48 und 96 Std. sowie 7 und 14 Tage post op.
Die Blutserumgewinnung nach Herzpunktion in Äthernarkose erfolgte durch sofortiges Zentrifugieren des Blutes bei +2 °C und 5000 *g* für 30 min. Hämolytisches Serum wurde verworfen. Die Bestimmung der Gesamtserum-Eiweißmenge erfolgte mit der von GLÄSSER und KLEINE [4] modifizierten kolorimetrischen Eiweißbestimmungsmethode nach LOWRY et al. [5].
Die papierelektrophoretische Trennung der Bluteiweiße auf Niederschlag-Papier FN 13 mit Veronal-Na-Puffer, *p*H 8,6, $\mu = 0{,}08$, Spannung = 90 V, Laufzeit = 16 Std., Zimmertemperatur, wurde mit einer Trennapparatur des VEB Carl Zeiß, Jena, vorgenommen[1]. Die Auswertung der Streifen nach Anfärben mit Amidoschwarz 10 B erfolgte im Auflichtverfahren mit einem Extinktions-Registriergerät mit Integration ERI 10 der gleichen Firma.
Das unvorbehandelte Serum normaler Ratten läßt sich in der analytischen Ultrazentrifuge in vier Komponenten A, G, M und X auftrennen. Die A-Komponente besteht zum größten Teil aus Albumin, die G-Komponente ist vorwiegend durch die γ-Globuline bestimmt, während die M-Fraktion, die Makroglobuline, sich u. a. aus den γ_M-Globulinen zusammensetzt [6], [7]. Die X-Komponente besteht wahrscheinlich aus Lipoproteiden.
Die Untersuchung des unvorbehandelten Rattenserums wurde in einer luftgetriebenen Ultrazentrifuge UL 60 der Firma PHYWE, Göttingen, bei 49500 ± 30 UpM entsprechend 180000 *g* und einer Rotortemperatur von 18 ± 0,1 °C durchgeführt. Der Eiweißgehalt in der Meßzelle betrug 1,5%. Als Lösungsmittel wurde nach den Angaben von JAHNKE und SCHOLTAN [8] eine Natriumchlorid-Lösung verwendet, die in der Meßzelle eine Dichte von 1,022 g/ml aufwies. Die Dauer des Versuches betrug im Durchschnitt 3 Std. Die Auswertung der mit der PHILPOT-SVENSSON-Optik photographisch aufgenommenen Sedimentationskurven erfolgte nach einer von KRETSCHMER und HANSON [14] ausgearbeiteten Methode rechnerisch nach Ausmessen der Platten in einem für diese Zwecke von KRETSCHMER umgebauten Schnellphotometer des VEB Carl Zeiß, Jena [14]. Dabei wird der wachsende Abstand der einzelnen Konzentrationsgradienten-Maxima vom Rotationszentrum ermittelt.
Die Bestimmung der Sedimentationskonstanten ergibt sich aus dem Sedimentationskoeffizienten S, definiert als die Sedimentationsgeschwindigkeit dx/dt[cm · sec^{-1}] im Einheitszentrifugalfeld $x \cdot \omega^2$ [cm · sec^{-2}] von der Stärke 1 dyn,

$$S = \frac{dx}{dt} \cdot \frac{1}{x \cdot \omega^2} \qquad [\text{sec}]$$

wobei ω die Winkelgeschwindigkeit [sec^{-1}] und x der Abstand [cm] des sedimentierenden Partikels von der Rotorachse bedeutet. Bei den angegebenen S-Werten handelt es sich um nur teilweise normierte Sedimentationskonstanten (Tab. 1). Die S-Werte

[1] Die elektrophoretische Trennung der Bluteiweiße wurde freundlicherweise in der I. Medizinischen Universitätsklinik in Halle/S. im Labor von Dr. MANTEL durchgeführt

sind nur von der bei der Sedimentation gemessenen Temperatur auf die Temperatur von 20 °C durch den Korrekturfaktor $\eta^0_\vartheta/\eta^0_{20}$, (aus dem Tabellenanhang des Buches von JAHNKE und SCHOLTAN [8] entnommen), umgerechnet worden. η^0_ϑ ist die Viskosität des Wassers bei ϑ °C und η^0_{20} die bei 20 °C. Da für die Bluteiweiße der Ratte das partielle spezifische Volumen nicht bekannt ist, wurde eine weitere Korrektur der *S*-Werte, um zu normierten Sedimentationskonstanten zu kommen, nicht vorgenommen. Die Berechnung der relativen prozentualen Verteilung erfolgte aus der PHILPOT-SVENSSON-Aufnahme, die 15—20fach vergrößert gezeichnet wurde. Aus den einzelnen konstruierten GAUSSschen Glockenkurven wurden die Flächen planimetrisch ermittelt.

Ergebnisse

Die Sedimentationskonstanten der drei untersuchten Komponenten A, G und M des Rattenblutserums änderten sich nach einer partiellen Hepatektomie nicht (Tab. 1 a). Des weiteren ließen sich bei Untersuchung des Serums in der Ultrazentrifuge keine atypischen Proteine nachweisen. Bei der relativen Verteilung der einzelnen Komponenten (Tab. 1 b) läßt sich ein signifikanter kurzfristiger Abfall der Proteine in der M-Komponente (Makroglobuline) beobachten. Bei den Proteinen der G-Komponente (vorwiegend γ-Globuline) kommt es zu einem leichten Abfall der Werte, der am 14. Tage post op. wieder aufgehoben ist, während die Albumine (A-Komponente)

Tabelle 1

Sedimentationskonstanten der Bluteiweiße

a) S_{20}-Werte; b) Relativer %-Gehalt der Bluteiweiße (Gesamtmenge = 100%)

Zeit post op.		NW	6 Std.	12 Std.	24 Std.	48 Std.	96 Std.	7 Tage	14 Tage
	N	7	4	4	4	4	4	4	4
a) A	$\bar{x}$	3,44	3,51	3,70	3,39	3,44	3,55	3,68	3,58
	s	0,19	0,08	0,33	0,15	0,12	0,16	0,18	0,04
G	$\bar{x}$	5,66	5,52	5,73	5,55	5,46	5,50	5,92	5,54
	s	0,58	0,43	0,31	0,12	0,24	0,36	0,68	0,24
M	$\bar{x}$	14,3	14,5	15,3	14,9	14,1	14,1	15,2	14,4
	s	0,49	0,20	2,04	1,18	1,09	0,65	0,89	0,37
b) A	$\bar{x}$	59,8	59,8	65,0	61,7	66,8	65,8	64,6	61,7
	s	6,2	6,0	1,84	6,8	6,0	6,2	1,52	2,85
G	$\bar{x}$	33,3	36,2	29,3	33,3	27,1	28,0	29,6	33,0
	s	6,5	6,0	3,68	7,4	6,6	5,3	2,9	2,8
M	$\bar{x}$	4,2	2,1	3,8	3,4	3,9	4,0	3,7	3,4
	s	0,66	0,41	1,45	0,81	1,03	0,69	0,42	0
X	$\bar{x}$	2,7	1,9	2,7	2,0	2,2	3,0	2,1	2,0
	s	0,5	0,58	0,37	0,67	0,55	1,09	0,93	0,29

NW = Normalwerte; N = Anzahl der Versuche; $\bar{x}$ = Mittelwert; s = Standardabweichung

über den gleichen Zeitraum nicht signifikant angestiegen sind. Für die X-Komponente ist ein kurzfristiger Abfall und am 4. Tag post op. ein leichter Anstieg zu registrieren.

Die Gesamteiweißmenge im Serum war gegenüber der Norm nicht signifikant verändert (Tab. 2).

Tabelle 2
Blutserum-Gesamteiweißmenge
(Mengenangaben in g/100 ml)

Zeit post op.	NW	6 Std.	12 Std.	24 Std.	48 Std.	96 Std.	7 Tage	14 Tage
N	6	6	6	6	4	4	4	4
$\bar{x}$	5,95	5,80	6,03	5,52	5,75	6,23	6,44	5,93
s	0,47	0,49	0,58	0,61	0,27	0,50	0,65	0,47

Abkürzungen s. Tab. 1

Tabelle 3
Papierelektrophoretische Fraktionierung der Blutserum-Eiweiße
(Gesamtmenge = 100%)

Zeit post. op.		NW	6 Std.	12 Std.	24 Std.	48 Std.	96 Std.	7 Tage[1]	7 Tage[1]	14 Tage
	N	6	4	6	6	6	4	2	2	3
Albumine	$\bar{x}$	36	34	40	34	38	30	29 30	30 36	36
	s	3,1	5,7	2,6	4,6	7,8	3,1			2,6
α_1-Globuline	$\bar{x}$	20	16	17	15	16	18	24 22	14 15	14
	s	2,5	3,1	2,0	2,1	1,3	2,2			2,3
α_2-Globuline	$\bar{x}$	6,6	6	6	6	5	8	5 4	8 7	7,0
	s	1,5	2,1	1,3	1,2	1,0	1,3			0,7
	$\bar{x}$							—	6 7	4,0
	s									1,6
β-Globuline	$\bar{x}$	22	22	21	25	24	25	31 30	23 22	21
	s	2,5	1,3	2,9	4,0	3,0	2,2			1,6
γ-Globuline	$\bar{x}$	15	26	16	23	18	20	11 14	19 13	18
	s	2,6	2,1	3,9	4,0	7,8	1,2			3,2

Abkürzungen s. Tab. 1

[1] Die eine Hälfte der 7-Tage-Werte zeigten keine zusätzliche Fraktion, bei der anderen Hälfte war bereits eine weitere Komponente zu beobachten. Für diese Zeit sind nur die Einzelwerte und nicht Mittelwerte angegeben worden

Die Trennung der Bluteiweißkörper nach partieller Hepatektomie mit Hilfe der Papierelektrophorese (Tab. 3) ergab einen nicht signifikanten Abfall der Albumine und α_1-Globuline, jedoch einen signifikanten geringen Anstieg der β-Globuline bis zum 7. Tag post op. und der γ-Globuline in den ersten 4 Tagen. Die Werte der α_2-Globuline sind schwer zu beurteilen, da im Rattenserum die Trennung dieser Fraktion von den beiden Nachbarfraktionen schlechter gelingt als vergleichsweise beim menschlichen Serum. Der auffälligste Befund war das Auftreten einer neuen Komponente zwischen den α_2- und β-Globulinen eine Woche nach partieller Hepatektomie.
Die relativ geringfügigen Serumeiweißveränderungen nach Zweidrittel-Resektion der Leber waren der Grund, weshalb keine Kontrollversuche in Form von Scheinoperationen (Laparotomie allein) durchgeführt wurden.

Diskussion

Wie aus den Untersuchungen hervorgeht, lassen sich die Bluteiweiße des Rattenserums ähnlich wie die des menschlichen Serums mit Hilfe der Ultrazentrifugen-Technik in vier Fraktionen auftrennen. Dabei liegen die Sedimentationskonstanten für beide Arten von Serumeiweißen bei gleicher Technik in derselben Größenordnung. Unterschiede ergaben sich lediglich in der prozentualen Verteilung der einzelnen Komponenten.
Für das Humanserum konnten in unserem Institut von Dipl. Chem. K. Kretschmer folgende Prozentwerte ermittelt werden: A = 74%, G = 19%, M = 2,6% und X = 4,4%. Die G-Komponente ist auf Kosten der A-Komponente im Rattenserum vermehrt. Auch die Menge der in der M-Komponente wandernden Eiweiße ist deutlich gegenüber der des menschlichen Serums erhöht, während die Verhältnisse bei der X-Komponente umgekehrt liegen. Die von Anderson und Mitarbeitern [6] angegebenen Zahlen der prozentualen Verteilung, gemessen bei pH 5 und $\mu = 0{,}1$, lassen sich mit den in Tabelle 1b angegebenen Zahlen vergleichen (A = 61%, G = 33,2%, X = 5,3%). Ein Vergleich der Sedimentationskonstanten ist jedoch wegen der unterschiedlichen Versuchsbedingungen nicht möglich. Dagegen stimmen die von Jacquot-Armand und Mitarbeitern [7] angegebenen S-Werte mit den von uns mitgeteilten überein. Außerdem wurde von diesen Autoren eine weitere mit dem Wert 8,8 S sedimentierende Komponent beobachtet.
Die ermittelten Werte einzelner Fraktionen nach papierelektrophoretischer Trennung normaler Serumeiweiße stimmen ebenfalls weitgehend mit den in der Übersicht von Geinitz [9] sowie Anderson und Mitarbeitern [6] angegebenen überein. Lediglich die Werte für die Albumine liegen bei uns etwas niedriger und die für die α_1-Globuline etwas höher als die im Durchschnitt von diesen Autoren ermittelten Zahlen.
Die als Folge einer partiellen Hepatektomie auftretenden qualitativen sowie quantitativen Änderungen der Bluteiweißkörper sind sehr gering, wie u. a. aus der Konstanz der Sedimentationswerte zu entnehmen ist. Auch die Bil-

dung von atypischen Proteinen gehört somit nicht zum Ablauf einer Leberregeneration, obwohl durch das zusätzliche Auftreten einer papierelektrophoretisch erfaßbaren Fraktion am 7. Tag post op. ultrazentrifugenanalytisch ein solches Protein zu erwarten gewesen wäre. Eine Subfraktionierung der α_2-Globuline in zwei Komponenten ist in einigen Fällen auch von ALIVISATOS und Mitarbeitern [10] beobachtet worden.
Da die ultrazentrifugenanalytisch und papierelektrophoretisch getrennten Fraktionen nicht direkt miteinander vergleichbar sind, ist die nach einer Hepatektomie zu beobachtende leichte Verschiebung der Mengenverhältnisse in den einzelnen Komponenten schwierig zu deuten. Bei der papierelektrophoretisch erfaßbaren Senkung der Fraktionen, die in der Leber gebildet werden (Albumine, α_1- und α_2-Globuline), in Verbindung mit einer Erhöhung der im RES synthetisierten Eiweiße (β- und γ-Globuline) könnte es sich um einen einfachen Kompensationsprozeß handeln. Diese auch von anderen Autoren [11]—[13] beobachtete Verschiebung ist bislang noch nicht befriedigend gedeutet worden. Die während der Versuchsdauer gleichbleibende Gesamteiweißmenge spräche ebenfalls im oben angeführten Sinne, obwohl EMMRICH und PETZOLD [13] am 2. Tag post op. eine deutliche Abnahme der Eiweißmenge gefunden haben. Insgesamt gesehen sind diese Befunde neben den bereits enzym-chemisch erhobenen [15] eine Bestätigung der in der klinischen Medizin gut bekannten Tatsache, daß die Leber mit einem Minimum an funktionsfähigem Parenchym ihre biologische Funktion vollauf erfüllen kann.

Frau RENATE NIELÄNDER danke ich für die sehr gewissenhafte Assistenz bei der Durchführung der Ultrazentrifugen-Untersuchung

Literatur

[1] HARKNESS, R. D.: Brit. med. Bull. **13**, 87 (1957).
[2] WUHRMANN, F. u. H. H. MÄRKI: Dysproteinämien und Paraproteinämien, Benno Schwabe Verl., Basel/Stuttgart 1963, 4. Aufl.
[3] HIGGINS, G. M. u. R. M. ANDERSON: Arch. Pathology **12**, 186 (1931).
[4] GLÄSSER, D. u. R. KLEINE: Pharmazie **17**, 32 (1962)
[5] LOWRY, O. H., N. J. ROSEBROUGH, A. L. FARR u. R. J. RANDALL: J. biol. Chemistry **193**, 265 (1951).
[6] ANDERSON, N. G., R. E. CANNING, M. L. ANDERSON u. R. H. SHELLHAMER: Exp. Cell Res. **16**, 292 (1959).
[7] JACQUOT-ARMAND, Y., G. A. BOFFA u. J. M. FINE: C.R. hebd. Séances Acad. Sci. **255**, 590 (1962).
[8] JAHNKE, K. u. W. SCHOLTAN: Die Bluteiweißkörper in der Ultrazentrifuge, Thieme Verl., Stuttgart 1960.
[9] GEINITZ, W.: Klin. Wschr. **32**, 1108 (1954).
[10] ALIVISATOS, S. G. A., K. STERN, B. SAVICH u. L. LUCAS: Proc. Soc. exp. Biol. Med. **103**, 465 (1960).
[11] CHANUTIN, A., J. C. HORTENSTINE, W. S. COLE u. S. LUDEWIG: J. biol. Chemistry **123**, 247 (1938).
[12] LAMIRANDE, G. DE u. A. CANTERO: Cancer Res. **12**, 330 (1952).
[13] EMMRICH, R. u. H. PETZOLD: Z. ges. exp. Med. **122**, 264 (1953).

[14] KRETSCHMER, K. u. H. HANSON: Hoppe-Seyler's Z. physiol. Chem. **340**, 126 (1965).
[15] BLECH, W. u. H. HANSON: Hoppe-Seyler's Z. physiol. Chem. **332**, 244 (1963).

Anschrift: Dr. W. BLECH, Physiologisch-chemisches Institut, 402 Halle (Saale), Hollystr. 1

Summary

W. BLECH: Ultracentrifugal and paperelectrophoretical studies on blood proteins following partial hepatectomy

1. Rat serum can be separated into 4 fractions by ultracentrifugal procedure. Up to 14 days after partial hepatectomy, the sedimentation constants of these fractions did not change, while minor, partly significant alterations were noted in the quantitative distribution of the individual components.

2. Total protein did not change throughout the experiment.

3. Paper electrophoresis revealed a transient unsignificant decrease in albumins and α_1-globulins and at times a corresponding significant increase in β- and γ-globulins. On day 7 from operation, an additional component migrating between α_2- and β-globulins, appeared.

Резюме

В. Блех: Исследование белков крови методом ультрацентрифугирования и электрофореза на бумаге после частичной гепатэктомии

1. Сыворотка крыс может быть разделена на 4 фракции методом ультрацентрифугирования. В течение 14 дней после частичной гепатэктомии константы седиментации этих фракций не изменяются; однако наблюдаются статистически достоверные изменения в количественном распределении отдельных компонентов.

2. Общее количество белков не изменяется во время опыта.

3. При электрофорезе на бумаге обнаруживается временное, статистически не достоверное уменьшение альбуминов и α_1-глобулинов и на некоторое время — соответственное достоверное увеличение β- и γ-глобулинов. В 7- й день после операции появляется дополнительный компонент, который движется между α_2- и β-глобулинами.

Acta biol. med. german., Band 18, Seite 329—350 (1967)

Aus dem Institut für Physiologische und Biologische Chemie
der Humboldt-Universität zu Berlin (Direktor: Prof. Dr. Dr. S. M. RAPOPORT)

Über eine alkalische RNase aus Ribosomen von Kaninchenretikulozyten: Eigenschaften des gebundenen und abgelösten Enzyms; Einfluß ein- und zweiwertiger Kationen

S. ROSENTHAL, K. JAGEMANN, S. PREHN und G. HEINEMANN

(Eingegangen am 2. 11. 1966)

Zusammenfassung

Im Protein von Ribosomen aus Kaninchenretikulozyten wurde eine im schwach alkalisch. *p*H-Bereich wirkende RNase nachgewiesen. Die Eigenschaften sowohl des an die Ribosomen gebundenen als auch des durch hochmolare LiCl-Harnstoff-Lösung abgelösten Enzyms stimmen in fast allen Charakteristika überein und zeigen Ähnlichkeiten mit der Pankreas-RNase. Das *p*H-Optimum liegt in Abhängigkeit von der Ionenstärke zwischen 7,5 und 8,0, das Temperaturoptimum bei 65 °C. Das Enzym wird durch einwertige Kationen bis 0,1 μ Ionenstärke aktiviert, bei hohen Ionenstärken gehemmt. Auf das abgelöste Enzym haben Mg-Ionen bei Gegenwart einwertiger Kationen (0,1 μ) keinen und bei niedrigen Ionenstärken einen gering steigernden Effekt. Das an die Ribosomen gebundene Enzym wird bei optimalen Abbaubedingungen durch Mg^{++}-Zusatz gehemmt. Es wird eine indirekte, die Ribosomen stabilisierende Wirkung des Mg^{++} angenommen. Die Aktivierung des an die Ribosomen gebundenen Enzyms wird durch den molaren Quotienten einwertiger zu zweiwertigen Kationen beeinflußt. Hohe Ionenstärken über 0,1 μ setzen aus den Ribosomen partiell Mg^{++} frei. Es ist möglich, unter in vitro Bedingungen durch Variation der Zusammensetzung des Inkubationsmediums den Stabilitätszustand der Ribosomen gegenüber endogener RNase-Aktivität zu beeinflussen.

Einleitung

Der Reifungsprozeß roter Blutzellen ist durch einen vollständigen Verlust der zytogenetischen Potenzen, einen teilweisen Verlust der meisten Stoffwechselkapazitäten und gleichzeitig durch einen Abbau von subzellulären Organellen gekennzeichnet. Der Zellkern wird ausgestoßen, danach werden nur noch kleinste Mengen von DNS in der Zellmembran gefunden [1]. Der Verlust der DNS unterbindet die Synthese der verschiedenen RNS-Arten. Die Nachlieferung von mRNS, rRNS und tRNS bleibt aus, es dominieren nun die Abbauvorgänge. Damit wird die Proteinsynthese sowohl quali-

Verwendete Abkürzungen: RNase = Ribonuklease; RNS = Ribonukleinsäure; rRNS = ribosomale RNS; tRNS = Transfer-RNS; mRNS = Boten-RNS; P = Phosphat; Tris = Trihydroxymethylaminomethan; ÄDTA = Äthylendiamintetraazetat; ATP = Adenosintriphosphat; 2,3-PGS = 2,3 Phosphoglyzerinsäure.

tativ von der Art als auch quantitativ und letzten Endes auch zeitlich von der Menge und der Lebensdauer der vorhandenen mRNS festgelegt. Die Hauptmenge des Eiweißes, das in den kernlosen Retikulozyten noch synthetisiert wird, ist das Hb, dessen Synthese mit dem Abbau der mRNS beendet wird. Zwischen dem Verlust der Fähigkeit zur Proteinsynthese und dem RNS-Abbau bestehen enge Beziehungen. Primär scheinen die in der Proteinsynthese aktiven Ribosomenkomplexe, die Polysomen, durch Zerstörung der mRNS zu zerfallen [2]—[6]. Die monomeren Ribosomen zeigen anschließend den Abbau ihrer rRNS [7]. Das Schicksal der tRNS in bezug auf die Reifung ist bisher nicht näher untersucht worden.
Die Abbauprozesse der zellulären RNS sind enzymatischer Natur. Unsere Kenntnisse über die Regulation und die Spezifität dieser Reaktionen sind noch sehr gering. Immerhin konnten ROST und RAPOPORT [8] zeigen, daß im Verlauf der in vitro-Reifung die Menge der Pyrimidinnukleotide der säureunlöslichen P-Fraktion schneller abnimmt als diese selbst. Dies stimmt mit Befunden von BERTLES und BECK [9] überein, die eine verstärkte Freisetzung von Pyrimidinnukleotiden bzw. deren Umwandlungsprodukten in das extrazelluläre Inkubationsmedium nachweisen konnten. LINDIGKEIT [10] fand, daß im Stroma roter Blutzellen eine saure RNase vorhanden ist, die später von ADACHI und Mitarbeitern [11] gereinigt werden konnte. Dieses Enzym ist eine basenunspezifische Phosphodiesterase, die durch einen zelleigenen Inhibitor gehemmt werden kann [10], [12], [13]. LINDIGKEIT [10], [14] vermutete auch das Vorliegen einer neutralen RNase im ribosomenhaltigen stromafreien Hämolysat.

Wir konnten zeigen, daß Ribosomen aus Kaninchenretikulozyten unter bestimmten Inkubationsbedingungen bei *p*H 7,5 instabil sind und ihre RNS enzymatisch abgebaut wird [15], [16]. Wir stellten uns die Aufgabe, diese alkalische RNase näher zu charakterisieren und arbeiteten dabei sowohl mit kompletten Ribosomen als auch mit dem aus diesen abgelösten Enzym.

Material und Methoden

1. Ribosomenpräparation

Durch wiederholtes Entbluten aus der Ohrvene wurde in Kaninchen eine Retikulozytose erzeugt. Die Tiere wurden auf einen chronischen Entblutungszustand eingestellt, wobei der HK nicht über 22% anstieg und die Retikulozytenzahlen im allgemeinen zwischen 25 und 40% lagen. (Zur Bestimmung des HK und der Retikulozytenzahlen siehe [7]). Das Waschen der Zellen erfolgte entsprechend der Darstellung in Schema 1. Die weißen Blutzellen wurden beim Waschprozeß entfernt. Die Hämolyse der Zellen erfolgte osmotisch oder durch Frieren und Tauen (Schema 2). Im Gegensatz zu früheren Versuchen [15] wurden die Hämolysate sofort weiter verarbeitet bzw. die Zellen höchstens 3 Wochen im gefrorenen Zustand aufbewahrt (—17 °C), da Ribosomenpräparate aus Zellen, die längere Zeit eingefroren waren, stets einen höheren Eiweißgehalt aufwiesen. In Schema 3 ist der Präparationsgang für die Ribosomengewinnung dargestellt. Die gewaschenen Ribosomen wurden in Aqua dest. resuspendiert und, wenn sie nicht sofort verwandt wurden, ebenfalls bei —17 °C aufbewahrt. Aus den Legenden ist zu ersehen, ob eingefrorene oder nicht eingefrorene Ribosomen für die Versuche benutzt wurden. Als Kriterium für die Verwendbarkeit eingefrorener Ribosomen wurde der P-Gehalt der säurelöslichen Fraktion bei Fällung der Ribosomen ohne Inkubation herangezogen. Bei Ribosomenpräparaten aus Zellen einer Phenylhydrazinanämie beobachteten wir nach 4 monatiger Aufbewahrung bei —17 °C stets einen Anstieg des säurelöslichen P-Gehalts auf 40% gegenüber 0 bis 4% in den frischen Präparaten. Über weitere experimentelle Daten zu dieser Frage werden wir in einer anderen Arbeit berichten.

Schema 1

Zellwaschung

Defibriniertes Vollblut
|
15 min 2000 *g*
↓
Zellen
|
2 × Waschen in 0,9% NaCl
Ausgangsblutvolumen
5 min 400 *g*
↓
Zellen
|
1 × Waschen in 0,9% NaCl
Ausgangsblutvolumen
15 min 2000 *g*
↓
Zellen

Schema 2

Hämolyse und Gewinnung des stromafreien Überstandes

Frische oder eingefrorene Zellen
|
1 Teil Zellen + 4 Teile dest. Wasser
10 min 0° mit Umrühren bei frischen Zellen
+ 1 Teil Medium A′ oder C′[1]
↓
Hämolysat
20 min 10000 *g*
|
Stroma ← → Überstand

[1] Medien A′ und C′ nach Ts'o und VINOGRAD [21] in 6facher Konzentration:

A′ : 0,006 M $MgCl_2$, 0,84 M KCl, 0,006 M Tris, *p*H 7,5
(A : 0,001 M $MgCl_2$, 0,14 M KCl, 0,001 M Tris, *p*H 7,5)
C′ : 0,009 M $MgCl_2$, 0,3 M KCl, 0,006 M Tris, *p*H 7,5
(C : 0,0015 M $MgCl_2$, 0,05 M KCl, 0,001 M Tris, *p*H 7,5)

Medium C bewahrt die monomere Form der Ribosomen (78 s) besser

2. Gewinnung der rRNase und der rRNS

Retikulozytenribosomen, die 45 bis 50% RNS enthielten, wurden mit dem gleichen Volumen einer Lösung von 8 M Harnstoff (mehrmals umkristallisiert) und 6 M LiCl gemischt und 24 Std. bei +5 °C gerührt. [17] Das Gemisch enthielt 0,2 bis 2 mg P-RNS/ml. Anschließend wurde 15 min bei 4500 *g* in der Kälte zentrifugiert und der rRNS-Niederschlag 2mal mit der Harnstoff- (4 M) LiCl-(3 M)-Lösung und 3mal mit 96% Äthanol nachgewaschen. Der rRNS-Niederschlag löste sich in Wasser ohne Rück-

Schema 3

Ribosomengewinnung

Präparationsschritt		
	Stromafreier Überstand	
1.	$1{,}2 \times 10^7\,g \times$ min (120 min $10^5\,g$, Spinco Rotor No. 40 oder 150 min $8 \cdot 10^4\,g$, Rotor No. 30)	
	Ribosomen	Überstand
2.	Resuspension in Med. A (0,001 M $MgCl_2$ 0,001 M Tris, *p*H 7,5 0,14 M KCl) $10^5\,g \times$ min	
	Niederschlag	Überstand
3.		$1{,}2 \times 10^7\,g \times$ min
	Ribosomen	Überstand
	Wiederholung von Schritt 2 und 3	
4.	Ribosomen	Überstand
	Resuspension in dest. H_2O	

stand. Der Eiweißgehalt der resuspendierten rRNS betrug zwischen 1 und 2%. Der Überstand (meist 80 ml), der das Eiweiß enthielt, wurde 12 Std. bei +5 °C gegen 2 l Aqua dest., das insgesamt 4mal gewechselt wurde, dialysiert. Das im Dialyseschlauch ausfallende Eiweiß, das keine RNase-Aktivität aufwies (siehe Ergebnisse), wurde abzentrifugiert. Der daraus resultierende Überstand, der die gesamte RNase-Aktivität enthielt, wurde partiell lyophilisiert, um das Flüssigkeitsvolumen einzuengen, und stellte in dieser Form den rRNase-Rohextrakt dar, der mit rRNS als Substrat im „rekonstruierten System", wie die Ribosomen selbst, inkubiert wurde.

3. *Inkubationsbedingungen*

Wenn in den Legenden nicht anders angegeben, waren je ml Inkubationsansatz 10 μg P-RNS enthalten. Sein Gesamtvolumen betrug zumeist 3,5 ml. Es wurden fast ausnahmslos jeweils 2 Proben unter gleichen Bedingungen als Doppelbestimmung inkubiert und weiter behandelt. Langzeitige Inkubationen erfolgten zumeist unter Zusatz von Toluol. Es wurde in verschlossenen Zentrifugenröhrchen unter gleichmäßigem Schütteln in einem Wasserbad inkubiert. Danach wurden die Proben in Eiswasser abgekühlt, eiskalte $HClO_4$ (Endkonzentration 0,6 N) zugegeben, 10 min im Eiswasser stehen gelassen und anschließend in der Kälte zentrifugiert (10 min bei 3000 *g*). Der klare, farblose Überstand wurde abgegossen und der Niederschlag bei einem Inkubationsansatz von 3,5 ml mit 5 ml eiskalter 0,3 N $HClO_4$ nachgewaschen (resuspendiert und zentrifugiert). Beide Überstände wurden vereinigt und stellten die säurelösliche

Fraktion dar. Der Niederschlag wurde mit 5 ml 96% Äthanol gewaschen (resuspendiert und zentrifugiert) und der Überstand verworfen. Der Niederschlag wurde bei Raumtemperatur oder +50 °C an der Luft vorsichtig getrocknet und anschließend in 3 ml 0,3 N $HClO_4$ gut resuspendiert und unter mehrmaligem Umrühren in verschlossenen Röhrchen 1 Std. bei +90 °C (Wasserbad) extrahiert [18], [19]. Dann wurden die Proben wie oben zentrifugiert. Der Überstand stellte die säureunlösliche Fraktion (RNS) dar. Zur Kontrolle für den P-Gehalt der säurelöslichen Fraktion wurde jeweils ein Aliquot der Ribosomensuspensionen ohne Inkubation gefällt. Der P-Gehalt der säurelöslichen Fraktion der nicht inkubierten Kontrollen wurde von dem der inkubierten Proben abgezogen.

4. *RNS- und RNase-Bestimmung*

Der RNS-Gehalt der Proben wurde auf der Basis des P-RNS-Gehaltes der säurelöslichen Fraktion der Ribosomen oder des rekonstruierten Systems angegeben. Für die Umrechnung des P-RNS-Gehaltes auf den eigentlichen RNS-Gehalt multiplizierten wir ersteren mit dem Faktor 10. Auf Grund einer späteren Analyse der Nukleotidzusammensetzung der von uns präparierten rRNS wäre ein Faktor von 10,5 berechtigt gewesen [20]. Daher sind unsere auf dem Faktor 10 beruhenden prozentualen RNS-Angaben für die Ribosomen Mindestwerte. Um auch aus der UV-Absorption auf den P-RNS-Gehalt schließen zu können, bestimmten wir parallel zu diesem die Extinktion der säureunlöslichen Fraktion bei 260 nm (Spektrofotometer SF 4, Lichtweg 1 cm, Quarzküvetten). Für 1 μMol P-RNS betrug die Extinktion unter diesen Umständen 9,765 (Tab. 1). Der P-Gehalt der säurelöslichen und -unlöslichen Fraktionen wurde nach Bartlett [22] bestimmt. Die auf diese Weise gewonnenen Daten wurden auch zum Nachweis der RNase-Aktivität herangezogen. Der Abbau der RNS wurde zumeist als % Abbau des säureunlöslichen P-RNS-Gehaltes der Proben angegeben.

Tabelle 1
Vergleich zwischen dem P-RNS-Gehalt und der UV-Absorption bei 260 nm der säureunlöslichen Fraktion von Ribosomenpräparationen

n	$\frac{E_{260}}{\mu g\ \text{P-RNS}}$	s
6	0,315	± 0,010

5. *Eiweißbestimmung*

Eiweiß wurde nach Lowry et al. [23] bestimmt. Als Standard diente Rinderserumalbumin, das in kleinen Portionen in Lösung eingefroren worden war.

6. *Magnesiumbestimmung*

Die Magnesiumbestimmung (Titangelb-Methode) wurde nach Orange und Rhein [24] ausgeführt. Die rotgefärbte Additionsverbindung wurde spektrofotometrisch bei 540 nm (ZEISS-Spektrofotometer VSU 2 oder ZEISS-Spekol mit Zusatzverstärker, 10 ml Küvetten, Lichtweg 5 cm) gemessen. Die Eichkurven umfaßten den Bereich von 2 bis 10 μg Mg im Ansatz. Es können, wie vermerkt [24], nur frische Titangelblösungen benutzt werden. Die Messungen erfolgten gegen den Leerwert. Bei Verwendung einer Titangelblösung, die 15 bis 30 mg Farbstoff pro 100 ml Lösung enthielt, fanden wir im genannten Konzentrationsbereich Konstanten von 60 bis $30 \cdot 10^{-3}$ E je μg Mg. Der Gesamtmagnesiumgehalt einer Probe wurde durch Veraschung eines Aliquots der Ribosomensuspension (etwa 1 µMol P-RNS) bestimmt. Zur Messung des gebundenen Mg wurde ein Aliquot der Ribosomensuspension mit 96%igem Äthanol in einem Verhältnis von 1 Teil Ribosomen zu 5 oder 10 Teilen Äthanol gefällt. Eine vollständige Fällung der Ribosomen wurde nur erreicht, wenn dem Äthanol 10^{-2} M KCl zugesetzt wurde. Höhere Salzkonzentrationen führten zur Mg-Freisetzung aus den Ribosomen. Für bestimmte Fragestellungen mußten wir auf den Zusatz von Salz verzichten. Um zu exakten Aussagen zu kommen, wurde im Überstand der Alkoholfällung wie in Parallelproben, die mit Säure gefällt waren, die Menge des säurelöslichen und des säureunlöslichen P bestimmt. Fand sich in der Alkoholfraktion nach Subtraktion des säurelöslichen P (aus der Säurefällung) noch P, so ging das zu Lasten unvollständig gefällter Ribosomen. Auf der Grundlage der P-Verteilung wurde der Mg-Gehalt der Äthanolfraktion korrigiert. Zur Bestimmung des Mg-Gehaltes wurde ein Aliquot des Ribosomenniederschlags nach Äthanolfällung und des Äthanolüberstandes verascht. Die entsprechenden Werte repräsentieren das gebundene und das freie Mg.

Ergebnisse

1. RNS- und Mg^{++}-Gehalt der Ribosomen. Nachweis von RNase-Aktivität bei pH 7,5

Ribosomen, die nach dem angegebenen Präparationsgang (Schema 3) gewonnen werden, weisen einen durchschnittlichen RNS-Gehalt von 42% (Entblutung) bzw. von 45% (Phenylhydrazin) auf (Tab. 2). Dieser RNS-Gehalt kann durch einen dritten Zentrifugationsturnus auf etwa 50% erhöht werden. Ribosomen aus retikulozytenreichem Blut besitzen einen etwas niedrigeren Gesamt-Mg^{++}-Gehalt als Ribosomen aus Blut mit mittleren Retikulozytenwerten. Bei beiden Anämieformen erhielten wir auch Ribosomenpräparate mit extrem niedrigen Mg^{++}-Werten. In frischen Ribosomen liegt bei experimentell niedrigen Ionenstärken das gesamte Mg^{++} in gebundener Form vor [25], [26]. Wir können nicht sagen, ob die Ursachen der beobachteten Unterschiede im Mg^{++}-Gehalt der Ribosomenpräparate der beiden Anämieformen in biologischen Veränderungen, z. B. dem Reifegrad der Zellen liegen, oder artifizieller Natur sind. Wir halten die letzte Möglichkeit für wahrscheinlicher:

Tabelle 2

RNS-, Mg^{++}-Gehalt und RNase-Aktivität von Retikulozytenribosomen

Anämie	n	RNS %	Mg^{++} total / P-RNS $\left[\frac{mM}{M}\right]$	Inkubation [°C]	Inkubation [Std.]	% RNS-Abbau, M Tris pH 7,5: $5 \cdot 10^{-3}$	% RNS-Abbau, M Tris pH 7,5: $1 \cdot 10^{-1}$
Phen. hydr.	5	42	114 ± 26,1 (76 − 133)	37°	20	8	46,5
Entblutung	5	44,5	136 ± 32,3 (83 − 165)	50°	20	—	52

n = Anzahl der Präparationen. Die Kaninchen (n = 2), die mit Phenylhydrazin anämisch gemacht worden waren, hatten Retikulozytenwerte zwischen 60—90%. Diese Ribosomen wurden nach kurzfristiger Aufbewahrung bei —20° inkubiert. Die Ribosomen aus der Entblutungsanämie waren frisch

1. Unreife rote Zellen aus extrem retikulozytenreichen Bluten, wie sie durch Phenylhydrazingabe erzeugt werden, weisen einen hohen intrazellulären Mg^{++}-Gehalt gegenüber Zellen aus Bluten mit mittleren oder niedrigen Rekulozytenwerten auf [27]. Unsere Ribosomenpräparate enthielten aber im Durchschnitt einen geringeren Gesamt-Mg^{++}-Gehalt.

2. Allen 5 Hämolysaten, die aus einer Entblutungsanämie gewonnen wurden, war Medium C′ zugesetzt worden. Dieses Medium enthält weniger K^{+} und etwas mehr Mg^{++} als Medium A′

Wir konnten in ersten Versuchen zeigen, daß die Konzentration des gebundenen Mg^{++} in den Ribosomen vor allem von der Zusammensetzung des Präparationsmediums und nicht von der Hämolysatverdünnung beeinflußt wird [25].

Weiterhin zeigt Tabelle 2, daß langzeitig inkubierte Ribosomen bei 37° und 50 °C in Anwesenheit von 10^{-1} M Tris instabil sind und ihre rRNS abbauen. Erhöhung der Osmolarität des Inkubationsmediums durch Zusatz eines Nichtelektrolyten (Saccharose) hat praktisch keinen Einfluß auf die Höhe des rRNS-Abbaus (Tab. 3).

Tabelle 3
Einfluß von Elektrolyt- und Nichtelektrolytmedien auf den Selbstabbau von Ribosomen bei *p*H 7,5

Inkubation 15 Std. 37°	Inkubations-Medium		P-RNS-Abbau %
	Tris, *p*H 7,5 [M]	Saccharose [M]	
—	—	—	0,8
+	—	—	1,0
+	0,10	—	53
+	0,01	—	15
+	0,01	0,01	12,5
+	0,01	0,10	19
+	0,01	0,50	12,5
+	0,01	1,00	14

2. *RNase-Aktivität des abgelösten ribosomalen Proteins*

In einem Harnstoff-Salz-Medium wird fast das gesamte ribosomale Protein von der rRNS abgelöst. Unter unseren Bedingungen verbleiben nur 1 bis 2% des ribosomalen Eiweißes als Verunreinigung an der Nukleinsäure. Hochmolares LiCl allein [28] genügte in unseren Versuchen niemals, um das ribosomale Protein vollständig zu entfernen. Es blieben dann immer noch 10 bis 15% Eiweiß zurück. Aus den in Tabelle 4 dargestellten Ergebnissen aus 3 Präparationen ist zu ersehen, daß nach Harnstoff-LiCl-Behandlung zwischen 37 und 55% des auf diese Weise in Lösung gegangenen Proteins bei Ionenstärken unter 0,15 μ ausfallen und durch Zentrifugation abgetrennt

Tabelle 4
Löslicher und unlöslicher Anteil des abgelösten ribosomalen Proteins

Ribosomen (rRNS + rProt.)		rRNS		rProtein					
				gesamt		unlöslich		löslich	
mg	%	mg	%	mg	%	mg	%	mg	%
72,5	100	32,5	45,2	40,0	54,8	21,0	29,0	19,0	25,8
58,5	100	27,0	46,1	31,5	53,9	17,5	30,0	14,0	23,9
63,0	100	27,0	42,8	36,0	57,2	13,2	21,0	22,8	36,2

werden können. Bezieht man diesen „unlöslichen" Anteil des ribosomalen Proteins auf die Menge rRNS + „unlösliches" Protein, so beträgt er 30%. Dieser Prozentsatz ist insofern interessant, da 1. bei der Synthese von E. coli Ribosomen unter Chloramphenikol, sogenannte ribosomale Vorstufenpartikel gebildet werden, deren Eiweißgehalt 30% beträgt und 2. Spirin et al. [46], [47], [60], [61] aus rRNS und rProtein von E. coli in Abwesenheit von Mg^{++} Partikel mit dem gleichen prozentualen Eiweißanteil restituieren konnte. Diesen Teil des ribosomalen Proteins, in dem Spirin keinerlei enzymatische Aktivität nachweisen konnte, nannte er ribosomales Strukturprotein. Möglicherweise kann diese Hypothese über den Ribosomenaufbau auch auf die Retikulozytenribosomen ausgedehnt werden. Die RNase-Aktivität verbliebt in der löslichen Proteinfraktion (Tab. 5).

Tabelle 5
RNase-Aktivität des löslichen und unlöslichen ribosomalen Proteins

Präparation	% RNS-Abbau	
	lösl. rProt.	unlösl. rProt.
1	70,9	3,6
2	63,7	2,0
3	61,3	2,4

3. *Aktivierung und Hemmung der RNase durch einwertige Kationen*

Da wir in früheren Versuchen [15] zeigen konnten, daß die Konzentration einwertiger Kationen (z. B. K^+) von großer Bedeutung für die Stabilität der Ribosomen ist und viele Puffer einwertige Kationen enthalten, überprüften wir die Wirkung aller Alkaliionen einschließlich des NH_4^+ und der organischen Ionen $Tris^+$ und $Collidin^+$ auf die Aktivität der ribosomengebundenen RNase. Bei den in Abbildung 1 a dargestellten Versuchen wurden dem Inkubationsmedium steigende Konzentrationen von $Tris^+$ und $Collidin^+$ zugesetzt. Bei *p*H 7,5 und endlicher Verdünnung sind Tris zu 80% und Collidin zu 44% ionisiert. Berücksichtigt man die effektiven Kationenkonzentrationen der beiden Puffer und nicht ihre Molaritäten, so verhalten sich Tris⁺ und Collidin⁺ in ihrer Wirkung auf die RNase-Aktivität identisch. Kationenkonzentrationen von $3 \cdot 10^{-3}$ bis 10^{-1} M aktivieren den Abbau, höhere Konzentrationen hemmen ihn. Dies trifft auch für das rekonstruierte System zu

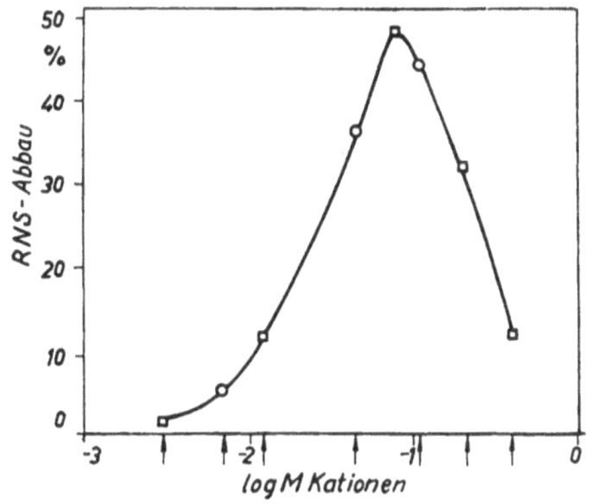

Abb. 1a

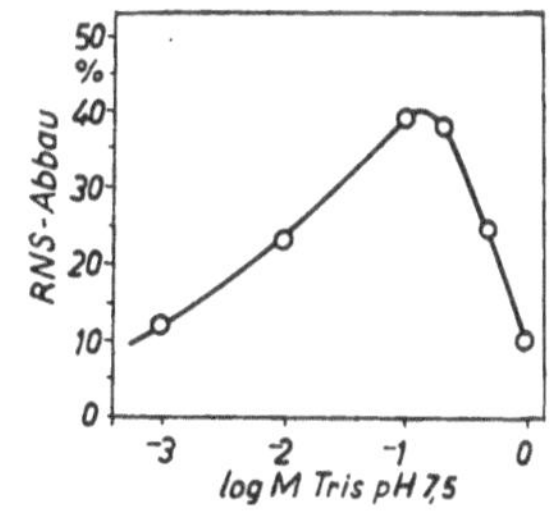

Abb. 1b

Abb. 1a. Einfluß von Tris- und Collidin-Kationen auf den endogenen RNS-Abbau der Ribosomen.
□ = Tris, *p*H 7,5 (Mittelwert von 9 Versuchen); ○ = Collidin, *p*H 7,5 (Mittelwert von 4 Versuchen). P-RNS = 50 µg, Inkubation: 15 Std., 37 °C

Abb. 1b. Einfluß von Tris-Kationen auf den RNS-Abbau im rekonstruierten System. 0,48 mg RNS, 0,09 mg Protein. Inkubation: 5 Std., 50 °C

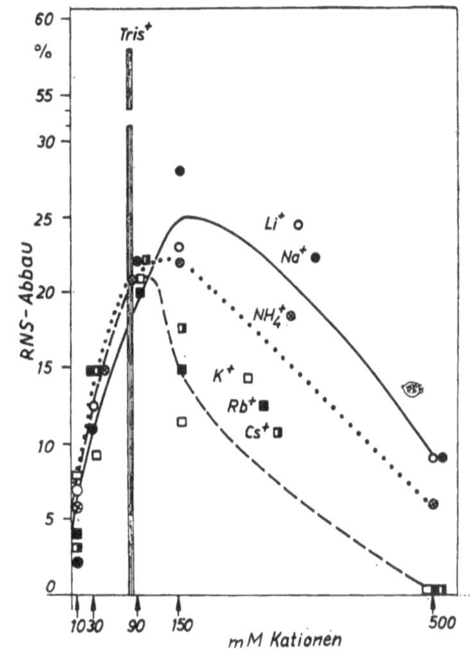

Abb. 2. Einfluß der Alkali-Kationen auf den endogenen RNS-Abbau der Ribosomen.
Alle Versuchsreihen wurden zur gleichen Zeit inkubiert; Ribosomen aus einer Stammsuspension

(Abb. 1b). Bei Kontrolle des *p*H vor und nach Inkubation der Ribosomen zeigte sich, daß eine Mindestkonzentration von $5 \cdot 10^{-3}$ M Puffer vorliegen muß, um die *p*H-Konstanz zu wahren. Bei Testung der Wirksamkeit der Alkaliionen wurde daher dem Inkubationsmedium 10^{-2} M Collidin-Puffer zugesetzt, das sind $4{,}4 \cdot 10^{-3}$ M Collidin-Kationen. Abbildung 2 zeigt, daß alle geprüften einwertigen Kationen in Abhängigkeit von ihrer Konzentration sowohl aktivieren als auch hemmen und der Wirkungsmechanismus daher weitgehend unspezifischer Natur sein muß. Obwohl die Kurven für alle Alkaliionen gleichartig sind, bestehen doch geringgradige Unterschiede zwischen ihnen. Diese betreffen die optimale Ionenkonzentration für den Abbau sowohl als auch das Ausmaß der Hemmung. K^+, Rb^+ und Cs^+ bewirken einen relativ hohen Abbau nur in einem engen Konzentrationsbereich. Dieser ist für NH_4^+ etwas breiter. Bei Li^+ und Na^+ wäre sogar denkbar, daß die optimale Konzentration für den Abbau mit 150 mM noch nicht erreicht wurde. Zwischen den Gruppen der Alkalimetalle einschließlich des NH_4^+ einerseits und den organischen Kationen $Tris^+$ und $Collidin^+$ andererseits besteht ein gewisser quantitativer Unterschied im Ausmaß der Aktivierung. Die größere Wirksamkeit der organischen Kationen ist möglicherweise darauf zurückzuführen, daß sie neben dem positiv geladenen quarternären Stickstoff hydrophobe Gruppen enthalten, die zu einer Aktivierung der RNase beitragen.

4. pH-Abhängigkeit des RNS-Abbaus

In früheren Versuchen [15] hatten wir ein *p*H-Optimum des RNS-Abbaus mit einem Gipfel zwischen *p*H 5 und 6 sowie eine kleine Schulter im Neutralbereich gefunden. Abbildung 3a zeigt, daß unter Einhaltung konstanter Kationenkonzentrationen über den gesamten zu prüfenden *p*H-Bereich die erwähnte Schulter in einen zweiten Gipfel übergeht, der im schwach alkalischen Bereich liegt. Ausprägung und Lage der *p*H-Optima variieren etwas in Abhängigkeit von der Ionenstärke [16] (Abb. 3b). Die beiden Gipfel sprechen für das Vorliegen von zwei verschiedenen Enzymen. Abbildung 3c zeigt, daß beide Enzyme im Rohextrakt (siehe oben) enthalten sind. Für die saure Nuklease-Aktivität der Ribosomen gäbe es mehrere Erklärungen:

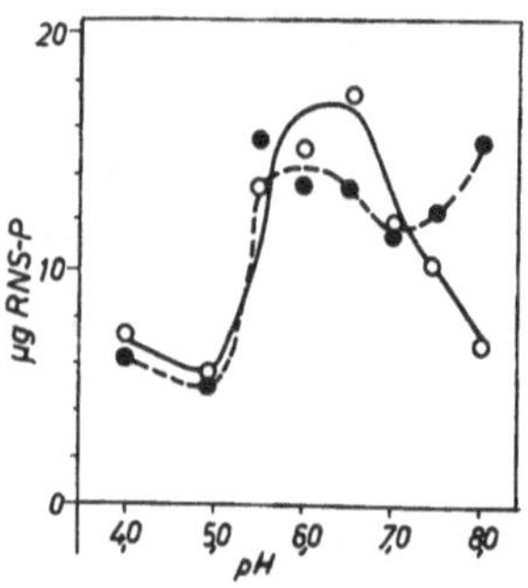

Abb. 3a. *p*H-Abhängigkeit des endogenen RNS-Abbaus der Ribosomen bei konstanter Kationenkonzentration. Einstellung des jeweiligen *p*H durch 14 mM Zitrat- oder Collidin-Puffer, deren Kationenkonzentration unterschiedlich ist. In einer 2. Versuchsreihe Zugabe von 30 mM KCl. Inkubation: 5 Std., 50 °C, eingefr. Ribosomen

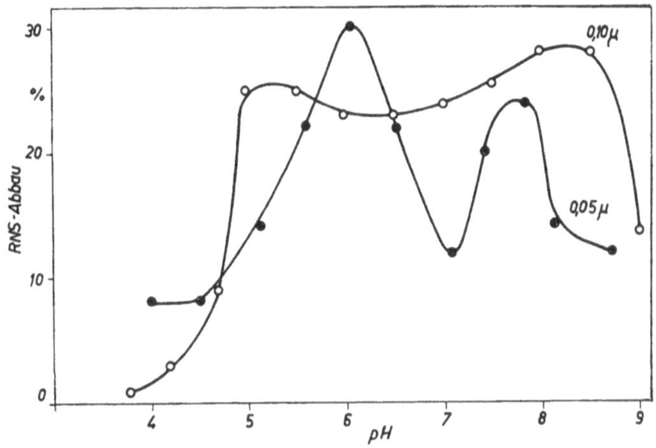

Abb. 3b. *p*H-Abhängigkeit des endogenen RNS-Abbaus der Ribosomen im Puffer konstanter Kationenkonzentration.
Modifizierter MICHAELIS-Puffer [29]. Inkubation: 15 Std., 37 °C, eingefrorene Ribosomen

1. Da das *p*H-Optimum der sauren Nuklease gut mit dem der Stroma-RNase übereinstimmt, könnte es sich um das gleiche Enzym handeln. Dann wären die Ribosomen entweder mit Stromateilchen verunreinigt, wogegen es eine Reihe Einwände gibt [59], oder es ist Enzymprotein in statu nascendi.

2. An den Ribosomen kommt eine andere saure Nuklease vor, die der Stroma-RNase sehr ähnlich sein müßte, da die Mononukleotide, die als Endprodukte des rRNS-Abbaus auftreten, wie bei der Stroma- und alkalischen RNase 3'-Phosphatester sind [41]. Die Aktivität jedes der beiden Enzyme kann sowohl an den Ribosomen als auch im Rohextrakt unabhängig voneinander variieren.

Die Beobachtungen, daß bei einer Ionenstärke von 0,1 μ die *p*H-Optima der beiden (am Ribosom gebundenen) Enzyme weniger gut voneinander ab-

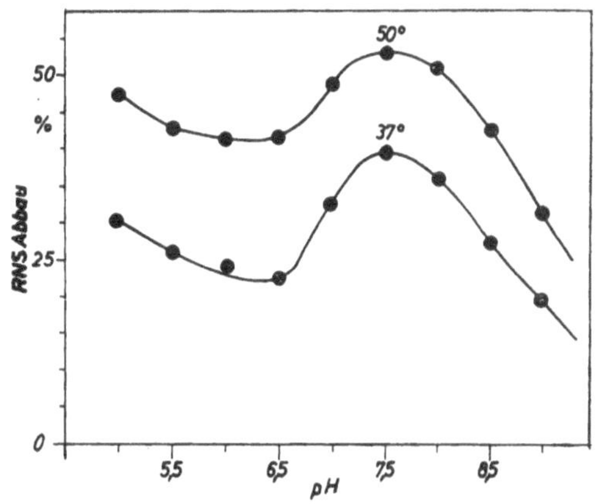

Abb. 3c. *p*H-Abhängigkeit des RNS-Abbaus im rekonstruierten System bei konstanter Kationenkonzentration. Modifizierter MICHAELIS-Puffer, 0,1 μ. Protein/RNS = 0,2. Inkubation: 20 Std., 37 °C und 50 °C

grenzbar waren als bei niedrigen Ionenstärken und auch die Höhe des Abbaus in Abhängigkeit von der Ionenstärke unterschiedlich variiert, sprechen sehr dafür, daß Aktivierung und Hemmung beider RNasen durch die Konzentration einwertiger Kationen unterschiedlich beeinflußt werden kann (Abb. 3b).

5. *Temperaturabhängigkeit des RNS-Abbaus bei pH 7,5*

Das Temperaturoptimum der an das Ribosom gebundenen [15] wie der abgelösten alkalischen RNase liegt bei +65 °C (Abb. 4).

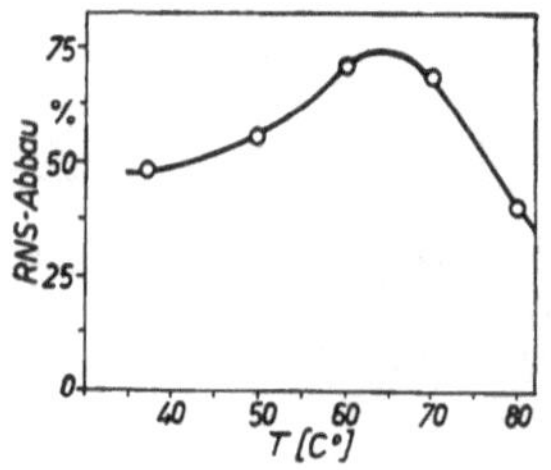

Abb. 4. Temperaturabhängigkeit des RNS-Abbaus im rekonstruierten System.
Inkubation: 15 Std., 0,74 mg RNS, 0,11 mg Protein, 0,1 M Tris, *p*H 7,5

6. *RNS-Abbau in Abhängigkeit von der Ribosomenkonzentration*

Da die Ribosomen gleichzeitig Enzym und Substrat stellen, wäre zu erwarten gewesen, daß die Abbaurate innerhalb bestimmter Grenzen von der Ribosomenkonzentration unabhängig ist. Mit steigender Ribosomenmenge im Ansatz (4 bis 60 μg P-RNS/ml) fanden wir aber eine Abnahme des Abbaus (Abb. 5). Das Volumen der inkubierten Proben und die Kationenkonzentration wurden konstant gehalten. Zur Erklärung für den Hemmeffekt

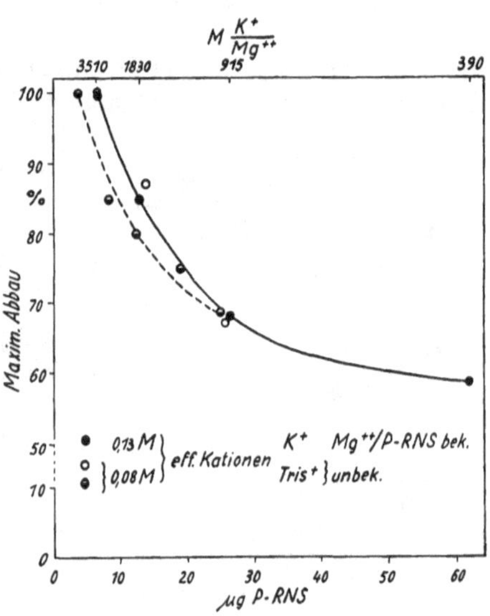

Abb. 5. Endogener RNS-Abbau in Abhängigkeit von der Ribosomenkonzentration.
Maximale Abbaurate in 1 ml Ansatz bei:
● = 7 μg P-RNS = 53%; 20 Std., 37°, $5 \cdot 10^{-3}$ M Collidin, *p*H 7,5, 0,13 M KCl; $M \frac{Mg^{++}}{\text{P-RNS}} = 0{,}167$; 1 ml Ansatz.
◒ = 4 μg P-RNS = 42%; 15 Std., 37°, 0,1 M Tris, *p*H 7,5; 3,5 ml Ansatz.
○ = 7 μg P-RNS = 68%; 15 Std., 37°, 0,1 M Tris, *p*H 7,5; 3,5 ml Ansatz

bei steigenden Ribosomenkonzentrationen im Ansatz auf den enzymatischen Abbau der rRNS bieten sich folgende Möglichkeiten an:

1. Mit steigenden Mengen Ribosomen im Ansatz steigt auch die Konzentration des Mg^{++} gegenüber den konstant bleibenden einwertigen Kationen an, d. h., der molare Quotient der einwertigen Kationen zum Mg^{++} wird kleiner. Der molare Quotient Mg^{++}/P-RNS ist dabei unverändert. Da der endogene Selbstabbau der Ribosomen, wie weiter unten noch gezeigt wird, vom molaren Quotienten einwertige Kationen/Mg^{++} abängig ist, könnte vielleicht das Mg^{++} für die Abbauhemmung verantwortlich gemacht werden.
2. Als weitere Ursache für die Hemmung könnten die Endprodukte des rRNS-Abbaus in Frage kommen [30]—[34].

7. *rRNS-Abbau in Abhängigkeit vom Eiweiß/RNS Quotienten im rekonstruierten System*

Die Erhöhung des Protein/RNS Verhältnisses (mg/mg) führt in den Grenzen von 0,1 bis 0,2 zu einer Abbausteigerung, die der Menge zugesetzten Enzyms proportional ist (Abb. 6). Vergleicht man die Quantität des rRNS-Abbaus der Ribosomen und des rekonstruierten Systems unter gleichen Inkubationsbedingungen (15 Std., +50 °C, 0,1 M Tris, *p*H 7,5), so ist der Abbau der rRNS im rekonstruierten System 5mal größer. Berücksichtigt man, daß die Hälfte des ribosomalen Proteins, die enzymatisch unwirksam ist, bei der Präparation des Enzymrohextraktes abgetrennt wird, so beträgt die Abbausteigerung gegenüber dem kompletten Ribosom nur das 2,5fache.

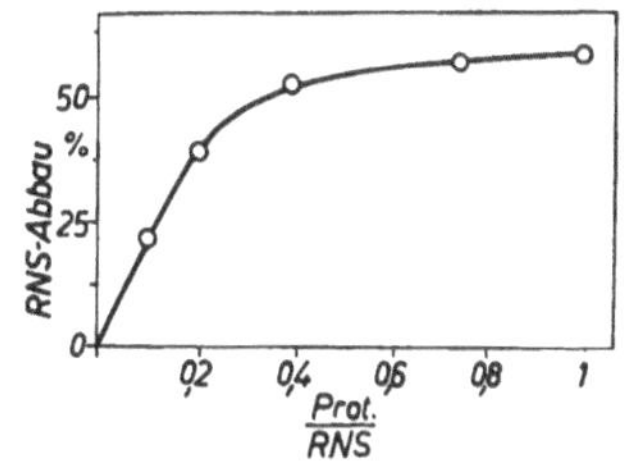

Abb. 6. RNS-Abbau in Abhängigkeit vom Protein/RNS-Quotienten im rekonstruierten System. Inkubation: 15 Std., 50 °C, 0,5 mg rRNS in 0,1 M Tris, *p*H 7,5

8. *Zeitabhängigkeit des rRNS-Abbaus*

Der rRNS-Abbau ist im Ribosom und im rekonstruierten System bei konstanten Kationenkonzentrationen innerhalb der ersten 10 Std. bei 37 °C proportional der Zeit (Abb. 7a und 7b). Dann tritt eine Hemmung auf, deren Ursache vielleicht auch in der Anhäufung der Reaktionsendprodukte gesucht werden könnte [30]—[34]. So wurde z. B. für die Pankreas-RNase gezeigt, daß 3'-UMP das Enzym hemmen kann [31], [33].

9. *Einfluß von Mg^{++} auf den rRNS-Abbau in den Ribosomen und im rekonstruierten System*

Mittels steigender Mg^{++}-Konzentrationen gelingt es, die aktivierende Wirkung der einwertigen Kationen auf den Abbau der rRNS in den Ribosomen

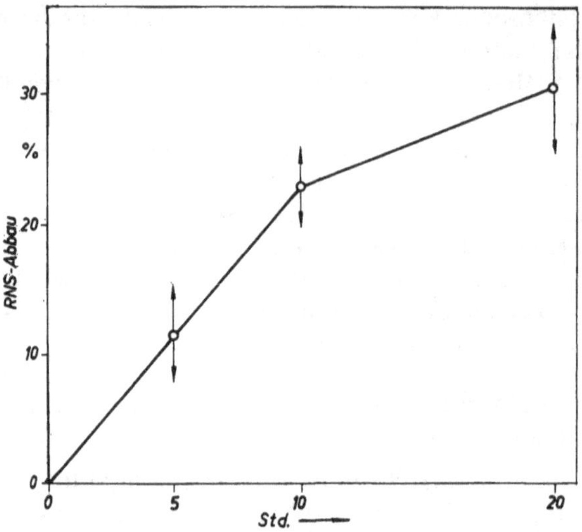

Abb. 7a. Zeitabhängigkeit des endogenen RNS-Abbaus der Ribosomen. Mittelwerte von 4 Versuchen. Vom RNS-Abbau bei 0,1 wurde der bei 0,005 M Tris, *p*H 7,5, subtrahiert. P-RNS im Ansatz = 10 bis 14 μg; RNS-Gehalt der Ribosomen 40% (Phenylhydrazinanämie)

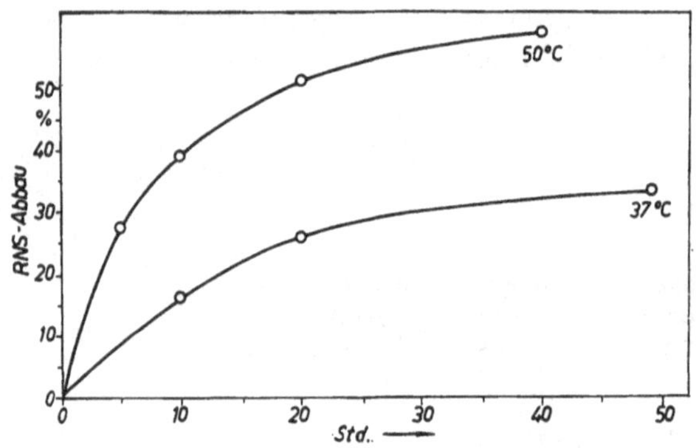

Abb. 7b. Zeitabhängigkeit des RNS-Abbaus im rekonstruierten System. RNS = 0,55 mg, Protein = 0,08 mg, 0,1 M Tris, *p*H 7,5

zu verhindern bzw. aufzuheben (Abb. 8a und 8b). Abbildung 8b zeigt an einer Ribosomenpräparation mit einem Gesamt-Mg^{++}-Gehalt von $5 \cdot 10^{-5}$ M und einem Mg^{++}/P-RNS Quotienten von 0,13 sowohl die Aktivierung des RNS-Abbaus durch steigende Tris-Konzentrationen als auch den Schutzeffekt durch zugesetztes Mg^{++} bei (für den Abbau) optimaler Tris-Konzentration von 0,1 M. Nur wenn man die Konzentrationen monovalenter Kationen zu denen des gebundenen Mg^{++} in Beziehung setzt, kann man für Aktivierung und Hemmung der enzymatischen Reaktion annähernd übereinstimmende Quotienten von M Kat^{+}/M Mg^{++}-geb. finden. Dies ergibt sich aus dem Befund, daß die Menge des gebundenen Mg^{++} von der gegebenen Konzentration der einwertigen Kationen abhängig ist [35], [36], [37], [25]. So beträgt bei einer Konzentration von 10^{-1} M K^+ und 10^{-2} M Mg^{++} Gesamtgehalt die Mg^{++}-Bindung $^1/_5$ des molaren P-RNS-Gehaltes. Bei 10^{-3} M K^+ im Medium wird die gleiche Mg^{++}-Bindung schon mit 10^{-3} M Mg^{++}-Gesamtgehalt erreicht [35].

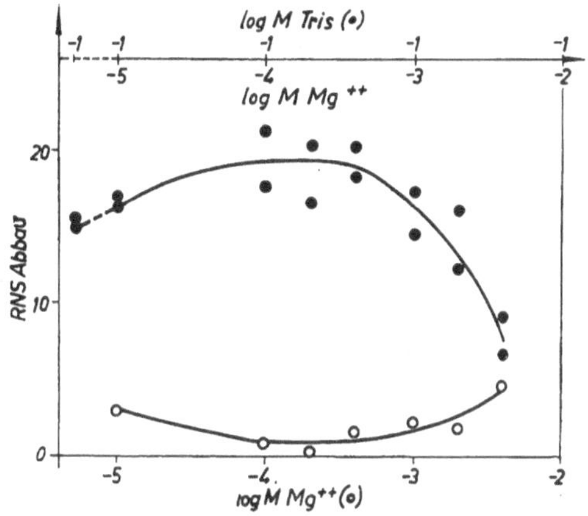

Abb. 8a. Mg^{++}-Einfluß auf den endogenen RNS-Abbau der Ribosomen. ○ = $5 \cdot 10^{-3}$ M Tris, pH 7,5, + Mg^{++} variabler Konzentration; ● = 0,1 M Tris, pH 7,5, + Mg^{++} variabler Konzentration.

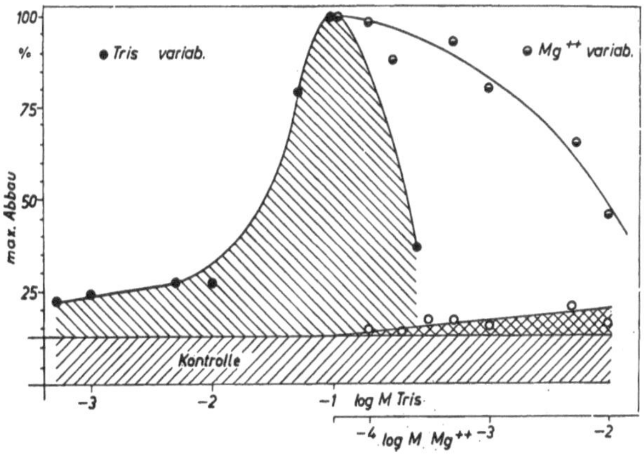

Abb. 8b. Mg^{++}-Einfluß auf den endogenen RNS-Abbau der Ribosomen. ● = Tris, pH 7,5, variabler Konzentration; ○ = $5 \cdot 10^{-3}$ M Tris, pH 7,5, + Mg^{++} variabler Konzentration; ◒ = 0,1 M Tris, pH 7,5, + Mg^{++} variabler Konzentration

Abbildung 9 macht wahrscheinlich, daß das Ausmaß der Mg^{++}-Bindung in den Ribosomen weder von der Temperatur noch von der Inkubationsdauer, dagegen aber, wie ausgeführt, von der Ionenstärke der einwertigen Kationen abhängig ist.

Im rekonstruierten System ist bei hoher Ionenstärke des Mediums (0,1 M Tris, *p*H 7,5) keine hemmende Wirkung der divalenten Kationen (Mg^{++}) nachweisbar (Abb. 10). Bei niedriger Ionenstärke übt Mg^{++}-Zusatz eine geringfügige Steigerung auf den rRNS-Abbau aus.

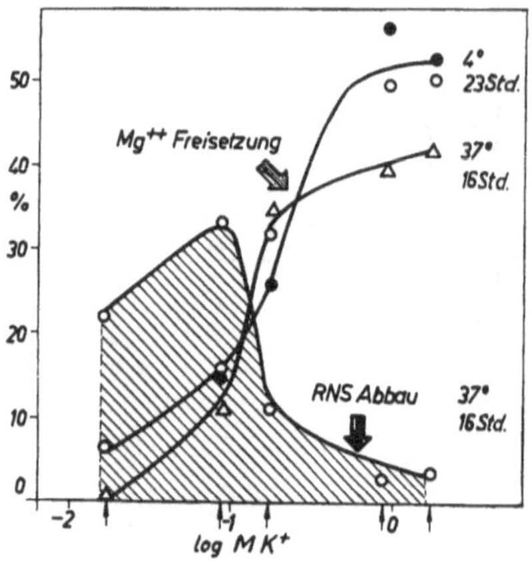

Abb. 9

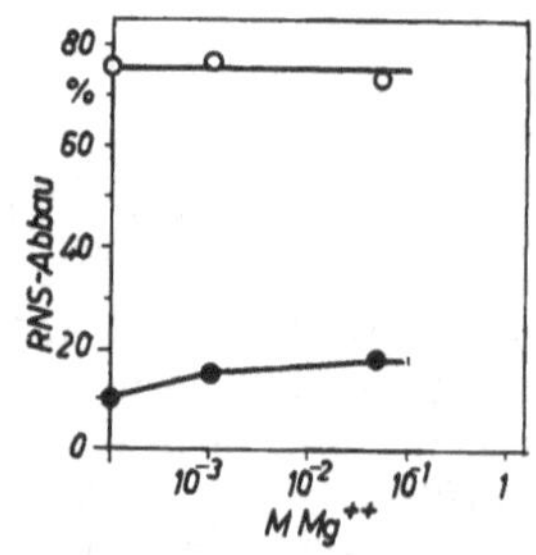

Abb. 10

Abb. 9. Einfluß der Kationenkonzentration auf die Mg^{++}-Freisetzung und RNase-Aktivität der Ribosomen.
Alle Versuchsreihen aus der gleichen Ribosomensuspension (eingefrorene Ribosomen)

Abb. 10. Mg^{++}-Einfluß auf die RNase-Aktivität im rekonstruierten System.
Inkubation: 20 Std., 50 °C; 0,1 M Tris, (○), *p*H 7,5, und $5 \cdot 10^{-3}$ M (●). 9,5 mg RNS, 0,1 mg Protein

Diskussion

1. Eigenschaften der RNase

Die in Tabelle 6 zusammengefaßten Eigenschaften der ribosomengebundenen und der abgelösten RNase aus Kaninchenretikulozyten zeigen, daß dieses Enzym der Pankreas-RNase sehr ähnlich ist [38], [39]. Es handelt sich um eine alkalische Endonuklease [40]. In einer früheren Arbeit hatten wir mitgeteilt, daß diese alkalische RNase wie die Pankreas-RNase die 5'-Esterbindungen der rRNS spaltet, die Pyrimidinnukleotiden benachbart sind. Als Endprodukte treten u. a. Mononukleotide auf, die am C'_3 der Ribose mit P verestert sind. Wir beobachteten mit diesen beiden Enzymen außerdem eine beträchtliche Uridinfreisetzung [41].
Es ist für die charakteristischen Eigenschaften der alkalischen RNase unerheblich, ob das Enzym im ribosomengebundenen oder im abgelösten Zustand (rekonstruiertes System) inkubiert wird. Die Aktivierung des rRNS-Abbaus ist in erster Linie ein Effekt der Ionenstärke einwertiger Kationen. Die beobachtete geringfügige Mg^{++}-Freisetzung (maximal 10%) bei Zugabe von monovalenten Kationen (bis 0,1 μ) zu den Ribosomen dürfte

keinen Einfluß auf die Aktivierung des gebundenen Enzyms haben, da auch im rekonstruierten System die einwertigen Kationen die gleiche, den rRNS-Abbau fördernde Wirkung haben, ohne daß hierbei Mg^{++} eine Rolle spielt. Der wohlbekannte Effekt hoher Ionenstärken einwertiger Kationen auf die RNase-Aktivität [42] könnte vielleicht mit Konformationsänderungen des Enzymeiweißes erklärt werden.

Tabelle 6

Eigenschaften der ribosomalen RNase aus Retikulozyten

Eigenschaften	Charakteristikum	
	Ribosom	Abgelöstes Enzym
*p*H-Optimum	7,5 bis 8,0	
Temperatur-Optimum	65°	
Einfluß monoval. Kationen		
Aktivierung	$5 \cdot 10^{-3}$ bis $1{,}5 \cdot 10^{-1}$ M	
Hemmung	$> 1{,}5 \cdot 10^{-1}$ M	
Einfluß divalenter Kationen (Mg^{++})	Hemmung	keine Hemmung
Spaltung		
Molekül	nicht bestimmt	Endonuklease
Bindung		5'-Ester
Basen		wahrscheinlich Pyrimidine

ROWLEY und BARNES [43] berichteten kürzlich, daß in Extrakten von Retikulozyten, die sie nach deren Behandlung mit hochmolarer Tris-Saccharose-ÄDTA-Lösung erhielten, eine Nuklease mit einem *p*H-Optimum bei 8,0 nachweisbar ist, die Poly-U, aber nicht Poly-A spalten kann und deren Quantität in den Extrakten mit dem Reifegrad der Zellen abnimmt. Die mitgeteilten Daten sprechen dafür, daß es sich um das von uns beschriebene Enzym handelt.

2. *Zur intrazellulären Lokalisation*

Wir halten es für wahrscheinlich, daß die alkalische RNase zum ribosomalen Protein gehört. Im Stroma [10] bzw. in den „ghosts" [11] von unreifen roten Blutzellen wurde sie nicht nachgewiesen. Die spezifische RNase-Aktivität des Zellsaftes bei *p*H 7,5, bezogen auf Hb-freies Eiweiß, war in ersten orientierenden Versuchen wesentlich niedriger als die des ribosomalen Eiweißes, so daß eine Lokalisation des Enzyms im Zellsaft oder das Vorliegen einer anderen löslichen RNase nicht sehr wahrscheinlich sind.

Wir können natürlich das Argument, daß während der Hämolyse die Adsorption des Enzyms an die Ribosomen stattgefunden hat, nicht vollständig entkräften. Für die alkalische RNase von E. coli [44] wurde eine solche Adsorption gefunden [45].

3. Einfluß des Mg^{++} auf das gebundene Enzym

Hinsichtlich der Wirksamkeit des Mg^{++} ergab sich ein Unterschied zwischen der RNase-Aktivität des Ribosoms und im rekonstruierten System. Nur am gebundenen Enzym hemmt Mg^{++} den rRNS-Abbau. Man muß daher annehmen, daß das Mg^{++} nicht direkt, sondern indirekt durch Stabilisierung der Ribosomenstruktur die RNase-Wirkung herabsetzt.
Über die Wirkungen des Mg^{++} auf die Ribosomen ist bekannt, daß eine bestimmte Konzentration dieses Ions notwendig ist.

1) zur Bindung eines Teils des ribosomalen Proteins an die Untereinheiten [46], [47], [60], [61] und zur Erhaltung ihrer räumlichen Struktur [62],

2) zur Aggregation der Untereinheiten zu Monomeren und der Monomeren zu Dimeren [21],

3) zur Bindung der mRNS [48] und der tRNS [49] an die Ribosomen.

Alle genannten Wirkungen schützen die Ribosomen mindestens partiell sowohl vor zugesetzter als auch vor endogener RNase [63]. Nach Edelman et al. [35] ist das Mg^{++} im Ribosomen an die negativ geladenen Gruppen der Phosphate der rRNS gebunden. Bestimmte 5'-Esterbindungen sind der Angriffsort der RNase. Es wäre denkbar, daß die unterschiedliche Wirkung des Mg^{++} auf die RNase-Aktivität im Ribosomen und im rekonstruierten System darin zu suchen ist, daß die Ribosomen als eine Art komplexes mizellares System ein besseres Herantreten des Mg^{++} an die negativen P-Gruppen ermöglichen. Die Neutralisation der negativen Ladungen durch Mg^{++} im Ribosom verschlechtert die Bedingungen zur Ausbildung des Enzym-Substrat-Komplexes. Die Wirkungslosigkeit des Mg^{++} beim Abbau freier rRNS wäre damit zu erklären, daß das Mg^{++}, wie die P-Gruppen nun stärker hydratisiert, eine geringere Interaktion mit letzteren zeigt, da die elektrostatischen Kräfte schwächer geworden sind.
Die höhere Abbaurate der rRNS im rekonstruierten System wird wahrscheinlich dadurch hervorgerufen, daß das Substrat für das Enzym leichter zugänglich ist.
Wir konnten durch Variation des Verhältnisses einwertiger zu zweiwertiger Kationen im Inkubationsansatz den Stabilitätszustand der Retikulozytenribosomen willkürlich festlegen. Die von Tal und Elson [50] berichtete geringe RNase-Aktivität in Ribosomen von Kaninchenretikulozyten findet eine Erklärung wahrscheinlich durch ihre Inkubationsbedingungen, die die Ribosomen stabilisieren und die RNase nicht zur Wirkung kommen lassen. Hinsichtlich der RNase-Aktivität im Ribosom ergibt sich somit ein kritisches Verhältnis zwischen den beiden Kationenarten.

Es ist zu vermuten, daß die in der Literatur immer wieder betonte relativ große RNase-Resistenz der Ribosomen von Kaninchenretikulozyten gegenüber Ribosomen aus anderen Quellen, z. B. JENSEN-Sarkom [37], auf die höhere Bindungskapazität ersterer für Mg^{++} [35] zurückzuführen ist.

4. Zur Problematik der intrazellulären Regulation der RNase-Aktivität

Wir wissen gegenwärtig nicht, wie unter intrazellulären Bedingungen die Regulation der RNase-Aktivität erfolgt. Ein Hemmstoff, wie er für die saure Stroma-RNase existiert [12]—[14], ist bisher unbekannt. Es wäre denkbar, daß das kritische Verhältnis zwischen ein- und zweiwertigen Kationen auch für die Regulation des intrazellulären Abbaus der rRNS (und mRNS) von Bedeutung sein könnte.

In vitro-Versuche [21], [35] zeigten, daß die Mg^{++}-Bindung an die Ribosomen von der Konzentration der einwertigen Kationen abhängig ist. Bei konstanter Konzentration an einwertigen Kationen ($7 \cdot 10^{-2}$ M K^+) bedingt die Konzentration an freiem Mg^{++} den Gehalt der Ribosomen an gebundenem Mg^{++}. Eine Abnahme des freien Mg^{++} von 10^{-2} auf 10^{-3} M senkt das gebundene Mg^{++} auf die Hälfte (von 0,4 auf 0,2 molarer Quotient gebundenes Mg^{++} zu P-RNS). Ein Quotient von 0,2 und größer ist notwendig, um die 78 S Form der Ribosomen zu erhalten. Es ist anzunehmen, daß auch bei $1{,}4 \cdot 10^{-1}$ M K^+ ein ähnlicher Verlauf der Bindungskurve des Mg^{++} an die rRNS der Ribosomen vorliegt, wobei die Affinität des Mg^{++} zum P-RNS etwas vermindert ist.

Eine Übertragung dieser in vitro gewonnenen Daten auf die Bedingungen in vivo gestattet folgende Überlegung:

Während der Reifung der Erythrozyten sinkt der Mg^{++}-Gehalt von 14 mMol [27] auf 2 bis 3 mMol je Liter Zellen [27], [51]—[53], während die K^+-Konzentration nur unwesentlich abnimmt. Aus der intrazellulären Konzentration der Kationen ($K^+ = 140$ mM, $Mg^{++} = 14$ mM) folgt ein molarer Quotient gebundenes Mg^{++} zu P-RNS von ca. 0,3. Selbst bei maximalen Retikulozyten-Werten von 80 bis 90%, die einem P-RNS-Gehalt bis zu 6,4 mMol [54], [55] entsprechen können, ist nur etwa 15% (maximal 1,9 mMol) des Gesamt-Mg^{++} ribosomal gebunden. Daraus ergibt sich ein molares Verhältnis der einwertigen Kationen zum gebundenen Mg^{++} von etwa 70. Bei diesem Quotienten zeigen die Ribosomen während der Inkubation in vitro keine Freisetzung von säurelöslichen P. Es wäre allerdings denkbar, daß trotzdem eine geringe RNase-Wirkung vorhanden ist, die bei Spaltung der rRNS in größere Bruchstücke kein säurelösliches P liefert. Die mRNS ist gegen RNase wesentlich empfindlicher. Schon nach Inkubation von wenigen Minuten nimmt die Aminosäure-Einbaurate ab [13].

Die Vorstellung, daß ein intrazellulärer Anstieg von Mg^{++}-Fängern das ribosomal gebundene Mg^{++} senken und damit ein regulatives Prinzip darstellen könnte, steht mit den beobachteten Daten (Tab. 7) in Widerspruch. ATP, das die größte Komplexbindungskonstante für Mg^{++} aufweist [57], nimmt im Reifungsprozeß ab [56], während die relativ große intrazelluläre 2,3-PGS-Konzentration von ihm nicht oder nur geringfügig beeinflußt wird [58], [64], [65].

Die Abnahme des gebundenen Mg^{++} während der Reifung führt zu Bedingungen, die die Stabilität der Ribosomen gegenüber der RNase vermindern.

Tabelle 7

Intrazelluläre Konzentration an Mg^{++} und Mg^{++}-Komplexbindner in roten Blutzellen von Kaninchen

Verbindung	Retikulozyten [mM]	Erythrozyten [mM]	Bindungs-K Mg^{++}
P-RNS	6,4[a]	0,3	$2{,}1 \cdot 10^2$*
ATP	3,4[b]	1,4	$2{,}5 \cdot 10^4$
2,3 PGS	9,0 od. <	9,0	10^2
Mg^{++}	14,2[c]	3–4	

Angaben in mMol l $Zellen^{-1}$.
Phenylhydrazinanämie – Retikulozyten [a] = 90%, [b] = 80%, [c] = 85%.
* bei Ionenstärke 0,15 μ

Das Absinken der intrazellulären Mg^{++}-Konzentration im Verlauf der Zellreifung ist größer als sich aus der Senkung der ATP- und 2,3-PGS-Konzentration und dem Ribosomenverlust ergeben würde. Folglich müßten noch andere Faktoren die Mg^{++}-Abnahme beeinflussen, für die wir vorläufig noch keine Hinweise haben.

Literatur

[1] CLARKE, R. B. und W. J. RUTTER: Exp. Cell Res. **40**, 425 (1965).
[2] MARKS, P. A., R. A. RIFKIND und D. DANON: Proc. nat. acad. sci. (USA) **50**, 336 (1963).
[3] RIFKIND, R. A., L. LUZATTO und P. A. MARKS: ibid. **52**, 1227 (1964).
[4] MARKS, P. A., A. R. RIFKIND und F. CONCONI: Biochem. J. **95**, 62P (1965).
[5] GLOWACKI, E. R. und R. L. MILETTE: J. Mol. Biol. **11**, 116 (1965).
[6] DANON, D., T. ZEHNVI-WILNER und G. R. BERMAN: Proc. nat. acad. sci. (USA) **54**, 873 (1965).
[7] ROSENTHAL, S., W. KÜNZEL und C. WAGENKNECHT: Acta biol. med. german. **13**, 281 (1964).
[8] ROST, G. und S. RAPOPORT: ibd. **7**, 226 (1961).
[9] BERTLES, F. J. und W. S. BECK: J. biol. Chem. **237**, 3770 (1962).
[10] LINDIGKEIT, R.: Fol. Haematol. **74**, 251 (1956).
[11] ADACHI, K., K. NAGAMO, T. NAKAO und M. NAKAO: Biochim. Biophys. Acta **92**, 59 (1964).
[12] ROST, G.: Acta biol. med. german. **3**, 276 (1959).
[13] TRAUB, P., W. ZILLIG, R. L. MILETTE und M. SCHWEIGER: Hoppe Seylers Z. Physiol. Chem. **343**, 261 (1961).
[14] LINDIGKEIT, R. und S. RAPOPORT: Naturw. **5**, 127 (1955).
[15] ROSENTHAL, S., S. M. RAPOPORT und G. HEINEMANN: Acta biol. med. german. **13**, 946 (1964).

[16] JAGEMANN, K. und S. ROSENTHAL: Fol. Haematol. **83**, 162 (1965).
[17] SPITNIK-ELSON, P.: Biochem. Biophys. Res. Commun. **18**, 557 (1965).
[18] LINDIGKEIT, R. und S. RAPOPORT: Naturw. **4**, 165 (1954).
[19] SCHWARZBECK, L.: Inauguraldissertation 1957. Berlin, Humboldt-Universität Med. Fak.
[20] PREHN, S. und S. ROSENTHAL: Unveröffentlichte Daten.
[21] Ts'o, P. O. P. und J. VINOGRAD: Biochim. Biophys. Acta **49**, 113 (1961).
[22] BARTLETT, G. R.: J. biol. Chem. **234**, 466 (1959).
[23] LOWRY, O. H., N. J. ROSEBROUGH, A. L. FARR und R. J. RANDALL: ibd. **193**, 265 (1951).
[24] ORANGE, M. und H. RHEIN: ibd. **189**, 379 (1951).
[25] JAGEMANN, K. und S. ROSENTHAL: Abstr. G 39, 3. Europ. Biochem. Kongreß Warschau 1966.
[26] Zitiert nach PETERMANN, M. L.: "The Physical and Chemical Properties of Ribosomes". Amsterdam-London-New York: Elsevier Publ. Comp., 1964.
[27] GUISBURG, S., J. G. SMITH und M. FREEMAN: Blood **20**, 722 (1962).
[28] BARLOW, J. J., A. P. MATHIAS, P. WILLIAMSON und D. B. CAMMACK: Biochem. Biophys. Res. Commun. **13**, 61 (1963).
[29] RAUEN, H. M.: Biochem. Taschenbuch. S. 658 Berlin-Göttingen-Heidelberg: Springer Verlag, (1956).
[30] ZITTLE, C. A. und E. H. READING: J. biol. Chem. **160**, 519 (1945).
[31] ZITTLE, C. A.: J. biol. Chem. **163**, 111 (1946).
[32] RICHARDS, F. M.: Compt. rend. Lab. Carlsberg, Ser. chim. **29**, 315, 322, 329 (1955).
[33] DAVIS, F. F. und F. W. ALLEN: J. biol. Chem. **217**, 13 (1955).
[34] EDELHOCH, H. und J. COLEMAN: ibd. **219**, 351 (1956).
[35] EDELMAN, I. S., P. O. P. Ts'o und J. VINOGRAD: Biochim. Biophys. Acta **43**, 393 (1960).
[36] PETERMANN, M. L.: J. biol. Chem. **235**, 1998 (1960).
[37] HAMILTON, N. G.: Ph. D. Dissertation Cornell University (1960). Zitiert nach M. L. Petermann in: "The Physical and Chemical Properties of Ribosomes". Amsterdam-London-New York: Elsever Publ. Comp. (1964) 145.
[38] KUNITZ, M.: J. gen. Physiol. **24**, 15 (1940).
[39] ANFINSEN, C. B. und F. H. WHITE JR.: In: "The Enzymes". 2. Aufl., Bd. **5**, 95 (1961). New York-London: Academic Press.
[40] ROSENTHAL, S. und S. PREHN: Abstr. G 53. 3. Europ. Biochem. Kongr. Warschau (1966).
[41] ROSENTHAL, S., S. PREHN und S. RAPOPORT: Acta biol. med. german. **17**, 667 (1966).
[42] WINSTEAD, J. A. und F. WOLD: J. biol. Chem. **240** PC 3694 (1965).
[43] ROWLEY, P. T. und F. BARNES: Fed. Proc. **25**, 2570 (1966).
[44] ELSON, D.: Biochim. Biophys. Acta **27**, 207 (1958).
[45] NEU, H. C. und L. A. HEPPEL: Biochem. Biophys. Res. Commun. **14**, 109 (1964).
[46] SPIRIN, A. S.: Erwin-Baur-Gedächtnisvorlesung 3. „Struktur und Funktion des genetischen Materials". Akademie Verlag Berlin 163 (1964).
[47] SPIRIN, A. S., N. A. KISSELEV, R. S. SHAKULOV und A. A. BOGDANOV: Biochimija **28**, 920 (1963).
[48] WOLFE, S. M. und A. S. WEISBERGER: Proc. nat. acad. sci. (USA), **53** 991 (1965).
[49] GILBERT, W.: J. Mol. Biol. **6**, 389 (1963).
[50] TAL, M. und D. ELSON: Biochim. Biophys. Acta **76**, 40 (1963).
[51] GREENBERG, D. M., S. P. LUCIA, M. A. MACKEY und E. V. TUFTS: J. biol. Chem. 100 (1933) 139.
[52] EVELETH, D. F.: ibd. **119**, 289 (1937).
[53] GUEST, G. M. und S. RAPOPORT: Physiol. Rev. **21**, 410 (1941).
[54] GOETZE, E., R. LINDIGKEIT und S. RAPOPORT: Biochem. Z. **326**, 48 (1954).
[55] LINDIGKEIT, R., E. GOETZE und S. RAPOPORT: ibd. **325**, 548 (1954).

[56] Rapoport, S., G. M. Guest und M. Wing: Proc. Soc. exp. Biol. Med. **57**, 344 (1944).
[57] Wiberg, J. S. und W. F. Neuman: Arch. Biochem. Biophys. **72**, 66 (1957).
[58] Rapoport, S. und G. M. Guest: J. biol. Chem. **138**, 269 (1941).
[59] Rosenthal, S., K. Jagemann und H. Heinemann: Fol. Haematol. **83**, 154 (1965).
[60] Lerman, M. I., A. S. Spirin, L. P. Gavrilova und V. F. Golov: J. Mol. Biol. **15**, 268 (1966).
[61] Spirin, A. S., N. V. Belitsina und M. I. Lerman: ibd. **14**, 611 (1965).
[62] Gesteland, R. F.: ibd. **18**, 356 (1966).
[63] Cammack, K. A. und H. E. Wade: Biochem. J. **96**, 671 (1965).
[64] Towne, J. C., V. W. Rodwell und S. Grisolia: J. biol. Chem. **226**, 777 (1958).
[65] Roigas, H.: Inauguraldissertation Berlin (1960), Humboldt-Universität Med. Fak.

Summary

S. Rosenthal, K. Jagemann, S. Prehn and G. Heinemann: An alkaline RNase from ribosomes of rabbit reticulocytes: properties of the bound and free enzyme; influence of mono- and bivalent cations

A RNase active in the weakly alkaline region has been demonstrated in the protein of ribosomes from rabbit reticulocytes. The behaviour of both the bound enzyme and the enzyme dissociated by means of high-molar LiCl urea solution is similar in almost any parameter and bears some resemblance to that of the pancreas RNase. The optimum *p*H varies between 7.5 and 8.0 depending on the ion strength, and the optimum temperature is 65 °C. The enzyme is activated by monovalent cations with ion strength not exceeding 0.1 μ; higher ion strengths exert an inhibitory effect. Mg ions in presence of monovalent cations (0.1 μ) failed to act on the dissociated enzyme, low ion strengths raised it slightly. The bound enzyme is inhibited by addition of Mg^{++}. Mg^{++} is assumed to have an indirect, ribosome-stabilizing action. The activation of the ribosome-bound enzyme is affected by the molar quotient from monovalent to bivalent cations. High ion strengths exceeding 0.1 μ partly release Mg^{++} from the ribosomes. It is possible under in vitro conditions to vary the stability of the ribosomes against endogenous RNase activity by varying the composition of the incubation medium.

Резюме

С. Розенталь, К. Ягеманн, С. Прен и Г. Гейнеманн: Щелочная РНаза из рибосом ретикулоцитов кроликов: свойства связанного и разобщенного энзима, влияние одновалентных и двухвалентных катионов

В протеине рибосом обнаруживалась РНаза, действующая в слабо щелочном диапазоне pH. Свойства этого энзима, связанного с рибосомами и отделяемого с помощью высокомолярного раствора LiCl с мочевиной энзима, совпадают почти по всем характеристикам и имеют сходство с панкреатической РНазой. Оптимальная величина pH, в зависимости от ионной силы, лежит в пределах от 7,5 до 8,0; а оптимальная температура равна 65°. Энзим активируется одновалентными катионами с ионной силой до 0,1 μ, а ингибруется при воздействии более высокой ионной силы. Магниевые ионы в присутствии одновалентных катионов (0,1 μ) не имеют эффекта на отделенный энзим, а слабо повышающее действие при более низкой ионной силе. Связанный с рибосомами энзим ингибируется прибавлением Mg^{++} при оптимальных условиях расщепления. Активация связанного энзима определяется молярным квоциентом от одновалентных катионов к двухвалентным. Высокая ионная сила выше 0,1 μ вызывает частично высвобождение Mg^{++} из рибосом. В условиях in vitro оказалось возмсжным, варьированием состава инкубационной среды оказывать влияние на устойчивость рибосом к активности эндогеннсй РНазы.

Acta biol. med. german., Band 18, Seite 351—358 (1967)

Aus dem Institut für Pathologische Physiologie der Friedrich-Schiller-Universität Jena
(Direktor: Prof. Dr. E. GOETZE)

Die Entwicklung der Glutamat-Pyruvat-Transaminase in der Leber neugeborener weißer Ratten und ihre Veränderung durch Röntgenstrahleneinwirkung während der Foetalzeit oder durch Kortikoidinjektionen nach der Geburt

T. GOETZE und K.-P. MÜLLER

(Eingegangen am 4. 11. 1966)

Zusammenfassung

Die an neugeborenen Ratten untersuchte Glutamat-Pyruvat-Transaminase der Leber wies einen 18fachen Aktivitätsanstieg vom letzten pränatalen bis zum 40. Lebenstag auf. Am 18. bis 19. Lebenstag war die Aktivität der Leber-GPT erwachsener, gravider Weibchen (22. Trächtigkeitstag) erreicht und verdoppelte sich noch im weiteren Verlauf des 1. Lebensmonats. Nach Applikation einer Ganzkörperröntgenbestrahlung von 400 R am 20. Graviditätstag wurde die Erstinduktion der Enzymaktivität bei den Neugeborenen beschleunigt. Am 3. bis 4. Lebenstag waren bereits die Aktivitätswerte erreicht, die unter normalen Bedingungen erst am 18. bis 19. Lebenstag gemessen wurden. Die Tiere starben am 5. bis 6. Lebenstag. Eine gleichartige Aktivitätssteigerung der GPT in der Leber Neugeborener wurde durch Kortikoidinjektionen erzielt.

Einleitung

Bei Ganzkörperröntgenbestrahlung trächtiger, weißer Ratten beobachteten wir, daß abhängig von der Dosis im zunehmenden Maße die Proteinsynthese der Foeten geschädigt wird, dargestellt durch die Verminderung des ^{14}C-Glyzineinbaus in die foetalen Leberproteine [1]. Dieser Befund warf die Frage auf, ob auch spezifische Proteine — z. B. Enzyme — von der Bildungshemmung betroffen sind. Viele Enzyme sind im Foetalalter noch nicht nachweisbar, andere zeigen geringe Aktivität. Die Aktivität steigt zu verschiedenen Zeitpunkten während der Geburt oder post partum an und erreicht in Tagen oder Wochen — verschieden je nach Enzym bzw. Spezies — die volle Höhe eines reifen Individuums [2]—[8].

Die Glutamat-Pyruvat-Transaminase der Leber ist ein Enzym, das sich erst später entwickelt, und es war von Interesse, ob eine Röntgenbestrahlung der im Uterus befindlichen Rattenfoeten den normalen Aktivitätsanstieg verzögert oder verhindert, ein Vorgang, welcher mit der verminderten Gesamtproteinsynthese korreliert sein könnte.

Andererseits beobachteten wir bei intrauterinen Bestrahlungen keine signifikanten Aktivitätsunterschiede bei der Laktatdehydrogenase foetaler Organe, dafür aber eine frühzeitige Angleichung der Herz- und Nieren-LDH-Isozyme an den Verteilungstyp erwachsener Tiere. Das setzt aber voraus, daß zu dem betreffenden Zeitpunkt unter der Strahlenwirkung in den genannten Organen die Polypeptidketten des Herztyps vermehrt und die Polypeptidketten des Muskeltyps vermindert gebildet werden müssen. Wir faßten dies als eine strahleninduzierte Beschleunigung der Enzymreifung auf [9]. Dieser Befund deutet darauf hin, daß spezifische Proteine sich unabhängig und differenzierter gegenüber Strahlenwirkungen verhalten, als die Nettosynthese der Gesamtproteine erwarten läßt.

In der folgenden Arbeit legen wir die Ergebnisse unserer Untersuchungen über die Aktivität der Leber-GPT trächtiger Ratten, der Foeten bzw. Neugeborenen unter Normalbedingungen und nach Ganzkörperröntgenbestrahlung und Kortikoid-Injektion vor.

Material und Methodik

Weibliche weiße Ratten eines Inzuchtstammes (Wistar) wurden im Alter von 4 bis 6 Monaten gedeckt. Der genaue Deckungstermin wurde durch Scheidenabstrich nach einem zeitlich begrenzten Zusammensein weiblicher und männlicher Tiere gesichert. Die normale Tragzeit unseres Stammes beträgt 22 Tage. Die Ernährung bestand in einer Standarddiät (Nährkonzentrat VEB Küssner-Werke, Berlin), welche aus 25% Eiweiß, 5% Fetten und 57% Kohlenhydraten + Vitaminen zusammengesetzt war. Zur Erhöhung des Eiweißgehaltes in der Nahrung während der Trächtigkeit wurde zusätzlich Trinkvollmilch gegeben. Wasser stand ad libitum zur Verfügung. Die Neugeborenen blieben bis zum Tag der Untersuchung beim Muttertier.

Die Röntgenbestrahlung wurde an graviden Tieren am 20. Trächtigkeitstag durchgeführt. Das Gewicht der Tiere betrug 270 bis 340 g. Die Ganzkörperbestrahlung erfolgte mit 400 R bei 200 kV, 20 mA, 1,5 mm Cu + 0,5 mm Al-Filter und einer Dosisleistung von 40 R/min. Die Ratten befanden sich in PVC-Kästen, die zur Fixierung der Tiere unter der Strahlenquelle mit PVC-Gaze überspannt waren.

In Äthernarkose wurde die Laparotomie zur Entnahme der Leber und der Foeten vorgenommen. Die Leber wurde mit 0,9%iger NaCl-Lösung abgespült und mit Fließpapier abgetupft. Etwa 100 bis 150 mg mütterliche Leber wurden in 15—20 ml dest. Wasser und etwa 200—350 mg foetale Leber oder Neugeborenenleber in 5—10 ml Wasser homogenisiert. Aus diesem Homogenat wurden 1 ml zur Glutamat-Pyruvat-Transaminase-Bestimmung, 0,5 ml zur Stickstoffbestimmung (Veraschung und Bestimmung mit Nessler-Reagens) und 0,2 ml zur Trockengewichtsbestimmung (2 Std. 105 °C) entnommen.

Die GPT-Bestimmung erfolgte nach Tonhazy et al. [10] unter Auslassung des Anilinzitrats.

Reaktionsgemisch: 0,5 ml DL-Alanin (60 μMol); 0,2 ml α-Ketoglutarat (20 μMol); 1,0 ml Boratpuffer, *p*H 8,6; 1,0 ml Homogenat.

Der Leerwert enthielt statt Alanin Boratpuffer. Die endgültige *p*H-Einstellung betrug 8,4. Das Gemisch wurde 30 min bei 38 °C im Wasserbad inkubiert und die Reaktion durch Zugabe von 1,0 ml 10%iger Trichloressigsäure gestoppt. Nach 10 min wurde das Inkubat mit 0,5 ml 2,4-Dinitrophenylhydrazin (100 mg 2,4-Dinitrophenylhydrazin in 20 ml konz. HCl und 80 ml Aqua bidest.) versetzt und 5 min zur Hydrazonbildung stehen gelassen. Nach Zugabe von 2 ml H_2O-gesättigtem Toluol wurde mit einem rotierenden Glasstab gemischt und anschließend 10 min bei 3000 U/min zentrifugiert um

Trennung der Phasen zu erreichen. 1 ml der Toluolphase wurde abpipettiert, mit 4,0 ml alkoholischer Kalilauge vermischt und innerhalb von 20 min bei 530 nm im Spektralphotometer von VEB Carl Zeiss, Jena, in 1 cm-Küvetten photometriert. Die GPT-Aktivität wurde in μMol Brenztraubensäure/Std. und mg N_2 angegeben.
Zur Kortikoidbelastung wurde s.c. ein sehr ausgedehntes Depot gesetzt, um die bestmögliche Resorption zu ermöglichen. Es wurden Kristallsuspensionen in physiologischer Kochsalzlösung verwendet und zwar am 4. Tag post partum 25 μg Prednison/g Körpergewicht und am 1., 2. und 3. Tag post partum 25 μg Hydrokortison (Organon)/g Körpergewicht. Die Untersuchung erfolgte 6 Std. nach der s.c. Injektion. Bei Injektion von 230 μg Prednison/g Körpergewicht am 2. und am 4. Tag erfolgte die Untersuchung 30 Std. später.

Ergebnisse

Die am 20. Tag foetaler Entwicklung in utero bestrahlten Ratten zeigten eine signifikante Steigerung der GPT-Aktivität der Leber, wenn sie in den ersten 4 Lebenstagen untersucht wurde. Darüber hinaus waren keine Untersuchungen möglich, weil die Tiere nach Bestrahlung am 20. Foetaltag am 5. oder 6. Lebenstag starben oder vom Muttertier gefressen wurden.
In Abbildung 1 wird die Entwicklung der Leber-GPT bis zum 40. Lebenstag der Ratten dargestellt, wobei festgestellt wurde, daß Ratten zwischen dem 18. und 19. Lebenstag die Leber-GPT-Aktivität der reifen, graviden Tiere erreicht haben, dann aber auf weit größere Aktivitäten anstiegen, als bei den älteren, graviden Tieren beobachtet wurde.

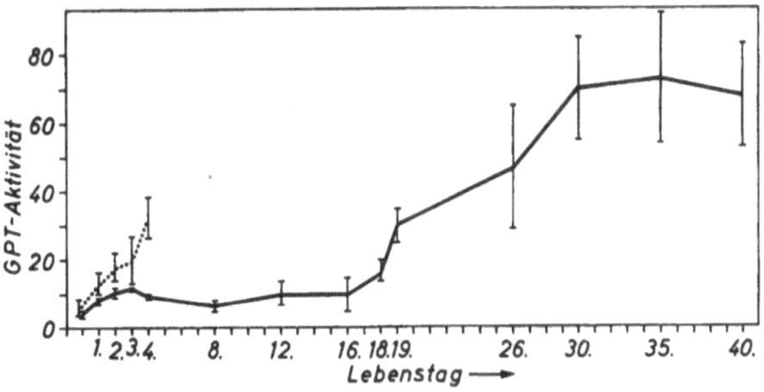

Abb. 1. Entwicklung der GPT-Aktivität in der Leber gesunder, junger Ratten bis zum 40. Lebenstag und neugeborener Ratten, die im Foetalalter (20. Tag) mit 400 R ganzkörperbestrahlt wurden.
Tierzahl: ≧ 4 Mittelwert; GPT-Aktivität in μMol Brenztraubensäure pro Std. und mg N mit Standardabweichung. ——— Kontrolltiere; - - - - = bestrahlte Tiere

Am 20. Foetaltag mit 400 R bestrahlte Neugeborene erreichen schon am 3. Lebenstag die Leber-GPT-Aktivität eines normalen, graviden Weibchens. Die Aktivität steigt am 4. Lebenstag bestrahlter Tiere auf das 3,5fache normaler, gleichaltriger Neugeborener. Bei den Muttertieren ist 2 Tage nach Bestrahlung, also am 22. Trächtigkeitstag, zwar ebenfalls eine Steigerung des Mittelwertes von 24 μMol bei unbestrahlten auf 32 μMol vorhanden, jedoch bei großer Streuung nicht signifikant, wie aus Abbildung 2 hervorgeht.

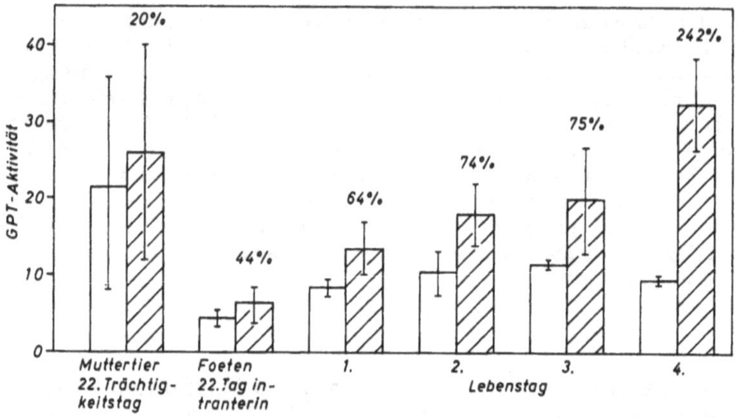

Abb. 2. Veränderungen der GPT-Aktivität in der Leber gesunder Ratten und nach 400 R Ganzkörperbestrahlung im Foetalalter (20. Tag).
Tierzahl: ≧ 4/Mittelwert; GPT-Aktivität in μMol Brenztraubensäure pro Std. und mg N (Ordinate).
Die Prozentzahlen geben die Steigerung der Aktivität gegenüber den Normaltieren an.
□ = Kontrolltiere; ▨ = bestrahlte Tiere

Wenn diese mächtige Aktivitätssteigerung bei den Neugeborenen das Ergebnis einer Röntgenstrahleninduktion ist, steht die Frage, auf welchem Wege diese Induktion entsteht.

Da die Nebennierenrinde ein Organ ist, das von Röntgenstrahlen affiziert wird und mit einer starken Kortikoidexkretion reagiert, testeten wir auch

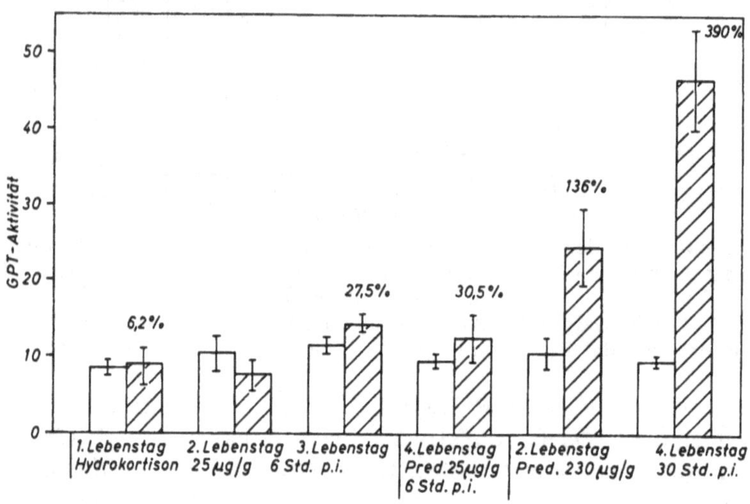

Abb. 3. Veränderungen der GPT-Aktivität in der Leber junger Ratten nach s.c. Injektion von Hydrokortison und Prednison.
Tierzahl: ≧ 4/Mittelwert mit Standardabweichung. GPT-Aktivität in μMol Brenztraubensäure pro Std. und mg N (Ordinate).
□ = Kontrolltiere; ▨ = nach Kortikoidinjektion

die Wirkung von s.c. Kortikoidinjektionen unter verschiedenen Bedingungen auf die Leber-GPT-Aktivität. Wie aus Abbildung 3 hervorgeht, kommt es bei Mengen von 25 µg/g Körpergewicht von Hydrokortison bzw. Prednison, 6 Std. nach Injektion untersucht, zu keiner Steigerung am 1. und 2. Lebenstag; am 3. und 4. Tag jedoch ist eine leichte Aktivitätssteigerung wahrnehmbar. Bei der 10fachen Dosis von Prednison, 30 Std. nach Injektion untersucht, ergab sich jedoch am 2. Lebenstag eine Aktivitätssteigerung auf das 2,5fache und am 4. Lebenstag auf das 4—5fache der nicht behandelten Tiere.

Da die Enzymaktivität auf den Stickstoff der Leber bezogen wird, mußte auch untersucht werden, ob dieses Bezugssystem an den verschiedenen Entwicklungstagen, besonders aber unter den pathologischen Einwirkungen von Röntgenstrahlen, größeren Schwankungen unterworfen ist.

Abbildung 4 zeigt, daß keine wesentlichen Änderungen des Stickstoffgehaltes pro Leberfrischgewicht nach Bestrahlung nachweisbar sind. Es besteht

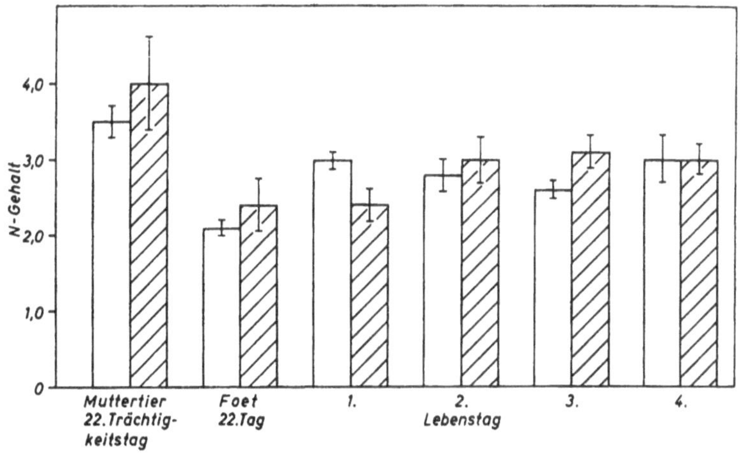

Abb. 4. Verhalten des N-Gehaltes (% N/Leberfrischgewicht) junger Ratten nach 400 R Ganzkörperbestrahlung im Foetalalter (20. Tag)
Tierzahl: $\geqq$ 4/Mittelwert mit Standardabweichung.
□ = Kontrolltiere; ▨ = bestrahlte Tiere

eine gewisse Tendenz zur Erhöhung des Stickstoffgehaltes pro Leber-Frischgewicht — mit Ausnahme des 1. Lebenstages — ohne statistisch signifikant zu sein. Eine Vergrößerung des Bezugssystems würde aber den ermittelten Wert für die Aktivität geringer erscheinen lassen. Trotzdem sahen wir unter den pathologischen Verhältnissen eine Steigerung der Enzymaktivität in der Neugeborenenleber, was für den echten Anstieg spricht.

Diskussion

An dem Beispiel einer initialen Induktion eines Enzyms konnte die Wirkung energiereicher Strahlen auf ein spezifisches Protein demonstriert werden. Wie die vorliegenden Ergebnisse zeigen, entwickelt sich normalerweise die Leber-GPT neugeborener Ratten erst im Laufe des 1. bis 2. Monats auf eine beträchtliche Höhe der Aktivität. Diese Induktion wird durch Ganzkörperröntgenbestrahlung der Foeten beschleunigt. Die Neugeborenen sterben am 5. oder 6. Lebenstag, wie auch in der Literatur beschrieben, aber die Fermentaktivität der GPT in der Leber ist schon in diesen wenigen Lebenstagen so groß, wie die bei einem graviden Weibchen vom 22. Graviditätstag bzw. bei normalen, weißen Ratten am 19. Lebenstag.

Aktivitätssteigerungen von Enzymen nach Strahleneinwirkung betreffen in erster Linie Enzyme des Abbaustoffwechsels und der Mechanismus, der zum Ansteigen der Aktivität führt, steht in allen Publikationen zur Diskussion.

Inaktivierung eines Inhibitors oder Befreiung strukturgebundener Fermente durch Zerstörung subzellulärer Organellen und damit Aktivierung wurde in Erwägung gezogen. HAGEN [11] hält die letztgenannte Erscheinung für die wahrscheinlichste; auch ROTH et al. [12] haben bei Verteilungsstudien saurer Hydrolasen in der Rattenmilz nach Ganzkörperbestrahlung neben Absolutsteigerungen auch intrazelluläre Verschiebungen vom Kern in das Zytoplasma festgestellt. Solche Verschiebungen müssen nicht unbedingt mit Steigerung der Gesamtaktivität einhergehen.

In einer späteren Arbeit wurde von HAGEN [13] jedoch die echte Enzyminduktion in Milz und Thymus bezüglich des gelatinespaltenden Kathepsins wegen der Steigerung der Gesamtaktivität pro Organ nach Ganzkörperröntgenbestrahlung angenommen.

Von anderen Autoren [14] wurden auch Transaminasen und Dehydrogenasen in Lymphozyten nach Ganzkörperröntgenbestrahlung erhöht gefunden.

Die mögliche intrazelluläre Verschiebung der GPT in der Leber der Tiere nach Bestrahlung haben wir nicht untersucht. Der beobachtete Aktivitätsanstieg bei normalen, jungen Ratten ist aber einer de novo-Synthese gleichzusetzen. Diese Neusynthese wird unter der Röntgenbestrahlung gesteigert bzw. vorverlegt, so daß es naheliegend ist, auch hierfür eine wirkliche Enzymzunahme anzunehmen.

Durch welche Einflüsse der ontogenetisch physiologische oder der strahleninduzierte Aktivitätsanstieg von Enzymen vor sich geht ist nicht völlig geklärt.

Da ein Anstieg des Adrenalgewichtes und die erhöhte Ausschüttung von Kortikoiden nach Bestrahlung beobachtet wurde [15], [16], wäre ein möglicher Zusammenhang zwischen Aktivitätsanstieg von Enzymen und Kortikoidwirkung gegeben. Auch wir konnten bei den neugeborenen Ratten durch Kortikoidinjektionen eine Aktivitätssteigerung nachweisen. Jedoch sind natürlich weitere Wirkungsmechanismen nicht ausgeschlossen. Die

Ausschaltung der Nebenniere, die für die Erforschung anderer Einflüsse notwendig wäre, läßt sich jedoch bei den Foeten bzw. bei Foeten und Muttertier praktisch nicht durchführen.
Eine weitere Möglichkeit der Steigerung von Enzymaktivitäten ist durch Veränderung von Zellpopulationen in den untersuchten Geweben gegeben. Schon normalerweise haben wir in der Leber kein völlig einheitliches Gewebe vor uns, große Veränderungen gehen auch in der Foetalzeit darin vor und pathologische Einflüsse können zusätzlich noch andere Veränderungen erzeugen.

Literatur

[1] Goetze, T. u. E. Goetze: Acta biol. med. german. **15**, 353 (1965).
[2] Goetze, E. u. G. Müller: Acta biol. med. german. **10**, 106 (1963).
[3] Donath, R.: Acta biol. med. german. **12**, 126 (1964).
[4] Donath, R.: Naturwissenschaften **49**, 609 (1962).
[5] Koppe, P. u. E. Goetze: Nature [London] **211**, 887 (1966).
[6] Theil, S.: Naturwissenschaften **53**, 436 (1966).
[7] Güttner, J. u. T. Goetze: Acta biol. med. german. **12**, 297 (1964).
[8] Herrmann, H. u. M. L. Tootle: Physiol. Rev. **44** ,289 (1955).
[9] Goetze, T. u. E. Goetze: Acta biol. med. german. **16**, 337 (1966).
[10] Tonhazy, N. E., N. G. White u. W. W. Umbreit: Arch. Biochem. Biophysics **28**, 36 (1950).
[11] Hagen, U.: Strahlentherapie **106**, 277 (1958).
[12] Roth, J. S., J. Bukowsky u. H. J. Eichel: Radiat. Res. **16**, 27 (1962).
[13] Hagen, U.: Strahlentherapie **117**, 201 (1962).
[14] Antonioli, J. A. u. A. Vanotti. In H. Fritz-Niggli: Strahlenwirkung und Milieu, Urban u. Schwarzenberg, München 1962. Entnommen aus: E. Scherer und H.-St. Stender: Strahlenpathologie der Zelle, Georg Thieme, Stuttgart 1963.
[15] Nims, L. F. u. J. L. Geisselsoder: Radiat. Res. **5**, 58 (1956).
[16] Nims, L. F. u. R. E. Thurber: Endocrinology **70**, 589 (1962).

Summary

T. Goetze and K.-P. Mueller: Development of glutamate pyruvate transaminase in the liver of newborn albino rats and its alteration after X-irradiation during the foetal period and by corticoid injections after birth

The activities of liver-GPT of newborn albino rats showed a 18-fold increase from the last prenatal day to the 40th day of life, reaching on day 18 to 19 after birth the activity of liver-GPT of adult pregnant females (day 22 of pregnancy) and doubling during the remainder of the first month. Total body X-irradiation with 400 R on day 20 of pregnancy accelerated the primary induction of enzymic activity in newborns. Already on the 3rd and 4th day of life activity levels were reached that were normally measured on day 18 and 19 after birth. The animals died on the 5th or 6th day. A similar increase in GPT activity in the liver of newborns has been induced by corticoid injections.

Резюме

Т. Гётце и К.-П. Мюллер: Развитие глютамат-пируват-трансаминазы в печени новорожденных белых крыс и ее изменение при воздействии рентгенового облучения в фетальном периоде или путем инъекций кортикоидов после рождения

Активность глютамат-пируват-трансаминазы печени новорожденных белых крыс повысилась на 18 раз от последнего предродового дня до 40го дня жизни.

В 18й до 19го дня жизни достигалась активность ГПТ печени взрослых беременных самок (22й день беременности) и даже удвоилась в течение первого месяца жизни. Общее рентгеновое облучение в 400 р в 20й день беременности ускорило первичную индукцию энзимной активности у новорожденных. В 3й до 4го дня жизни уже была достигнута активность, которая в нормальных условиях замерилась только в 18й до 19го дня жизни. Животные погибли в 5й до 6го дня жизни. Подобное повышение активности ГПТ в печени новорожденных достигалось инъекциями кортикоиодов.

Acta biol. med. german., Band 18, Seite 359—367 (1967)

Aus dem Pharmakologischen Institut der Deutschen Akademie der Wissenschaften zu Berlin (Direktor: Prof. Dr. F. JUNG)

Analytische Studien zur Bildungsweise mikrosomaler Membransysteme der Leberparenchymzelle in vitro

H. LÖWE und F. JUNG

(Eingegangen am 7. 11. 1966)

Zusammenfassung

Die Untersuchungen belegen, daß die vermehrte rough-Membranbildung in Leberparenchymzellen unter dem Einfluß von Dinitrophenol in vitro durch eine Umstrukturierung im Zytoplasma erfolgt. Zusätzliche energieverbrauchende Syntheseprozesse sind für die Membranbildung nicht notwendig. Im Vergleich zum Frischgewebe kommt es durch Inkubation von Leberschnitten in einem physiologischen Milieu mit und ohne Zusatz von Dinitrophenol zu einer gleichmäßigen Abnahme von Proteinen und Lipiden in den Mikrosomenfraktionen, die als Autolyse gewertet werden können. Zwischen Kontroll- und DNP-Inkubaten zeigt sich im Autolysegrad kein Unterschied. Im Vergleich zu den entsprechenden Kontrollen kommt es unter DNP zu einer RNS-Anlagerung, die wir als m-RNS-Anlagerung aus dem Hyaloplasma werten. Die m-RNS scheint für die Bildung von rough-Membranen im Zytoplasma wesentlich zu sein.

Einleitung

Wie wir berichteten [7], kann die Strukturierung endoplasmatischer Membranen der Leberparenchymzelle in vitro durch Änderung des Inkubationsmilieus beeinflußt werden. Unter den Bedingungen eines „Mangelstoffwechsels", den wir durch Zusatz von Dinitrophenol oder Malonat zum Inkubationsmilieu erzeugten, sahen wir eine auffällige Vermehrung ribosomenbesetzter Membranen im Zytoplasma der Leberparenchymzellen. Behandelten wir die entsprechenden Versuchstiere mit Aktinomyzin vor, so kam es unter analogen Bedingungen in vitro zu einer markanten Anreicherung von ribosomenfreien Membranen im Zytoplasma (smooth Membranen) [8]. In der Literatur sind ähnliche Zunahmen endoplasmatischer Membransysteme in vivo in Leberparenchymzellen unter den Bedingungen eines besonders aktiven „Entgiftungsstoffwechsels" beschrieben worden (REMMER und MERKER [11] u. a.). DALLNER und Mitarbeiter [1] diskutierten kürzlich anhand eigener Untersuchungen den Entstehungsmechanismus dieser Membransysteme in vivo. Wie auch schon REMMER und andere kamen sie zu der Auffassung, daß die vermehrt beobachteten mikrosomalen Membranen durch aktive Neusynthese gebildet werden. Anhand unserer Studien wiesen wir schon früher darauf hin, daß es neben der möglichen Membranbildung durch aktive Synthese noch andere Möglichkeiten geben muß. Wir beobachteten eine Membranbildung unter einer Energiemangelsituation der Zelle. Das schließt die Neusynthese weitgehend aus. Wir diskutierten daher, daß eine Neubildung endoplasmatischer Membranen auch durch eine einfache Umstrukturierung im Zytoplasma möglich sei. Für unsere Hypothese spricht auch die Theorie der Elementarpartikel, die annimmt, daß im Zytoplasma vorgebildet u. a. Bausteine endoplasmatischer Membranen vorliegen, die sich unter bisher nicht bekannten Bedingungen zur fertigen Membran strukturieren können [4]. Wir konnten unsere Arbeitshypothese durch die vorliegenden analytischen Studien weitgehend sichern.

Methodik

Wir inkubierten von Hand gefertigte Schnitte frischer Rattenlebern (3,0 g) in einem physiologischen Medium nach Krebs-Henseleit (Zusammensetzung wurde in einer früheren Arbeit angegeben [7]) bei 37 °C unter Luft, dem als Substrat 10^{-1} M Glukose zugesetzt wurde. In einem Teil der Ansätze induzierten wir einen „Mangelstoffwechsel", indem wir dem Medium $5 \cdot 10^{-4}$ M Dinitrophenol zusetzten. (Im weiteren Verlauf als Kontroll- und DNP-Inkubat bezeichnet). Nach einer Inkubationszeit von 35 min homogenisierten wir die gewaschenen Schnitte in 0,25 M Rohrzuckerlösung (Gewicht/Volumen = 1:4) und gewannen die Mikrosomenfraktion, indem wir den Mitochondrienüberstand für 90 min bei 100000 *g* zentrifugierten. Die Mikrosomen resuspendierten wir in 5 ml physiologischer Kochsalzlösung. Die so gewonnene Mikrosomenpräparation analysierten wir in folgender Weise:

Proteinbestimmung: Der Gesamtproteingehalt der Präparation wurde nach Kjeldahl bestimmt.

Zur Bestimmung der *Phospholipide* fällten wir eine äquivalente Menge der Mikrosomen (bzw. vergleichsweise des Hyaloplasmas) mit 10 Volumen 10%iger kalter Trichloressigsäure. Das Zentrifugat wurde mit Trichloressigsäure, danach mit Aqua dest. mehrmals gewaschen. Das gewaschene Zentrifugat wurde mit 75 ml einer Chloroform-Methanolmischung (2:1) 12 Std. extrahiert. Der organische Extrakt wurde mittels Filtration durch Glaswolle gereinigt und nach Dawson [2] mit 0,2 Volumen physiologischer Kochsalzlösung ausgeschüttelt. Die organische Phase wurde danach im Rotationsverdampfer evakuiert und die Lipide in 5 ml einer Äthanol/Methanol-Mischung (1:1) gelöst. In dem so gewonnenen Lipidkonzentrat wurde nach einer modifizierten Methode nach Lowry [9] der gesamte Lipidphosphatgehalt bestimmt. Außerdem wurden von den Lipidkonzentraten Dünnschichtchromatogramme in Anlehnung an die Methode von Haude et al. [6] angefertigt. Laufmittel: Chloroform/Methanol/Wasser = 65/25/4 (Vol.); Laufzeit-eindimensional: 60 min; Entwicklung der Lipidflecke mit einem Bromthymolblau- bzw. Ninhydrinspray [6], [3].

Den Gehalt an *Ribonukleinsäuren* in der Mikrosomenfraktion bestimmten wir nach Richter [12], indem wir das TCE-gefällte Material einer sauren Hydrolyse bei 100 °C unterwarfen und die Extinktion äquivalenter Mengen bei 265 nm bestimmten.

Den Gehalt an *Zytochrom* b_5 bestimmten wir nach Omura und Mitarbeiter [10] im Differenzspektrum folgendermaßen: die Mikrosomenpräparation wurde mehrmals in einer 0,15 M KCl gewaschen und nach Abzentrifugation bei 100000 *g* in 5 ml einer 0,25 M Rohrzuckerlösung resuspendiert. 1 ml dieser Suspension wurde mit 5 ml eines Albumin-Glyzylglyzin-Puffers, *p*H 7,4, gemischt. (Anfertigung des Puffers: in einer 0,15 M NaCl-Lösung werden 2% kristallinen Rinderalbumins gelöst, in einem weiteren Ansatz 0,15 M Glyzylglyzin. Beide Pufferstämme werden auf *p*H 7,4 eingestellt. Zu 100 Teilen der

Albuminlösung werden 20 Teile des Glyzylglyzinpuffers zugesetzt; dazu kommt weiterhin 1 Teil 0,11 M $MgCl_2$ und 4 Teile 0,15 M KCl). Die trübe Suspension wird gleichmäßig auf zwei Quarzküvetten verteilt und zunächst gegeneinander im Wellenbereich 400—500 nm gemessen. (Registrierendes Spektralfotometer SP 700 der Fa. Unicam/Cambridge). Danach wird zu einer Küvette eine geringe Menge Natriumdithionit zugesetzt und das Differenzspektrum im gleichen Wellenbereich gemessen. Es zeigt sich ein Extinktionsminimum bei 405 nm und ein Maximum bei 425 nm. Das Differenzspektrum zeigt den Gehalt an Zytochrom b_5 an. Die Größe der Extinktionsdifferenz zwischen 405 nm und 420 nm bezogen auf einen Proteingehalt von 10 mg/ml in der Mikrosomenpräparation gestattet eine Aussage über den Gehalt an Zytochrom b_5.
In Parallele wurden in jedem Fall Frischgewebe, Kontroll- und DNP-Inkubat untersucht, die von der gleichen Leber stammen. Aus den entsprechenden Ansätzen wurden Gewebeproben elektronenmikroskopisch aufgearbeitet. In jedem Fall zeigten sich in den DNP-Inkubaten Anreicherungen von rough-Membranen (Abb. 6).

Ergebnisse

Proteingehalt der Mikrosomenfraktion

Im Vergleich zum Frischgewebe sinkt der Gehalt an Proteinen in der Mikrosomenfraktion der Leber im Verlaufe der Inkubation in vitro auf ca. $^2/_3$ des Ausgangswertes ab. Dabei zeigen die Kontrollinkubate und die DNP-Inkubate keinen Unterschied im Proteingehalt (Abb. 1).

Lipidgehalt der Mikrosomenfraktion

Analog den Proteinen sinken auch die Phospholipide im Verlauf der Inkubation in vitro ab. Dabei zeigen sich zwischen den inkubierten Ansätzen der Kontroll- und der DNP-Gruppe keine Unterschiede. (Abb. 1). Wir fanden umgerechnet auf 1,0 g frische Leber ca. 5 mg Lipidphosphat, was mit den Werten, die in der Literatur angegeben sind, gut übereinstimmen (u. a. ROUILLER [13]). Die Abbildung 2 zeigt ein typisches Dünnschichtchromatogramm der extrahierten Lipide. Es zeigen sich qualitativ in diesem ,,Fingerprint" keine Unterschiede zwischen den einzelnen Fraktionen, wobei hier auch vergleichsweise die Verhältnisse im Hyaloplasma dargestellt wurden.

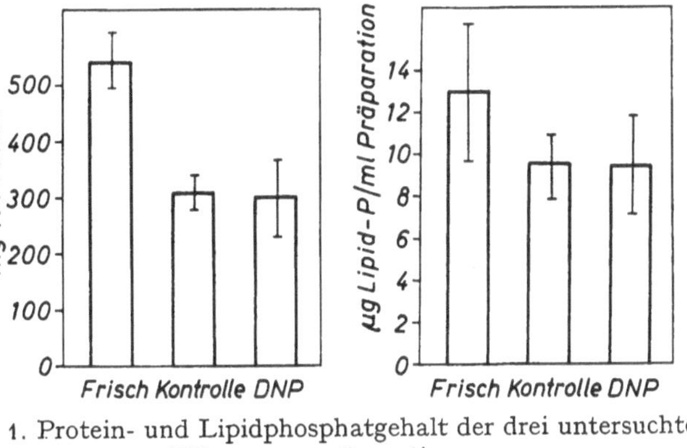

Abb. 1. Protein- und Lipidphosphatgehalt der drei untersuchten Mikrosomenpräparationen

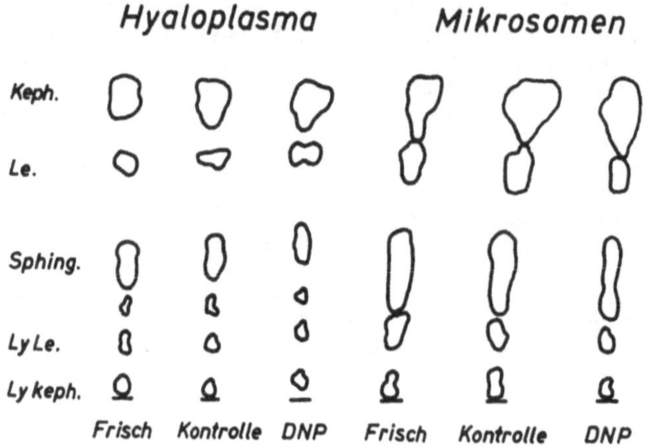

Abb. 2. Dünnschichtchromatogramm der extrahierten Lipide

Die am linken Rand vermerkten Bezeichnungen der einzelnen Lipidfraktionen resultieren aus den R_f-Werten, die wir der Literatur entnehmen (u. a. Dawson [2]). Bis auf die Identifizierung der Kephalinfraktionen mit dem Ninhydrinspray nahmen wir keine weiteren direkten Bestimmungen vor, da sie für uns nur von Interesse gewesen wären, wenn sich qualitative Unterschiede zwischen den einzelnen Ansätzen gezeigt hätten.

Ribonukleinsäuregehalt der Mikrosomenfraktionen

Die Abbildung 3 zeigt den Gesamtgehalt an Ribonukleinsäuren in den Mikrosomenfraktionen bezogen auf einen mittleren Proteingehalt von 400 mg%. Das DNP-Inkubat zeigt dabei im Vergleich mit dem entsprechenden Kontrollinkubat einen Unterschied im RNS-Gehalt, der mit einer Irrtumswahrscheinlichkeit von 5% zu sichern war. Der relative Gehalt an Ribonukleinsäuren gleicht beim DNP-Inkubat dem Frischgewebe. Wir fanden umgerechnet in 1,0 g Frischleber 3,87 mg mikrosomaler RNS, ein Wert, der mit der Angabe in der Literatur (Rouiller [13]) von 3,53 mg mikrosomaler RNS/g Leber der Ratte ausreichend übereinstimmt. Im Vergleich zum Kontrollinkubat zeigt das DNP-Inkubat einen ungefähren Ansatz von 1 mg mikrosomaler RNS/g Lebergewebe.

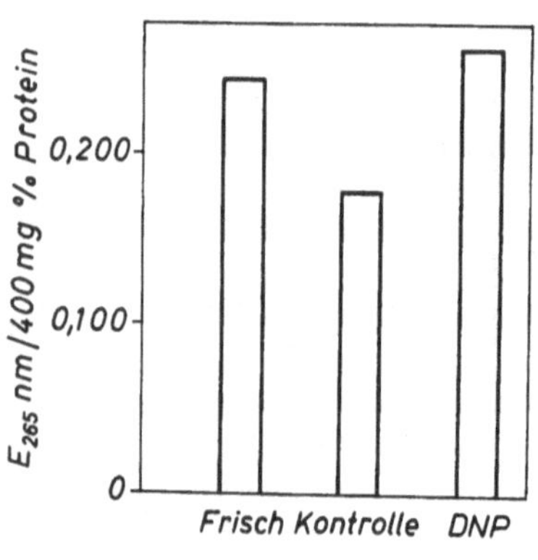

Abb. 3. Ribonukleinsäuregehalt der untersuchten Mikrosomenpräparationen bezogen auf einen konstanten Proteingehalt von 400 mg%

Zytochrom b_5 — Gehalt der Mikrosomenfraktionen

In der Abbildung 4 ist ein typisches Differenzspektrum des Zytochrom b_5 dargestellt. Die Abbildung 5 zeigt die Extinktionsdifferenz zwischen 405 nm und 425 nm bezogen auf einen konstanten Proteingehalt der Mikrosomenpräparationen. Wie die Abbildung zeigt, ist der relative Gehalt an Zytochrom b_5 in allen drei Ansätzen konstant.

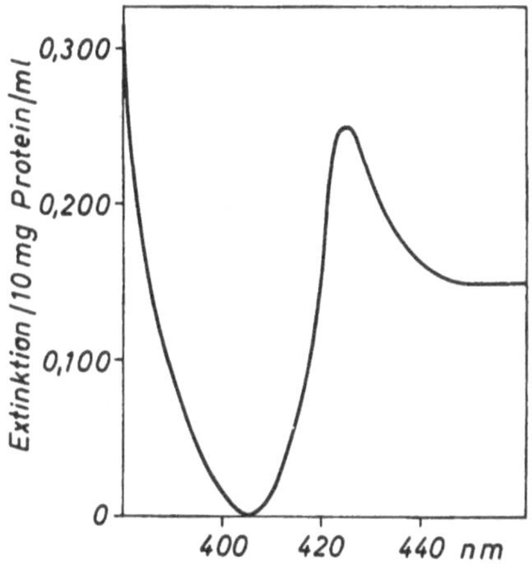

Abb. 4. Differenzspektren des Zytochrom b_5

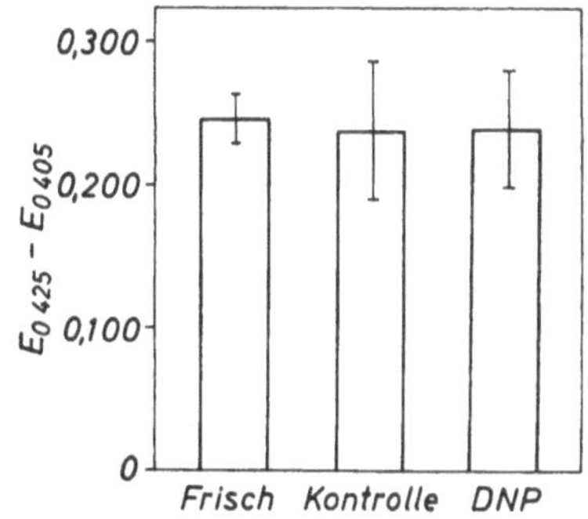

Abb. 5. Zytochrom b_5 — Gehalt der Mikrosomenpräparationen. Dargestellt als Extinktionsdifferenz 425—405 nm bezogen auf einen konstanten Proteingehalt

Diskussion

Wie die Ergebnisse zeigen, nehmen im Laufe der Inkubation der Leberschnitte Proteine und Phospholipide gleichmäßig ab. Dabei zeigt sich zwischen Kontroll- und DNP-Schnitten kein Unterschied. Die Abnahme dieser beiden Komponenten im Verlaufe der Inkubation gegenüber dem Frischgewebe ist als eine Autolyse zu werten. Zwischen den beiden inkubierten Gruppen dagegen besteht kein Unterschied im Grad der Autolyse. Die vermehrte Bildung von rough-Membranen im Zytoplasma der DNP-inkubierten Leberparenchymzellen (Abb. 6) kann daher nur durch eine Umstrukturierung erklärt werden, nicht durch eine Neusynthese der entsprechenden Strukturkomponenten.

Die Befunde von Remmer und Merker [11] sowie Siegert et al. [14] zeigen neben einer vermehrten Bildung von smooth-Membranen unter mehrmaliger Phenobarbitalapplikation einen erhöhten Proteingehalt in der Mikrosomenfraktion induzierter Parenchymzellen. Dieser erhöhte Proteingehalt wurde als unmittelbares Korrelat zu den vermehrten smooth-Membranen diskutiert. Wir können diese Befunde jetzt auf zweierlei Weise deuten: Entweder spiegeln die erhöhten Proteinwerte lediglich die vermehrt gebildeten Enzymproteine wider, oder es gibt neben der von uns gezeigten eine zweite Bildungs-

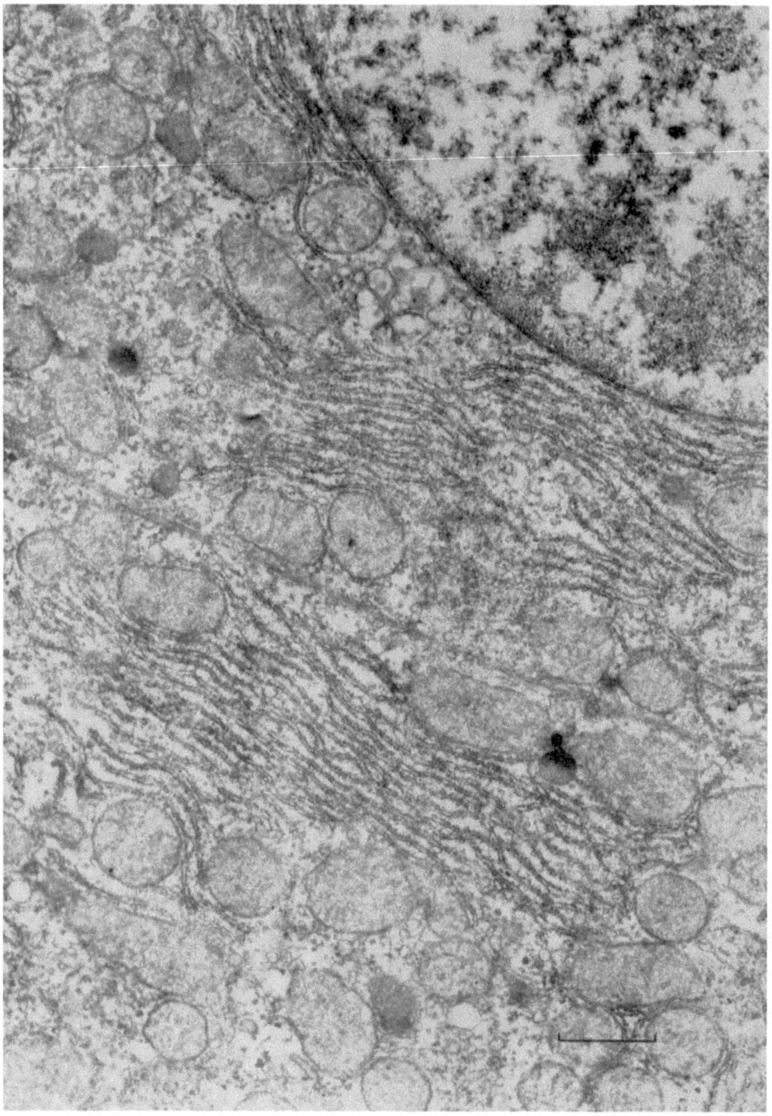

Abb. 6. Aneinandergrenzende Leberparenchymzellen aus den DNP-Inkubaten. Es zeigen sich im Zytoplasma vermehrt ribosomenbesetzte Membranen

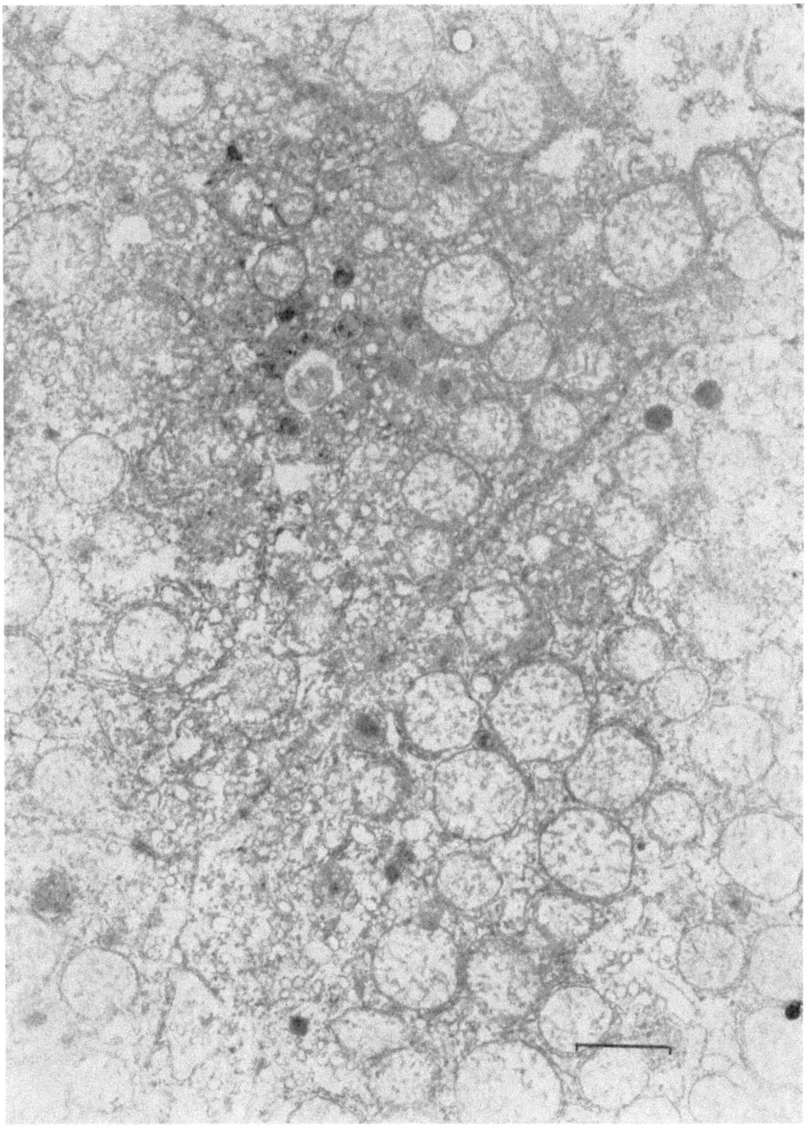

Abb. 7. Aneinandergrenzende Leberparenchymzellen aus den Kontrollinkubaten. Das Zytoplasma zeigt neben geschwollenen Mitochondrien wenig Membranstrukturen

weise endoplasmatischer Membranen, die z. B. Dallner und Mitarbeiter [1] als aktive Synthese deuten . Für unsere Arbeitshypothese sprechen unter anderem auch die Befunde von Ernster und Orrenius [3], die an Aktinomyzin-vorbehandelten Ratten durch Phenobarbital zwar die Enzyminduktion, nicht jedoch das Auftreten von smooth-Membranen verhindern konnten. Auch der Gehalt an Funktionsproteinen — wir untersuchten das Zytochrom b_5 — ist zwischen Kontroll- und DNP-Inkubaten nicht unterschiedlich, trotzdem Zytochrom b_5 ein typisch membranlokalisiertes Fermentprotein ist. Offensichtlich liegen also auch die Funktionsproteine schon vor und werden im Prozeß der Umstrukturierung neu lokalisiert. Man könnte diskutieren, daß diese Umstrukturierung mit einer Aktivitätsänderung der Fermentmoleküle verbunden ist, wie man es ähnlich von der Zytochromoxydase kennt. Die Zytochromoxydase ist nur an der mitochondrialen Lipidlamelle aktiv [5]. Auch der Gehalt an RNS wurde proteinbezogen ausgewertet. Der signifikante Unterschied im RNS-Gehalt zwischen Kontroll- und DNP-Inkubaten kann keiner unterschiedlichen Autolyse entsprechen. Es kommt unter DNP zu einem vermehrten Ansatz von RNS an die Mikrosomenfraktion. Diese RNS muß aus dem Hyaloplasma stammen. Daß es sich hier um Messenger-RNS handelt, konnten wir inzwischen durch Studien an Aktinomyzin-vorbehandelten Tieren wahrscheinlich machen [8].

Literatur

[1] Dallner, G., Ph. Siekevitz u. G. E. Palade: J. Cell Biol. **30**, 73, 97 (1966).
[2] Dawson, R. M. C.: Biochem. J. **75**, 45 (1960).
[3] Ernster, L. u. S. Orrenius: Federat. Proc. **24**, 1190 (1965).
[4] Green, D. E. u. J. F. Perdue: Proc. nat. Acad. Sci. USA **55**, 1295 (1966).
[5] Natefi, Y.: Biochim. biophysica Acta [Amsterdam] **30**, 648 (1958).
[6] Haude, W., L. Winkler u. E. Goetze: Acta biol. med. german. **12**, 271 (1964).
[7] Löwe, H. u. F. Jung: Acta biol. med. german. **15**, 302 (1965).
[8] Löwe, H.: in Vorbereitung.
[9] Lowry, O. M.: J. biol. Chemistry **207**, 1 (1954).
[10] Omura, T., R. Sato, D. Y. Cooper, O. Rosenthal u. R. W. Esterbrook: Federat. Proc. **24**, 1181 (1965).
[11] Remmer, H. u. H. J. Merker: Klin. Wschr. **41**, 276 (1963).
[12] Richter, G.: Habilitationsschrift. Friedrich-Schiller-Universität Jena 1965.
[13] Rouiller, Ch.: "The Liver", Vol. I, Acad. Press. New York/London 1963.
[14] Siegert, M., B. Alsleben, W. Liebenschütz u. H. Remmer: Naunyn-Schmiedebergs Arch. exp. Pathol. Pharmakol. **247**, 509 (1964).

Summary

H. Loewe and F. Jung: Analytical studies on the formation of microsomal membrane systems of the liver parenchymal cell in vitro

The study revealed that the elevated rough membrane formation in the liver parenchymal cells under the effect of dinitrophenol in vitro, is due to a rebuilding in the cytoplasm. Additional energy-consuming synthetical processes are not necessary for the membrane formation. As a comparison with fresh tissue, incubation of liver sections in a physiological medium with and without dinitriphenol causes a uniform decrease in protein and lipids in the microsomal fractions, that can be regarded as autolysis, the extent of which is the same for control and DNP incubation. The latter was seen to initiate RNA formation which is believed to be a m-RNA formation from the hyaloplasm. The m-RNA appears to be essential for the formation of rough membrans in the cytoplasm.

Резюме

Г. Лёве и Ф. Юнг: Аналитические исследования об образовании микросомальных мембранных систем в клетке печеночной паренхимы in vitro

Опыты показали, что повышенное образование грубых мембран в клетках печеночной паренхимы, метаболирующих in vitro под влиянием динитрофенола, происходит засчет перестройки цитоплазмы. Дополнительные потребляющие энергию синтетические процессы для образования мембран не требуются. В отличие от свежей ткани, при инкубации срезов печени в физиологической среде с добавлением динитрофенола и без него, происходит равномерное уменьшение протеинов и липидов в микросомальных фракциях, которое можно расценивать как автолиз. Степень автолиза одинакова для контрольной инкубации и для инкубации с динитрофенолом. При инкубации с динитрофенолом наблюдается образование РНК, которое считается образованием мРНК из гиалоплазмы. мРНК повидимому существена для образования мембран в цитоплазме.

Acta biol. med. german., Band 18, Seite 369—375 (1967)

Aus dem Institut für Sportmedizin der Deutschen Hochschule für Körperkultur, Leipzig (Direktor: Prof. Dr. med. habil. K. TITTEL), Abteilung für experimentelle Medizin (Leiter: MUDr.C.Sc.M. B. STOJAN)

Untersuchungen über den Askorbinsäurespiegel der Nebennieren von Ratten nach Muskelarbeit unter normalem und erniedrigtem Sauerstoffpartialdruck

B. STOJAN, B. PFEFFERKORN und J. SCHMIEDER

(Eingegangen am 23. 8. 1966)

Zusammenfassung

An männlichen Albinoratten wird die Abhängigkeit des Askorbinsäurespiegels der Nebennieren von der Dauer der Belastung (Schwimmen) und verschiedenen Stressformen bestimmt. Es zeigt sich eine erhöhte Abnahme des Askorbinsäuregehaltes in den Nebennieren bei längerer Belastung. Unabhängig von der Schwimmzeit wird bei völliger Erschöpfung der Tiere stets ein Askorbinsäurespiegel festgestellt, der zwischen 50 und 65% der Ausgangswerte liegt. Bei gleicher Belastungsdauer kommt es im Unterdruck, der Höhen von 2500- bzw. 5000 m ü. NN. entspricht, zu einer stärkeren Abnahme des Askorbinsäurespiegels in den Nebennieren als unter Normaldruck. 10 min Schwimmen im Unterdruck, der einer Höhe von 5000 m ü. NN. entspricht, bewirkt die gleiche Senkung des Askorbinsäuregehaltes in den Nebennieren wie 1 Std. Schwimmen unter normalen Druckverhältnissen.

Durch den Einfluß des erniedrigten Sauerstoffpartialdruckes der Luft wird die Abnahme des Askorbinsäurespiegels bei Muskelbelastung deutlich potenziert. Passiver Aufenthalt der Tiere selbst in großen Höhen (6000 m) hat dagegen keinen Einfluß auf den Askorbinsäurespiegel.

Einleitung

Die Bedeutung der Nebennierenrinden(NNR)-Hormone für die volle Funktion des Stoffwechsels ist bekannt. Beim Fehlen dieser Hormone treten Störungen im Stoffwechsel auf, die sich durch Muskelschwäche, Appetitlosigkeit usw. äußern. Als Ursachen der schweren Störungen der Muskeltätigkeit ist wahrscheinlich sowohl die Störung im Zellenstoffwechsel als auch im Mineralhaushalt anzusehen.

Da jede Belastung des Organismus im Sinne eines Stress, also auch jede Muskelarbeit, wenn ihre Intensität einen gewissen Grad erreicht hat, erhöhte Anforderungen an den Stoffwechsel stellt, muß es zu einer vermehrten Abgabe von NNR-Hormonen an den Organismus kommen.

Uns interessiert vor allem, ob die NNR-Tätigkeit die geleistete Muskelarbeit vergleichbar widerspiegelt, wenn diese Muskelarbeit unter verschiedenen

Bedingungen ausgeführt wird. Interessant war auch, ob erniedrigter Sauerstoffpartialdruck als spezielle Form des Stress bereits selbst einen Reiz auf die Nebennierenrinde hervorruft, der einer bestimmten Muskelbelastung äquivalent ist.

Methodik

Als Versuchstiere benutzten wir männliche Albinoratten, Stamm Wistar, mit einem Gewicht von 180—230 g. Sie erhielten Standardfutter ad libitum (Rezeptur nach Rehbrücke). Die Tiere mußten bei 35 °C und einer Belastung von 2,5% ihres Körpergewichtes schwimmen. Die entsprechenden Gewichte befestigten wir am Schwanzansatz der Ratten.

Den einer bestimmten Höhe entsprechenden Unterdruck erzeugten wir durch eine 2stufige Drehschieber-Vakuumpumpe, deren Leistung genügend groß war, um gleichzeitig laufend Frischluft zuzuführen. Es war damit eine ausreichende Ventilation gewährleistet. Die Frischluftmenge war bei allen Versuchen konstant und wurde mit einem Strömungsmesser kontrolliert.

Den durch den Unterdruck erhöhten Auftrieb haben wir entsprechend der Größe der Tiere mit Zusatzgewichten kompensiert. Dadurch war gesichert, daß die Tiere immer die gleiche Muskelarbeit leisten mußten. Die Tiere wurden jeweils in die trockenen Gefäße gesetzt und der Wasserzufluß einreguliert. Nach 5 bzw. 10 min war der Wasserstand so hoch, daß die Tiere schwimmen mußten. Während dieser Zeit war dann auch der gewünschte Unterdruck in den Gefäßen erreicht. Diesen Zeitpunkt sahen wir als Beginn der Muskelbelastung an. Das Versuchsende wurde durch eine vorgegebene Zeit oder durch die völlige Erschöpfung der Tiere festgelegt. Anschließend haben wir die Ratten sofort durch Dekapitation getötet und die Nebennieren sauber herauspräpariert. Die Askorbinsäure der Nebennieren bestimmten wir nach der nur wenig modifizierten Methode von MOSINGER et al. [1]: Die sorgfältig präparierten und gewogenen Nebennieren werden in einem Reagenzglas mit einer Spatelspitze Quarzsand zerstoßen. Zum Enteiweißen des Nebennierengewebes werden insgesamt 5 ml einer 2,5%igen Metaphosphorsäurelösung zugegeben. Nach genau 30 min wird mit Jodlösung die Askorbinsäure titriert. Als Indikator dient eine 1%ige Stärkelösung. Der Endpunkt ist bei der ersten bleibenden Blaufärbung erreicht. Die erhaltenen Ergebnisse werden in mg% bezogen auf das frische Nebennierengewicht ausgedrückt.

Ergebnisse

Wir untersuchten zunächst die Abhängigkeit des Askorbinsäurespiegels von der Dauer der Belastung.

Die Versuchstiere wurden in 7 Gruppen zu je 10 Tieren getestet, wobei die Tiere einer Gruppe als Kontrolltiere sofort getötet und untersucht wurden. Die in den Nebennieren bestimmte Askorbinsäuremenge bezogen wir auf das Gewicht der Nebennieren und setzten den Gehalt der Kontrollgruppe gleich 100%.

Die anderen Gruppen setzten wir einer Schwimmbelastung unterschiedlicher Dauer (5, 10, 20, 30, 60, 90 min) aus. Die anschließend festgestellte Askorbinsäuremenge wird zweckmäßig in % der Kontrollgruppe ausgedrückt.

Es ergibt sich eine Abhängigkeit zwischen der geleisteten Arbeit und der Abnahme des Askorbinsäuregehaltes, die in Abbildung 1 dargestellt ist. Die größte Abnahme erfolgt innerhalb der ersten 20 min. Diese Ergebnisse

lassen erkennen, daß die Abnahme des Askorbinsäurespiegels nur bis zu einem Grenzwert erfolgt.
In einer anderen Versuchsanordnung ließen wir die Tiere unter gleichen Bedingungen bis zur völligen Erschöpfung schwimmen. Wir stellten bei allen erschöpften Tieren einen Askorbinsäurespiegel fest, der immer zwischen 50 und 65% der Kontrollwerte lag. Als durchschnittliche Werte aus mehreren Untersuchungen ergaben sich: Kontrollgruppe (180 Nebennieren) = 530 mg%, belastete Tiere (320 Nebennieren) = 330 mg%. Der erreichte Grenzwert beträgt 62% des Ausgangswertes.

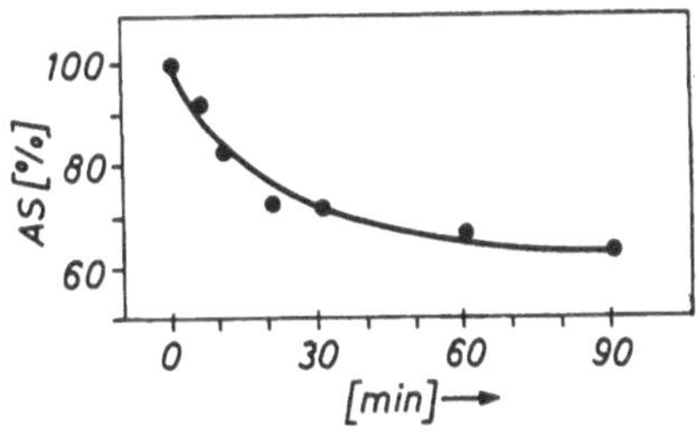

Abb. 1. Prozentualer Askorbinsäurespiegel (AS) der Nebennieren von Ratten in Abhängigkeit von der Belastungsdauer

Der Unterschied zwischen Ausgangs- und Versuchswerten ist hochsignifikant ($p < 0{,}01$). Diese Ergebnisse sind in Abbildung 2 dargestellt.
Das Erreichen dieses Grenzwertes im Askorbinsäurespiegel der Nebennieren ist unabhängig von der Belastungsdauer. Bei allen Tieren, die trotz mehrstündigen Schwimmens den Erschöpfungszustand nicht erreichten, lagen die ermittelten Askorbinsäurewerte noch deutlich vom unteren Grenzwert entfernt (Abb. 2). Ein Vergleich verschiedener Bedingungen während der Belastung zeigte, daß unterschiedliche Stressformen auch unterschiedliche Wirkungen haben.
Es wurden Versuchsgruppen mit je 10 Tieren benutzt und die Ergebnisse dann statistisch ausgewertet. Je eine Gruppe wurde in einem Versuch bei

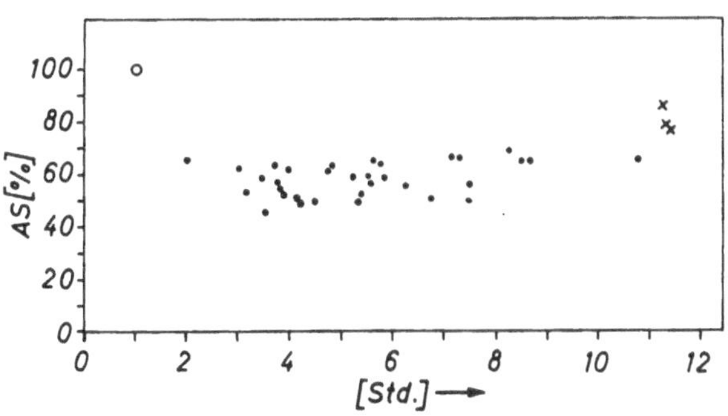

Abb. 2. Prozentualer Askorbinsäurespiegel (AS) der Nebennieren von Ratten. o Kontrollen (Durchschnittswert von 10 Tieren = 100%); ● Askorbinsäuregehalt in % zur Kontrollgruppe nach völliger Erschöpfung; × Askorbinsäuregehalt in % zur Kontrollgruppe nach längerer Schwimmzeit ohne Erreichen der völligen Erschöpfung

gleicher Belastung unterschiedlichen Bedingungen ausgesetzt (Normaldruck [ND] und Unterdruck [UD] der Höhen von 2500 und 5000 m entsprach). Nach jeweils 10 min langer Belastung erfolgte die Bestimmung der Askorbinsäure in den Nebennieren. Eine Belastung im Unterdruck, der einer Höhe von 2500 m ü. NN. entspricht, bewirkt eine wesentlich größere Abnahme des Askorbinsäurespiegels als eine äquivalente Belastung bei Normaldruck. Dieser Unterschied wird bei einem Unterdruck entsprechend 5000 m Höhe ü. NN. noch deutlicher.

Die Ergebnisse sind in der Abbildung 3 zusammengestellt.

Es ist wichtig, daß diese unterschiedliche Abnahme des Askorbinsäuregehaltes bei gleichen Belastungszeiten auftritt.

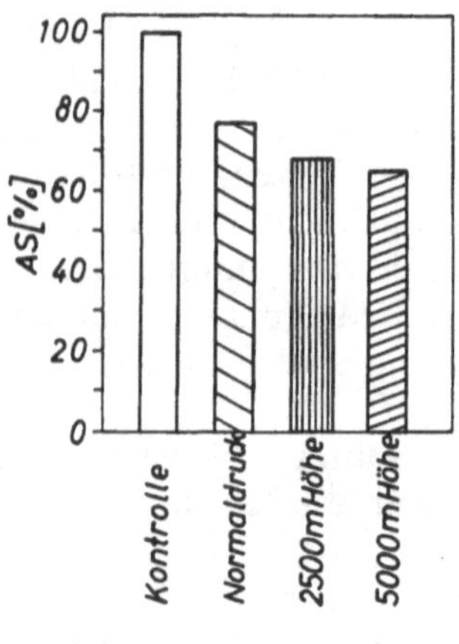

Abb. 3. Askorbinsäurespiegel (AS) der Nebennieren in % des Ausgangswertes nach 10 min Schwimmen unter verschiedenen Bedingungen mit 2,5% des Körpergewichtes belasteter Ratten

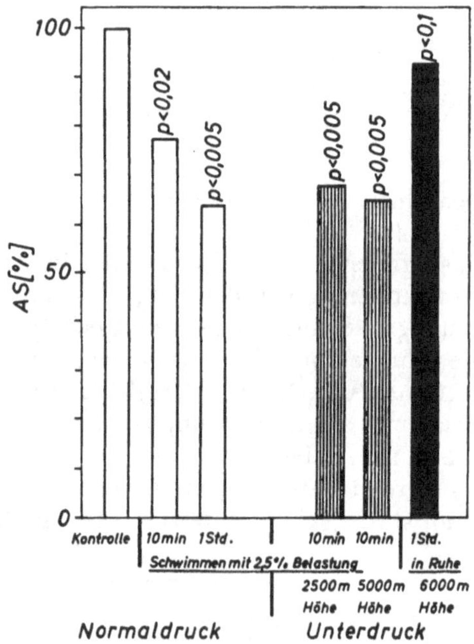

Abb. 4. Askorbinsäuregehalt (AS) in den Nebennieren der Ratten nach verschiedenen Belastungen

Eine gleiche Abnahme des Askorbinsäuregehaltes der Nebennieren wird bei den einzelnen Belastungsarten erst nach verschiedenen Zeiten erreicht. In Abbildung 4 sind die einzelnen Ergebnisse aufgeführt. Erst 1 Std. Schwimmen bei Normaldruck erzielt die gleiche Wirkung wie 10 min Belastung bei einem Unterdruck, der 5000 m Höhe ü. NN. entspricht. Passiver Aufenthalt selbst in noch größeren Höhen bedeutet aber keinen wirksamen Stress. Die Werte sind hier nur wenig vom Ausgangswert (Kontrollgruppe) verschieden.

Diskussion

Es ist bekannt, daß jede Form des Stress eine unspezifische Reaktion im Körper hervorruft, die eine Aktivierung der Hypophysen-Nebennierenrinden-Achse darstellt und als eine allgemeine, unspezifische Antwort des Organismus auf die Belastung anzusehen ist [2]. Diese Stressantwort des Organismus ist u. a. durch eine erhöhte Synthese und Abgabe von Nebennierenrindenhormonen und die damit einhergehende Abnahme des Askorbinsäurespiegels in den Nebennieren charakterisiert.
Die Bestimmung der Askorbinsäure in den Nebennieren ist eine indirekte Methode zur Beurteilung der Kortikosteroidabgabe. Obwohl nachgewiesen wurde, daß ACTH-Gaben eine proportionale Senkung des Askorbinsäurespiegels in den Nebennieren hervorrufen [3], [4], gibt es noch gewisse Unklarheiten über die Parallelität zwischen der Askorbinsäuresenkung und der Kortikosteroidabgabe [5].
Sowohl CLAYTON und PRUNTY [6] als auch JOHANNES et al. [7] haben keine Abhängigkeit der Nebennierenrindenaktivität von der Askorbinsäuremenge nachweisen können, während andere Autoren eine Abhängigkeit der Steroid-Biosynthese von der Askorbinsäure gefunden haben. Diese unterschiedlichen Ergebnisse sind wahrscheinlich durch die *p*H-abhängige Askorbinsäurewirkung bedingt [5].
Da aber unter Stressbedingungen eine Stimulation der Produktion von Nebennierenrindenhormonen erfolgt und bei dieser Biosynthese in den Nebennieren eine Reihe von Hydroxylierungsreaktionen abläuft, sollte entsprechend der Beteiligung der Askorbinsäure an diesen Hydroxylierungsreaktionen [5] als Elektronendonator eine Abhängigkeit zwischen der synthetisierten und ausgeschiedenen Kortikosteroidmenge und der Askorbinsäureabnahme in den Nebennieren bestehen.
Bei unseren Versuchen, in denen wir die Abhängigkeit des Askorbinsäuregehaltes von verschiedenen Belastungsformen und -größen verfolgten, zeigte sich ein klarer Zusammenhang zwischen Belastung und Askorbinsäurespiegel.

Auf Grund der in der Literatur beschriebenen und unseren eigenen Ergebnissen sind wir der Meinung, daß der Askorbinsäurespiegel in den Nebennieren einen wichtigen Parameter für die Kortikosteroidausschüttung bei diesen Belastungsformen darstellt. Unabhängig von der Belastungsart ist beim Erreichen des Erschöpfungszustandes eine ungefähr gleich große Askorbinsäuremenge in den Nebennieren der Tiere vorhanden (Abb. 2). Dieses erreichbare, minimale Niveau des Askorbinsäurespiegels ist offensichtlich ein limitierender Faktor für die Muskeltätigkeit. Beim Unterschreiten dieses Grenzwertes ist keine Muskelleistung mehr möglich.
Unterstrichen wird diese Vorstellung noch dadurch, daß die Tiere, die länger als 10 Std. schwammen und von uns aus technischen Gründen getötet werden mußten, noch einen bedeutend höheren Askorbinsäuregehalt haben als die Tiere, die schon nach 1—2 Std. völlig erschöpft waren. Sie hatten den Erschöpfungszustand noch nicht erreicht (Abb. 2).

Durch gesteigerte Muskelarbeit wird die Askorbinsäuresenkung immer deutlicher (Abb. 1 u. 4). Beim Vergleich dieser Ergebnisse mit den Werten, die bei Muskelarbeit im Unterdruck gefunden wurden, zeigt sich, daß die Wirkung der Muskelarbeit auf die Kortikosteroidausschüttung durch den Einfluß des erniedrigten Sauerstoffpartialdruckes deutlich potenziert wird. Selbst Unterdruck, der einer Höhe von 6000 m ü. NN. entspricht, ruft dagegen nur eine ganz geringe Veränderung in diesem Sinne hervor, obwohl die Tiere diesen Bedingungen 60 min lang ausgesetzt waren. 10 min Schwimmen im Unterdruck, der einer Höhe von 5000 m ü. NN. entspricht, ruft die gleiche Wirkung auf den Askorbinsäuregehalt in den Nebennieren hervor wie 1 Std. Schwimmen unter normalen Druckverhältnissen.

Welche spezifischen Veränderungen sich im Nebennierensystem bei Muskelarbeit unter den Bedingungen der Hypoxie ergeben, werden erst Untersuchungen zeigen, bei denen die einzelnen Hormone der Nebennierenrinde qualitativ und quantitativ erfaßt werden. Diese Zusammenhänge aufzuklären, wird der Inhalt unserer weiteren Arbeit sein.

Literatur

[1] MOSINGER, B., M. ŠPAČKOVA, V. KOZLÍK u. H. WIESNEROVÁ: Simple Idiometric Determination of Ascorbic Acid in Rat Adrenals. Physiol. bohemosloven **8**, 492 (1959).

[2] SELYE, H.: Stress. Acta, Inc., Montreal, 1950.

[3] SAYERS, M. G. u. L. A. WOODBURY: The Assay of Adrenocorticotrophic Hormone by the Adrenal Ascorbic Acid Depletion Method. Endocrinology **42**, 379 (1948).

[4] SCHREIBER, V. u. O. SCHREIBEROVA: Základy pokusné endokrinologie. Státni zdravotnické nakladatelstvi, Praha 1957.

[5] SCHNEIDER, W. u. HJ. STAUDINGER: Zum Wirkungsmechanismus von Vitamin C. Klin. Wschr. **42**, 879 (1964).

[6] CLAYTON, B. E. u. F. T. G. PRUNTY: J. Endocrinology **9**, 370 (1953). zit. bei [5].

[7] JOHANNES, A., STAUDINGER, HJ. u. H. WILZ: Biochem. Z. **327**, 484 (1956). zit. bei [5].

Summary

B. STOJAN, B. PFEFFERKORN and J. SCHMIEDER: Studies on the ascorbic acid level of rat adrenals after muscular activity under normal and reduced oxygen partial pressure

The effect of physical and other forms of stress on the ascorbic acid level of the adrenals of male albino rats has been investigated. Prolonged stress caused a marked decrease of the ascorbic acid content. After complete exhaustion of the swimming animal the level had dropped to 50–65 per cent of the initial value. The same stress duration combined with a vacuum exposure corresponding to heights of 2500 or 5000 m above the sea-level produced a stronger decrease of the ascorbic acid level in the adrenals than under normal pressure. A 10 minutes period of swimming in vacuum corresponding to 5000 m above the sea-level effected the same decrease as a 1 hours period under normal pressure. A reduced oxygen partial pressure of the air combined with muscular stress clearly favoured the decrease of the ascorbic acid level. A passive stay of the animals in great heights (6000 m), however, had no influence on the ascorbic acid level.

Резюме

Б. Стоян, Б. Пфефферкорн и И. Шмидер: Изменение уровня аскорбиновой кислоты надпочечников крыс после мышечной работы при нормальном и пониженном парциальном давлении кислорода

На крысах-самцах была изучена зависимость уровня аскорбиновой кислоты надпочечников от длительности физической нагрузки (плавание) и различных видов стресса.
При длительной нагрузке наблюдается быстрое уменьшение содержания аскорбиновой кислоты в надпочечниках. При полной истощенности животных уровень аскорбиновой кислоты равен 50—65 % от исходных величин. При той же длительности нагрузки в вакууме, соответствующем высоте в 2500 или 5000 м над уровнем моря, уровень аскорбиновой кислоты в надпочечниках уменьшается быстрее чем при нормальном давлении. Плавание животных в течение 10 миунт при вакууме, соответствующем высоте в 5000 м над уровнем, вызывает то же самое падение содержания аскорбиновой кислоты в надпочечниках, что и плавание в течение 1 часа при нормальном давлении.
Пониженное парциальное давление кислорода воздуха явно ускоряет уменьшение уровня аскорбиновой кислоты при мышечной работе. Напротив, даже высокий вакуум (6000 м) при ненагруженном состоянии животного не влияет на уровень аскорбиновой кислоты.

Acta biol. med. german., Band 18, Seite 377—382 (1967)

Aus dem Physiologischen Institut der Karl-Marx-Universität Leipzig
(Direktor: Prof. Dr. med. habil. H. DRISCHEL)

Über die Verwendbarkeit der Polaritätskorrelationsmethode zur Analyse von Elektroenzephalogrammen

J. STEBEL und P. SCHWARTZE

(Eingegangen am 29. 9. 1966)

Zusammenfassung

Die korrelationsanalytische Auswertung stochastischer Prozesse erfordert in der Regel durch ihren großen Zeitaufwand die Hilfe von Rechenautomaten. Derartige ,,Korrelatoren" sind aber (besonders zur direkten Analyse sehr niederfrequenter Signale) komplizierte und kostspielige Anordnungen. Auch bereitet die Eingabe von Zeitmustern in einen Analog- oder Digitalrechner oft große Schwierigkeiten. Einen wesentlich geringeren elektronischen bzw. maschinellen Aufwand zur Gewinnung der Korrelogramme erfordert die Polaritätskorrelationsmethode, die statt der absoluten Amplitudenwerte nur die Vorzeichen bezüglich des linearen Mittelwertes auswertet, also je Meßwert nur die Information 1 bit benötigt. Im Falle einer GAUSSschen Amplitudenverteilung erhält man nach dieser Methode ohne Informationsverlust die normierten, also auf die Effektivwerte bezogenen, Korrelationsfunktionen der betrachteten kontinuierlichen Signale.
Die Untersuchung von Hirnstromkurven zeigte in allen Fällen, daß hier eine Normalverteilung der Amplituden vorliegt, das Verfahren also prinzipiell anwendbar ist.

Einleitung

Zur Speicherung werden hauptsächlich Magnetbänder, Filme, Lochkarten und -streifen verwendet. Hohe Kosten und die Unübersichtlichkeit des Materials gestatten nicht, alle eventuell einmal interessierenden Hirnstromkurven etwa auf Magnetbändern zu speichern. Es erschien deshalb ratsam, ein Verfahren zu suchen, das die Berechnung der Korrelationsfunktionen auch aus den üblichen auf Papier ausgeschriebenen EEG-Kurven gestattet.

Mathematische Vorbemerkungen

Ohne auf die Grundlagen der Korrelationsrechnung [5] einzugehen, seien die Besonderheiten der Polaritätskorrelationsmethode, wie sie von VELTMAN und KWAKERNAAK [7] beschrieben wurde, kurz angegeben. Die Korrelationsfunktion in der Darstellung als zeitlicher Mittelwert der Amplitudenverteilung der zu untersuchenden Zeitfunktionen hat die Form:

$$\psi_{xy}(\tau) = \lim_{T\to\infty} \frac{1}{2T} \int_{-T}^{+T} x(t)\, y(t \pm \tau)\, dt\,, \tag{1a}$$

wenn man zwei Prozesse miteinander vergleichen will (Kreuzkorrelationsfunktion). Will man ein und denselben Vorgang analysieren, so verwendet man die Autokorrelationsfunktion:

$$\psi_{xx}(\tau) = \lim_{T\to\infty} \frac{1}{2T} \int_{-T}^{+T} x(t)\, x(t \pm \tau)\, dt\,. \tag{1 b}$$

Es ist nun, soweit eine GAUSSsche Amplitudenverteilung vorliegt, ohne (für die Korrelation wesentlichen) Informationsverlust möglich, statt der exakten Amplitudenwerte (x bzw. y) lediglich die Vorzeichen der Meßwerte des stochastischen Prozesses hinsichtlich des linearen Mittelwertes seiner Amplituden zu kennen und auszuwerten. Dieser Sachverhalt wird durch die aus (1) abgeleitete sogenannte Polaritätskorrelationsfunktion ψ_P beschrieben:

$$\psi_P(\tau) = \lim_{T\to\infty} \frac{1}{2T} \int_{-T}^{+T} \operatorname{sgn} x(t)\, \operatorname{sgn} y(t \pm \tau)\, dt\,, \tag{2}$$

wobei

$$\operatorname{sgn} x\ (\text{bzw. } y) = +1 \quad \text{für} \quad x\ (\text{bzw. } y) > 0\,,$$
$$\operatorname{sgn} x\ (\text{bzw. } y) = -1 \quad \text{für} \quad x\ (\text{bzw. } y) < 0$$

ist.

In der Praxis ist der Grenzübergang $T \to \infty$ nicht zu verwirklichen. Das gilt sowohl für alle technischen Prozesse als erst recht für die nichtstationären (oder besser stückweise stationären) Hirnströme. Man ist also gezwungen, nur das interessierende (quasistationäre) Zeitintervall zur Analyse auszuwählen, wobei für die notwendige Dauer des Intervalls (Integrationsgrenzen) und ebenso für die anderen zur Korrelation erforderlichen Parameter gewisse Kriterien eingehalten werden müssen. Diese hängen in erster Linie von der Frequenzbandbreite der Signale ab [5].

Auf Grund der Zeitbegrenzung muß man sich (statt (1) bzw. (2)) auf die „Kurzzeitkorrelationsfunktionen" beschränken:

$$\psi(\tau) \approx \frac{1}{2T} \int_{-T}^{+T} x(t)\, y(t \pm \tau)\, dt \tag{1'}$$

bzw.

$$\psi_P(\tau) \approx \frac{1}{2T} \int_{-T}^{+T} \operatorname{sgn} x(t)\, \operatorname{sgn} y(t \pm \tau)\, dt\,. \tag{2'}$$

Kennt man die Polaritätskorrelationsfunktion, so läßt sich die Korrelationsfunktion selbst leicht nach der Beziehung

$$\psi(\tau) \approx \sin\left(\frac{\pi}{2}\, \psi_P(\tau)\right) \tag{3}$$

berechnen. Es kann hier nur das Zeichen $\approx$ gesetzt werden, da man exakt die „normierte", d. h. auf die Effektivwerte von $x(t)$ bzw. $y(t)$ bezogene Korrelationsfunktion erhält. Die Effektivwerte können also durch diese Methode nicht ermittelt werden, was aber insofern praktisch unkritisch ist, als es sich nur um konstante Faktoren handelt.

Durchführung und Diskussion

Bevor die Elektroenzephalogramme nach dem geschilderten Verfahren analysiert werden, ist es zweckmäßig, sie auf Normalverteilung zu prüfen. Zur Bestimmung der Polaritätskorrelationsfunktion muß darüberhinaus der Mittelwert bestimmt werden. Für die Eingabe in den Korrelator wird es in den meisten Fällen noch notwendig sein, die Kurven auf zwei geeignete (Papier-) Filmstreifen umzuzeichnen bzw. zu kopieren, deren Verschiebung gegeneinander in Transportrichtung die Verzögerungsschritte (τ) ermöglicht.

Zur Prüfung des EEG (als Beispiel Abb. 1 a) auf Normalverteilung legt man über das zu analysierende Intervall T_0 ($= 2\ T$ in Gleichung 1′ und 2′) eine Parallelenschar zu einer angenommenen Grundlinie über die Kurve (Abb. 1 b). Entlang jeder Parallele werden diejenigen Strecken gemessen, die durch den auf- und absteigenden Ast einer EEG-Welle begrenzt werden (z. B. „Strecke" S in 1 b). Die Summen dieser Strecken werden in Prozent der „Gesamtstrecke" T_0 für jede Parallele in ein (Gausssches) Wahrscheinlichkeitsnetz eingetragen. Ergibt sich als resultierende Kurve eine Gerade, dann sind die Amplituden normalverteilt. In allen von uns untersuchten Elektroenzephalogrammen war das (in Übereinstimmung mit der Literatur [3], [4]) der Fall.

Der Mittelwert läßt sich, wenn nicht maschinell, beispielsweise durch Planimetrie bestimmen. Auf letztere Weise gewinnt man ihn, indem man zunächst die Fläche bestimmt, die durch die Kurve und eine willkürlich

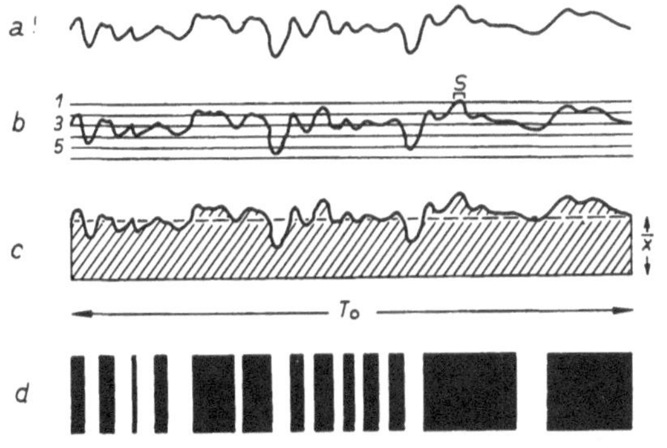

Abb. 1. a) Der zu analysierende EEG-Abschnitt; b) Parallelenschar über den Kurvenverlauf zur Untersuchung auf Normalverteilung; c) Bestimmung des Mittelwertes $\bar{x}$ durch Ermittlung der (schraffierten) Fläche; d) Streifenmuster, entstanden durch Schwärzung aller „positiven" Anteile des EEG.

vorgegebene Grundlinie begrenzt wird. Dividiert man diesen Wert durch T_0, so erhält man den gesuchten arithmetischen Mittelwert $\bar{x}$ (Abb. 1c).
Bei der Umzeichnung auf getrennte Streifen kann das EEG in ein Streifenmuster verwandelt werden, das lediglich die Amplitudenverteilung in bezug auf den Mittelwert der Kurve angibt. Zu diesem Zweck überträgt man die EEG-Kurven, in welche der Mittelwert eingezeichnet wurde, auf die neuen Streifen derart, daß alle oberhalb der Mittellinien liegenden („positiven") Anteile durchgehend geschwärzt, die „negativen" entsprechend weiß gelassen werden (Abb. 1d). Ein Automat, welcher das Streifenmuster photoelektrisch abtastet, braucht sich also nur zwischen „schwarz" oder „weiß" zu entscheiden und die weitere Rechnung nach der Beziehung (2') durchzuführen. Ein nach diesen Prinzipien arbeitender Automat wird anderweitig beschrieben [6].
Das dargestellte Verfahren eignet sich für die Gewinnung von Korrelogrammen aus EEG-Kurven in allen Zusammenhängen, in denen sich die Korrelationsanalyse des EEG als sinnvoll erwiesen hat [1], [2].
Die Autokorrelationsfunktion wird man zur Charakterisierung eines einzelnen Hirnstromverlaufes, die Kreuzkorrelationsfunktion zur Untersuchung des Zusammenhanges zwischen den Aktivitäten verschiedener Hirnteile oder auch zwischen einem künstlichen Reizmuster und dem Hirnstromverlauf als Antwort darauf heranziehen.
Für die Auswahl geeigneter Kurvenabschnitte zur Analyse gilt die Forderung von Barlow: es ist ein möglichst homogenes Kurvenstück zu verwenden [1]. Dieses ist in Übereinstimmung mit den geforderten Kriterien [5] zu bringen, wonach z. B. die Länge des auszuwertenden Zeitabschnittes T_0 von der Minimalfrequenz des jeweiligen EEG-Abschnittes, die Größe der Abtastintervalle von der Maximalfrequenz abhängig ist. Letztere wird im allgemeinen 30 Hz nicht überschreiten [1]. Die Bestimmung der Frequenzgrenzen kann mit Hilfe eines Frequenzanalysators oder durch die übliche visuelle Auswertung der schnellsten und langsamsten vorkommenden Wellen geschehen.
Als Beispiel zeigt Abbildung 2 ein EEG-Autokorrelogramm, das mit der Polaritätskorrelationsmethode gewonnen wurde.

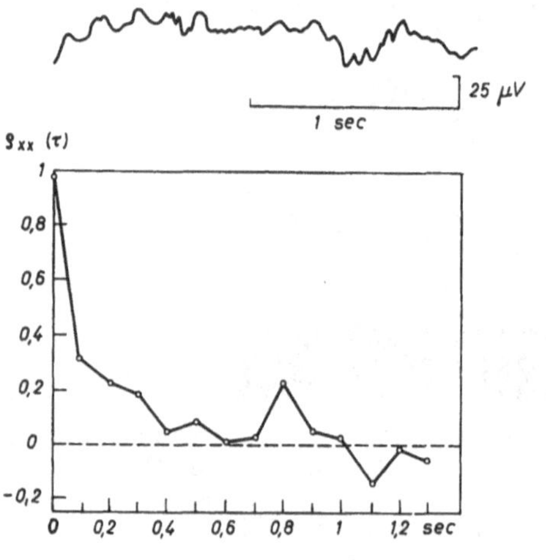

Abb. 2. EEG-Ausschnitt und Autokorrelogramm eines 9 Tage alten Kaninchens bei dipolarer Registrierung über dem sensomotorischen Kortex

Literatur

[1] Barlow, J. S., M. A. Brazier u. W. A. Rosenblith: The application of autocorrelation analysis to electroencephalography. Proc. of the 1st Nat. Biophys. Conf. Yale Univ. Press, 1959, 622.

[2] Brazier, M. A. u. J. U. Casby: Correlation and autocorrelation studies of electroencephalographic potentials. Electroenceph. clin. Neurophysiol. 4, 201 (1952).

[3] Sakamoto, T., M. Saito u. K. Ikeda: Measurement of correlation function of EEG. Digest of the 6th International Conference of Medical Electronics and Biological Engineering Tokyo 1965, 474.

[4] Sato, K.: An outline of the statistical theory of electroencephalogram. I. Noshinkei Ryoeki 10, 53 (1951).

[5] Solodownikow, W. W.: Einführung in die statistische Dynamik linearer Regelungssysteme. Verlag Technik Berlin, Verlag Oldenbourg München-Wien 1963.

[6] Stebel, J.: Ein einfacher Korrelator zur Berechnung der Polaritätskorrelationsfunktion. Elektron. Informationsverarbeitung und Kybernetik (EIK) 2, 151 (1966).

[7] Veltman, B. P. Th. u. H. Kwakernaak: Theorie und Technik der Polaritätskorrelation für die dynamische Analyse niederfrequenter Signale und Systeme. Z. Regelungstechnik 9, 357 (1961).

Summary

J. Stebel and P. Schwartze: Application of the polarity correlation method to the analysis of electroencephalograms

The correlation-analytical evaluation of stochastic processes is usually extremely time-consuming and necessitates the use of computers. Such "correlators", however, (especially for the direct analysis of low-frequency signals) include complicated and expensive arrangements. Also, the input of time patterns into an analogue or digital computer often involves great difficulties. A considerably smaller electronic and mechanical expenditure for the performance of correlograms is needed when using the polarity correlation method, since instead of the absolute amplitude values, only the signs are evaluated relative to the linear mean value, i.e., only the information 1 bit is needed for each measured value. In the case of a Gauss' amplitude distribution, this method permits the production of normalized (related to the effective values) correlation functions of the considered continuous signals without any loss of information. The examination of brain current curves showed in all cases that the amplitude distribution here is normal, and that the method may thus be applied in principle.

Резюме

И. Стебель и П. Швартце: О применимости полярно-корреляционного метода для анализа электроэнцефалограмм

Обработка стохастических процессов методом корреляционного анализа, вследствие большой затраты времени, требует применения автоматических счетных машин. Однако, такие „корреляторы" (в частности необходимые для прямого анализа крайне низкочастотных сигналов) представляют собой весьма сложные и дорогостоящие устройства. Кроме того, подача образцов времени в моделирующие или цифровые вычислительные машины часто связана с большими трудностями. Значительно меньшей затраты электронных и механических узлов для получения коррелограмм требует применение полярнокорреляционного метода, который вместо абсолютных величин амплитуд расценивает лишь знаки относительно среднего арифметического значении, т. е.

требует для одной измеримой величины лишь информацию 1 бит. В случае распределения амплитуд по Гауссу данный метод позволяет получение нормированных, т. е. отнесенных к эффективным величинам, корреляционных функции рассматриваемых сигналов без потери информации.
Изучение токовых характеристик мозга показало во всех случаях, что амплитуды здесь распределены нормально, т. е. что метод принципиально применим.

Acta biol. med. german., Band 18, Seite 383—396 (1967)

Aus dem Physiologisch-Chemischen Institut der Universität Jena
(Direktor: Prof. Dr. H. FRUNDER)

Bestimmung des Blutzell- und Blutplasmagehaltes von Leber, Niere und Milz der Ratte

J. G. REICH, U. TILL und H. FRUNDER

(Eingegangen am 9. 11. 1966)

Zusammenfassung

1. Der Erythrozyten- und Blutplasmagehalt von Leber, Niere und Milz der Ratte wurde mit 5 verschiedenen Methoden vergleichend untersucht.

2. Das empfindlichste und genaueste Verfahren zur Bestimmung des Erythrozytengehaltes in den Organen ist die Messung mit ^{32}P-markierten Blutzellen. Für Routineuntersuchungen ist dieses Verfahren mit seinen schwer beherrschbaren Fehlerquellen jedoch nicht zu empfehlen. Die Bestimmung des Erythrozytengehaltes von Organen durch Hämoglobinmessungen gibt nur dann zuverlässige Werte, wenn die Hämoglobinextraktion mit isotonischen, digitoninhaltigen Salzlösungen vorgenommen wird. Hämoglobin wird durch Desoxycholat denaturiert.
Zur Bestimmung von Hämoglobin in trüben Organextrakten ist ein 3-Wellenlängen-Verfahren am besten geeignet. Das Zyanhämiglobinverfahren ist korrekt, hat jedoch aus bestimmten Gründen höhere Standardabweichungen.

3. Der Gehalt an EVANS-Blue ist ein gutes Maß für den Blutplasmagehalt in den Organen.

4. Die Hämatokritwerte im Organblut weichen erheblich vom peripheren Hämatokritwert ab. In Leber und Niere sind wesentlich weniger, in der Milz erheblich mehr Erythrozyten enthalten, als dem peripheren Hämatokrit entspricht.
Die Blutplasmagehalte liegen in allen untersuchten Organen einheitlich bei 18% des Frischgewichtes.

Einleitung

Der Blutzell- und Blutplasmagehalt verschiedener Organe wird zur Berechnung von Metabolitkonzentrationen im intrazellulären Raum benötigt. Dazu reichen Verfahren von mäßiger Genauigkeit meist aus. Wir benötigten für die Messung des Phosphattransportes in die Leberzelle genauere Angaben, weil hier die Korrektur für extrazelluläres Phosphat erheblich in das Ergebnis eingeht.
Die bisher verwendeten Verfahren zur Messung des Blutgehaltes [10], [11] sind umstritten. CASTAGNA [2] behauptet, daß alle bekannten Verfahren

Abkürzungen: EZR = extrazellulärer Verteilungsraum; Hb = Hämoglobin; Hi = Hämiglobin; CN-Hi = Zyanhämiglobin; DOC = Natriumdesoxycholat

falsche Werte geben, weil Hämoglobin adsorbiert wird und so der Extraktion entgeht. Er leitet aus seinen Messungen ab, daß beispielsweise die Ergebnisse von HOLZER et al. [11] um mindestens 50% zu klein sein müssen. Alle Verfahren, auch das von CASTAGNA, sind jedoch nicht absolut, sondern auf Wiederbestimmung zugesetzten Blutes geeicht. Damit ist jedoch nicht zu entscheiden, ob tatsächlich eine größere Fraktion des endogenen Hämoglobins adsorbiert wird und dadurch der Extraktion entgeht. Unsere früheren Erfahrungen mit Lebermikrosomen [14] deuteten auf eine erhebliche Bindungskapazität für Hämoglobin hin.

In dieser Arbeit vergleichen wir daher die bekannten Extraktionsverfahren zur Messung des Erythrozytengehaltes mit der ^{32}P-Methode als extraktionsfreiem Verfahren.

Die dargestellten Ergebnisse beweisen, daß Hömoglobin nur mit isotonischen Salzlösungen unter Digitoninzusatz vollständig extrahiert wird. Desoxycholat ist als Detergens ungeeignet, weil es Hämoglobin denaturiert. Bei hypotonen Extraktionsverfahren wird ein kleiner Teil des endogenen Hämoglobins nicht erfaßt.

Für die Messung des Blutplasmagehaltes verschiedener Organe ist EVANS-Blue bei Verwendung einer geeigneten Extraktionsmethode gut brauchbar.

Methodik

Gewebepräparation

Normal ernährten, 150—180 g schweren männlichen Ratten werden in Urethannarkose (1,25 g/kg) die benötigten Referenzsubstanzen (^{32}P-markierte Erythrozyten, EVANS-Blue-Lösung) in weniger als 0,4 ml isotonischer Lösung in die linke V. ilica externa injiziert. Zum gewünschten Zeitpunkt, in unseren Versuchen meist nach 2 min, wird das Abdomen eröffnet.

Der Blutgehalt in vivo läßt sich nur nach vollständiger Abklemmung des zu untersuchenden Organes vor der Entnahme messen. Es wird daher möglichst schnell mit 3 schmalen Arterienklemmen ein Leberlappen, der rechte Nierenhilus sowie der untere Milzpol vollständig abgeklemmt. Gleichzeitig gewinnt man eine Blutprobe durch Halsschnitt. Die 3 Organstücke werden an der proximalen Klemmenseite abgetrennt. Bei der Niere wird Kapselfett abpräpariert. Man gewinnt auf diese Weise etwa 800 mg Leber, 400 mg Niere und 100 mg Milz.

Da die Rattenleber viellappig ist, wurde der Blutgehalt verschiedener Lappen mit ^{32}P-markierten Erythrozyten geprüft. Es ergaben sich Abweichungen zwischen den einzelnen Lappen von weniger als 1,5%, vorausgesetzt, daß alle Proben gleichzeitig abgeklemmt wurden.

Durchmischungszeit: Die Zeit bis zur Durchmischung injizierter Substanzen im Blut beträgt nach SAPIRSTEIN [22] bei Ratten weniger als 20 sec. Wir konnten diese Angaben bestätigen. Die Durchmischung im schnell austauschbaren EZR dauert nach eigenen Versuchen etwa 2 min.

Bestimmung des Erythrozytengehaltes mit ^{32}P-markierten Erythrozyten

Alle Glasgeräte werden silikonisiert und sterilisiert. Das verwendete ^{32}P-Orthophosphat wird säulenchromatographisch an Dowex-1-X-10 gereinigt und lyophilisiert. Danach wird es in 1 n HCl-Lösung 1 Std. bei 100 °C hydrolysiert und anschließend auf

*p*H 2 eingestellt. Nach Verdünnung mit 0,15 M NaCl (0,01 n HCl enthaltend) wurde es der Erythrozyteninkubation sauer zugesetzt.
Mehr als 99,5% der eingesetzten Radioaktivität wandern auf dem Papierchromatogramm nach GRUNZE und THILO [8] als Orthophosphat.
Die Entnahme von 0,1 bis 0,2 ml Blut erfolgt am narkotisierten Tier aus dem Orbitalplexus mittels einer heparinisierten Kapillare. Das Blut wird in 0,2 ml LOCKE-Lösung (*p*H 7,4, $3 \cdot 10^{-3}$ Orthophosphat enthaltend) zunächst 5 min bei 37° vorinkubiert. Erst dann werden etwa 3 μC ^{32}P-Orthophosphat in 5 μl Lösung zugesetzt (siehe oben); das Blut wird weitere 45 min bei der gleichen Temperatur inkubiert.
Die auf diese Weise markierten Blutzellen werden 3mal mit eiskalter, nicht markierter Inkubationslösung gewaschen und dem gleichen Tier zimmerwarm injiziert. 2 min nach der Injektion werden Organe und Blut nach den angegebenen Methoden gewonnen und der Erythrozytengehalt aus der gemessenen ^{32}P-Aktivität berechnet.

Hämoglobinextraktion aus den Organen

1. Hypotone Extraktion nach HOLZER et al. [11]

1 Teil Organ wird in etwa 8 Teilen, 1 Teil Blut in etwa 100 Teilen 0,02 M NaCl homogenisiert bzw. hämolysiert und 30 min stehen gelassen. Nach Eiweißbestimmung im Homogenat wird ein Aliquot 60 min bei 15000 *g* zentrifugiert. Der Niederschlag wird nachextrahiert. Die vereinigten Überstände werden mit harten Filtern geklärt. Es ist dabei darauf zu achten, daß die Überstände ohne den lockeren Bodensatz oder flotierendes Material abgenommen werden. Trotzdem läßt sich völlige Klarheit speziell bei Leberhomogenaten oft nicht erreichen.

2. Isotone Extraktion mit Digitonin nach HOHORST et al. [10]

Als Extraktionsmittel wurde 0,155 M NaCl-0,05% Digitonin (Merck/Darmstadt oder VEB Ysat Wernigerode) verwendet. Saponin, wie von HOHORST angegeben, wurde von uns durch umkristallisiertes Digitonin ersetzt, um Denaturierung von Hämoglobin durch Verunreinigungen auszuschalten. Die von uns verwendeten Digitoninchargen greifen Hb innerhalb von 14 Std. nicht an.
Die Extraktion wird ansonsten wie die hypotone Extraktion durchgeführt. Die Zentrifugierzeit kann verkürzt werden. Die Überstände sind nur geringfügig getrübt. Unter den hier angegebenen Bedingungen sind Periston-N-Extrakte [10] nicht klarer als Extrakte, die ohne dieses Mittel hergestellt wurden.

3. Isotone Extraktion nach CASTAGNA [2]

Es ist das gleiche Verfahren wie eben beschrieben. Statt Digitonin wird jedoch 0,5% DOC verwendet. Außerdem wird 30 min bei 300000 *g* zentrifugiert und ein Blindwert mit „blutfrei" gespülter Leber mitgeführt. Wegen der Opaleszenz ist sorgfältig auf identische Bedingungen zu achten.

Hämoglobin-Bestimmung[1]

1. Oxy-Hb-Methode nach HOHORST et al. [10]

Verwendet wird ein möglichst klarer Organ- oder Blutextrakt bekannter Verdünnung, der zur Überführung von Hb in Oxy-Hb 1 min kräftig geschüttelt wird. Es wird entweder ein Spektrum zwischen 535 und 585 nm geschrieben, oder man mißt die Extinktionen des α- und β-Gipfels bei 578 bzw. 542 nm sowie des dazwischen gelegenen Tales *T* bei 560 nm.

[1] E_i = Extinktion bei der indizierten Wellenlänge;
λ_i = Wellenlänge (in nm).

In reinen Oxy-Hb-Lösungen ohne Interferenz durch gefärbte Substanzen ist der Quotient (HÜFNERS Quotient)

$$\mathrm{E}_\alpha/\mathrm{E}_T = 1{,}73\ (\pm\ 0{,}05)\ . \tag{1}$$

Weiterhin beträgt der Quotient

$$\mathrm{E}_\alpha/\mathrm{E}_\beta = 1{,}04\ (\pm\ 0{,}01)\ . \tag{2}$$

Geringere Werte für diese Quotienten deuten auf schlechte Monochromasie des Fotometers hin.
Charakteristisch für den Hb-Gehalt ist die Größe

$$\varphi_{\text{Oxy-Hb}} = E_\alpha - E_T - k\,(E_\alpha - E_\beta) \tag{3}$$

wobei

$$k = \frac{\lambda_\alpha - \lambda_T}{\lambda_\alpha - \lambda_\beta} \approx \frac{1}{2}\,. \tag{3a}$$

Diese Beziehung wurde von HOHORST et al. [10] unter der Annahme abgeleitet, daß die Trübung des Extraktes bei allen gemessenen Wellenlängen etwa gleich sei. Die Schwäche des Verfahrens besteht darin, daß diese Annahme nicht streng gilt. Die durch Trübung der Organextrakte bedingte Extinktion nimmt tatsächlich zum roten Ende des Spektrums hin etwa linear ab. Wollte man diese Tatsache streng berücksichtigen, so müßte man aus dem System von algebraischen Gleichungen

$$E_{\alpha\text{-Hb}}/E_{T\text{-Hb}} = 1{,}73 \tag{1a}$$

$$E_{\alpha\text{-Hb}}/E_{\beta\text{-Hb}} = 1{,}04 \tag{2a}$$

$$E_{\beta\text{-Hb}} = E_\beta - (a + b) \tag{4}$$

$$E_{\alpha\text{-Hb}} = E_\alpha - a \tag{5}$$

$$E_{T\text{-Hb}} = E_T - (a + k\,b) \tag{6}$$

die „wahren" (durch Oxy-Hb bedingten) Extinktionen isolieren. In den Gleichungen bedeuten die $E_{i\text{-Hb}}$ ($i = \alpha, \beta, T$) diese wahren Extinktionen; a bzw. $a + b$ sind die beim α-Gipfel bzw. beim β-Gipfel durch Trübung bedingten Extinktionen. Die mit E_i (ohne das Zeichen -Hb) signierten Extinktionen sind die gemessenen Extinktionen, die, wie ersichtlich, die Summe aus den wahren und den durch Trübung bedingten Extinktionen darstellen.
Liegen einigermaßen klare Extrakte vor ($a/E_\alpha < 0{,}1$), so kann man diese Berechnung einsparen, da das Ergebnis nur wenig von dem nach Formel 3 berechneten abweicht. In trüben Extrakten ist jedoch die Korrektur notwendig.

2. Zyanhämiglobin-Methode nach HOLZER et al. [11]

Im möglichst klaren Extrakt mißt man bei 546 und 578 nm (Hg-Interferenzfilter) den Extinktionssprung beim Übergang von Hämiglobin in Zyanhämiglobin.
Wir puffern stärker als in der Originalvorschrift angegeben, nämlich mit 0,2 M Endkonzentration Triäthanolamin (pH 7,6) und setzen dann zu 3 ml des Extrakt-Puffer-Gemisches 0,01 ml 0,3 M Kaliumhexazyanoferrat (III) zu. Nach 10 min wird die Extinktion gemessen. Danach werden 0,01 – 0,02 ml 1 M KCN (sorgfältig neutralisiert) zugegeben und nach 30 min die Extinktion erneut abgelesen. Der Extinktionssprung

$$\varphi_{\text{CN-Hi}} = E_{\text{CN-Hi}} - E_{\text{Hi}} \tag{7}$$

ist dem Hb-Gehalt proportional, wobei die Voraussetzung, daß die nicht durch Hb bedingte Extinktion unter der Behandlung konstant bleibe, recht gut mit den experimentellen Daten übereinstimmt. Immerhin gehen Trübungen recht erheblich in die Standardabweichung ein (siehe weiter unten).

Berechnung des absoluten Hämoglobingehaltes: Die absoluten Hämoglobinkonzentrationen in Organen wurden aus folgenden φ für eine 1%ige (Gew./Vol.) Hämoglobinlösung berechnet:

$$\varphi^{1\%}_{\text{Oxy-Hb}} = 3{,}8 \quad \text{(Oxy-Hb-Methode)},$$

$$\varphi^{1\%}_{\text{CN-Hi}} = 2{,}4 \quad \text{(CN-Hi-Methode bei 546 nm)},$$

$$\varphi^{1\%}_{\text{CN-Hi}} = 0{,}7 \quad \text{(CN-Hi-Methode bei 578 nm)}.$$

EVANS-*Blue-Extraktion nach* CLAUSEN *und* LIFSON

Die zur Injektion verwendete Farbstofflösung wurde zur Entfernung der oft vorhandenen ungelösten Partikel 1 Std. bei 300000 *g* zentrifugiert. Es wurden 4—7 mg EVANS-Blue in 0,2—0,4 ml isotonischer Salzlösung langsam injiziert. Diese Dosis ist hoch, wurde jedoch von den Tieren gut vertragen. Sie kann bei Bedarf durch geeignete Wahl der Aufarbeitungsbedingungen verkleinert werden.

Extraktion und Messung: 1 Teil Organhomogenat (1 : 8) oder Hämolysat (1 : 30) wird mit 6 Teilen gesättigter Harnstofflösung 10 min lang im Handhomogenisator gemischt. Dann gibt man 12 T Azeton dazu, homogenisiert etwa 5 min, gibt 0,6 Teile 10%ige $ZnSO_4 \cdot 7\,H_2O$ dazu, mischt schnell und gibt sofort 0,6 Teile 0,5 n NaOH dazu. Nach Mischen und 10 min Stehen werden die denaturierten Proteine für 5 min bei 5000 *g* abzentrifugiert. Der Überstand muß klar blau sein. Er wird mit einem Gemisch aus gesättigter Harnstofflösung und Azeton (1 + 2) auf insgesamt 20 Teile aufgefüllt; danach wird die Extinktion bei 635 nm und 5 cm Lichtweg gemessen.
Andere Extraktionsmittel wie Formamid, Azeton, $HClO_4$, NaOH oder DOC erlauben keine vollständige Extraktion von EVANS-Blue. Es empfiehlt sich, das EVANS-Blue-Spektrum, daß sehr milieuempfindlich ist, nach der Extraktion zu überprüfen [1], [7] und auf die sogenannte „rote Verunreinigung" [5], [15] zu achten. Ist diese vorhanden, muß der Farbstoff gereinigt werden.

Berechnung des Blutgehaltes von Organen

Alle Ergebnisse werden als Erythrozyten- bzw. Plasmagehalt in Vol./Gew.-% angegeben. Ein Berechnungsbeispiel sei für das Oxy-Hb-Verfahren ausgeführt. Die Werte sind der Tabelle 1 entnommen:

$$\varphi_{\text{Leber}}\ \text{(Gl. 3)} = 0{,}901 - 0{,}556 - 0{,}5 \times (0{,}901 - 0{,}895) = 0{,}342,$$

$$\varphi_{\text{Ery}}\ \text{(Gl. 3)} = 0{,}912 - 0{,}527 - 0{,}5 \times (0{,}912 - 0{,}889) = 0{,}374.$$

Diese Werte werden mit den entsprechenden Verdünnungsfaktoren multipliziert. Danach setzt man Leber ins Verhältnis zum Blut:

$$\text{Erythrozytengehalt (Vol./Gew.-\%)} = \frac{0{,}342 \cdot 27}{0{,}374 \cdot 415} \times 100 = 6\%.$$

Beim CN-Hi-Verfahren werden die Extinktionssprünge mit den Verdünnungsfaktoren multipliziert und dann analog ins Verhältnis gebracht.
Bei diesem Verfahren ist anzumerken, daß die Verdünnung der Erythrozyten aus der Verdünnung des Vollblutes durch Multiplikation mit dem Volumenanteil der Erythrozyten (= Hämatokrit in % × 0,95/100) berechnet wird. 0,95 ist der übliche Korrekturfaktor für Plasma, das bei der Hämatokritbestimmung in der Erythrozytensäule eingeschlossen bleibt.
In unseren Versuchen wurden die Organgewichte über den Eiweißgehalt der Homogenate (Methode nach LOWRY) berechnet. Der mittlere Eiweißgehalt eines Gramms Organ ist aus getrennten Untersuchungen bekannt.

Chloridraum: Die Bestimmung des Chloridraumes erfolgte nach HOHORST und Mitarbeitern [10]. Die Werte sind in % Vol./g Frischgewicht angegeben.

Fehlerberechnung

Der Erythrozytengehalt y eines Organes wird aus mehreren Messungen (Extinktionen, Volumen, Proteinkonzentrationen, Wägungen) nach der Formel

$$y = \frac{\varphi(\text{Organ})}{\varphi(\text{Ery})} \cdot V \tag{8}$$

berechnet. V ist das Verhältnis der Verdünnungen von Organextrakt zu Erythrozytenextrakt. Die beiden φ sind für den Hb-Gehalt charakteristische Kennziffern, die nach Gleichung (3) (Oxy-Hb-Verfahren) bzw. Gleichung (7) (CN-Hi-Verfahren) errechnet werden.

Jede der in y verwendeten Eingangsgrößen führt ihren mittleren absoluten Bestimmungsfehler s mit sich. Setzt man bei einer Funktion

$$y = f(i) \qquad i = a, b \ldots \tag{9}$$

die mittleren absoluten Fehler s_i der unabhängigen Variablen mit deren Differentialen di gleich und wendet das Fehlerverteilungsgesetz an, so resultiert für den mittleren Fehler der Funktion y folgender Ausdruck [16]:

$$s_y^2 = \sum_i \left(\frac{\partial y}{\partial i}\right)^2 \cdot s_i^2 \, . \tag{10}$$

Verwendet man diese Gleichung für die Funktion (8) und löst nach dem mittleren relativen Fehler auf, so erhält man

$$\frac{s_y}{y} = \frac{\sqrt{\sum\limits_{i0} (\varphi'_{i0}\, s_{i0})^2 + \left[\frac{\varphi(0)}{\varphi(E)}\right]^2 \sum\limits_{iE} (\varphi'_{iE}\, s_{iE})^2}}{\varphi(0)} \, , \tag{11}$$

wobei iO die gemessenen Extinktionen im Organextrakt und iE die entsprechenden im Erythrozytenextrakt zusammenfaßt. Die s sind absolute mittlere Fehler, und die φ' sind partielle Ableitungen in Gleichung (3) bzw. Gleichung (7) nach den Größen iO bzw. iE.

Die mittleren Fehler der Volumenmessung werden vernachlässigt (= 0 gesetzt), ebenso die der Proteinbestimmung, weil diese Fehler bei Vergleichen zwischen Meßmethoden in alle Ergebnisse gleichmäßig eingehen und überdies durch genaue Wägungen weitgehend eliminiert werden können. Gleichung (11) liefert ein Verfahren, aus bekannten mittleren Fehlern der Eingangsgrößen den mittleren Fehler der Funktion zu berechnen und mit den experimentellen Werten zu vergleichen. Außerdem kann die Ursache für bestimmte Fehler analysiert werden. Die Gleichung wird weiter unten zur Analyse der Standardabweichungen von Hb-Bestimmungsverfahren eingesetzt.

Vergleichende Untersuckungen zu den einzelnen Methoden

1. Messung des Erythrozytengehaltes mit ^{32}P-markierten Erythrozyten

Markierte Erythrozyten wurden bisher vor allem zur Messung des Körperblutvolumens verwendet [9], [17], [20], [21]. Sie sind auch zur empfindlichen Messung des Organblutgehaltes geeignet.

Wir finden Standardabweichungen von weniger als 3%. In verschiedenen Leberlappen betragen die Differenzen nicht mehr als 1,5%. Die Freisetzung des inkorporierten ^{32}P beträgt in vivo und in vitro (37°) weniger als 0,1% in den ersten 3 min. Zwischen 45 sec und 9 min nach der Injektion sind die Meßwerte konstant.

Das Verfahren wird daher als absolute Eichung unseren Versuchen zugrundegelegt.

Die Methode weist jedoch zwei nur schwer beherrschbare Fehlerquellen auf:

a) Störung durch Phosphatpartikel [6]:

^{32}P-Orthophosphat wird in neutralem Milieu sehr fest an mikroskopisch kleine Glas- und Staubpartikel, die sich in jeder wässrigen Lösung relativ rasch bilden, adsorbiert. Die größten Partikel verhalten sich bei den Waschungen wie Erythrozyten und werden mit injiziert und in der ersten Minute durch Phagozytose von den RES-Zellen der Leber und anderer Organe aufgenommen. Die Verfälschung des Blutgehaltes von Leber und Milz durch solche ^{32}P-beladenen Partikel kann bis 200% ausmachen.
Diese Fehlerquelle kann vermieden werden:

α) durch Silikonisierung der Glasgeräte (Einschränkung der Bildung von Silikatpartikeln),

β) durch Aufbewahren und Zusatz des ^{32}P-Orthophosphates als saure Lösung. Bei *p*H 2 wird ^{32}P-Orthophosphat von den Glaspartikeln desorbiert. Diesem Zweck dient auch die in der Methode beschriebene heiße Säurebehandlung der ^{32}P-Lösung,

γ) durch Vorinkubation der Erythrozyten in ^{31}P-haltiger Lösung. Dann beladen sich die Partikel „kalt" und nehmen das später dazukommende ^{32}P langsamer auf als die Erythrozyten.

b) Störung durch Bakterien [3]:

Befinden sich viele Bakterien im Inkubationsansatz, so kommt es zu ähnlichen Fehlern wie unter 1 beschrieben, da die Bakterien ebenfalls radioaktives Phosphat aufnehmen und phagozytiert werden. Diese Fehlerquelle ist nur durch weitgehend steriles Arbeiten einzuschränken. Kontrollversuche für die angegebenen Störungsmöglichkeiten sind möglich, jedoch sehr aufwendig [6]. Deshalb kann die ^{32}P-Erythrozyten-Methode für Routinebestimmungen des Organblutgehaltes nicht empfohlen werden.

2. Bestimmung des Erythrozytengehaltes durch Hämoglobinmessung

a) Bestimmung des extrahierten Hämoglobins

Es gibt zahllose Arbeiten über die Genauigkeit von Hb-Bestimmungen im Blut, aber nur sehr wenige über die Messung in Organen. Holzer et al. [11] geben keine Fehlerbreiten an, und die von Hohorst et al. [10] mitgeteilte Angabe bezieht sich auf die Wiederbestimmung zugesetzten Blutes in einem Homogenat, nicht auf den Fehler der Bestimmung von der Organaufbereitung an.
Tabelle 1 zeigt die von uns gefundenen mittleren Fehler bei der Bestimmung von Extinktionen in Extrakten aus Leber und Erythrozyten (2. und 4. Spalte). Der Einfluß des Verdünnungsfehlers wird durch Messung von Extrakten aus einem Homogenat ausgeschaltet. Diese Fehler kommen zustande durch den Extraktionsvorgang und die Extinktionsmessung.
Bei sorgfältiger Präparation mit optimaler Verdünnung im Test erhält man nur bei den Hämiglobinextinktionen der Leber größere Fehler als 1%.
Die Gründe dafür sind:

α) die sehr ausgeprägte *p*H-Abhängigkeit dieses Parameters. In proteinreichen Leberextrakten wird der *p*H-Wert des zugesetzten Puffers stets ein wenig verändert,

β) der relativ geringe Extinktionskoeffizient von Hämiglobin, wodurch die trübungsbedingte Extinktion mehr ins Gewicht fällt,

γ) das steil abfallende und etwas variable Spektrum des Hämiglobin (speziell bei 578 nm).

Es läßt sich nun mit Hilfe von Gleichung (11) zeigen, daß der an sich noch erträgliche Fehler der Hämiglobinextinktion bei weiterer Verschleppung in den Erythrozytengehalt erhebliche Ausmaße annehmen muß (Spalte 6 der Tab. 1). Der Grund dafür

Tabelle 1

Fehlerbestimmung bei Extraktion von Hämoglobin aus Blut und Leberhomogenat einer Ratte mittels der Digitoninmethode.

Extrakt enthält 0,2 M Triäthanolamin *p*H 7,6. Leberhomogenat und Blut wurden in 5 Proben aufgeteilt, getrennt extrahiert und in den Extrakten die Extinktion für die verschiedenen Bestimmungsverfahren gemessen. Aus den Meßwerten jedes Extraktes wurden die Blutgehalte berechnet. Die Verdünnung der Erythrozyten wurde aus der Verdünnung von Vollblut und dem Hämatokrit kalkuliert (siehe Text). In den Spalten 1 und 3 sind die Mittelwerte (MW) der Extraktionen, in 2 und 4 die zugehörigen Standardabweichungen dargestellt. Spalte 5 enthält die Mittelwerte des Erythrozytengehaltes. Der mittlere Fehler dieses Mittelwertes wurde nach 2 Verfahren kalkuliert: a) als fortgepflanzter Fehler nach Gleichung (11) aus den mittleren Fehlern der eingehenden Extinktionsmessungen (Spalte 6) und b) als Standardabweichung des Mittelwertes (s/MW) (Spalte 7)

	Leber (1:27; Gew./Vol.)		Erythrozyten (1:415; Vol./Vol.)		Erythrozytengehalt der Leber [% Vol./g frisch]		
	Extinktion	rel. Standardabweichung. [%]	Extinktion	rel. Standardabweichung. [%]	MW	fortgepfl. mittl. Fehler [%]	s/MW [%]
Oxyhämoglobin I. Max.	0,901		0,912				
Oxyhämoglobin Min.	0,556	1	0,527	0,5	6,0	2,8	2,1
Oxyhämoglobin II. Max.	0,895		0,889				
546 nm Hämiglobin	0,444	4	0,382	0,5	6,1	7,5	5,2
546 nm CN-Hämiglobin	0,712	1	0,666				
578 nm Hämiglobin	0,366	8	0,315	0,5	5,8	35,0	35,0
578 nm CN-Hämiglobin	0,451	1	0,411				
	1	2	3	4	5	6	7

ist hauptsächlich die Differenzbildung (Extinktionssprung, vgl. Gleichung (7)). In der Tat kann man für die Standardabweichung des Mittelwertes die erwartete Größe feststellen (Spalte 7). Dabei ist zu beachten, daß alle Verfahren prinzipiell korrekt sind, denn sie geben, wenn auch mit unterschiedlicher Standardabweichung, den gleichen Mittelwert. Aus diesen Messungen folgt, daß nur das Oxy-Hb-Verfahren für anspruchsvolle Messungen genügend präzis ist und daß das CN-Hi-Verfahren bei Ausschaltung der erwähnten Fehlerquellen allenfalls bei 546 nm, nicht jedoch bei 578, brauchbar ist.

b) Extraktion von Hämoglobin aus Organen

Nachdem die Frage einer geeigneten Hb-Bestimmung in Extrakten geklärt ist, bleibt nun die Untersuchung der Frage, ob in den Extrakten tatsächlich das ursprünglich im Organ vorhandene Hb erfaßt wird. Holzer et al. [11] sowie Hohorst et al. [10] haben bei ihren Methoden bewiesen, daß tatsächlich nur Hämoglobin erfaßt wird und daß man zugesetztes Blut vollständig wiederfinden kann. Nicht nachgewiesen wurde jedoch die Vollständigkeit der Extraktion des endogenen Hämoglobins, die Castagna [2] energisch bestreitet. Dieser Nachweis ist nur durch einen Vergleich mit dem extraktionsfreien Verfahren möglich. Wir haben daher in 10 verschiedenen Versuchen Rattenlebern einerseits mit der ^{32}P-Erythrozytenmethode und andererseits mit der Digitonin-Extraktionsmethode (siehe oben) auf den Erythrozytengehalt untersucht. Die Digitoninextrakte wurden weiterhin parallel nach dem Oxy-Hb-Verfahren und nach dem CN-Hi-Verfahren untersucht. Es wurde dann ein statistischer Paarvergleich [25] zwischen dem ^{32}P-Verfahren und dem Digitoninextraktionsverfahren durchgeführt. Es ließ sich keine Verschiedenheit zwischen den Stichprobenkollektiven nachweisen. Die Standardabweichung des ^{32}P-Verfahrens von der Oxy-Hb-Messung im Digitoninextrakt betrug 6%, diejenige des ^{32}P-Verfahrens von der CN-Hi-Messung des Digitoninextraktes 12%. Die Abweichung des extraktionsfreien Verfahren vom Extraktionsverfahren entspricht genau der zu erwartenden Überlagerung der Standardabweichung der einzelnen Verfahren (siehe Tab. 1).

Es ließ sich also eindeutig nachweisen, daß mit Digitonin in isotonischer Salzlösung das endogene Hämoglobin quantitativ extrahierbar ist.

Die hypotone Extraktion nach Holzer et al. [11] erlaubt dagegen keine quantitative Extraktion des endogenen Hb. Das ging aus 10 weiteren Versuchen hervor, bei denen hypotone und Digitoninextraktionen parallel durchgeführt wurden. In allen 10 Fällen war die Ausbeute auch nach mehrfacher hypotoner Extraktion geringer als bei der isotonischen Digitoninextraktion. Der mittlere Verlust betrug $15 \pm 8\%$, maximal wurden 30% Differenz beobachtet.

Die Unvollständigkeit der Extraktion mit hypotoner Salzlösung ist schon äußerlich sichtbar: Der Rückstand der hypotonen Extraktion ist dunkelrot, dunkler als der Extrakt, während beim Digitoninextrakt der Niederschlag gelb, fast weiß ist. Mehrfache Extraktionen ändern diese Verhältnisse nicht.

Das von Castagna vermutete Ausmaß an Verlusten bei der Extraktion trifft allerdings auch bei der hypotonen Extraktion nicht zu.

c) Untersuchung des Extraktionsverfahrens von Castagna [2]

Dieser Autor löst adsorbiertes Hämoglobin durch DOC-Behandlung ab. Da er nur bei einer Wellenlänge mißt, muß er einen Blindwert (gespülte Leber) mitführen. Es erheben sich folgende Bedenken:

1. Die Präparation von hämoglobinfreiem Lebermaterial ist nach unseren Erfahrungen sehr zeitraubend, wenn nicht unmöglich. Castagna gibt keine Belege, daß sein Leerwert wirklich Hb-frei ist.

2. Die Notwendigkeit, die Homogenate längere Zeit hochtourig zu zentrifugieren, macht das Verfahren für viele Labors unzugänglich oder unbequem.

3. Es besteht die Gefahr, daß Trübungsdifferenzen zwischen Blindwert und die Genauigkeit der Bestimmung stören.

4. Unserer Erfahrung nach neigen die zur Extraktion verwendeten isotonischen Salzlösungen mit 0,5% DOC zum Gelieren.

5. Nach Castagna soll Hämoglobin in Gegenwart von DOC nicht verändert werden. Wir kamen zu gegenteiligen Resultaten. Abbildung 1 zeigt das Verhalten des Hämoglobinspektrums im grüngelben Bereich in Gegenwart von Natriumdesoxycholat[1].

Es ist zu erkennen, daß Oxyhämoglobin durch DOC in einer langsamen Zeitreaktion denaturiert wird. Nach längerer Zeit entsteht ein Spektrum, das mit dem des sogen. oxydierten Globinferrihämochromogen von Drabkin identisch ist. Es liegt aber wohl kein einheitliches Reaktionsprodukt vor.

Hämoglobin ist gegen die DOC-Wirkung weniger empfindlich, während Hämiglobin sehr rasch denaturiert wird. Oxy-Hb-Lösungen ohne DOC (siehe Abb. 1) bleiben unter

[1] Die von uns verwendete Charge Na-DOC hatte weniger als 0,5% Cholsäure; Na-Gehalt 99,2% d. Th.; Desoxycholsäuregehalt 99,6% d. Th. (Analyse der Firma Merck, AG, Darmstadt)

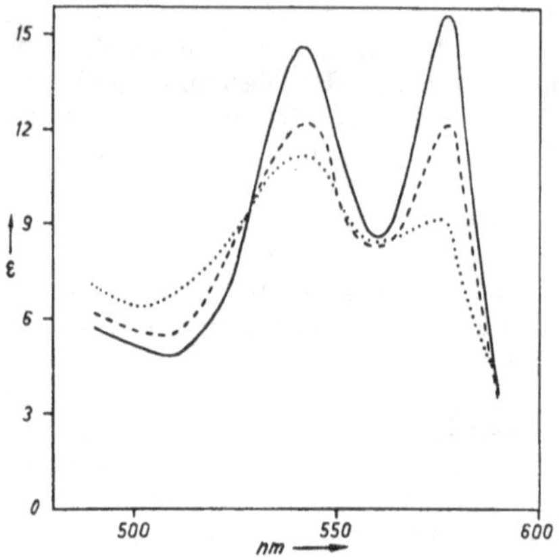

Abb. 1. Einwirkung von Desoxycholat ($5 \cdot 10^{-3}$ M) auf Oxy-Hb aus Rattenblut ($0{,}06 \cdot 10^{-3}$ M; Hämolysat 1:150 in H_2O). Inkubationstemperatur 20 °C. ——— = Kontrolle: 10 Std. Inkub. ohne DOC (*p*H 7,0, ungepuffert); ------ = DOC: 2 Std. Inkub. in DOC (*p*H 8,4); ······ = DOC: 10 Std. Inkub. in DOC (*p*H 8,4). Die Extinktionen sind auf millimolare Extinktionskoeffizienten umgerechnet

den fraglichen Bedingungen unverändert. Die nach DOC einsetzende langsame Denaturierung zeigt sich am Umschlag in einen braunroten Farbton, wie er unter Laurylsulfat sofort entsteht.

In Leberhomogenaten entsteht aus dem Oxy-Hb sehr rasch Hb und Hi in wechselnden Mengen. Die Präparation des Hämoglobins nach Castagna nimmt etwa eine Stunde in Anspruch. Je nach dem Oxygenierungszustand des Hb in Blut und Organen und nach der Dauer der Einwirkung von DOC kann der Erythrozytengehalt nach beiden Seiten in praktisch beliebigem Maße verfälscht sein. Wir halten daher dieses Extraktionsverfahren in der von Castagna angegebenen Form für ungeeignet.

Ergebnisse und Diskussion

Die Resultate der methodischen Voruntersuchungen ermöglichen folgende Schlußfolgerungen:

1. Die Extraktion von Hb muß in isotonischer Salzlösung unter Zusatz eines nicht denaturierenden Detergens (Digitonin) erfolgen.

2. Als Bestimmungsverfahren für Hb kommen nur das Oxy-Hb-Verfahren und das CN-Hi-Verfahren bei 546 nm in Frage. Bei Anwendung von Evans-Blue ist man auf das letztere Verfahren angewiesen, bei dem zur Kontrolle der Fehlerbreite sorgfältige Mehrfachbestimmungen ausgeführt werden müssen.

3. Das ^{32}P-Erythrozytenverfahren ist zwar sehr genau, aber für Untersuchungsreihen zu aufwendig.

4. Der Plasmagehalt kann mit Evans-Blue bestimmt werden. Eine absolute Eichung erfolgte hier nicht, es wurden allerdings zugesetzte Mengen vollständig wiedergefunden.

Blutgehalte von Leber, Niere und Milz der Ratte in vivo

Die Untersuchungen wurden durch parallele Bestimmung des Erythrozytengehaltes (CN-Hi-Verfahren 546 nm, teilweise auch Oxy-Hb-Verfahren), des Plasmagehaltes (Evans-Blue) und des Chloridraumes der Organe durchge-

führt. Beim Chloridgehalt wurde Erythrozytenchlorid abgezogen. Letzteres wurde durch Titration von Vollblut und Plasma ermittelt. Diese Korrektur macht nur einige Prozent des Gesamtchlorides aus.
Das intrahepatozelluläre Chlorid wurde nicht abgezogen. Der Fehler dürfte weniger als 5% des Gesamtchlorides ausmachen [10]; detaillierte Untersuchungen zu dieser Frage liegen aber für die Leber nicht vor.
Aus den angegebenen 3 Werten lassen sich weiter ermitteln:

1. Organhämatokrit (= Erythrozytengehalt/Erythrozytengehalt + Plasmagehalt);

2. Gesamtblut (= Erythrozyten + Plasma);

3. Interstitialraum (Chloridgehalt minus Gesamtblutgehalt). Der Gehalt an Interstitialflüssigkeit im Frischgewicht ist wegen des intrazellulären Chlorid der Leberzelle um etwa 2% zu hoch.

In Tabelle 2 sind unsere Versuche ausführlich dargestellt. Es ergibt sich:

1. Der Plasmagehalt der untersuchten Organe liegt einheitlich bei 18% des Frischgewichtes.

2. Der Erythrozytengehalt schwankt von Organ zu Organ erheblich; in Leber und Niere beträgt er etwa 5%, in der Milz 15% des Frischgewichtes. Die Funktion der Milz als Erythrozytenspeicher wird deutlich sichtbar.

3. Der Gesamtblutgehalt macht $^1/_4$ bis $^1/_3$ des Organfrischgewichtes aus.

4. Der Organhämatokrit ist bei der Leber und Niere erheblich kleiner, bei der Milz deutlich höher als im peripheren Blut (40 ± 2%). Es ist daher falsch, den

Tabelle 2

Blutgehalte von Leber, Niere und Milz bei normal ernährten Ratten (Präparation siehe Methodik)[1].
Die Blutbestandteile und der Chloridwert nach Abzug von Erythrozytenchlorid sind in % (Vol./Frischgewicht) angegeben. Korrektur für intrahepatozelluläres Chlorid erfolgte nicht

	Erythrozyten-gehalt	Plasma-gehalt	Gesamtblut	Hämatokrit	EZR (Chlorid)
Leber	5,2 ± 1,0 (n = 18)	17,7 ± 1,9 (n = 5)	23,1 ± 4,8 (n = 5)	26,4 ± 2,2 (n = 5)	41,0 ± 3,0 (n = 5)
Niere	4,6 ± 1,4 (n = 7)	18,7 ± 3,0 (n = 5)	23,9 ± 4,2 (n = 5)	20,7 ± 1,7 (n = 5)	unverwertbar (Harn)
Milz	15,0 ± 2,2 (n = 4)	17,0 ± 1,7 (n = 4)	32,1 ± 7,0 (n = 4)	47,6 ± 6,5 (n = 4)	41,0; 44,0

[1] Man beachte, daß unterschiedliche Stichprobenzahlen vorliegen, so daß Gesamtblut und Hämatokrit nicht genau mit der Berechnung aus Erythrozyten und Plasma übereinstimmen. Die Gesamtblutwerte wurden in den 5 Versuchen gesondert berechnet

Organblutgehalt durch Bezug des Hb-Gehaltes auf das periphere Gesamtblut zu kalkulieren, wie es fast alle Autoren bisher getan haben (z. B. [10], [11] u. a.). Bei Metabolitkorrekturen ist streng zwischen Erythrozytenkorrektur, Plasmakorrektur und EZR-Korrektur zu unterscheiden.

5. Der Gehalt an Interstitialflüssigkeit beträgt bei der Milz mehr als 20%, bei der Leber 23% des Frischgewichtes. Die letzte Angabe stimmt ausgezeichnet mit Hohorst et al. [10] überein, der 21% veröffentlicht und dabei im Gegensatz zu uns 2% für intrazelluläres Leberchlorid abgezogen hat. Gegen die Höhe des Plasmaraumes in den Organen könnte man einwenden, daß Evans-Blue in den extravasalen Raum der Leber auswandert [18] und außerdem durch Phagozytose ins RES und Exkretion in die Galle eliminiert werden kann [13], daß also zu große Verteilungsräume vorgetäuscht werden. Dieser Einwand läßt sich jedoch durch folgende Argumente widerlegen:

1. Der erwähnte Austritt in den EZR betrifft nur die Leber und macht überdies in 24 Std. nur 35% des Sättigungswertes (Gleichgewicht zwischen Leber-EZR und Plasma) aus [18], kann also nach 2 min unmöglich ins Gewicht fallen.

2. Wäre der Evans-Blue-Raum wesentlich zu groß, so müßte der Interstitialraum entsprechend zu klein ausfallen, was jedoch nicht der Fall ist.

3. Der Evans-Blue-Verteilungsraum ist bei der Ratte mit dem ^{131}J-Albuminverteilungsraum identisch [12], was zumindest die Speicherung im RES und die Exkretion in die Galle weitgehend ausschließt.

Wichtig ist, daß die angegebenen und im Vergleich zur Literatur sehr hohen Blutgehalte nur mit der Abklemmung in vivo zu erreichen sind, die artefizielle Veränderungen des Blutgehaltes ausschließt. Bei der Frierstoptechnik wird Blut aus dem Organ herausgepreßt. Wir finden z. B. bei der Leber Erythrozytengehalte zwischen 2 und 4% (5 Versuche) mit einem Mittelwert bei 3%. Die Werte sind mit denen von Hohorst et al. [10] vergleichbar, wenn man sie durch 0,40 dividiert, denn diese Autoren geben den Gesamtblutgehalt unter stillschweigender Annahme des peripheren Hämatokrit (bei der Ratte 40) für die Leber an. Man erhielte in unseren Versuchen Werte zwischen 5 und 10% (MW 7,5), die mit Hohorst übereinstimmen.

Auch beim Herausschneiden der Leber fließen erhebliche Blutmengen ab. Wir haben in einem Modellversuch den Blutgehalt nach Abklemmung in vivo sowie anschließend nach gewöhnlichem Herausschneiden der gleichen Leber gemessen. Es ergab sich:

Der Gesamtblutgehalt sank von 23,7 auf 12,1%, der Plasmagehalt von 17,9 auf 10,0%, der Erythrozytengehalt von 5,8 auf 2,1%, und der Organhämatokrit von 24,7 auf 17,5% ab.

Der Abfall des Organhämatokrit zeigt, daß vor allem das Blut der größeren Gefäße mit höherem Hämatokrit beim Herausschneiden abfließt. Bei Abklemmung der V. portae kommt es ebenfalls zum Abfließen von Blut aus der Leber, was bei der Bewertung der Fluoreszenzkurve der Leber in vivo von Bedeutung ist [23].

Zusammenfassend möchten wir feststellen, daß der Gehalt an Blutbestandteilen in den einzelnen Rattenorganen erheblich von der Entnahmetechnik abhängig ist. Die Korrektur von Metabolitgehalten oder auch von Transportraten auf den intrazellulären Raum eines Organes erfordert daher eine detaillierte Kenntnis von Erythrozytengehalt, Plasma- und Interstitialflüssigkeit unter den Versuchsbedingungen, die man sich am günstigsten durch direkte Bestimmung am gleichen Präparat verschafft. Die Verwendung von Durchschnittswerten aus der Literatur birgt die Gefahr erheblicher Berechnungsfehler.

Herrn Prof. Dr. F. JUNG, Berlin, sind wir für seine Anregungen und Hinweise zu besonderem Dank verpflichtet.
Wir danken Herrn Priv.-Doz. Dr. H. P. WOLF, Firma Merck AG, Darmstadt, für die liebenswürdige Überlassung der Desoxycholatcharge und deren Analyse.

Literatur

[1] ALLEN, T. H., M. OCHOA, R. F. ROTH u. M. J. GREGERSEN: Amer. J. Physiol. **175**, 243 (1953).
[2] CASTAGNA, M.: Nature [London] **205**, 905 (1965).
[3] CHAPLIN, H.: J. Physiology **123**, 22 (1954).
[4] CLAUSEN, D. F. u. N. F. LIFSON: Proc. Soc. exp. Biol. Med. **91**, 11 (1956).
[5] COOLEY, G.: J. Physiology **123**, 26 (1954).
[6] THIELMANN, K. u. M. SCHULZE: Acta biol. med. german. (im Druck).
[7] GREGERSEN, M. I. u. J. G. GIBSON II: Amer. J. Physiol. **120**, 494 (1937).
[8] GRUNZE, H. u. E. THILO: Die Papierchromatographie der kondensierten Phosphate, Akademie-Verl., Berlin 1955.
[9] HAWK, P. B., B. L. OSER u. W. H. SUMMERSON: Practical Physiological Chemistry 13. Aufl. Mc Graw Hill, New York 1954.
[10] HOHORST, H. J., F. H. KREUTZ u. TH. BÜCHER: Biochem. Z. **332**, 18 (1959).
[11] HOLZER, H., G. SEDLMAYR u. M. KIESE: Biochem. Z. **328**, 176 (1956).
[12] HUANG, K. C. u. J. H. BONDURANT: Amer. J. Physiol. **185**, 441 (1956).
[13] HYMAN, CH. u. R. L. PALDINO: Amer. J. Physiol. **179**, 594 (1954).
[14] KLUGE, H., E. BLUME, N. BANNERT u. H. FRUNDER: Acta biol. med. german. **12**, 46 (1964).
[15] LEESON, D. u. E. REEVE: J. Physiology **109**, 170 (1949).
[16] Mathematik. Enzyklopädie, VEB Bibliographisches Institut, Leipzig 1965.
[17] NICKERSEN, J. L., H. SEAR u. E. B. REEVE: Amer. J. Physiol. **175**, 230 (1953).
[18] POPPER, H. u. F. SCHAFFNER: Die Leber, Struktur und Funktion, Georg Thieme Verlag, Stuttgart 1961, S. 166.
[19] REEVE, E. B., GREGERSEN, I. M., T. H. ALLEN, H. SEAR u. W. W. WALCOTT: Amer. J. Physiol. **175**, 204 (1953).
[20] REEVE, E. B. u. H. VEALL: J. Physiology **108**, 12 (1949).
[21] ROOT, W. S., T. H. ALLEN u. M. I. GREGERSEN: Amer. J. Physiol. **175**, 233 (1953).
[22] SAPIRSTEIN, L. A.: Amer. J. Physiol. **193**, 161 (1958).
[23] SCHNITGER, H., R. SCHOLZ, TH. BÜCHER u. D. W. LÜBBERS: Biochem. Z. **341**, 334 (1965).
[24] SEAR, H., T. H. ALLEN u. M. I. GREGERSEN: Amer. J. Physiol. **175**, 240 (1953).
[25] WEBER, E.: Grundriß der biologischen Statistik für Naturwissenschaftler, Landwirte und Mediziner, 3. Auflage, Fischer, Jena 1957.

Anschrift der Verfasser: Physiologisch-Chemisches Institut der Friedrich-Schiller-Universität, 69 Jena, Zentraler Platz

Summary

J. G. Reich, U. Till and H. Frunder: Determination of the blood cell and blood plasma content of liver, kidney and spleen of the rat

1. The erythrocyte and blood plasma content of liver, kidney and spleen of the rat has been comparatively investigated using 5 different methods.

2. The most sensitive and most exact method is the measurement with ^{32}P-labeled blood cells. However, since its sources of error are difficult to control, it is not suited for routine studies. Determination of the organ erythrocyte content by hemoglobin measurements yields reliable results only if the extraction of hemoglobin is made with isotonic digitonin-containing saline solutions. For the determination of hemoglobin in turbid organous extracts a 3-wave-length method is best suited. The cyanhemoglobin procedure is correct, but involves heigher standard errors.

3. The content of Evans blue is a good criterion of the blood plasma level in the organs.

4. The hematocrit values in the blood of the organs differ considerably from the peripheric hematocrit value. Liver and kidney contain considerably less erythrocytes and the spleen — much more erythrocytes than would correspond to the peripheric hematocrit. The blood plasma content in all organs investigated makes up 18 per cent of their fresh weight.

Резюме

И. Г. Рейх, У. Тилл и Г. Фрундер: Определение содержания кровяных клеток и кровяной плазмы в печени, почке и селезенке крысы

1. Пользуясь 5 различными методами, авторы проводили сравнительное исследования содержания эритроцитов и кровянсй плазмы в печени, почке и селезенке крысы.

2. Наиболее чувствительным и наиболее точным методом для определения содержания эритроцитов в органах оказалось измерение с помощью ^{32}Р-меченых кровяных клеток. Метод однако не рекомендуется для рутинных исследований ввиду трудно контролируемых источников ошибок. Определение содержания эритроцитов в органах измерением гемоглобина дает надежные результаты лишь тогда, когда экстрагирование гемоглобина производится изотоническими, дигитонин-содержащими соляными растворами. Гемоглобин денатурируется дезоксихолатом. Для определения гемоглооина в мутных органных экстрактах наиболее приспособлен метод 3 длин волн. Циангемоглобинный метод точен, но имеет более высокие стандартные отклонения.

3. Содержание голубового Эванса является надежным критерием содержания в органах кровяной плазмы.

4. Величины гематокрита в органной крови значительно отличаются от периферического гематокрита. В печени и в почке содержится гораздо меньше и в селезенке — значительно больше эритроцитов, чем соответствовало бы периферическому гематокриту.
Содержание кровяной плазмы во всех исследованных органах было равно 18% от свежего веса.

Acta biol. med. german., Band 18, Seite 397—407 (1967)

Aus dem Pathologischen Institut der Humboldt-Universität Berlin,
dem Rudolf-Virchow-Haus der Charité (Direktor: Prof. Dr. L. H. KETTLER)

Das fermenthistochemische Verhalten der Leber nach intravenöser Papain-Applikation

A. HECHT

(Eingegangen am 24. 10. 1966)

Zusammenfassung

Es wird über fermenthistochemische Befunde der Leber nach intravenöser Papain-Applikation berichtet. Die beobachteten Veränderungen bei Ausbildung der zentralen Läppchennekrosen weichen nicht von denen bei anderen Schädigungen ab und sind deshalb als sekundär zu betrachten, obwohl bereits im pränekrotischen Stadium enzymatische Abweichungen auftreten. Unsere Ergebnisse zeigen, daß sich die Störungen im Zellstoffwechsel nicht nur im Bereich der späteren Nekrose abspielen, sondern über einen relativ langen Zeitraum auch das übrige Parenchym betreffen.

Einleitung

Mit der Erkenntnis des Kausalzusammenhangs zwischen einer Störung der funktionellen und strukturellen Integrität von lebenden Zellen und Geweben und dem schädigenden Agens ergibt sich einmal die Frage nach der formalen Genese der Veränderungen. Zum anderen verknüpft sich hiermit die Suche nach morphologisch und metabolisch spezifischen Befunden für unterschiedliche Schädigungsursachen. Schließlich ist von entscheidendem Interesse, wo der primäre Angriffspunkt des auslösenden Agens zu suchen ist. Für die Beantwortung derartiger Fragestellungen scheint vor allem die Leber geeignet, das wohl am besten bekannte Organ hinsichtlich seiner histologischen, ultrastrukturellen und funktionellen Eigenheiten. Zur Klärung der oben angeführten Probleme können histologische Methoden nur wenig beitragen. Sie lassen keine bindenden Schlüsse in bezug auf den Schädigungsmechanismus zu. Auch elektronenmikroskopische Ergebnisse sind in dieser Hinsicht nicht immer überzeugend. Entscheidende Hinweise können wir nur von Untersuchungsmethoden erwarten, die einen Einblick in den Zellmetabolismus gestatten. Dazu gehören vor allem biochemische und in beschränktem Umfang auch fermenthistochemische Methoden. Besonders eine sinnvolle Koordination der zuletzt genannten Verfahren scheint erfolgversprechend. Die isolierte Anwendung der Fermenthistochemie führt nicht zu zufriedenstellenden Resultaten. Wir selbst hatten Gelegenheit, das fermenthistochemische Verhalten der experimentellen Stauungsleber zu untersuchen. Wir mußten feststellen, daß keine prinzipiellen Unterschiede zu Störungen und Nekrosen anderer Genese bestehen. Im Rahmen weiterer Untersuchungen zu dieser Fragestellung haben wir den Einfluß des proteolytischen Enzyms Papain auf das fermenthistochemische Verhalten der Leber untersucht.

Methodik

Wir führten unsere Untersuchungen an weißen Ratten des Stamms Rehbrücke durch. Das durchschnittliche Körpergewicht der Tiere betrug 200 – 250 g. Ihnen wurden 2 ml einer 1,0, 1,5 bzw. in einzelnen Fällen auch 2%igen Papainlösung in eine Schwanzvene injiziert. Die Prozentangaben beziehen sich auf die Ausgangslösung, die wegen starker Trübung vor der Injektion filtriert wurde. Dabei verblieb im Filter ein beträchtlicher Rückstand. Die Tötung der Tiere erfolgte nach 2, 4, 12, 16, 24, 48 und 72 Std. sowie nach 5 und 8 Tagen. Bei Tieren, die eine 2%ige Papainlösung erhielten, trat im allgemeinen innerhalb von 24 Std. der Spontantod ein. Die überlebenden Tiere wurden durch Nackenschlag getötet, die Lebern sofort entnommen und der Lobus sinister lateralis mit dem Messertiefkühlmikrotom geschnitten. Die Schnittdicke betrug 12,5 μ. Neben HE- und HS-Färbungen führten wir eine Reihe von histochemischen Fermentnachweisen durch. Diese betrafen die Sukzinodehydrogenase (SDH), die Laktatdehydrogenase (LDH), die $NADH_2$-Zytochrom-c-reduktase, die Zytochromoxydase, die Monoaminoxydase (MAO), die Adenosintriphosphatase (ATPase) bei *p*H 7,2, 7,5 und 9,4, die Adenosinmonophosphatase (AMPase) bei *p*H 7,2, die Fruktose-1,6-diphosphatase (FDPase), die saure Naphthol-Phosphatase (SNPase), die alkalische Phosphatase (APase) und die Naphthol-Esterasen (N-Esterasen). Auf Einzelheiten der Nachweise sei auf frühere Arbeiten verwiesen (HECHT [10]). Es sei erwähnt, daß beim Dehydrogenasennachweis Nitro-BT als Reduktionsindikator verwendet wurde.

Ergebnisse

Die Ergebnisse sind in der Tabelle 1 dargestellt. Das Wesentliche kann wie folgt zusammengefaßt werden:

Nach 2 Std. sind im Lichtmikroskop noch keine Veränderungen zu erkennen. Auch fermenthistochemisch liegen nach dieser Zeit nur geringfügige Abweichungen vor. Diese bestehen in einer geringgradigen Zunahme der SDH- und AMPase Aktivität, während die Zytochromoxydase und FDPase eine leichte Abnahme erkennen lassen.

Auch *nach 4 Std.* bestehen lichtmikroskopisch noch keine Unterschiede zu den Kontrolltieren. Fermenthistochemisch fällt jetzt beim Nachweis der LDH, der $NADH_2$-zytochrom c-reduktase und der MAO eine Änderung des Reaktionsproduktes auf. Statt der normalerweise blau-violetten, sehr feinen Granula erscheinen jetzt, beginnend im Läppchenzentrum, große blaue Formazangranula.

Nach 12 Std. bestehen lichtmikroskopisch bereits ausgedehnte zentrolobuläre Nekrosen mit mäßiger leukozytärer Durchsetzung und einer beginnenden mesenchymalen Reaktion. Bis zu diesem Zeitpunkt und auch in späteren Stadien der Schädigung konnten wir eine Verfettung des Leberparenchyms nicht feststellen. Beim Nachweis der oxydativen Enzyme zeigt die Nekrose

Tabelle 1

Das Verhalten der Enzymaktivität in Nekrose (N), erhaltenem Parenchym (P) und Granulationsgewebe (G) in Abhängigkeit von der Versuchsdauer

Versuchsdauer	2 Std.		4 Std.		12 Std.		16 Std.		24 Std.		48 Std.		72 Std.		5 Tage		8 Tage	
Lokalisation	N	P	N	P	N	P	N	P	N	P	N	P	G	P	G	P	G	P
SDH	/	↑	/	↑	-	°°°	-	°°°	-	°°°↓	-	°°°↓↓	-	°°°	++	↓	++	↓
Zytochromoxydase	/	↓	/	↓	-	↑	-	↑	-	↑	-	↑↑	-	↑↑	-	↑	-	↑
LDH	/	0	/	°°°	-	°°°	-	°°°	-	°°°	-	°°°↓	-	°°°	-	↓	-	0
Dia I	/	0	/	°°°	-	°°°	-	°°°	-	°°°	-	°°°↓	-	°°°	-	↓	-	0
MAO	/	0	/	°°°	-	°°°	-	°°°	-	°°°	-	°°°↓	-	°°°	++	↓↓	++	↓↓
Esterasen	/	0	/	0	↑↑	↓↓	↑↑	↓↓	↑↑	↓↓	↑↑↑	↓↓	-	↓↓	-	↓↓	-	↓↓
ATPase *p*H 7,2	/	0	/	0	↓↓	0	-	0	↓	0	↑	↓↓	+	↓↓	+++	↓↓	++	↓↓
AMPase *p*H 7,2	/	↑	/	0	-	↓↓	-	↓↓	-	↓↓	↑↑	↓↓	+	↓	++	0	+	0
ATPase *p*H 7,5	/	0	/	0	↓↓	↓	↑	0	↑	↓	↑	↓↓	+	↓↓	++	↓	+	↓
ATPase *p*H 9,4	/	0	/	0	-	↓↓	↑↑	↓	↑	↓	↑	↓↓	+	↓	+	↓	+	↓
FDPase	/	↑	/	↓	-	↑	↑	0	-	↑	↑	0	+	0	+	0	+	0
APase	/	0	/	0	↑↑	↑	↑↑↑	↑↑	↑↑↑	↑↑	0	0	-	↑	-	↑	-	↑↑
SNPase	/	0	/	0	↓	↓	↑	↓	↑	↑	↑	↓↓	+	↓	++	↓	+	↓

Zeichenerklärung: 0 = keine Aktivitätsänderung; ↑ = erhöhte Aktivität; ↓ = verminderte Aktivität (jeweils im Vergleich zur Kontrolle); - = keine Aktivität; °°° = blaue Formazangranula; + = Grad der relativen Aktivität

einen weitgehenden Fermentverlust. Nur einzelne erhaltene Zellen weisen auf ein geringes Reaktionsprodukt in Form der bereits beschriebenen Granula. Auch die spezifischen Phosphatasen sind im Nekrosebereich deutlich vermindert oder auch völlig geschwunden. Eine erhöhte Aktivität weisen die N-Esterasen und die APase auf. Das erhaltene Parenchym zeigt eine erhöhte Aktivität der Zytochromoxydase und das erwähnte veränderte Reaktionsprodukt beim Nachweis der Dehydrogenasen (Abb. 1). Die hydrolytischen Enzyme zeichnen sich durch eine deutlich verminderte Aktivität aus, was auch die AMPase (Abb. 2) betrifft. Nur die FDPase und die APase sind nicht beeinträchtigt.

Nach 16 Std. ist keine wesentliche Änderung gegenüber den vorherigen Befunden festzustellen (Abb. 3). Nur zeigen die Nekrosen beim Nachweis der Phosphatasen eine verstärkte Schwärzung, die allerdings auch ohne Substratzugabe zum Inkubationsmedium in Erscheinung tritt. Wie die von Kossa-Reaktion zeigt, handelt es sich hierbei um Kalkablagerungen.

Nach 24 Std. fällt beim SDH-Nachweis außer den andersartigen Formazangranula auch eine Verminderung derselben im erhaltenen Parenchym auf. Im übrigen ergeben sich keine weiteren wesentlichen Änderungen.

Nach 48 Std. weisen die übrigen Dehydrogenasen gleichfalls eine Abnahme der Formazangranula auf (Abb. 4). Die Zytochromoxydase im erhaltenen Parenchym zeigt eine weitere Aktivitätssteigerung. Hervorzuheben ist, daß auch die hydrolytischen Enzyme durch eine Aktivitätszunahme in diesem Bereich gekennzeichnet sind.

Nach 72 Std. beobachtet man beim Dehydrogenasennachweis zwar weiterhin die blauen Granula im erhaltenen Läppchenparenchym, aber beginnend in der Nachbarschaft der nekrotischen Gebiete treten jetzt wieder die normalen Formazangranula auf. Im übrigen zeigt das Parenchym eine deutliche Abnahme der Phosphatasen- und Esterasen-Aktivität. Nur die APase ist leicht vermehrt.

Nach 5 Tagen ist die Aktivität der Dehydrogenasen gegenüber der Norm zwar noch herabgesetzt, doch besteht jetzt überall wieder ein regelrechtes Reaktionsprodukt. Die Phosphatasen sind noch eindeutig vermindert (Abb. 5), es zeichnet sich aber eine beginnende Normalisierung der Befunde ab. Das Granulationsgewebe weist eine erhebliche SDH-Aktivität auf (Abb. 6), auch die MAO läßt sich deutlich demonstrieren. Die übrigen oxydativen Enzyme sind hier mit histochemischen Methoden nicht nachweisbar (Abb. 7). Der Phosphatasengehalt des Granulationsgewebes ist beträchtlich.

Nach 8 Tagen zeigt das Granulationsgewebe im wesentlichen dieselben Befunde. Im Parenchym normalisiert sich das enzymatische Verhalten weiter. LDH und $NADH_2$-zytochrom c-reduktase-Aktivität entsprechen wieder der Norm. SDH und MAO sind dagegen weiter deutlich vermindert. Bei den Phosphatasen zeichnen sich ATPase und AMPase noch durch eine beträchtlich verminderte Aktivität aus.

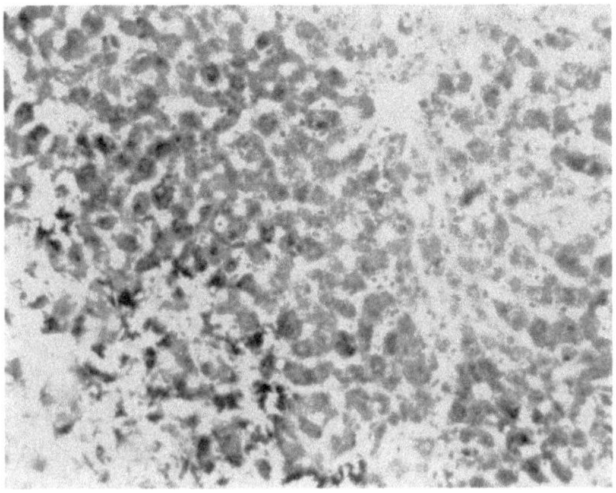

Abb. 1. Leber 12 Std. nach Injektion einer 2%igen Papainlösung. LDH. Nekrose im linken unteren Bildabschnitt. Im übrigen Parenchym deutlich vergrößerte Formazangranula. 224fach

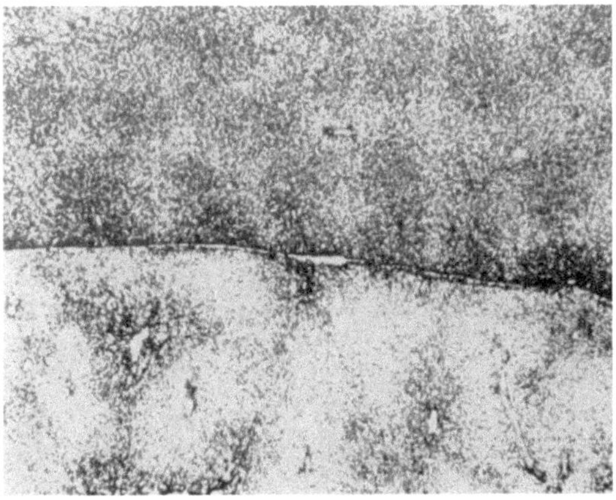

Abb. 2. Leber 12 Std. nach Injektion einer 2%igen Papainlösung. AMPase, *p*H 7,2. Deutlich verminderte Enzymaktivität der Versuchstierleber (untere Bildhälfte). 35fach

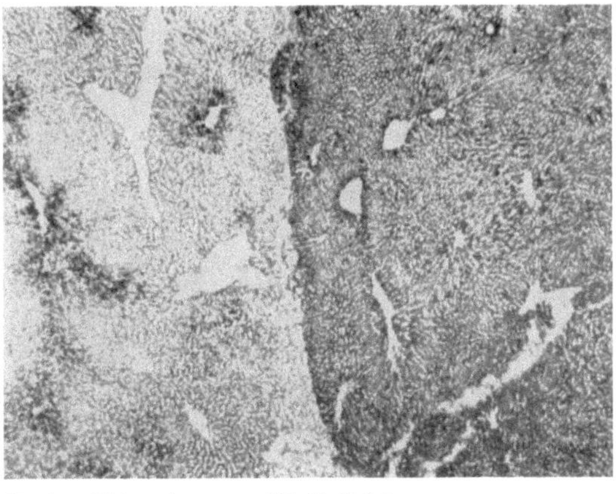

Abb. 3. Leber 16 Std. nach Injektion einer 2%igen Papainlösung. N-Esterasen. Signifikanter Aktivitätsverlust der Versuchstierleber (linker Bildabschnitt). 35fach

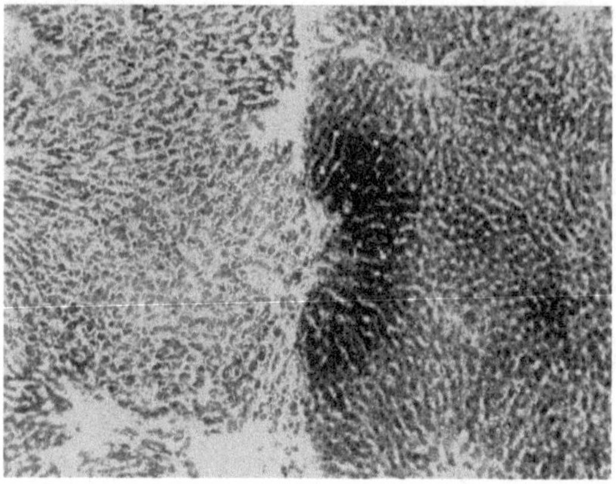

Abb. 4. Leber 2 Tage nach Injektion einer 1%igen Papainlösung. LDH. Deutlich verminderte Aktivität der Versuchstierleber (linke Bildhälfte). 88fach

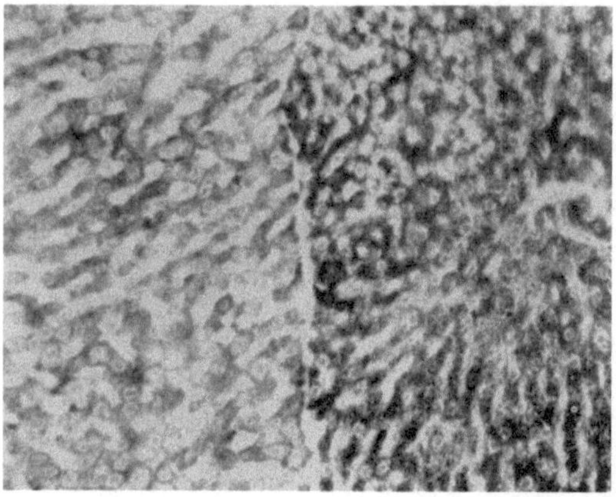

Abb. 5. Leber 5 Tage nach Injektion einer 1,5%igen Papainlösung. ATPase *p*H 7,2. Deutlich verminderte Aktivität im Leberparenchym des Versuchstiers (linke Bildhälfte) im Vergleich zur Kontrolleber. 224fach

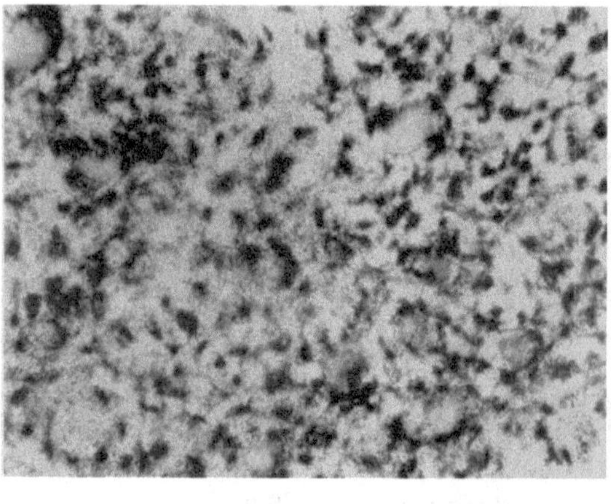

Abb. 6. Leber 5 Tage nach Injektion einer 1%igen Papainlösung. SDH. Granulationsgewebe mit reichlich Formazangranula als Ausdruck der SDH-Aktivität. 560fach

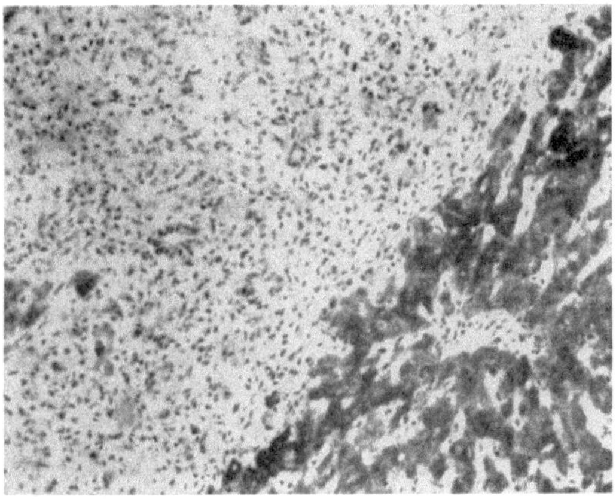

Abb. 7. Leber 5 Tage nach Injektion einer 1%igen Papainlösung. LDH. Keine Enzymaktivität im Granulationsgewebe (linke Bildhälfte). Die rechte Bildhälfte zeigt das Parenchym mit normaler Aktivität. 224fach

Diskussion

Bei der Besprechung unserer Befunde interessiert einmal, inwieweit sie bereits in der pränekrotischen Phase auftreten. Weiterhin ist ein Vergleich mit dem fermenthistochemischen Verhalten der Leber bei anderen Schädigungsformen wertvoll, und schließlich ergibt sich die Frage, welche Beziehungen sich zu biochemischen Befunden herstellen lassen. Die letzten beiden Fragen berühren eng das interessante Problem des primären Angriffspunkts der Schädigung.

Zur Beantwortung der ersten Frage können wir nur die Ergebnisse nach 2- und 4-stündiger Versuchsdauer berücksichtigen. Es zeigt sich, daß bis zu diesem Zeitpunkt die fermenthistochemischen Veränderungen gering sind. Bemerkenswert ist nur eine leichte Aktivitätserhöhung der SDH, der FDPase und der AMPase sowie eine Verminderung der Aktivität der Zytochromoxydase. Nach 4 Std. kommt dazu das Auftreten der blauen Formazangranula beim Nachweis der LDH, MAO und $NADH_2$-zytochrom c-reduktase. Dies zeigt, daß bereits im pränekrotischen Stadium Störungen des Zellstoffwechsels vorhanden sind. Allerdings erlauben die fermenthistochemischen Ergebnisse keine Auskunft darüber, welche Stoffwechselschritte vorzugsweise betroffen sind. Vor allem muß es sich nicht um echte Aktivitätsänderungen handeln. Es besteht auch die Möglichkeit, daß infolge von Membranschädigungen die Bildung des Substrat-Enzym-Komplexes erleichtert ist und so eine Aktivitätserhöhung vortäuscht. Die verhältnismäßig geringgradigen Befunde im pränekrotischen Stadium der Schädigung entsprechen auch unseren Feststellungen bei der experimentellen Blutstauung der Leber (Hecht [10]). Über pränekrotische fermenthistochemische Befunde bei der CCl_4-Vergiftung berichten Cotutio und Streja [5], die bereits 2 Std. nach CCl_4-Applikation eine Abnahme der Glukose-6-phosphatase (G-6-Pase)-Aktivität feststellten. Wachstein und Mitarbeiter [28] beobachteten im pränekrotischen Stadium bei verschiedenen nekrogenen Vorgängen, wie Thioazetamidintoxikation, Gabe von 3′-Methyl-4-dimethyl-aminobenzol,

Verfütterung einer nekrogenen Diät sowie Infektion mit Salmonella typhimurium, eine Abnahme der kanalikulären AMPase und ATPase-Aktivität. Im übrigen stellten sie keine wesentlichen Unterschiede bei den verschiedenen verwendeten Schädigungsarten fest. Dies läßt sich auch durch andere fermenthistochemische Untersuchungen bestätigen, wie z. B. bei Leberschäden nach diätetischen Störungen [2], [20], nach Quecksilberintoxikation [14], [15], experimenteller Pfortaderstauung [17], akutem Hunger [26], Thioazetamid [6], [27], Verbrennungen [13], DNP-Applikation [18], Chlorochin und Prednison [25] sowie nach Gabe von Berylliumsulfat [1] und experimentellem Vitamin B_6-Mangel [12]. Zwar ergeben sich bei einem Vergleich der gemachten Angaben gewisse Unterschiede im Enzymmuster, die aber in keiner Weise spezifisch sind oder gar einen Rückschluß auf den primären Angriffspunkt der Schädigung erlauben. Die von uns beobachteten Verkalkungen werden auch von anderen Autoren bei Nekrosen differenter Genese beschrieben [22], [24], [28].

Diese Feststellungen stehen durchaus in Übereinstimmung mit entsprechenden biochemischen Befunden. Wenn diese überwiegend auch an der CCl_4-geschädigten Leber gewonnen wurden, so bestehen doch allgemeine Gesetzmäßigkeiten, die einen Rückschluß auf andere Schädigungen zulassen. Aus diesen Untersuchungen geht hervor, wie schwierig es ist, selbst mit den subtilen Methoden der Biochemie den primären Schädigungsmechanismus zu erfassen. Am Beispiel der CCl_4-Vergiftung an Mäusen zeigten Blume et al. [3] sowie Börnig et al. [4], daß als erstes das endoplasmatische Retikulum betroffen ist, was sich in einer Abnahme der G-6-Pase-Aktivität äußert. Dem würden auch die erwähnten Feststellungen von Cotutio und Streja [5] mit fermenthistochemischen Methoden entsprechen. Alle anderen Befunde sprechen dafür, daß die Schädigung der Mitochondrien und der mit ihnen verbundenen Stoffwechselvorgänge zu einem späteren Zeitpunkt erfolgt [3], [8], [23]. Diese Annahme wird auch durch elektronenmikroskopische Befunde untermauert [16]. Bei anderen Formen der Leberschädigung dagegen ist die Klärung noch nicht so weit fortgeschritten. Nach Frunder [7] müssen wir leberschädigenden Substanzen eine spezifische Wirkung zuerkennen, weiter eine unspezifische, die den verschiedensten Substanzen eigen ist, und schließlich eine Wirkung außerhalb der Leber. Dabei bereitet die Erkennung der spezifischen Wirksamkeit die entscheidenden Schwierigkeiten. McLean und Mitarbeiter [19] gehen in einer Übersicht auf verschiedene toxische Wirkungen auf die Leber und ihre Folgen ein. Sie kommen zu dem Schluß, daß es kaum möglich ist, den Angriffspunkt einer Schädigung aus der Vielzahl der Möglichkeiten herauszuarbeiten. Nach ihrer Ansicht stellen Funktion und Struktur ein engmaschiges Netzwerk dar. Wird nur ein Verknüpfungspunkt gestört, so sind auch die anderen Glieder betroffen. Vielleicht ist hier der Vergleich mit einer aus vielen Steinen zusammengesetzten Pyramide erlaubt. Wird nur ein Stein weggezogen, so bricht die ganze Pyramide zusammen, ohne daß man sagen könnte, welcher Stein der eigentliche Anlaß war. Rees [21] sieht u. E. zu Recht eine weitere Ursache

für die bestehenden Schwierigkeiten darin, daß es sich bei den biochemischen Untersuchungen am Homogenat um Befunde handelt, die einen Querschnitt durch normales Gewebe, Nekrose und Gewebsanteile mit verschiedenen Graden der Schädigung darstellen. Diese Ergebnisse können u. a. auch die Tatsache nicht berücksichtigen, daß bereits normalerweise die Enzymaktivitäten in verschiedenen Läppchenabschnitten unterschiedlich sind. Gerade hier kann man eine wichtige Ergänzung durch fermenthistochemische Untersuchungen erwarten. Auch unsere Untersuchungen zeigen, daß es neben den Veränderungen in den eigentlichen Schädigungszonen im übrigen Parenchym zu abweichenden enzymatischen Befunden kommt. Hierbei handelt es sich um Vorgänge, die durchaus reversibler Natur sind, wie das Beispiel der Formazangranula und das Verhalten verschiedener Enzyme zeigt.
Bemerkenswert ist das Auftreten der Nekrosen in den Läppchenzentren. Dies entspricht durchaus der Lokalisation bei vielen anderen toxischen Einwirkungen auf die Leber und deutet darauf hin, daß dieser Läppchenabschnitt eine besondere Disposition gegenüber verschiedensten Schädigungsarten und nicht nur gegenüber dem Sauerstoffmangel aufweist. Die Ursache dafür ist in der wahrscheinlich schon normalerweise unterschiedlichen Stoffwechselsituation der verschiedenen Läppchenabschnitte der Leber zu suchen [11].
Hervorheben möchten wir noch das enzymatische Verhalten des Granulationsgewebes. Im Gegensatz z. B. zum experimentellen Herzinfarkt [9] fällt eine deutliche SDH-Aktivität auf. Dieser Befund ist sicher auf die bessere Blutversorgung der Leber und die dadurch induzierte höhere oxydative Stoffwechselleistung des Granulationsgewebes zurückzuführen. Die deutliche MAO-Aktivität steht zweifellos mit den Proliferationsvorgängen im Zusammenhang.

Literatur

[1] Akagi, G.: Enzyme histochemical studies of acute liver injury following beryllium sulfate administration. Shikoku Acta med. **21**, 140 (1965).

[2] Beneke, G., W. Meier u. H. Simon: Der Einfluß eines langdauernden nutritiven Eiweißüberangebotes auf die Leber und die Serumproteine der Ratte. Z. ges. exp. Med. **132**, 488 (1960).

[3] Blume, E., H. Börnig, H. Frunder, H. Thiele u. K. Thielmann: Veränderungen des ATP-Gehaltes, der ATP-Spaltung, der Mitochondrienfunktion und des Sedimentationsverhaltens der Leberzellfraktionen nach CCl_4-Schädigung. Hoppe-Seyler's Z. physiol. Chem. **328**, 145 (1962).

[4] Börnig, H., A. Horn u. V. Mücke: Das Verhalten der Glukose-6-phosphatase in der normalen und geschädigten Leber. Acta biol. med. german. **9**, 623 (1962).

[5] Cotutio, C. u. D. Streja: Histochemical investigations of the liver in carbon tetrachloride poisoning. Acta histochem. [Jena] **23**, 1 (1966).

[6] Eder, M., O. Butenandt u. R. Josten: Morphologische, histochemische und autoradiographische Untersuchungen zur akuten und chronischen Thioazetamidvergiftung. Frankfurter Z. Pathol. **74**, 599 (1965).

[7] Frunder, H.: Biochemie der Leberschädigung. Vortrag auf der 3. Gesamttagung d. Ges. f. exp. Med. d. DDR in Leipzig v. 20.—22. 5. 1966.

[8] FRUNDER, H., E. BLUME, K. THIELMANN u. H. BÖRNIG: Intrazelluläre Verteilung von ATP in Lebern normaler und CCl_4-geschädigter Mäuse. Hoppe-Seyler's Z. physiol. Chem. **325**, 146 (1961).

[9] HECHT, A.: Fermenthistochemische Befunde am Granulationsgewebe des experimentellen Herzinfarktes. Virchow's Arch. pathol. Anatom. Physiol. klin. Med. **338**, 5 (1964).

[10] HECHT, A.: Fermenthistochemische Veränderungen bei experimentellen Stauungsnekrosen der Leber. Virchow's Arch. pathol. Anatom. Physiol. klin. Med. **340**, 1 (1965).

[11] HECHT, A.: Vergleichende fermenthistochemische Untersuchungen zum Enzymmuster der Leber normaler Ratten und Kaninchen. Acta biol. med. german. **15**, 854 (1965).

[12] HECHT, A., E. SEIDLER u. T. DUTZ: Fermenthistochemische Befunde an der Leber beim experimentellen Vitamin-B_6-Mangel. Acta biol. med. german. **13**, 273 (1964).

[13] HERRMANN, M., H. G. GOSLAR u. S. FETZER: Histochemische Untersuchungen an der Leber nach Verbrennung. Histochemie **4**, 541 (1964).

[14] JONEK, J. u. ST. KOSMIDER: Verhalten der Atmungsfermente und der alkalischen Phosphatase in der Leber bei experimenteller Vergiftung mit Quecksilberdämpfen. Int. Arch. Gewerbepathol. Gewerbehyg. **20**, 496 (1964).

[15] JONEK, J., A. PACHOEK u. W. JEZ: Histochemische Untersuchungen über das Verhalten der Adenosintriphosphatase, 5-Nucleotidase, sauren Phosphatase, sauren Desoxyribonuclease II und der unspezifischen Esterasen in der Leber bei experimenteller Vergiftung mit Quecksilberdämpfen. Int. Arch. Gewerbepathol. Gewerbehyg. **20**, 562 (1964).

[16] JUDAH, J. D., K. AHMED u. A. E. M. MCLEAN: Possible role of ion shifts in liver injury. In: Cellular Injury Ed. A. V. S. DeReuck u. J. Knight. J. & A. Churchill Ltd. London 1964, S. 187

[17] KETTLER, L. H. u. G. BENEKE: Über die Wirkung experimentell gestauten Pfortaderblutes auf die Leber. Virchow's Arch. pathol. Anatom. Physiol. klin. Med. **334**, 528 (1961).

[18] KUNZE, K. D. u. CHR. KEMMER: Lichtmikroskopische, histochemische und elektronenmikroskopische Untersuchungen an Albinoratten bei oraler Belastung mit 2,4 Dinitrophenol. Frankfurter Z. Pathol **74**, 670 (1965).

[19] MCLEAN, A. E. M., E. MCLEAN u. J. JUDAH: Cellular necrosis in the liver induced and modified by drugs. Int. Rev. exp. Pathol. **4**, 127 (1965).

[20] MEIER, W., H. SIMON u. G. BENEKE: Vergleichende Untersuchungen über die Wirkung verschiedener proteinreicher Diäten bei langdauernder Verfütterung auf den Leberstoffwechsel der Albinoratte. Z. ges. inn. Med. Grenzgebiete **15**, 1089 (1960).

[21] REES, K. R.: Mechanism of action of certain exogenous toxic agents in liver cells. In: Cellular Injury Ed. A. V. S. DeReuck u. J. Knight. J. & A. Churchill Ltd. London 1964, S. 53

[22] REYNOLDS, E. S.: Liver parenchymal injury. II. Cytochemical events concerned with mitochondrial dysfunction following poisoning with carbon tetrachloride. Lab. Invest. **13**, 1457 (1964).

[23] RICHTER, G., S. MICHEL u. A. MÜHLBACH: Das Verhalten von Mononucleotiden und von Ribonucleinsäuren in der Überstandsfraktion der Mäuseleber nach CCl_4-Schädigung. Acta biol. med. german. **9**, 594 (1962).

[24] RUEBNER, B. H. u. T. HIRANO: Viral hepatitis in mice. Changes in oxidative enzymes and phosphatases after murine hepatitis Virus (MHV_3) infection. Lab. Invest. **14**, 157 (1965).

[25] SIMON, H., CHR. KEMMER u. M. MÜLLER: Über die Wirkung hoher Chlorochin- und Prednisongaben auf Fermente und Strukturen der Leberepithelzellen weißer Ratten. Frankfurter Z. Pathol **74**, 109 (1964).

[26] TESSMANN, D.: Fermenthistochemische Untersuchungen der Rattenleber unter den Bedingungen der akuten Inanition. Z. ges. exp. Med. **137**, 464 (1963).
[27] WACHSTEIN, M. u. E. MEISEL: Substratspecific phosphatases at *p*H 7.2 in biliary obstruction and liver cell damage. A. M. A. Arch. Pathology **65**, 449 (1958).
[28] WACHSTEIN, M., E. MEISEL u. C. FALCON: Enzyme histochemistry in the experimentally damaged liver. Amer. J. Pathol. **40**, 219 (1962).

Anschrift des Verfassers: Doz. Dr. A. HECHT, Pathologisches Institut der Humboldt-Universität, 104 Berlin, Schumannstr. 20/21.

Summary

A. HECHT: Enzyme-histochemical response of the liver to intravenous administration of papain

Enzyme-histochemical observations in the liver following intravenous administration of papain are reported. The resulting alterations in formation of central lobular necroses did not differ from those noted with other injuries, and are to be regarded as secondary ones, even though enzymic deviations occurred already in the prenecrotic stage. The results show that the disturbances to cellular metabolism do not only happen during the later necrosis, but are also concerning the remaining parenchyma for a relatively long period.

Резюме

А. Гехт: Ферментногистохимическое поведение печени после внутривенной инѣекции папаина

Описывается ферментногистохимическое исследование печени после внутривенной иньекции папаина. Наблюдаемые изменения при сформировании центральных лобулярных некрозов не отличаются от изменений при других повреждениях и поэтому их следует рассматривать как вторичные, хотя уже в преднекротической стадии встречаются энзиматические изменения. Наши результаты показывают, что нарушения клеточного метаболизма разыгриваются не только в области будущего некроза, а охватывают также остальную паренхиму за довольно длительный период.

Acta biol. med. german., Band 18, Seite 409—422 (1967)

Aus dem Institut für Physiologische und Biologische Chemie der Humboldt-Universität zu Berlin (Direktor: Prof. Dr. Dr. S. RAPOPORT) und der Poliklinik für Konservierende Stomatologie der Medizinischen Fakultät der Humboldt-Universität zu Berlin (Direktor: Prof. Dr. C. H. PLATHNER)

Störungen des Zahnstoffwechsels bei Hunden im experimentellen Magnesiummangel

G. JACOBASCH, W. BINUS, H. VIERUS und C. BOESE

(Eingegangen am 1. 11. 1966)

Zusammenfassung

Die Auswirkungen des Magnesiummangels auf die Struktur der bleibenden Zähne und seine Kalzium,- Phosphat- und Magnesiumzusammensetzung wurden an jungen Hunden untersucht.
Folgende Befunde konnten erhoben werden:

1. Der Zahnwechsel erfolgte bei den Mg-Mangeltieren später als bei den Kontrolltieren.

2. Im histologischen Bild zeigten sich mannigfaltige Veränderungen, die am stärksten an den Fang- und Reißzähnen ausgeprägt waren.

3. Charakteristische Mg-Mangelerscheinungen waren: Schmelzhypoplasien, mangelhafte Mineralisation des Dentins, vakuolige Degeneration der Odontoblasten und Stillstand der Dentinbildung. Starke Verkalkungen in den Gefäßwänden der Pulpa wurden festgestellt, wenn der Magnesiummangel längere Zeit bestand.

4. Wurde der Mangel durch $MgSO_4$-Gabe aufgehoben, setzte die Dentinbildung wieder ein. Teilweise blieben Hohlräume im Dentin zurück, da eine Regeneration geschädigter Odontoblasten offenbar nicht erfolgte. Unter diesen Bedingungen wurden weiterhin zwiebelschalartige Dentikel in der Pulpa festgestellt.

5. Der Magnesiumgehalt der Fang- und Reißzähne verringerte sich im Mangelzustand deutlich, während die Kalzium- und Phosphatwerte gleich blieben. Nach Aufhebung des Mangels stieg der Magnesiumgehalt wieder an und erreichte in den Zähnen nach einigen Monaten Werte, die über dem Normbereich lagen.

Einleitung

Physikalisch-chemische und enzymatische Vorgänge bestimmen in wechselseitiger Abhängigkeit den Stoffwechsel der Hartgewebe. Das Ineinandergreifen der einzelnen Reaktionsabläufe ist uns jedoch in seinen Einzelreaktionen noch weitgehend unbekannt. Der langsame Stoffwechsel und die große Inhomogenität der Hartgewebe tragen dazu bei, daß der Zahn als biochemisches Versuchsobjekt nur wenig verwendet wird. Nichtsdestoweniger ist schon lange bekannt, daß ein Mangel an Kalzium, Phosphor und Magnesium, der am häufigsten in diesen Geweben vertretenen Ionen, charakteristische Störungen im Skelettaufbau zur Folge hat [1].

Erste Berichte über die Folgen des experimentellen Magnesiummangels auf die Zahnentwicklung erschienen vor rund 30 Jahren. Von den Forschungsgruppen wurden in der Mehrzahl der Fälle Ratten als Versuchstiere verwendet. GAGNON et al. [2] beobachteten, daß der Durchbruch der Rattenschneidezähne bei Mg-arm ernährten Tieren stark verzögert ist. Eingehendere Untersuchungen des Rattengebisses ergaben, daß darüber hinaus zeitweilig auch Störungen in der Zahnmineralisation auftreten [3]–[5]. Es handelt sich um Schmelzmißbildungen, das Dentin ist streifig und faltig mineralisiert und in der Pulpa sowie im Schmelzorgan bilden sich ektopische Verkalkungen. BECKS und FURUTA [4], [6], [7], SCHOUR und MASSLER [8], WATCHORN und MCCANCE [9] stellten weiterhin fest, daß im Magnesiummangel die Odontoblasten und Ameloblasten atrophieren und nahmen an, daß Zellschädigungen die Ursache für die schlechte Mineralisation sind. Ähnliche Ergebnisse erhielt auch YAMANE [10] bei Experimenten mit syrischen Goldhamstern. Neben mangelhaft ausgebildeten Zahnhartgeweben fand er stellenweise Karyolyse und vakuolige Degenerationen der Odontoblasten. Vor kurzem bestätigten BERNICK und HUNGERFORD [11] diese Befunde am Rattengebiß. Sie konnten außerdem nachweisen, daß im Magnesiummangel die Dentingrundsubstanz weniger neutrale Mukopolysaccharide enthält und vermuten deshalb eine Regulationsstörung auf metabolischer Ebene [11].

Im Gegensatz zu den bisherigen Untersuchern wählten wir für die Magnesiummangelstudien als Versuchstiere Hunde. Umfangreiche Arbeiten über den Magnesiummangel von SYLLM-RAPOPORT [12] haben gezeigt, daß Hunde sich besonders gut für chronische Stoffwechseluntersuchungen eignen. Ein weiterer Vorteil schien uns darin zu bestehen, daß das Hundegebiß eine gewisse Vergleichsmöglichkeit zum Gebiß des Menschen zuläßt; denn der Hund weist einen Zahnwechsel auf und seine Zähne haben eine ähnliche Ca-, Mg- und P-Zusammensetzung wie die des Menschen [13].
Anlaß zu diesen Experimenten waren Beobachtungen, die wir bei vorhergehenden Magnesiummangelstudien machten. Die Mg-arm ernährten Hunde waren nicht nur in ihrem Wachstum zurückgeblieben, sondern sie hatten im Alter von 6 Monaten noch ein vollständiges Milchgebiß, obwohl bereits alle Zähne gewechselt haben sollten [14]. Auch schien uns das bleibende Gebiß der Versuchstiere weniger stark entwickelt zu sein als das der normal ernährten Kontrollhunde.

Methoden

Als Versuchstiere dienten 5 junge Bastardhunde aus 2 Würfen und 1 Muttertier (Oth., Bo., Yp., Bu., Fl., Muttertier Be; Abb. 1 u. 2). Sie wurden in gekachelten Einzelboxen aufgezogen, die täglich gründlich gesäubert und mit Aqua dest. ausgewaschen wurden. Der Magnesiummangel wurde durch eine Mg-Mangeldiät erzeugt; in der 10. bis 11. Lebenswoche der Tiere wurde mit dem Verfüttern dieser Diät begonnen. Das Futter bestand aus einem gekochten Brei, der aus Kasein und Stärke, die Mg-frei waren, Butter, einer Salzmischung und Aqua dest. hergestellt wurde entsprechend den Angaben von KRUSE et al. [15]. Jeden 2. Tag erhielten die Tiere 1 Dragee eines Polyvitaminpräpara-

tes (Summavit, Jenapharm). Diese Diät enthielt 0,16 mg Magnesium pro 100 g Futter. Das Kontrolltier Fl. wurde mit der gleichen Kost wie die Tiere des Mangelversuches gefüttert, zusätzlich wurde jedoch diesem Futteransatz $MgSO_4$ zugesetzt, so daß sich in dieser Diät der Magnesiumgehalt auf 55 mg pro 100 g Futter erhöhte. Der Hund Be erhielt eine normale Mischkost. Nach Abschluß der Versuche wurden die Tiere in Äthernarkose getötet und die Zähne aus dem Kiefer herauspräpariert. Die Hälfte der Zähne wurde 2 Wochen in 10%iger Formalinlösung fixiert und anschließend nach den üblichen Methoden der histologischen Technik aufgearbeitet. Für die mikroskopische Beurteilung verwendeten wir ungefärbte Dünnschliffe und mit Hämalaun-Eosin gefärbte 0,030 mm dicke Zelloidinschnitte entkalkter Zähne.
Die andere Hälfte der Zähne wurde in verdünnter H_2O_2-Lösung gesäubert, mit Chloroform von Fettspuren befreit und anschließend bei 100 °C getrocknet. Aus dem Kronenbereich dieser Zähne wurden Dentinproben gewonnen, bis zur Gewichtskonstanz verglüht und für die Elektrolytbestimmungen verwendet. Die Asche wurde zuvor in konzentrierter HNO_3 gelöst, dann mit 20%iger $HClO_4$ versetzt und in KJELDAHL-Kolben eingedampft. Der Rückstand wurde in 1 n HCl aufgenommen und mit Aqua dest. verdünnt bis die Lösung etwa 60 mg Asche/100 ml enthielt. Proben dieser Lösungen wurden dann auf ihren Phosphat- [16], Kalzium- [17] und Magnesiumgehalt [18] analysiert und die Ergebnisse pro Gramm Asche berechnet.

Ergebnisse

Der Magnesiummangel erstreckte sich bei den 4 Versuchshunden über einen Zeitraum von 41—127 Tagen (Tab. 1). Einigen Tieren wurde nach einer Mangelperiode wieder Magnesium zur Kost zugesetzt, um festzustellen, in welchem Umfange aufgetretene Mineralisationsstörungen reversibel sind.

Tabelle 1

Dauer des Magnesiummangels bei den einzelnen Versuchstieren

Versuchstier	Mg-Mangeldiät [Tage]	Mg-haltige Kost [Tage]	Alter z. Zt. der Tötung [Monate]
Be.	—	+	30
Fl.	—	+	6
Bu.	41	50	5
Oth.	79	171	9
Bo.	86	15 gestorben	5
Yp.	127 gestorben	—	6

Alle Hunde zeigten die für den Magnesiummangel typische Symptomatologie [11], [18]: Mangelnde Gewichtszunahme (Abb. 1), Vasodilatation, teilweise trophische Störungen der Haut, Verlust des Zehenganges, Herzarhythmien und tonisch-klonische Krämpfe. Ausgedehnte Verkalkungen in der Niere, im Myokard und in der Aorta waren makroskopisch vor allem bei den Tieren Bo. und Oth. auffällig.
Der Nachweis des Magnesiummangels wurde an Hand des Mg-Spiegels der roten Blutzellen verfolgt (Abb. 2). Der normale Mg-Spiegel in den roten Blutzellen des Hundes ist altersabhängig; bei jungen Hunden kann er bis 12 mV/l Zellen betragen, während ausgewachsene Tiere Werte haben, die zwischen 5—6 mV/l Zellen liegen [19]. Im Mangel sank der Mg-Gehalt der

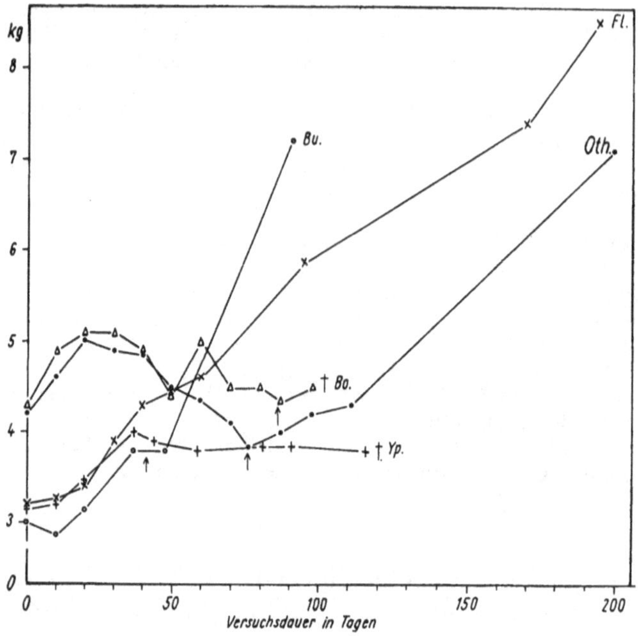

Abb. 1. Das Verhalten des Körpergewichtes bei unbeschränkter Nahrungszufuhr im experimentellen Magnesiummangel. Pfeile kennzeichnen den Zeitpunkt der Mg-Gabe

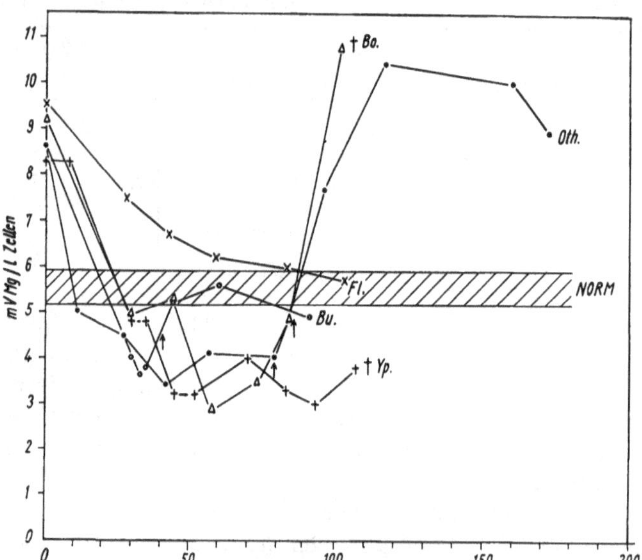

Abb. 2. Der Mg-Spiegel roter Blutzellen in Abhängigkeit von der Mg-Zufuhr und dem Alter der Hunde

Zellen stark ab bis auf Werte um 3 mV/l. Gabe Mg-haltiger Kost nach 41tägigem Mangelzustand normalisierte den Mg-Spiegel wieder. Wurde dagegen der Mg-Mangel erst später aufgehoben, so wurden länger als $2^1/_2$ Monate weit über der Norm liegende Mg-Werte gefunden.

Der Zahnwechsel verzögerte sich bei den Hunden, die Mg-arm aufgezogen wurden, um mehr als 4 Wochen. Das bleibende Gebiß ließ bereits makroskopisch gelbbräunliche Verfärbungen und stark ausgeprägte Schmelzdefekte erkennen (Abb. 3), die besonders auffällig an den Reiß- und Fangzähnen

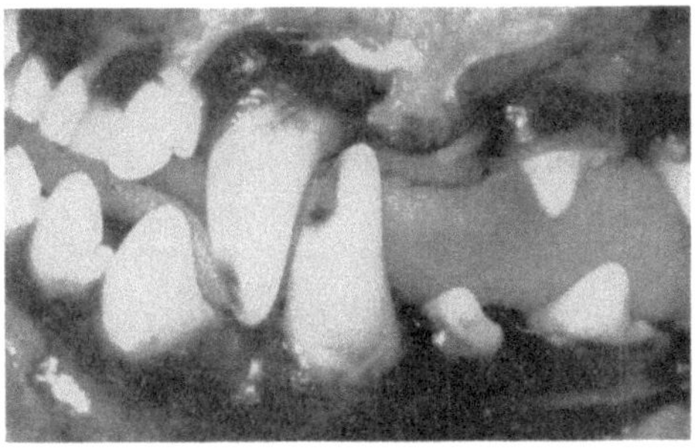

Abb. 3. Makroskopisch erkennbare Schmelzdefekte an den Fangzähnen des Mangeltieres Oth

waren. Im Unterschied zu den bekannten Schmelzhypoplasien waren diese Defekte jedoch nicht ringförmig um die Zahnkrone angeordnet. In histologischen Schliffpräparaten konnten parallel zu den Schmelzdefekten auch Mineralisationsstörungen des Dentins festgestellt werden. Eine unregelmäßige und mangelhafte Dentinmineralisation trat bei allen unter Mg-Mangel aufgewachsenen Tieren auf. Besonders an den Fangzähnen kam es zu Hohlraumbildungen im Dentin, die das Ausmaß von Interglobularräumen weit übertrafen (Abb. 4, 5, 6). Derartige Defekte lassen darauf schließen, daß einige für die Dentinbildung wichtige Stoffwechselprozesse im Magnesiummangel so stark geschädigt sind, daß die Mineralisation längere Zeit ganz aussetzt und erst bei Magnesiumzufuhr allmählich wieder über schollige Verkalkung und Interglobulardentinbildung beginnt.

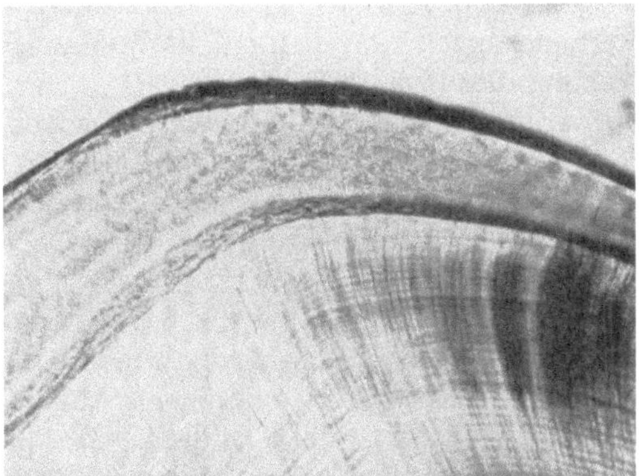

Abb. 4. Normal mineralisierte Zahnhartsubstanzen eines oberen Reißzahnes des Kontrolltieres Fl. Ungefärbtes Schliffpräparat. Vergr. 60fach

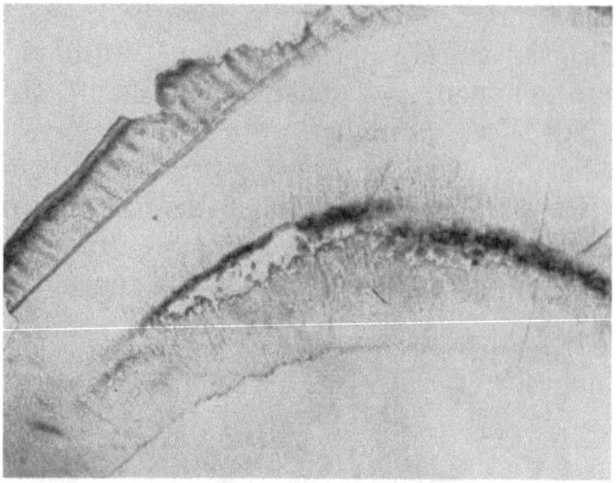

Abb. 5. Unregelmäßige und mangelhafte Mineralisation von Schmelz und Dentin eines unteren Reißzahnes. Versuchstier Bo. Ungefärbtes Schliffpräparat. Vergr. 19fach

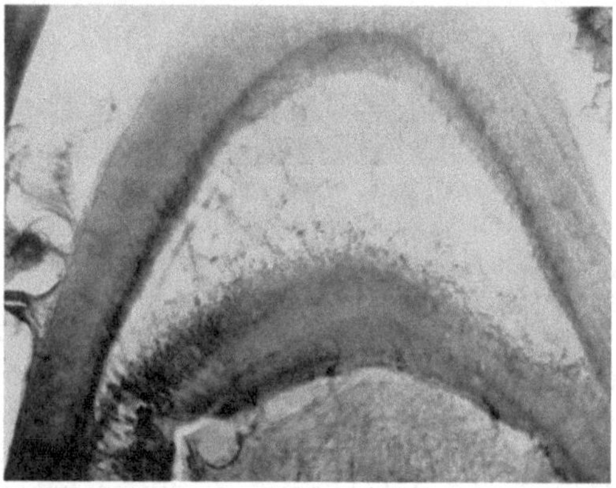

Abb. 6. Hohlraumbildung im Dentin eines unteren Fangzahnes. Versuchstier Bo. Färbung HE. Vergr. 19fach

Daß die Störungen im Mg-Mangel sich nicht nur auf die Hartsubstanzen beschränken, sondern wie erwartet auch den Stoffwechsel der Zellen beeinträchtigen, zeigen die charakteristischen Befunde in der Pulpa dentis. In den Pulpen findet man die verschiedensten Stadien regressiver Umwandlungen (Abb. 7, 8, 10, 11). Neben mehr oder weniger starken retikulären Veränderungen, waren für den Mg-Mangel Vakuolenbildungen im Odontoblastensaum typisch (Abb. 8).

Die auffallendsten Befunde waren jedoch ausgeprägte Verkalkungsherde. Sie traten besonders deutlich bei den Tieren auf, die nach Abschluß des Mg-Mangels noch längere Zeit weiterlebten. An den Prämolaren konnten im Bereich der Wurzelpulpa und auch im Gebiet des stark verzweigten apikalen Deltas Hartgebilde beobachtet werden, die zwiebelschalartig angeordnet waren. (Abb. 10). An den Reißzähnen wurden Dentikelbildungen auch im Gebiet der Kronenpulpa nachgewiesen (Abb. 11). Typisch waren bei längerer Dauer des Magnesiummangels auch Kalkeinlagerungen in die Gefäßwände. In histologischen Bildern (Abb. 12, 13) waren derartige Verkalkungen der Pulpenvenulen und -arteriolen deutlich zu erkennen.

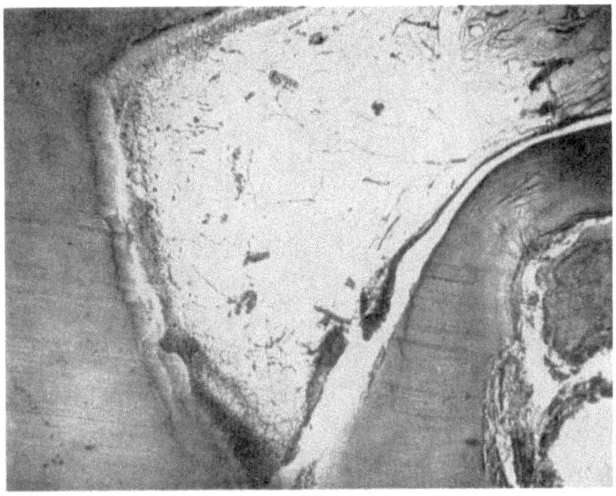

Abb. 7. Retikuläre Atrophie der Pulpa eines oberen Reißzahnes. Versuchstier Bu. Färbung HE. Vergr. 19fach

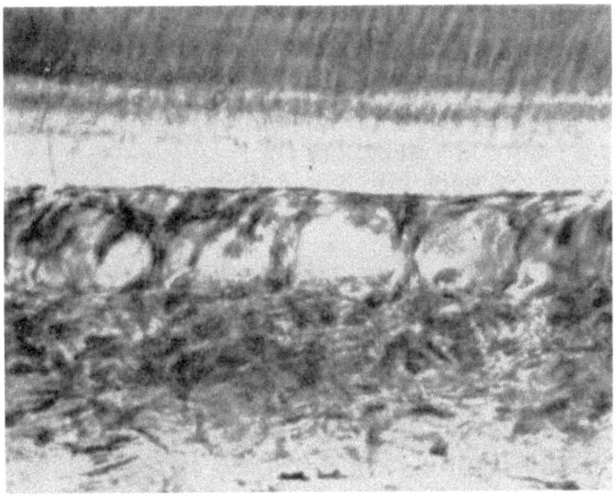

Abb. 8. Vakuolenbildung im Odontoblastensaum eines oberen Reißzahnes. Versuchstier Yp. Färbung HE. Vergr. 400fach

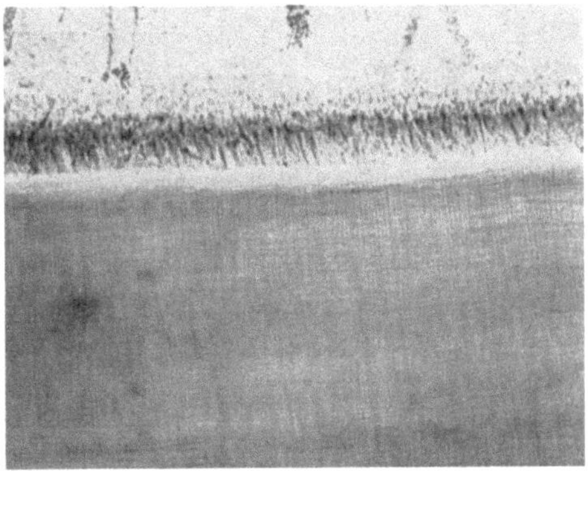

Abb. 9. Gut mineralisiertes Dentin bei normal ausgebildeter Odontoblastenschicht. Kontrolltier Fl. Färbung HE. Vergr. 60fach

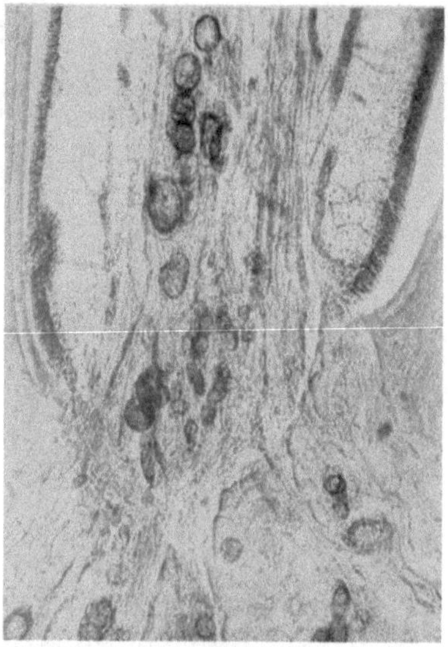

Abb. 10. Zwiebelschalenförmige Hartgebilde im Bereich der Wurzelpulpa eines unteren Prämolaren. Versuchstier Oth. Färbung HE. Vergr. 60fach

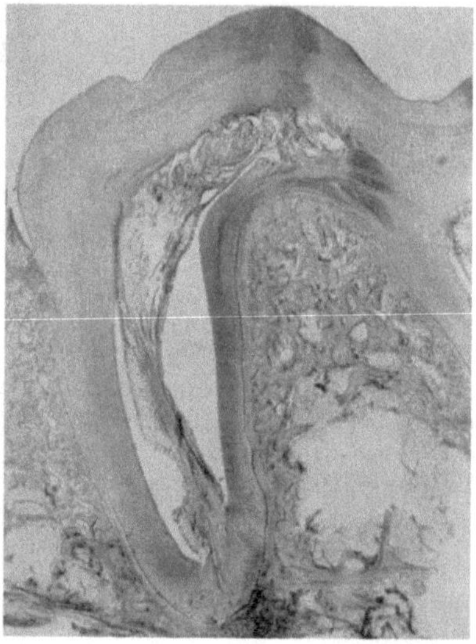

Abb. 11. Stark ausgeprägte Dentikelbildungen im Bereich der Kronenpulpa eines unteren Reißzahnes. Versuchstier Oth. Färbung HE. Vergr. 10fach

Die Reiß- und Fangzähne des Ober- und Unterkiefers wurden nach Beendigung der Versuche auf ihre Kalzium-, Phosphat- und Magnesiumverteilung analysiert (Tab. 2 u. 3). Der Magnesiumgehalt war im Mangel deutlich vermindert (Yp.), die tiefsten Werte wurden am unteren Fangzahn mit 11 mMol/g Asche bestimmt. Wenn die Tiere nach Abschluß des experimentellen Magnesiummangels normale Kost erhielten, stieg der Mg-Gehalt der Zähne wieder an (Bu, Bo). Erstreckte sich die Periode des Magnesiummangels und die sich daran anschließende Zeit der Mg-haltigen Ernährung über einen

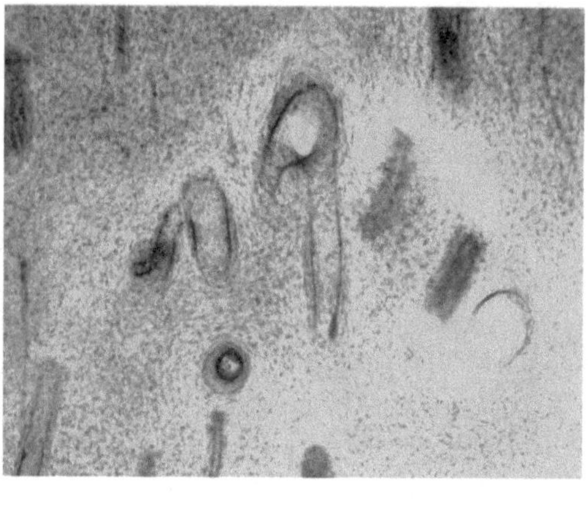

Abb. 12. Pulpaarteriole und Pulpavenulen mit Kalkeinlagerungen in die Gefäßwände eines oberen Reißzahnes. Versuchstier Yp. Färbung HE. Vergr. 60fach

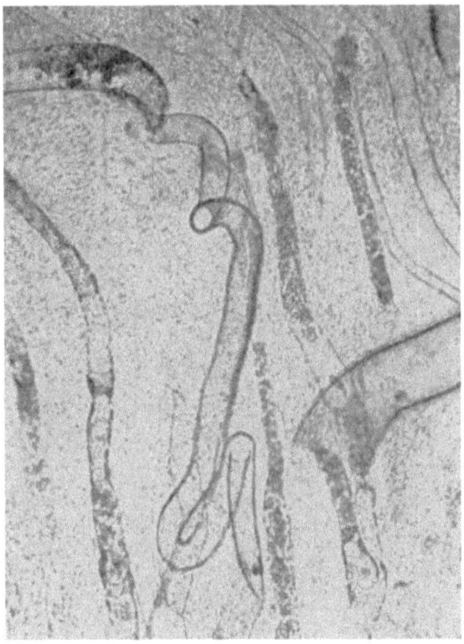

Abb. 13. Besonders deutliche Zeichnung des Gefäßverlaufs durch Mineraleinlagerungen in die Gefäßwände eines oberen Prämolaren. Versuchstier Bu. Färbung HE. Vergr. 60fach

längeren Zeitraum, so lagen die Mg-Werte der Zähne fast immer über dem normalen Bereich. Die Zähne verhielten sich in dieser Hinsicht ähnlich wie die roten Blutzellen, jedoch reagierten die Zähne sehr viel langsamer auf die Mg-Zufuhr. Im Phosphat- und Kalziumgehalt der Zähne ergaben sich durch den Magnesiummangel keine meßbaren Veränderungen gegenüber den Kontrollen. Das Ca/P-Verhältnis zeigte eine relativ große Schwankungsbreite, entsprach jedoch annähernd dem theoretischen molaren Ca/P-Verhältnis des Apatits von 1,67.

Tabelle 2

Einfluß des experimentellen Magnesiummangels auf die Verteilung des Magnesiums, Kalziums und Phosphats in den Fangzähnen. Angaben in Mol $\times$ 10^{-3}/g Asche

Versuchstier	P $\bar{x}$ s	n	Ca $\bar{x}$ s	n	Mg $\bar{x}$ s	n	Ca/P	
Oberkiefer								
Be.	5,24±0	(2)	9,05±0,02	(2)	0,241±0,012	(2)	1,73	Kontrollen
Fl.	5,58±0	(2)	8,75	(1)	0,294±0,035	(4)	1,57	Kontrollen
Yp.	5,46±0	(2)	8,95±0	(2)	0,209±0,002	(3)	1,64	Mg-Mangel
Bo.	5,28±0	(2)	8,99	(1)	0,131±0,068	(3)	1,70	Nach Beendigung des Mangels durch Mg-Zufuhr
Bu.	5,47±0	(2)	8,94±0,09	(2)	0,326±0,029	(3)	1,63	Nach Beendigung des Mangels durch Mg-Zufuhr
Oth.	5,39±0	(2)	8,70	(1)	0,381±0,013	(4)	1,61	Nach Beendigung des Mangels durch Mg-Zufuhr
Unterkiefer								
Be.	5,34±0	(2)	9,03±0	(2)	–		1,69	Kontrollen
Fl.	5,70±0	(2)	8,85±0,10	(2)	0,322±0	(2)	1,55	Kontrollen
Yp.	5,82±0,11	(4)	9,35±0	(2)	0,110	(1)	1,61	Mg-Mangel
Bo.	6,08±0,44	(4)	9,33±0,02	(2)	0,200	(1)	1,53	Nach Beendigung des Mangels durch Mg-Zufuhr
Bu.	6,25±0,01	(4)	9,03±0,02	(2)	0,417±0,005	(2)	1,44	Nach Beendigung des Mangels durch Mg-Zufuhr
Oth.	6,14±0,31	(4)	8,85±0,10	(2)	0,507±0,004	(2	1,44	Nach Beendigung des Mangels durch Mg-Zufuhr

Tabelle 3

Einfluß des experimentellen Magnesiummangels auf die Verteilung des Magnesiums, Kalziums und Phosphats in den Reißzähnen. Angaben in M × 10^{-3}/g Asche

Versuchstier	P $\bar{x}$ s n	Ca $\bar{x}$ s n	Mg $\bar{x}$ s n	Ca/P	
			Oberkiefer (P_1)		
Fl.	6,12 ± 0,17 (4)	9,16 ± 0,07 (2)	0,241 ± 0,020 (2)	1,50	Kontrolle
Yp.	6,04 ± 0,08 (4)	9,03 ± 0,02 (2)	0,174 ± 0,018 (4)	1,49	Mg-Mangel
Bo.	6,15 ± 0,15 (4)	9,39 ± 0,06 (2)	0,235 ± 0,003 (2)	1,53	Nach Beendigung
Bu.	5,98 ± 0,06 (2)	9,05 ± 0 (2)	0,336 ± 0 (2)	1,51	des Mangels durch
Oth.	5,95 ± 0,32 (4)	9,05 ± 0 (2)	0,338 ± 0 (2)	1,52	Mg-Zufuhr
			Unterkiefer (M_1)		
Fl.	5,60 ± 0 (2)	8,82 (1)	0,521 ± 0,006 (2)	1,58	Kontrolle
Yp.	5,45 ± 0 (2)	8,42 (1)	0,121 ± 0,008 (4)	1,55	Mg-Mangel
Bo.	5,22 ± 0 (2)	9,04 ± 0,16 (2)	0,213 ± 0,010 (3)	1,73	Nach Beendigung
Bu.	5,46 ± 0 (2)	9,15 ± 0,09 (2)	0,351 ± 0,080 (3)	1,68	des Mangels durch
Oth.	5,26 (1)	9,07 ± 0,04 (2)	0,398 ± 0,006 (3)	1,72	Mg-Zufuhr

Diskussion

IRVING [1], der bei Experimenten mit Ratten bereits nach 4 Tagen pathologische Veränderungen an den Schneidezähnen fand, vertritt die Auffassung, daß das Zahnsystem sehr schnell auf einen Mg-Entzug reagiert. Zu ähnlichen Schlußfolgerungen kommen auch WATCHORN und MCCANCE [9] auf Grund von vergleichenden Untersuchungen über die Veränderungen des Mg-Gehaltes verschiedener Organe und Gewebe im experimentellen Magnesiummangel. Ihre Arbeiten ergaben u. a., daß der Mg-Spiegel in den Hartgeweben stark abnimmt und sich in den Zähnen stärker vermindert als in den Knochen.

Bei unseren Mg-Analysen der Hundezähne lagen die Werte im Mg-Mangel durchschnittlich um die Hälfte tiefer als bei den Kontrollen und entsprechen damit den Ergebnissen, die im subakuten Mangel an Rattenschneidezähnen bestimmt wurden [9]. Es war jedoch auffällig, daß nicht alle Zähne gleich stark auf den Mg-Mangel reagierten. Wie aus den Tabellen 2 und 3 abzuleiten ist, waren die quantitativen Unterschiede im Unterkiefer größer als im Oberkiefer und auch die absoluten Mg-Werte lagen im Mg-Mangel in den Reiß- und Fangzähnen des Unterkiefers tiefer als im Oberkiefer. Für diese Befunde haben wir bisher keine Erklärung. Ein Zusammenhang zwischen dem Beginn der Mineralisation und dem Einsetzen des Mangels läßt sich nicht erkennen.

Die degenerativen Veränderungen der Zellen, sowie die zum Erliegen kommende Dentinbildung sind ein indirekter Beweis dafür, daß das Magnesium nicht nur aus den Kristalliten herausgelöst wird, sondern daß analog zu den Befunden an roten Blutzellen auch der Mg-Spiegel in den Odontoblasten und Ameloblasten absinkt.

Da im Mg-Mangel eine Entkopplung der oxydativen Phosphorylierung eintreten soll [21], und aus Experimenten mit roten Blutzellen weiterhin bekannt ist, daß die Glykolyserate absinkt [22], [23], ist es allein bei Übertragung dieser Ergebnisse auf den Stoffwechsel des Zahnes verständlich, daß durch das Mg-Defizit die synthetischen Leistungen der Zellen geringer werden und mit zunehmendem Mangel der gesamte Stoffwechsel zum Erliegen kommt. Die Mg-Mangelerscheinungen am Zahnsystem könnten z. B. dadurch hervorgerufen werden, daß die Bildung der Grundsubstanz abnimmt. Mit fortschreitendem Mg-Mangel könnte sich außerdem die makromolekulare Struktur des Kollagens derart verändern, daß die Mineralisierung beeinträchtigt wird und schließlich sistiert.

Während WATCHORN und MCCANCE [9] bei ihren Experimenten neben einer Verminderung des Mg-Gehaltes auch ein Absinken des Phosphatgehaltes an Rattenzähnen nachweisen konnten, lassen unsere Analysen eine derartige Aussage nicht zu; denn die Werte für Zähne von Kontrollhunden streuen von 5,24—6,12 und die für Mg-Mangeltiere von 5,45—6,04 mMol/g Asche. Da auch der Kalziumgehalt annähernd konstant bleibt, kann angenommen werden, daß die im Mg-Mangel gebildeten Kristallite unverändert sind.

Andererseits lassen aber die Ca/P-Quotienten eine gewisse Altersabhängigkeit vermuten. So haben die Fangzähne des $2^1/_2$ Jahre alten Kontrollhundes Be. ein größeres Ca/P-Verhältnis als die des 6. Monate alten Fl. und ein Vergleich der größten Zähne des Hundegebisses, der Reißzähne, zeigt, daß der M_1 des Unterkiefers, der als erster Zahn mineralisiert, ebenfalls einen höheren Ca/P-Quotienten hat als der P_1 des Oberkiefers, der erst als 18. Zahn zu verkalken beginnt [14]. Exakte Untersuchungen über derartige Wechselbeziehungen zwischen dem Ca/P-Verhältnis und dem Alter der Tiere sind bisher noch nicht an Zähnen, sondern nur an Knochen vorgenommen worden [24]. Es konnte nachgewiesen werden, daß in jugendlichen Geweben neben Apatit auch wasserstoffhaltige Kalziumphosphatverbindungen gebildet werden, wahrscheinlich überwiegend Oktakalziumphosphate $Ca_8H_2(PO_4)_6 \cdot 5\ H_2O$, die eine geringere Festigkeit besitzen [25].

Trotz schwerer degenerativer Veränderungen in der Pulpa, die sowohl das Gefäßsystem als auch die Pulpazellen betreffen, war der Zahn auch weiterhin in der Lage, bei Magnesiumzufuhr wieder normales Dentin zu bilden (Abb. 5, 6). Eine Regeneration bereits stark geschädigter bzw. atrophierter Zellen ist dagegen auszuschließen. Wie die Abbildungen 5 und 6 zeigen, wurde das unter Mg-Mangelbedingungen entstandene Gewebe auch nach Zufuhr von Magnesium nicht mineralisiert, sondern die Bildung des neuen Dentins setzte pulpennah ein und war offensichtlich eine Leistung der Odontoblasten, die sich erst nach Beendigung des Magnesiummangels aus Pulpazellen differenzierten.

Auffällig war weiterhin, daß nach Aufhebung des Mangels in den Zähnen ähnlich wie in den roten Blutzellen Mg-Werte gefunden wurden, die überwiegend höher lagen (Oth) als bei den Kontrolltieren. Diese Mg-Aufnahme in den Zähnen ging jedoch sehr langsam vor sich. Während in den Erythrozyten bereits 14 Tage nach Beendigung des Mangels die Mg-Werte das Doppelte der Norm erreichten, war zu diesem Zeitpunkt in den Zähnen (Bo) noch nicht einmal eine völlige Normalisierung nachzuweisen. Es ist anzunehmen, daß in den Zähnen ebenso wie in den roten Blutzellen der Mg-Spiegel in den zellulären Anteilen (Odontoblastenfortsätze) erhöht wird und nicht durch eine verstärkte Adsorption an der Kristalloberfläche oder durch Mg-Einlagerung in die nicht mineralisierte Grundsubstanz; denn im Plasma wurden in keinem Fall nach Beendigung des Mangels Mg-Konzentrationen beobachtet, die über der Norm lagen.

Wie in den histologischen Bildern gezeigt werden konnte, reagierte die Pulpa dentis auf den Magnesiummangel sehr empfindlich. Besonders eindrucksvoll waren Verkalkungen im Zahnmark, die eine gewisse Parallele zu den Kalkablagerungen in der Niere, im Myokard, in der Trachea und in den großen Gefäßen aufwiesen, wie sie in der Literatur mehrfach beschrieben wurden [12], [26]. Die Verkalkungen des Gefäßsystems beginnen im Bereich der elastischen Fasern, bei stärkeren Ablagerungen können sie den gesamten Gefäßwandquerschnitt einnehmen. Die Lumina werden dabei nicht eingeengt. Von Unglaub et al. [26] werden solche Verkalkungen zur Gruppe der Kalkmetastasen gerechnet. Es wird angenommen, daß ein ursächlicher Zusammenhang zwischen dem Ca/Mg-Verhältnis und der Ausbildung von ektopischen Verkalkungen besteht. Diese Hypothese geht auf alte Beobachtungen von Shelling und Mitarbeiter [27] zurück, die in vitro durch hohe Mg-Konzentrationen die Verkalkung von Knochenschnitten hemmen und durch niedrige Konzentrationen fördern konnten. Es ist deshalb wahrscheinlich, daß die Ausbildung von Kalkmetastasen sowohl durch Senkung des Mg-Spiegels als auch durch Erhöhung des Ca-Spiegels provoziert werden kann.

Literatur

[1] Irving, J. T.: Vitamins and Hormones **15**, 291 (1957).
[2] Gagnon, J., J. Schour u. Patras: Proc. Soc. exp. Biol. Med. **49**, 662 (1942).
[3] Klein, H., E. R. Orent u. E. V. McCollum: Amer. J. Physiol. **112**, 256 (1935).
[4] Becks, H. u. W. J. Furuta: J. Amer. Dental. Assoc. **26**, 883 (1939).
[5] Irving, J. T.: J. Physiology **99**, 8 (1940).
[6] Becks, H. u. W. J. Furuta: J. Amer. Dental. Assoc. **28**, 1083 (1941).
[7] Becks, H. u. W. J. Furuta: Amer. J. Orthodontics **28**, 1 (1942).
[8] Schour, J. u. M. Massler zit. nach H. J. Schmidt: Das Magnesium-Ion und seine Bedeutung in der Zahnheilkunde, Stuttgart-Degerloch 1960.
[9] Watchorn, E. u. R. A. McCance: Biochem. J. **31**, 1379 (1937).
[10] Yamane, G.: J. Dental Res. **33**, 691 (1954).
[11] Bernick, S. u. G. Hungerford: J. Dental Res. **44**, 1317 (1965).
[12] Syllm-Rapoport, I.: Habilitationsschrift Berlin 1959.
[13] Murray, M. M.: Biochem. J. **30**, 1567 (1936).
[14] Höppener, N.: Diss. Vet. med., Berlin Freie Univ. 1956.
[15] Kruse, D. H., E. R. Orent u. E. V. McCollum: J. biol. Chemistry **96**, 519 (1932).
[16] Guest, G. M. u. S. Rapoport: J. biol. Chemistry **124**, 599 (1938).
[17] Baron, D. N. u. J. Bell: Clin. chim. Acta [Amsterdam] **8**, 327 (1957).

[18] Müller, G.-O.: Praktikum der quantitativen chemischen Analyse. S. Hirzel Verlag, Leipzig 1959, 5. Auflage S. 298.
[19] Tufts, E. V. u. D. M. Greenberg: J. biol. Chemistry **122**, 715 (1938).
[20] Jacobasch, G., I. Syllm-Rapoport, K. Wolf, R. Müller u. J. Rymon: Folia haematol. [Leipzig] **83**, 310 (1965).
[21] Vitale, I. I., M. Nakamura u. D. M. Hegsted: J. biol. Chemistry **228**, 573 (1957).
[22] Syllm-Rapoport, I., I. Strassburger u. S. Rapoport: Acta biol. med. german. **5**, 596 (1960).
[23] Jacobasch, G., I. Syllm-Rapoport u. S. Rapoport: Acta biol. med. german. **13**, 683 (1964).
[24] Posner, A. S., R. A. Harper, S. A. Müller u. J. Menczel: Ann. New York Acad. Sci. **131**, 737 (1965).
[25] Brown, W. E.: Clin. Orthop. **44**, 205 (1966).
[26] Unglaub, I., I. Syllm-Rapoport u. I. Strassburger: Virchow's Arch. pathol. Anatom. Physiol. klin. Med. **332**, 122 (1959).
[27] Shelling, D. H., B. Kramer u. E. R. Orent: J. biol. Chemistry **77**, 157 (1928).

Summary

G. Jacobasch, W. Binus, H. Vierus and C. Boese: Disturbances of the dental metabolism in dogs caused by magnesium deficiency

The effect of magnesium deficiency on the structure of the permanent teeth and their calcium, phosphate, and magnesium composition has been investigated on young dogs. The study revealed that:

1) The second dentition is delayed in Mg-deficient animals compared with controls.

2) The histological picture shows various alterations which are most pronounced in the canines and molars.

3) Characteristic symptoms of Mg deficiency are: enamel hypoplasia, insufficient mineralisation of the dentine, vacuolar degeneration of the odontoblasts, and cessation of dentine formation. Continuous calcination occurred in the vascular walls of the pulp after long-term magnesium deficiency.

4) When the deficit was restored by administration of $MgSO_4$, dentine formation restarted. Cavities remained in the dentine showing that the injured odontoblasts were obviously not regenerated. Denticles in the pulp were also noted under these conditions.

5) The magnesium content of the canines and molars clearly decreased in deficiency, while the calcium and phosphate levels remained unchanged. At the end of deficiency period, when magnesium was administered, its level began to rise and exceeded the normal limits after several months.

Резюме

Г. Якобаш, В. Бинус, Г. Вирус и Ц. Бёзе Нарушения обмена веществ зуба у собак при экспериментально вызванном недостатке магния

Исследовалось действие недостатка магния на структуру постоянных зубов и на содержание кальция, фосфата и магния у щенят.
Получены следующие результаты:

1. Смена зубов наступает позже у животных с магниевым недостатком, чем у контрольных животных.

2. Гистологичесое исследование обнаружило разнообразные изменения, наиболее выраженные у клыков.

3. Характерными симптомами магниевого дефицита явились: гипоплазии эмали зуба, недостаточная минерализация дентина, вакуольная дегенерация одонтобластов и прекращение образования дентина. При длительном недостатке магния возникает сильный склероз стенок сосудов пульпы.

4. После устранения недостатка введением $MgSO_4$ образование дентина началось снова. Иногда в дентине оставались полости, потому что поврежденные ондобласты очевидно не регенерировались. В этих условиях кроме того обнаруживались дентикулы в пульпе, напоминующие луковичную кожицу.

5. Содержание магния клыков заметно падает при магниевом дефиците, тогда как уровни кальция и фосфата оставались неизмененными. После устранения недостатка содержание магния начало снова увеличиваться и через несколько месяцев достигло величин, превышающих предел нормы.

Acta biol. med. german., Band 18, Seite 423—427 (1967)

Aus dem Institut für Pharmakologie der Deutschen Akademie der Wissenschaften zu Berlin, Berlin-Buch (Direktor: Prof. Dr. F. JUNG)

Der Einfluß verschiedener Hydrazinokörper auf den Gehalt an Asparaginsäure und Glutaminsäure im Gehirn von Meerschweinchen

L. SAMOCHOWIEC[1], R. GLAESMER und B. WIEGERSHAUSEN[2]

(Eingegangen am 26. 7. 1966)

Zusammenfassung

Der Einfluß von Iproniazid (IPN) und Glyzylhydrazinoessigsäureäthylester-hydrobromid (Gly-Hya) auf den Gehalt von freien Aminosäuren im Gehirn von Meerschweinchen wurde untersucht.
Nach 7-tägiger i.p. Behandlung mit 50 mg IPN/kg kommt es zu einer Erhöhung des Asparaginsäuregehaltes um durchschnittlich 89%, während die Glutaminsäure nur um 11% im Vergleich zur Kontrollgruppe ansteigt. Behandlung mit 20 mg Gly-Hya/kg führt zu einer Erhöhung der Asparaginsäure um 174% und der Glutaminsäure um 205%. Die Differenzen sind statistisch signifikant.

Einleitung

Hydrazinoverbindungen zeichnen sich durch ein breites Spektrum pharmakologischer Wirkungen aus. Einige zeigen Hemmwirkungen auf Fermente, die für Bildung und Abbau biogener Amine von Bedeutung sind [1]. Da sich pharmakologische Effekte derartiger Verbindungen am Zentralnervensystem durch Fermenthemmung teilweise erklären lassen, schien es uns interessant, den Einfluß einiger Hydrazinoverbindungen auch auf den Gehalt des Gehirns von Meerschweinchen an Asparaginsäure und Glutaminsäure zu untersuchen.

Seit den Bemühungen von ROBERTS und FRANKEL [2] um die γ-Aminobuttersäure (GABA) sind Bestimmungen der freien Aminosäuren im Gehirn mehr und mehr in den Vordergrund getreten [3], [4]. DE ROOP und SNEDEKER [5] fanden unter dem Einfluß zentral erregender Pharmaka wie Pentamethylentetrazol, Strychnin, Pikrotoxin, Amphetamin, aber auch bei Elektroschock, den Gehalt an Alanin gegenüber den anderen Aminosäuren im Gehirn von Ratten stark erhöht.
Vorbehandlung der Ratten mit Phenylisopropylhydrazin führte ebenfalls zu einem erhöhten Gehalt an Alanin im Gehirn. Außerdem konnten DE ROOP und SNEDEKER [5] den Befund von KILIAM und BAIN [6] bestätigen, wonach Semikarbazid, (Karbamylhydrazin) den Anteil der GABA im Rattengehirn auf 60% erniedrigt.
Nach neueren Ergebnissen von UCHIDA und O'BRIEN [7] wird durch Methylhydrazin, 1,1-Dimethylhydrazin sowie durch 1,2-Dimethylhydrazin der GABA-Gehalt in

[1] Zakład Farmakologii P.A.M., Szczecin/Polen.
[2] Institut für Pharmakologie der Universität Rostock, DDR

Medulla, Kortex und Mesenzephalon-Dienzephalon von Ratten um ca. 17% erniedrigt, während freies Hydrazin in allen Teilen des Rattenhirnes den GABA-Gehalt um 31% erhöht.
Eine signifikante Erhöhung der GABA im Gehirn von Ratten fanden Baxter und Roberts [4] nach Vorbehandlung mit Hydroxylamin.
Interessant sind die Ergebnisse von Balzer et al. [8], die den Einfluß verschiedener Hydrazide und Hydrazinoverbindungen auf Veränderungen der freien Aminosäuren in Mäusehirnen und die biochemischen Grundlagen der konvulsiven Wirkung der genannten Verbindungen untersuchten. Dabei stellten sie fest, daß krampferzeugende Hydraziddosen die Aktivität der Glutaminsäuredekarboxylase in den Hirnhomogenaten der behandelten Tiere hemmten.

Methodik

Wir untersuchten den Gehalt an Asparaginsäure und Glutaminsäure im Gehirn von Meerschweinchen nach Behandlung mit Isopropylisonikotinsäurehydrazid (Iproniazid = IPN) bzw. Glyzylhydrazinoessigsäureäthylester-Hydrobromid (Gly-Hya)[1].
Drei Gruppen von je 10 weiblichen Meerschweinchen von 300—400 g Gewicht wurden untersucht. Die Tiere einer Gruppe wurden 7 Tage mit 50 mg/kg/Tag IPN i. p., die einer zweiten Gruppe mit 20 mg/kg/Tag, entsprechend 1/7 der LD_{50}, mit Gly-Hya i. p. vorbehandelt. Tiere einer dritten Gruppe dienten als Kontrolle. Nach dieser Zeit wurden die Tiere durch Dekapitation getötet, der Schädel geöffnet und das Gehirn in flüssiger Luft eingefroren und durch Verreiben in einer Reibschale homogenisiert.
Nach Erwärmen auf 1 °C wurde das Homogenat für 20 min bei 40000 U/min zentrifugiert. Der Überstand wurde abpipettiert und mit dem gleichen Vol. 10%iger Trichloressigsäure deproteinisiert, der gebildete Niederschlag abzentrifugiert und die Flüssigkeit qualitativ papierchromatographisch untersucht.
Gleichzeitig wurde ein Teil jeder Probe mit doppelt glasdestillierter 6 n HCl bei 101 °C in evakuierten Ampullen hydrolisiert und chromatographisch untersucht, um nachzuweisen, daß die Proben keine Peptide enthielten.
Die quantitative Auswertung erfolgte nach Spackman et al. [9]. Jedes Gehirn wurde einzeln aufgearbeitet.

Die Ergebnisse wurden im t-Test nach Student statistisch ausgewertet.

Ergebnisse

Die Abbildung 1 zeigt die quantitativen Veränderungen im Asparaginsäure- bzw. Glutaminsäure-Gehalt der Meerschweinchen-Gehirne bei behandelten und unbehandelten Tieren, berechnet in μMol/g Frischgehirn.
Wie aus der Abbildung hervorgeht, kommt es nach Vorbehandlung mit IPN zu einer Erhöhung des Asparaginsäuregehaltes um durchschnittlich 89%, während die Glutaminsäure nur um 11% im Vergleich zur Kontrollgruppe ansteigt.
Die entsprechenden Mengen für die Gly-Hya-Gruppe belaufen sich auf 174% bei Asparaginsäure bzw. 205% für Glutaminsäure. Die Unterschiede sind statistisch signifikant (siehe Abb. 1).

[1] Für die Überlassung der Substanz danken wir Herrn Dr. Niedrich, Deutsche Akademie der Wissenschaften, Institut für Pharmakologie.

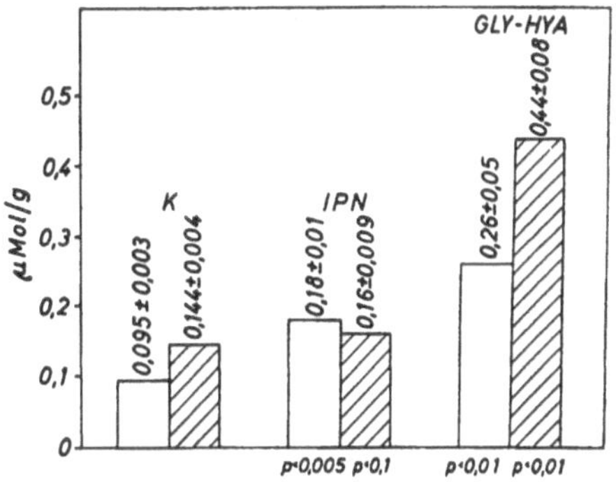

Abb. 1. Asparaginsäure- (weiße Säulen) und Glutaminsäuregehalt (schraffierte Säulen) im Gehirn von Merschweinchen bei K = Kontrolltieren; IPN = nach Verabreichung von Iproniazid (50 mg/kg/Woche); Gly-Hya = nach Verabreichung von Glyzylhydrazinoessigsäureäthylester · HBr (20 mg/kg/Woche)

Diskussion

Die Einwirkung von IPN und Gly-Hya auf Meerschweinchen beeinflußt im wesentlichen nur die Aminosäuren, denen physiologisch im Protein- und Aminosäurestoffwechsel des ZNS große Bedeutung beizumessen ist [10].
Der Anstieg der Glutaminsäure unter Glyzylhydrazinoessigsäureäthylester kann auf einer Hemmung der Pyridoxal-5-phosphatabhängigen Glutaminsäuredekarboxylase beruhen.
Von Uchida und O'Brien [12] wird auf die Möglichkeit einer Wirkung von Hydrazin-Verbindungen auf Vitamin B_6 und damit ein Einfluß auf Vitamin B_6-abhängige Fermente, insbesondere die Glutaminsäure-dekarboxylase, hingewiesen. Pyridoxal-5-phosphat, das aktive Prinzip des Vitamin B_6, steuert als Koferment der Aminosäuredekarboxylase z. B. den Abbau von DOPA zu Dopamin bzw. von Glutaminsäure zu GABA. Als Koferment der Transaminasen spielt Pyridoxal-5-phosphat eine bedeutende Rolle z. B. für die Umsetzung der durch Dekarboxylierung aus Glutaminsäure gebildeten GABA zu Bernsteinsäure-semialdehyd bei gleichzeitiger Aminierung der α-Ketoglutarsäure zu Glutaminsäure.
Die Vermutung, daß die Aldehydfunktion des Pyridoxal-5-phosphat durch die Hydrazingruppierung der Glyzylhydrazinoessigsäure blockiert wird, wird durch Untersuchungen von Ackermann und Rex [11] gestützt, die für Glyzylhydrazinoessigsäure-äthylester und Hydrazinoessigsäureäthylester bei 10^{-3} Mol/l eine fast vollständige Hemmung der Glutaminsäuredekarboxylase fanden. Dagegen sprechen Befunde von Uchida und O'Brien [12], wonach die Verabreichung von Hydrazin, symmetrischem und unsymmetrischem Dimethylhydrazin nicht zu einer signifikanten Änderung des Pyridoxal-5-phosphat-Gehaltes in Rattengehirnen führt. Daraus wird der Schluß hergeleitet, daß diese Hydrazinoverbindungen nicht indirekt über Pyridoxal-5-phosphat, sondern direkt auf die Glutaminsäuredekarboxylase wirken.
Beziehungen zwischen Krämpfen und Vitamin B_6-Mangel sind sowohl klinisch als auch tierexperimentell belegt.
Rausch et al. [13] fanden, daß die Hydrazinokörper bei größeren Dosen tonisch-klonische Krämpfe hervorrufen und in der Lage sind, die Morphin-

analgesie abzuschwächen. MENTZ [15] hat die Beeinflussung der Morphinanalgesie durch Iproniazid bestätigt. Er fand bei elektrischer Schmerzmessung eine signifikante Abschwächung und Verzögerung der Morphinanalgesie bei Vorbehandlung mit Iproniazid.

ACKERMANN et al. [16] stellten eine Verzögerung und Verlängerung der Potentiale im EEG bei nicht narkotisierten Meerschweinchen und Ratten nach einmaliger Gabe von mittleren Dosen an Hydrazinkörpern fest. Mit höheren Dosen konnten sie Krämpfe erzeugen, die mit Pyridoxin gehemmt wurden. Auch für die akute Toxizität wurde ein Pyridoxin-Antagonismus festgestellt. Durch Pyridoxin konnte die akute LD_{50} etwa verdoppelt werden. Der Anstieg der Asparaginsäure wäre durch eine Hemmung der Glutamat-Oxalazetat-Transaminase erklärbar.

OEHME [17] beschrieb Hemmungen der Glutamat-Pyruvat-Transaminase und der Glutamat-Oxalazetat-Transaminase im Leberhomogenat in vitro durch Hydrazinoessigsäureäthylester und eine Reihe anderer Hydrazinokarbonsäuren in Abhängigkeit von der Art der Reste der untersuchten Verbindungen.

Der Glyzylhydrazinoessigsäureäthylester hat unter unseren Versuchsbedingungen einen wesentlich stärkeren Effekt auf den Aminosäurestoffwechsel als IPN.

Wenn auch die quantitativen Ergebnisse unter IPN- bzw. Gly-Hya-Vorbehandlung stark voneinander abweichen, scheint die Vorstellung eines unterschiedlichen Wirkungsmechanismus dieser beiden Verbindungen verfrüht.

Abschließend kann gesagt werden, daß die neue Hydrazinverbindung Glyzylhydrazinoessigsäureäthylester einen in den Stoffwechsel der freien Aminosäuren des Gehirns von Meerschweinchen eingreifenden Effekt hat, der besonders in einer bedeutenden Erhöhung von Glutaminsäure und Asparaginsäure zum Ausdruck kommt, und auf eine Hemmung spezifischer Fermente zurückzuführen ist.

Literatur

[1] WOLLEY, D. W.: Ann. New York Acad. Sci. **80**, 551 (1959).
[2] ROBERTS, E. u. S. FRANKEL: J. biol. Chemistry **187**, 55 (1950).
[3] DE ROOP, R. S. u. E. H. SNEDEKER: Analyt. Biochem. [New York] **1**, 424 (1950).
[4] BAXTER, C. F. u. E. ROBERTS: In: The Neurochemistry of Nucleotides and Amino Acids. R. O. BRADY and D. B. TOERT, Ed. Wiley and Sons, New York (1960).
[5] DE ROOP, R. S. u. E. H. SNEDEKER: Proc. Soc. exp. Biol. Med. **106**, 696 (1961).
[6] KILIAM, K. F. u. I. A. BAIN: J. Pharmacol. exp. Therapeut. **119**, 255 (1957).
[7] UCHIDA, T. u. R. D. O'BRIEN: Biochem. Pharmacol. **13**, 725 (1964).
[8] BALZER, H., P. HOLTZ u. O. PALM: Naunyn-Schmiedebergs Arch. exp. Pathol. Pharmakol. **239**, 520 (1960).
[9] SPACKMAN, D. H., W. H. STEIN u. S. MOORE: Analytic. Chem. **30**, 1190 (1958).
[10] TOWER, D. B.: siehe BAXTER und ROBERTS, [4] p. 173, (1960).
[11] ACKERMANN, E. u. A. REX: Second International Pharmacological Meeting. Prague p. 137, (1963).
[12] UCHIDA, T. u. R. D. O'BRIEN: Biochem. Pharmacol. **13**, 1143 (1964).

[13] RAUSCH, J., WIEGERSHAUSEN, B. u. H. MARKWARDT: Acta biol. med. german. Supplementband II, 54, (1963).
[14] WIEGERSHAUSEN, B., J. RAUSCH u. M. EICHSTAEDT: Acta biol. med. german., Suppl. **II**, 50 (1963).
[15] MENTZ, P.: Pharmakologie, Forschung und Fortschritte 5, Verlag Theodor Steinkopf (1964).
[16] ACKERMANN, E., P. OEHME u. P. LANGE: Acta biol. med. german. Suppl. **II**, 52 (1963).
[17] OEHME, P.: Vortrag auf der 5. Arbeitstagung der Industrie- und Hochschulpharmakologen der DDR, Stralsund (1962).

Summary

L. SAMOCHOWIEC, R. GLAESMER and B. WIEGERSHAUSEN: Effect of different hydrazino compounds on the content of aspartic and glutamic acids in the brain of guinea pigs

The effects of iproniazide (IPN) and ethylglycyl-hydrazino-acetate-hydrobromide (Gly-hya) on the content of aspartic and glutamic acids respectively in the brain of guinea pigs have been investigated. Brain homogenates were prepared at the temperature of liquid air. After centrifugation the supernatant was qualitatively and quantitatively examined by chromatographic methods.
After treatment for seven days with the above mentioned substances — 50 mg/kg i. p. IPN and 20 mg/kg i. p. Gly-hya — the following data were established:
After pre-treatment with IPN the aspartic acid content increased on the average by 89%, whereas the glutamic acid level rose by only about 11% compared to the controls.
The corresponding values for the Gly-hya-group were 174% for aspartic and 205% for glutamic acids respectively.
The differences are statistically significant.

Резюме

Л. Самоховьец, Р. Глэсмер и Б. Вигерсгаузен: Влияние разных гидразиновых тел на содержание аспарагиновой кислоты и глютаминовой кислоты в мозге морских свинок

Изучалось влияние ипрониазида (IPN) и глицилгидразиноэтилацетата-гидробромида (Gly-Hya) на содержание свободных аминокислот в мозге морских свинок. Гомогенаты мозга были подготовлены при температуре жидкого воздуха, после чего подвергались количественному и качественному хроматографическому исследованию.
После 7идневной обработки указанными веществами (50 мг/кг IPN внутрибрюшинно и 20 мг/кг Gly-Hya внутрибрюшинно) установлено следующее: предварительная обработка IPN приводит к повышению содержания аспарагиновой кислоты в среднем на 89 процентов, а глютаминовой кислоты — только на II процентов в сравнении с контрольной группой. Для группы, обработанной Gly-Hya, эти величины достигают 174 процента для аспарагиновой кислоты и 205 процентов для глютаминовой кислоты. Величины статистически достоверны.

Acta biol. med. german., Band 18, Seite 429—438 (1967)

Aus dem Pharmakologischen Institut der Medizinischen Akademie „Carl Gustav Carus" Dresden (Direktor: Prof. Dr. med. habil. W. OELSSNER)

Atem- und Kreislaufeffekte kleiner Morphindosen an der Ratte[1]

U. WAGNER

(Eingegangen am 9. 7. 1966)[2]

Zusammenfassung

Eine Beobachtung von FELLER ließ vermuten, daß der nach kleinen Morphingaben an Ratten kurzzeitig auftretende Atemstillstand nicht auf der bekannten atemdepressiven Wirkung des Morphins beruht. Die für die Auslösung des Atemstillstandes erforderlichen geringen Dosen, die kurze Latenzzeit und Dauer des Atemstillstandes weisen vielmehr auf ein reflektorisches Geschehen hin. Sein Ausbleiben am bivagotomierten Tier und bei Vaguskühlung auf +9 °C spricht für eine periphere Auslösung des Atemstillstandes sowie einen Angriff des Morphins an Lungendehnungs- oder Gefäßrezeptoren, deren Fasern der A- und B-Gruppe des Vagus angehören. Aus der Begünstigung des Atemstillstandes durch zentrale Stimulierung und seiner Unterdrückung durch zentraldämpfende Substanzen ist zu schließen, daß der Atemstillstand nicht auf der atemdepressiven Wirkung des Morphins, sondern auf einer gesteigerten zentralen Erregbarkeit beruht.
Der Ursprung der kurzzeitigen bradykarden Wirkung des Morphins konnte nicht geklärt werden. Für die Entstehung des Blutdruckabfalls nach Morphingabe wird das Zusammenwirken verschiedener Mechanismen angenommen.

Einleitung

Die bekannte atemdepressive Wirkung des Morphins erklärte BUCHER [1] mit einer Enthemmung der im kaudalen Teil des Pons gelegenen exspiratorischen vagalen Mechanismen. Der direkte Beweis des zentralen Angriffspunktes wurde in Versuchen am Kaninchen erbracht [2], [3]. Auch an der Ratte wurde die atemdepressive Wirkung des Morphins mehrfach beschrieben.

Nach BARLOW [4] setzen 2—15 mg/kg Morphin (s.c.) die Atemfrequenz auf 30% der Norm herab. COSTA und BONNYCASTLE [5] berichten über eine Atemvolumenabnahme von 60% nach Injektion von 80 mg/kg Morphin (i. p.). Eine Abnahme sowohl der Atemfrequenz als auch des -volumens schildern KOKKA et al. [6] nach Gabe von 5 bis 20 mg/kg und 40—160 mg/kg Morphin (s.c.). SCHAUMANN [7] stellte eine komplette

[1] Ein Teil der Ergebnisse wurde in der Dissertation 1964 dargelegt und auf der 7. Arbeitstagung der Industrie- und Hochschulpharmakologen der DDR vom 24.—26. September 1965 in Weimar vorgetragen.
[2] Nach Revision am 4. 10. 1966.

„zentrale Atemlähmung" an der bivagotomierten narkotisierten Ratte nach Injektion von 25–30 mg/kg Morphin (i. v.) fest. Auf die zentrale atemdepressive Wirkung des Morphins ist sicher ebenso der nach 15 mg/kg Morphin (i. v.) am bivagotomierten Tier auftretende Atemstillstand zurückzuführen, der sich mit 3 mg/kg Lobelin durchbrechen ließ [8].

In Versuchen an der narkotisierten weißen Ratte beobachtete Feller [9], daß eine exterorezeptive Reizung das Auftreten eines Atemstillstandes nach einer kleinen Morphingabe begünstigte. Diese Beobachtung ließ vermuten, daß der Atemstillstand nicht auf der atemdepressiven Wirkung des Morphins beruht, sondern auf reflektorischem Wege erfolgt.

Es erschien daher von Interesse, das Phänomen des Atemstillstandes an der Ratte nach bestimmten Morphindosen näher zu untersuchen, zumal einige Mitteilungen in der Literatur [10], [11] über Versuche mit anderer Methodik oder an anderen Versuchstieren für die Möglichkeit einer reflektorischen Auslösung sprechen. Aus der Beeinflussung des Atemstillstandes durch zentral erregend bzw. dämpfend wirkende Substanzen waren Rückschlüsse auf die zentralen Bedingungen für die Auslösung zu erwarten. Ferner mußte mit Hilfe der Vagotomie der Ort der Auslösung und gegebenenfalls mit der stufenweisen Vaguskühlung eine Differenzierung der durch Morphin erregten Rezeptoren möglich sein. Schließlich sollte, da in der Literatur gegensätzliche Angaben vorliegen [12], [13], auch das Verhalten des Blutdruckes und der Herzfrequenz untersucht werden.

Methodik

Für die Versuche verwendeten wir mit 1,0 g/kg Urethan narkotisierte weiße Ratten beiderlei Geschlechtes im Gewicht von 160–400 g. Die Tiere wurden während der Versuche auf etwa 37 °C Körpertemperatur gehalten.

Bei den ersten Versuchen wurde der Blutdruck mit einem Quecksilbermanometer in der A. carotis gemessen und die über das EKG abgenommene Herzfrequenz mit einem Ordinatenschreiber aufgezeichnet [14]. Die Atmung wurde über ein System, das aus einer Trachealkanüle, Gildemeister-Ventilen und einem kleinen Wasserspirometer bestand [15] oder mittels eines am Brustkorb befestigten Schreibhebels registriert. Zur Aufzeichnung der Meßgrößen diente ein Kymograph.

Später verwendeten wir einen mehrkanaligen Direktschreiber (Lumiscript 25–150, Hartmann & Braun AG, Frankfurt/Main). Die Atmung registrierten wir mit einem Dehnungsmeßstreifen und den Blutdruck mittels eines Stathamelements (P 23 AA) in der A. femoralis. Zur Registrierung der Herzfrequenz diente ein elektronischer Ordinatenschreiber [16].

Die Injektionen erfolgten in die V. femoralis. Um einen unspezifischen Effekt auszuschließen, injizierten wir vor der Gabe des Pharmakons stets 0,9%ige Kochsalzlösung in gleichgroßer Menge. Sie betrug nicht mehr als 0,2 ml/200 g pro Injektion und die Injektionsdauer 5 sec.

Zwischen wiederholten Gaben von 5 mg/kg Morphin wurde ein Zeitraum von 10 min, zwischen denen von 0,1 mg/kg Morphin ein Abstand von 5 min eingehalten.

Die exterorezeptive Reizung erfolgte durch Abschnüren der rechten Hinterpfote mittels einer Gummimanschette über einen Zeitraum von $1^1/_2$ min. Das Morphin verabreichten wir 1 min nach Beginn der Abschnürung.

Die beiderseitige Durchtrennung oder die Kühlung des Vagus führten wir im Halsbereich durch. Der Kühleffekt wurde, Angaben von Dal Ri und Schmidt [17] entsprechend, mit thermoelektrischen Kühlelementen (Typ HS 124) [18] erzielt und durch eine kleindimensionierte, 5 mm lange Kühlrinne aus Silber auf den Vagus übertragen. Zur Temperaturkontrolle diente ein an der Kühlrinne angebrachter Thermistor (TNS 2 kΩ). Die Kühlung erfolgte stets am linken Vagus, nachdem der rechte durchtrennt worden war.

Ergebnisse

Die Gabe von 5 mg/kg Morphin löste nach einer mittleren Latenzzeit von 5 sec einen Atemstillstand von durchschnittlich 16 sec Dauer aus. Er erfolgte in unterschiedlicher Stellung. Gleichzeitig trat ein etwa 20—30 sec lang anhaltender Abfall des Blutdrucks und der Herzfrequenz auf. Wiederholte Gaben von 5 mg/kg Morphin hatten keinen Atemstillstand und keine oder nur geringe Kreislaufeffekte zur Folge.

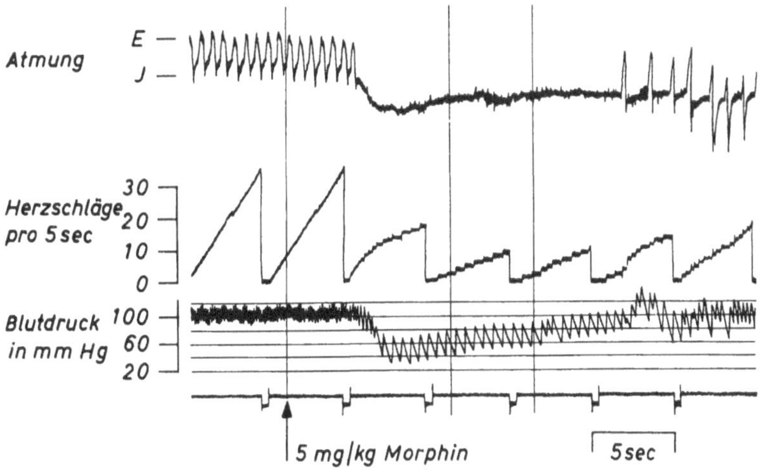

Abb. 1. Atem- und Kreislaufeffekte nach Gabe von 5 mg/kg Morphin (↑) am intakten Tier. E = Exspiration; J = Inspiration

Während der Untersuchungen stellte sich eine unterschiedliche Ansprechbarkeit der Ratten gegenüber Morphin heraus. Bei wenig empfindlichen Tieren trat nach einer erstmaligen Injektion von 2 mg/kg Morphin ein Atemstillstand nur in 1 (4 sec) von 10 Versuchen auf. Verabreichten wir diese Morphindosis aber unter gleichzeitiger exterorezeptiver Reizung, so konnten wir in 7 von 10 Fällen einen Atemstillstand von durchschnittlich 12 sec Dauer feststellen. Nach vorheriger Gabe von 20 mg/kg Pentetrazol (30 sec vorher) riefen 2 mg/kg Morphin ebenfalls in 7 von 10 Versuchen einen Atemstillstand von durchschnittlich 10 sec Dauer hervor (Tab. 1). An empfindlichen Tieren führte die Injektion von 0,1 mg/kg Morphin in allen 5 Fällen schon zu einem kurzzeitigen Atemstillstand, der durchschnittlich 12,1 sec lang anhielt. Injizierten wir 60 sec vorher 1 mg/kg Metamphetamin, so trat

Tabelle 1
Atem- und Kreislaufeffekte des Morphins allein und bei gleichzeitiger Atemstimulierung

	Versuchsserie (Dosen in [mg/kg])	Zahl der Versuche	Zahl der Versuche mit AS[3]	Signifikanz[1]	mittlere Dauer des AS[3] [sec]	mittlerer Blutdruckeffekt [%]		mittlerer Herzfrequenzeffekt [%]	
						Abfall	Anstieg	Abfall	Anstieg
Versuche an wenig empfindlichen Tieren	2,0 Morphin	10	1		4,0	38	–	keine Befunde	
	2,0 Morphin unter exterozeptiver Reizung	10	7	$P<0{,}025$	12,4	–	45	keine Befunde	
	2,0 Morphin nach 20,0 Pentetrazol	10	7	$P<0{,}025$	9,7	32	–	31	–
Versuche an empfindlichen Tieren	0,1 Morphin	6	5		$12{,}1 \pm 3{,}5$	47	–	$43{,}3 \pm 9{,}1$	–
	0,1 Morphin nach 1,0 Metamphetamin	5	5		$28{,}9 \pm 6{,}9$[2]	42	–	$68{,}0 \pm 2{,}9$[2]	–

[1] Die Signifikanzprüfung erfolgte mit dem χ^2-Test (2×2-Tafel), korrigiert nach Yates.
[2] Signifikant bei $P < 0{,}05$ (t-Test).
[3] AS = Atemstillstand

ein statistisch gesicherter längerer Atemstillstand ($P < 0{,}05$) von durchschnittlich 29 sec auf.

Wiederholte Gaben dieser kleinen Morphindosis hatten erneut einen Atemstillstand zur Folge. Er hielt nach der 2. Injektion durchschnittlich 7,4 sec an. Nach der dritten Morphingabe hatte er eine statistisch gesicherte kürzere Dauer ($P < 0{,}05$) von 5,1 sec.

Der nach erstmaliger Injektion von 5 mg/kg Morphin stets auftretende Atemstillstand wurde durch vorherige Gabe (8 min vorher) von 3 mg/kg Hexobarbital-Natrium in 7 von 10 Fällen verhindert. 0,1 mg/kg Skopolamin unterdrückte den Atemstillstand meist (Tab. 2), während 1 mg/kg Atropin bzw. Methylatropin ihn nicht eindeutig beeinflußten. Kleinere Atropindosen sowie eine größere Methylatropindosis blieben ohne Wirkung auf den Atemstillstand.

Eine einseitige Vagotomie verhinderte den Atemstillstand nach 5 mg/kg Morphin nicht, schwächte ihn aber deutlich ab. Die durchschnittliche Dauer von 5,5 sec bei rechtsseitiger Vagotomie und die von 6,8 sec bei linksseitiger Vagotomie unterschieden sich nicht signifikant. Am beiderseitig vagotomierten Tier blieb ein Atemstillstand nach Morphingabe stets aus, auch wenn 30 sec vorher 20 mg/kg Pentetrazol verabreicht wurden (Tab. 2). Durch Vaguskühlung auf +9 °C konnte der Atemstillstand nach 5 mg/kg Morphin unterdrückt werden.

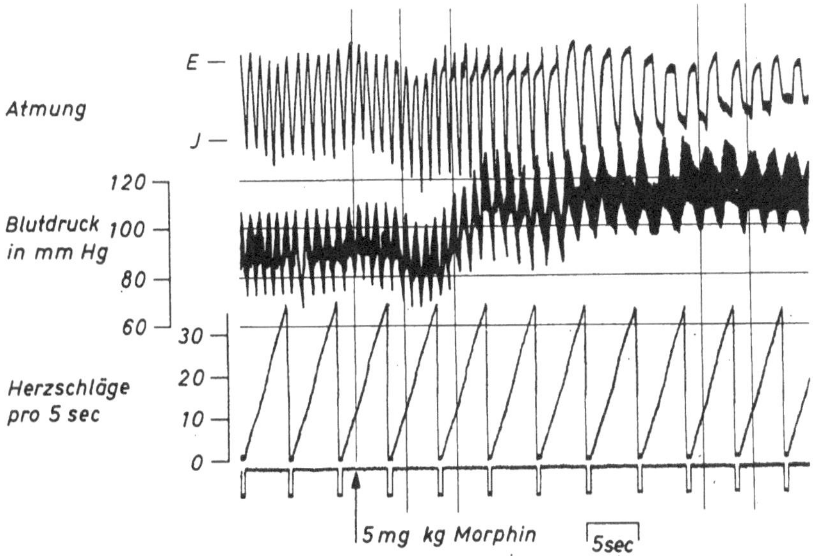

Abb. 2. Atem- und Kreislaufeffekte nach Gabe von 5 mg/kg Morphin (↑) bei Vaguskühlung auf +9 °C. E = Exspiration; J. = Inspiration

Die Blutdrucksenkung nach Morphin wurde durch Pentetrazol, Metamphetamin oder Hexobarbital-Natrium nicht wesentlich beeinflußt (Tab. 2). Unter exterorezeptiver Reizung rief Morphin einen Blutdruckanstieg hervor. Nach Skopolamin hatte Morphin ebenfalls einen blutdrucksteigernden Effekt. 1 mg/kg Atropin bzw. Methylatropin schwächte die Blutdrucksenkung des Morphins ab. Die bradykarde Wirkung wurde durch alle drei Substanzen aufgehoben. 0,2 mg/kg Atropin hob zwar die Bradykardie auf, beeinflußte den Blutdruckabfall aber nur gering. Vorherige Metamphetamingabe verstärkte die Bradykardie.

Einseitige Vagotomie veränderte die blutdrucksenkende und bradykarde Wirkung des Morphins nicht wesentlich. Am bivagotomierten Tier dagegen löste Morphin weder einen Blutdruckabfall noch eine Bradykardie aus, sondern rief mitunter einen leichten Blutdruckanstieg sowie eine geringe Tachykardie hervor (Tab. 2). Bei Vaguskühlung auf +9 °C blieben der kurzzeitige Blutdruck- und Herzfrequenzabfall nach Morphingabe ebenfalls aus. Beide Reaktionen zeigten jedoch schon nach Abschluß der Vaguspräparation vor Beginn der Kühlung eine deutliche Abschwächung.

Tabelle 2
Unterdrückung der Atem- und Kreislaufeffekte des Morphins durch zentralwirksame Substanzen und Vagusausschaltung

Versuchsserie (Dosen in [mg/kg])	Zahl der Versuche	Zahl der Versuche mit AS[2]	Signifikanz[1]	mittl. Dauer des AS[2] [sec]	mittlerer Blutdruckeffekt [%]		mittlerer Herzfrequenzeffekt [%]	
					Abfall	Anstieg	Abfall	Anstieg
5,0 Morphin	5	5		16,0	57	–	83	–
5,0 Morphin nach 3,0 Hexobarbital-Na	10	3	P<0,05	10,7	54	–	kein Befunde	
5,0 Morphin nach 0,1 Skopolamin	5	1	P<0,1	1,0	–	28	–	–
5,0 Morphin am bivagotomierten Tier	5	0	P<0,025	–	–	13	–	5
5,0 Morphin bei Vaguskühlung auf + 9 °C	5	0	P<0,025	–	keine verwertbaren Befunde			
5,0 Morphin nach 20,0 Pentetrazol am bivagotomierten Tier	5	0	P<0,025	–	–	–	–	–

[1] Die Signifikanzprüfung erfolgte mit dem t-Test für Häufigkeiten bzw. mit dem χ^2-Test (2 × 2-Tafel), korrigiert nach YATES (x).
[2] AS = Atemstillstand

Diskussion

Der von uns beobachtete Atemstillstand beruht offenbar nicht auf der bekannten atemdepressiven Wirkung des Morphins [4]—[8]. Die zur Auslösung des Atemstillstandes erforderlichen geringen Dosen — bei empfindlichen Tieren 0,1 mg/kg —, die kurze Latenzzeit von ca. 5 sec sowie das plötzliche Auftreten und die kurze Dauer des Atemstillstandes weisen vielmehr auf ein reflektorisches Geschehen hin. Für diese Annahme spricht weiterhin das Fehlen des Atemstillstandes am bivagotomierten Tier und nach Vaguskühlung. PRIETO et al. [10] stellten eine Vagusabhängigkeit des zu Beginn einer Dauerinfusion mit Morphin beobachteten Atemstillstandes an der Ratte fest. Da bei Injektion in den rechten Vorhof die Latenzzeit signifikant kürzer war, nehmen die Verfasser an, daß der kurzzeitige Atemstillstand noch Morphingabe an Vagusrezeptoren in der Lunge ausgelöst wird. An Hunden und Katzen beobachtete GRUZHIT [11] nach Injektion von 1—2 mg/kg Morphin in den rechten Vorhof eine Atemdepression mit Perioden exspiratorischer Apnoe. Wegen der kleinen Latenzzeit (< 3 sec) und des Fehlens dieser Effekte nach Vagotomie, schreibt der Autor sie ebenfalls zum Teil einem an Lungenrezeptoren ausgelösten und teilweise vom Vagus vermittelten Reflex zu. Unsere Ergebnisse an Ratten stimmen bezüglich der kleinen Latenzzeit sowie das Fehlens des Atemstillstandes nach Vagotomie prinzipiell mit diesen Beobachtungen überein. Wir nehmen an, daß der Atemstillstand ebenfalls an Lungenrezeptoren ausgelöst wird und der Vagus wesentlich an der afferenten Vermittlung beteiligt ist. Dafür spricht auch die Unterdrückung durch Vaguskühlung. Aus der dafür erforderlichen Blocktemperatur von +9 °C ist zu schließen [19]—[21], daß Morphin an Lungendehnungsrezeptoren oder Gefäßrezeptoren angreift, deren Fasern der A- und B-Gruppe des Vagus angehören [22], [23]. Da Morphin nach abgeschlossener Vaguspräparation und vor Einsetzen der Vaguskühlung stets einen kurzzeitigen Atemstillstand hervorrief, beruht sein Ausbleiben in den Versuchen mit Vaguskühlung sicher nicht auf einer mechanischen Schädigung des Vagus. Durch die Vagusblockade könnte jedoch die zentrale Reaktionslage infolge Ausfall der Afferenzen verändert werden, so daß Morphin andere Effekte als am intakten Tier hätte. Gegen einen solchen Mechanismus spricht aber, daß Morphin am bivagotomierten Tier auch dann keinen Atemstillstand hervorruft, wenn eine zentrale Stimulierung z. B. durch Pentetrazol erfolgt. Offenbar bestehen hier gewisse Parallelen zu dem elektrophysiologisch nachgewiesenen peripheren Angriffspunkt z. B. des Veratrins und von Amidinen [19] bei der Auslösung eines ebenfalls vagusabhängigen Atemstillstandes.

Die Beeinflussung der Atemeffekte des Morphins durch zentrale Stimulierung bzw. Dämpfung läßt weitere Schlußfolgerungen über die zentralen Bedingungen für die Entstehung des Atemstillstandes zu. Die Auslösung eines Atemstillstandes durch eine kleine Morphindosis unter gleichzeitiger Atemstimulierung infolge exterorezeptiver Reizung oder durch vorherige Gabe von Pentetrazol weist darauf hin, daß eine Erregung den Atemstillstand begünstigt. Auch die Verlängerung des Atemstillstandes durch Metamphetamin spricht dafür. Auf die Bedeutung der zentralen Erregungslage für die Entstehung des Atemstillstandes weist weiterhin seine Unterdrückung durch Hexobarbital-Natrium hin. Auch das Ausbleiben nach wiederholten Gaben von 5 mg/kg Morphin ist wahrscheinlich auf eine anhaltende dämpfende Wirkung der vorausgegangenen Morphininjektion zurückzuführen. Die dämpfende Wirkung von 0,1 mg/kg Morphin scheint andererseits zu schwach zu sein, um die Auslösung eines Atemstillstandes bei wiederholter Injektion zu verhindern. Der kürzere Atemstillstand von 7,4 sec nach der 2. und die statistisch gesicherte geringere Dauer von 5,1 sec nach der 3. Morphingabe deuten jedoch auch auf einen hemmenden Einfluß dieser kleinen Morphindosis auf den Atemstillstand hin. Möglicherweise beeinflußt Hexobarbital-Natrium den Atemstillstand nach Morphin z. T. auch über eine „Dämpfung vegetativer Afferenzen“ [24]. Atropin zeigte, wie auch Prieto et al. [10] feststellten, keinen eindeutigen Einfluß auf den Atemstillstand nach Morphin, während Skopolamin ihn verhinderte. Die abweichenden Wirkungen der beiden Alkaloide könnten dafür sprechen, daß die Unterdrückung des

Atemstillstandes durch Skopolamin nicht auf einem zentralen parasympatholytischen Mechanismus beruht. Ein peripherer parasympatholytischer Angriffspunkt ist auf Grund der Wirksamkeit des peripher etwa 10fach wirksameren Methylatropins dagegen sicher auszuschließen.

Einen gleichartigen, mit unseren Ergebnissen übereinstimmenden Einfluß der Narkotika einerseits und Analeptika andererseits beobachteten Dal Ri und Schmidt [25] auf Atemeffekte nach afferenter Vagusreizung ebenfalls an der Ratte. Im Gegensatz dazu sah Hapke [26] bei der gleichen Tierart durch Narkotika eine Verstärkung und durch Analeptika eine Abschwächung der afferenten Vagusreizeffekte. Dal Ri und Schmidt [25] schreiben diese widersprechenden Ergebnisse der vom Verfasser angewandten supramaximalen Reizung zu.

Die in unseren Versuchen festgestellte Abweichung der zum Atemstillstand führenden Morphinmindestdosis können wir nur auf eine unterschiedliche Empfindlichkeit der Ratten gegenüber Morphin zurückführen, ihre Ursache bleibt jedoch ungeklärt. Der Verdacht, daß die anfängliche Registrierung des Blutdrucks in der A. carotis und die spätere Entnahme aus der A. femoralis dafür verantwortlich sein könnten, war in Kontrollversuchen nicht zu bestätigen.

Der neben dem Atemstillstand nach Morphingabe auftretende Blutdruckabfall zeigte ebenfalls Vagusabhängigkeit. Evans et al. [12] sowie Prieto et al. [10] machten dieselbe Beobachtung und folgerten daraus, daß dem Vagus bei der afferenten Vermittlung der kurzzeitigen Blutdruckeffekte des Morphins eine wesentliche Rolle zukommt. Milosevic [13] nimmt dagegen an, daß der Blutdruckabfall zentralnervösen Vorgängen zuzuschreiben ist. Durch Hexobarbital-Natrium, Pentetrazol und Metamphetamin ließ sich in unseren Versuchen die blutdrucksenkende Wirkung des Morphins nicht wesentlich beeinflussen. Atropin (1,0 mg/kg) und Methylatropin schwächten sie ab. Nach vorheriger Skopolamininjektion hatte Morphin sogar einen leichten blutdrucksteigernden Effekt. Da Atropin, Methylatropin und Skopolamin gleichzeitig die durch Morphin ausgelöste Bradykardie verhinderten, könnte der Blutdruckabfall nach Morphingabe teilweise durch die Bradykardie bedingt sein. Gegen diese Annahme spricht jedoch das Auftreten des Blutdruckabfalls bei aufgehobener Bradykardie in Versuchen mit 0,2 mg/kg Atropin. Eine sekundäre Erscheinung des Atemstillstandes ist der Blutdruckabfall offenbar auch nicht, da er auch dann auftritt, wenn Morphin keinen Atemstillstand auslöst. Prieto et al. [10] wiesen an atropinisierten und künstlich beatmeten Ratten die Unabhängigkeit des Blutdruckabfalls von der Bradykardie und vom Atemstillstand nach. Die von uns beobachtete gleichartige Beeinflussung der Bradykardie durch Atropin und Methylatropin weist auf einen peripheren Angriffspunkt dieser beiden Substanzen hin. Auf den Angriffspunkt des Morphins lassen jedoch weder deren Einfluß noch die Ausschaltung der Bradykardie durch Vagotomie eine Schlußfolgerung zu. Durch die Vagotomie können sowohl für die Auslösung der Effekte evtl. bedeutsame afferente als auch efferente Fasern für das

Herz ausfallen. Der Einfluß der Vaguskühlung kann dazu ebenfalls nicht herangezogen werden, weil die Kreislaufeffekte des Morphins schon durch die für die Kühlung notwendige Präparation des Vagus deutlich abgeschwächt sind. Auf Grund des geringen Einflusses sowohl von Pentetrazol und Metamphetamin als auch von Hexobarbital-Natrium auf den Blutdruck, seiner wechselnden Beziehung zur bradykarden Wirkung des Morphins sowie seiner Vagusabhängigkeit nehmen wir an, daß an der kurzzeitigen Blutdrucksenkung nach Morphin verschiedenartige Mechanismen beteiligt sind.

Für den Bau der thermoelektrischen Anlage zur Vaguskühlung danke ich Herrn Dipl.-Phys. BREHMER und Herrn Ing. EICHMANN.

Anschrift der Verfasserin: Dr. med. U. WAGNER, Pharmakologisches Institut, 801 Dresden, Lingnerplatz 1

Literatur

[1] BUCHER, K.: Helv. physiol. pharmacol. Acta **2**, 5 (1944).
[2] BUCHER, K. u. J. FISCHLEWITZ: Experientia [Basel] **4**, 196 (1948), zit. von O. SCHAUMANN in Hdb. exp. Pharmakol. Erg.-Werk 12, Springer Verlag, Berlin-Göttingen-Heidelberg 1957, S. 153.
[3] FISCHLEWITZ, J.: Helv. physiol. pharmacol. Acta **6**, 455 (1948).
[4] BARLOW, O. W.: J. Lab. clin. Med. **18**, 785 (1933).
[5] COSTA, P. J. u. D. D. BONNYCASTLE: J. Pharmacol. exp. Therapeut. **113**, 310 (1955).
[6] KOKKA, N., H. W. ELLIOTT u. E. L. WAY: J. Pharmacol. exp. Therapeut. **148**, 386 (1965).
[7] SCHAUMANN, W.: Naunyn-Schmiedebergs Arch. exp. Pathol. Pharmakol. **233**, 98 (1958).
[8] JOB, C. u. W. SCHAUMANN: Naunyn-Schmiedebergs Arch. exp. Pathol. Pharmakol. **233**, 256 (1958).
[9] FELLER, K.: unveröffentlicht.
[10] PRIETO, R., J. ALDUNATE u. J. MARDONES: Arzneimittel-Forsch. **11**, 665 (1961).
[11] GRUZHIT, C. C.: J. Pharmacol. exp. Therapeut. **120**, 399 (1957).
[12] EVANS, A. G. J., P. A. NASMYTH u. H. C. STEWART: Brit. J. Pharmacol. Chemotherapy **7**, 542 (1952).
[13] MILOSEVIC, M. P.: Med. exp. [Basel] **2**, 22 (1960).
[14] BREHMER, CH. u. K. FELLER: Naunyn-Schmiedebergs Arch. exp. Pathol. Pharmakol. **234**, 544 (1958).
[15] FELLER, K.: Atmungs- und Blutdruckreaktionen nach Reizung von Rezeptoren und ihre Beeinflussung durch Pharmaka, Habilitationsschrift Dresden 1961, S. 15.
[16] BREHMER, CH. u. H. EICHMANN: Demonstration auf der 7. Arbeitstagung der Industrie- und Hochschulpharmakologen im September 1965 in Weimar.
[17] DAL RI, H. u. G. SCHMIDT: Z. Biol. **113**, 205 (1962).
[18] STECKER, K.: radio und fernsehen **13**, 455 u. 494 (1964).
[19] DAWES, G. S., J. C. MOTT u. J. G. WIDDICOMBE: J. Physiology **115**, 258 (1951).
[20] DOUGLAS, W. W. u. J. L. MALCOLM: J. Physiology **130**, 53 (1955).
[21] PAINTAL, A. S.: Ergebn. Physiol., biol. Chem. exp. Pharmakol. **52**, 74 (1963).
[22] TORRANCE, R. W. u. D. WHITTERIDGE: J. Physiology **107**, 6 P. (1948).
[23] KRAMER, M.: Naunyn-Schmiedebergs Arch. exp. Pathol. Pharmakol. **223**, 148 (1954).
[24] FREY, H.-H. u. D. KRAUSE: Arzneimittel-Forsch. **7**, 635 (1957).
[25] DAL RI, H. u. G. SCHMIDT: Naunyn-Schmiedebergs Arch. exp. Pathol. Pharmakol. **241**, 293 (1961).
[26] HAPKE, H.-J.: Arch. int. Pharmacodynam. Thérap. **129**, 401 (1960).

Summary

U. Wagner: Effects of small doses of morphine on the respiration and circulation of the rat

An observation made by Feller suggested that the transient respiratory arrest after small morphine doses was not related with the known respiration-depressive action of morphine. The small doses sufficient to release the respiratory arrest, the short latency period and the short transient arrest are rather suggesting a reflectoric mechanism. Its absence in bivagotomized animals and animals having the vagus cooled to +9 °C points at a peripheral release of the respiratory arrest and at the sites of morphine action in the pulmonary stretch receptors or vascular receptors, the fibres of which belong to the A- and B-group of the vagus. Since the occurrence of the respiratory arrest can be facilitated by central stimulation and suppressed by centrally depressing agents, it is concluded that the arrest is not related with the respiration-depressive action of morphine, but with the increased central excitability. The origin of the short-time bradycardic action of morphine could not be clarified. The hypotonic effect of morphine is assumed to result from an interaction of different mechanisms.

Резюме

У. Вагнер: Действие небольших доз морфина на дыхательную деятельность и кровообращение крысы

Наблюдение ФЕЛЛЕРА дало основание предположить, что кратковременная остановка дыхания крыс после введения небольших доз морфина не обусловлена известным дыхательнодепрессивным действием морфина. Небольшие дозы, приводящие к остановке дыхания, короткий латентный период и длительность остановки дыхания скорее указывают на существование рефлекторного механизма. Её отсутствие у биваготомированного животного и при охлаждении вагуса до + 9° говорит в пользу периферического механизма остановки дыхания и воздействия морфина на лёгочнорасширительные и сосудистые рецепторы, волокна которых принадлежат к группе А и Б вагуса. Ускороение остановки дыхания при центральном стимулировании и её подавление центральнотушительными веществами дает основание предположить, что остановка дыхания не обусловлена дыхательнодепрессивным действием морфина, а повышенной центральной раздражительностью.
Причину кратковременного брадикардного действия морфина выяснить не удалось. Падение давления крови после введения морфина относится засчет взаимодействия различных механизмов.

Acta biol. med. german., Band 18, Seite 439—442 (1967)

Aus der Deutschen Akademie der Wissenschaften zu Berlin,
Institut für Mikrobiologie und experimentelle Therapie Jena
(Direktor: Prof. Dr. med. H. KNÖLL), Abteilung für Steroidforschung

Zur Biosynthese der Sterine

K. SCHUBERT und W. SCHUMANN

(Eingegangen am 4. 11. 1966)

Bei der mikrobiellen Umwandlung von ungesättigten 3-Desoxysteroiden beobachteten wir erstmalig die Einführung einer Sauerstoff-Funktion in 3-Stellung [1]. Dieses Ergebnis veranlaßte uns, die derzeitigen Vorstellungen über die Zyklisierung des Squalens zum Lanosterin von der Einführung der Sauerstoff-Funktion her zu überprüfen.

Mit Corynebacterium spec. wurde bei 3-Desoxysteroiden durch eine Δ^4-Doppelbindung die Einführung einer Sauerstoff-Funktion an das benachbarte C-Atom 3 ermöglicht (Abb. 1). Eine Einführung von Sauerstoff in 3-Stellung der gesättigten Verbindung ließ sich nicht beobachten. Bei Anwesenheit eines $\Delta^{3,5}$-Diens verlief die Oxygenierung in 3-Stellung unter gleichzeitiger Verschiebung der Doppelbindungen nach $\Delta^{4,6}$. Dabei ist die Einführung des Sauerstoffs über eine enzymatische Hydroxylierung zu denken.

Bei der Biosynthese der Sterine erfolgt die Einführung der Hydroxy-Gruppe in 3-Stellung im Verlaufe der Zyklisierung des Squalens zu Lanosterin. Über diese Teilschritte der Biosynthese besteht noch weitgehende Unklarheit. In Abbildung 2 sind zwei Hypothesen der Squalenfaltung dargestellt. Die

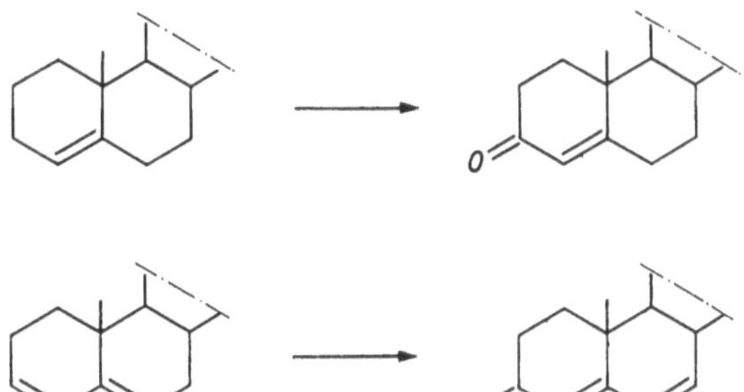

Abb. 1. Einführung einer Sauerstoff-Funktion in 3-Stellung bei 3-Desoxysteroiden durch Corynebacterium spec.

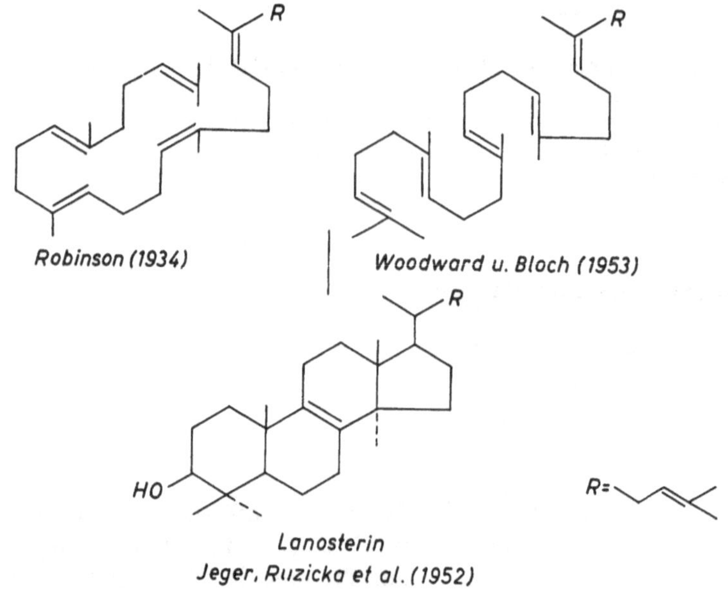

Abb. 2. Hypothesen der Squalenfaltung

ältere Vorstellung von ROBINSON wurde 1953 durch eine neue Konzeption abgelöst, die in einigen wichtigen Punkten experimentell gesichert werden konnte [2].

Nach WOODWARD und BLOCH wird der Mechanismus der Zyklisierung entsprechend Schema A in Abbildung 3 in folgender Weise gesehen: Die Zyklisierung beginnt mit dem Angriff eines formalen OH^+-Kations an dem C-Atom des Squalens, das später als C-Atom 3 des Steringerüstes erscheint. Die π-Elektronen der Doppelbindungen werden nach diesem Schema bei gleichzeitiger Wasserstoffverschiebung zur Einführung der Sauerstoff-Funktion und zur Zyklisierung der Ringe A, B, C und D beansprucht. Hierbei wird die Doppelbindung in der Δ^8-Stellung zunächst aufgehoben. Um aber zum Lanosterin zu kommen, wird daher die Eliminierung von Wasserstoff postuliert.

Von besonderer Bedeutung sind die ersten noch ungeklärten Schritte, die den gesamten Zyklisierungsvorgang einleiten. Angeregt durch die beobachtete mikrobielle Einführung einer Sauerstoff-Funktion in Position 3 bei 3-Desoxysteroiden unter gleichzeitiger Verschiebung einer Doppelbindung von Δ^3 nach Δ^4 soll ein anderer Mechanismus für die ersten Schritte zur Diskussion gestellt werden. Dieser Mechanismus ist in Schema B dargestellt [3]. Die Hydroxylierung erfolgt hierbei ohne Inanspruchnahme der π-Elektronen der Doppelbindung an der späteren Position 3 des Sterins. Gleichzeitig mit der Hydroxylierung an C3 kann im Sinne der genannten mikrobiellen Verschiebung der Doppelbindung von Δ^3 nach Δ^4 hier eine entsprechende Verlagerung der π-Elektronen unter Ausbildung einer 4,5-Bindung und damit

Zyklisierung des Ringes A eintreten. Daneben wäre auch noch eine Verschiebung der Doppelbindung unter Ausbildung einer Methylengruppe und Ringschluß von C4 nach C5 denkbar. Die mit der Hydroxylierung verbundene Elektronenverschiebung würde gleichzeitig die Bedeutung dieser Reaktion als Initialschritt für die Einleitung der Zyklisierung hervorheben. Synchron mit der Zyklisierung von Ring A kann die des Ringes B unter Inanspruchnahme der nächsten Doppelbindung erfolgen, so daß die Δ^8-Doppelbindung des zu bildenden Lanosterins gleich an der richtigen Stelle verbleibt. Dadurch entfällt die früher postulierte Eliminierung eines Protons zur Wiederherstellung der Δ^8-Doppelbindung. Die weitere Zyklisierung der Ringe C und D könnte dann entsprechend Schema A verlaufen.

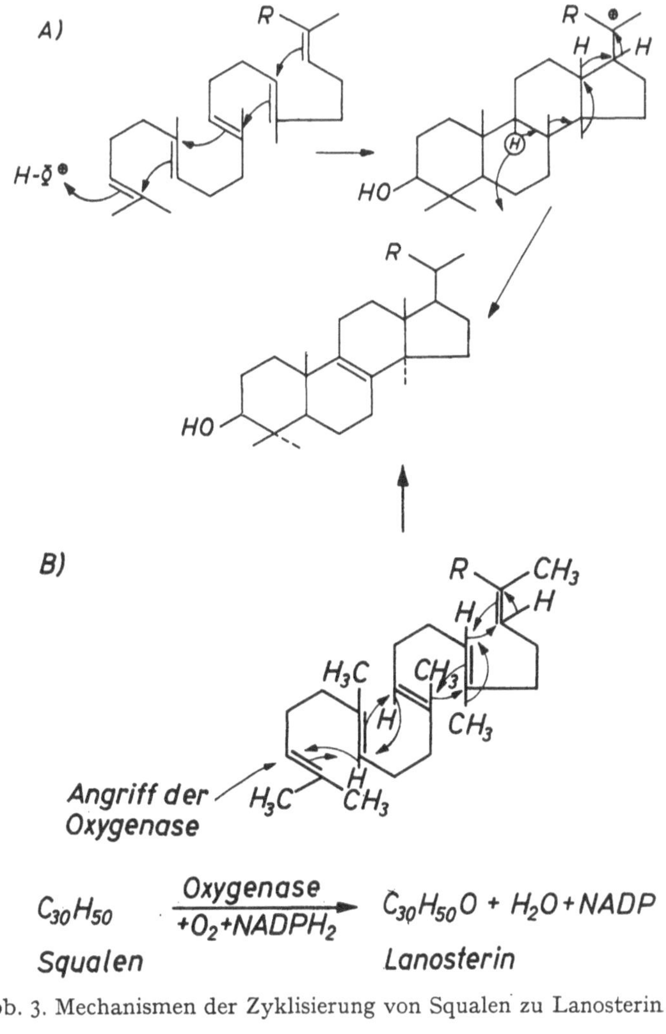

Abb. 3. Mechanismen der Zyklisierung von Squalen zu Lanosterin

Literatur

[1] Schumann W., K. Schubert u. C. Hörhold: Vortrag auf der III. Jahrestagung der Biochemischen Gesellschaft der DDR, 18.–20. 9. 1966, Suhl.
[2] Bloch K.: Angew. Chem. **77**, 944 (1965).
[3] Schubert K.: Vortrag auf der III. Jahrestagung der Biochemischen Gesellschaft der DDR, 18.–20. 9. 1966, Suhl.

Acta biol. med. german., Band 18, Seite 443—445 (1967)

Aus dem Pharmakologischen Institut der Medizinischen Akademie „Carl Gustav Carus"
(Direktor: Prof. Dr. med. habil. W. OELSSNER) Dresden

Der Einfluß des Arekolins auf den Azetylcholin-Gehalt des Rattenhirns

H.-D. FISCHER und W. OELSSNER

(Eingegangen am 7. 11. 1966)

Zusammenfassung

Arekolin ruft im Rattenhirn einen Anstieg des Azetylcholins hervor. Der zeitliche Verlauf der Erhöhung geht etwa mit dem Ablauf der von Arekolin induzierten zentralcholinomimetischen Effekte parallel.

Tremorin [1], [2] und sein Metabolit Oxotremorin [2] rufen einen deutlichen Anstieg des Gesamt-ACh-Gehaltes im Rattenhirn hervor. Arekolin besitzt ähnliche zentral-cholinomimetische Wirkungen, wie Analgesie, Hypothermie, Tremor u. a. [3]—[6]. Es lag deshalb nahe, seinen Einfluß auf den ACh-Gehalt des Gehirns zu prüfen.

Material und Methodik

Wir verwendeten adulte weiße Ratten, verabreichten Arekolin als Hydrobromid i.p. und töteten die Tiere durch Dekapitation zum gewünschten Zeitpunkt nach der Injektion. Das Großhirn wurde rasch präpariert und das Gesamt-ACh mit Trichloressigsäure extrahiert [7]. Den ACh-Gehalt bestimmten wir am isolierten Meerschweinchendarm. Die Auswertung erfolgte nach der Berechnungsmethode von HEMMINGSEN, die von BURN et al. [8] ausführlich dargestellt wurde.

Ergebnisse

Wir beobachteten einen dosisabhängigen Anstieg des ACh-Gehaltes, dessen zeitlicher Verlauf ungefähr dem des Arekolin-Tremors bzw. der Arekolin-Analgesie entspricht (Tab. 1).
Da sich Arekolin in seiner muskarinartigen Wirkung am Darm vom ACh nicht unterscheiden läßt — es besitzt in unserer Anordnung etwa 25% der ACh-Aktivität (vergleiche dazu BURGEN [9]) —, mußte gesichert werden, daß es sich bei der vermehrten ACh-Aktivität nicht um Arekolin handelt. Nachdem wir vergeblich versucht hatten, ACh und Arekolin entweder durch fraktionierte alkalische Verseifung oder durch Adsorption an Ionenaustauscherharz (KPS 200) zu trennen, haben wir einen indirekten Beweis ange-

Tabelle 1
Einfluß von Arekolin auf den ACh-Gehalt des Rattenhirns

Arekolin-Dosis [mg/kg]	Zeit nach Injektion [min]	Anzahl der Tiere	ACh-Gehalt [μg/gfr. ± $s_{\bar{x}}$]	Irrtumswahrscheinlichkeit P [%]
–	–	10	3,41 ± 0,16	–
25	2,5	5	3,90 ± 0,71	<10
25	5	4	5,02 ± 0,60	< 0,1
25	7,5	4	4,98 ± 0,47	< 0,1
25	10	4	5,57 ± 0,94	< 0,1
12,5	10	4	4,63 ± 0,41	< 0,1
6,25	10	4	3,30 ± 0,88	>50
25	15	4	4,48 ± 0,60	< 1,0

treten. Bei Aufbewahrung des Gehirns vor der Extraktion wird das darin enthaltene ACh rasch gespalten, während Arekolin weder von der ACh-Esterase hydrolysiert wird noch dieselbe hemmt, so daß es unverändert erhalten bleibt.

Aus Tabelle 2 geht überzeugend hervor, daß es sich in unseren Bestimmungen vorwiegend um ACh (vergleiche dazu SZERB [10]) gehandelt hat. Der nach Arekolin erhöhte Ausgangswert erfährt den gleichen prozentualen Aktivitätsverlust wie der normale ACh-Gehalt. Wäre der erhöhte Ausgangswert durch extrahiertes Arekolin bedingt, dann hätte die Aktivität nach 30 und 120 min rund 68 bzw. 55% betragen müssen.

Unsere Ergebnisse stützen die Hypothese einer Beteiligung cholinerger zentraler Mechanismen an der Tremorauslösung [11], für die es in der Literatur zahlreiche Hinweise gibt (Übersicht bei OELSZNER [12]). So führt z. B. die intrazerebrale Injektion von Karbaminoylcholin [13], Oxotremorin und Arekolin [14] bei Mäusen sowie die Injektion von Esterasehemmstoffen, u. a. von Paraoxon [15], unter PAM-Schutz bei Ratten zu einem typischen Tremor, der durch Atropin und andere zentrale Cholinolytika aufgehoben werden kann. Diese Stoffe verhindern gleichzeitig die nach Tremorin auftretende Erhöhung des ACh-Gehaltes im Gehirn von Ratten [1], [2]. Als

Tabelle 2
Verhalten des Azetylcholins bei verzögerter Extraktion

Zeit zwischen Präparation und Extraktion des Gehirns [min]	ACh-Gehalt: Unbehandelt [μg/g]	ACh-Gehalt: Unbehandelt [%]	ACh-Gehalt: 10 min nach 25 mg/kg Arekolin i. p. [μg/g]	ACh-Gehalt: 10 min nach 25 mg/kg Arekolin i. p. [%]
0	3,41	100	5,57	100
30	1,63	47,5	2,82	51,5
120	0,88	26,0	1,37	24,5

weitere Stütze können der zeitlich abweichende Verlauf der Tremorin- bzw. Arekolinwirkungen und die jeweils angenähert parallel verlaufenden Änderungen im ACh-Gehalt des Gehirns betrachtet werden.

Analog zum Tremorin und Oxotremorin, deren Einfluß auf den Hirn-ACh-Gehalt nicht einer Inhibierung der ACh-Esterase zugeschrieben und deren Wirkung auf die Cholinazetylase unterschiedlich beurteilt wird [16]—[18], muß auch beim Arekolin vorerst die Frage offen bleiben, wie es zum Anstieg des ACh-Gehaltes kommt.

Literatur

[1] Pepeu, G.: Nature [London] **200**, 895 (1963).
[2] Holmstedt, B.: Proc. Second Int. Pharmacol. Meeting, Prague 1963. Oxford: Pergamon Press, **2**, 128 (1964).
[3] Anichkov, S. V.: XXI. Congreso International de Ciencias Fisiológicas, Buenos Aires 1959.
[4] Herz, A.: Naunyn-Schmiedebergs Arch. exp. Pathol. Pharmakol. **242**, 414 (1962).
[5] Adler, K.: Med. Dissertation, Dresden 1964.
[6] Eydam, G.: Med. Dissertation, Dresden 1964.
[7] MacIntosh, F. C. u. W. L. M. Perry. In: R. W. Gerard (Ed.), Methods in Medical Research [Chicago] **3**, 78 (1950).
[8] Burn, J. H., D. J. Finney u. L. G. Goodwin: Biological Standardization, London: Oxford Univ. Press S. 184 (1950)
[9] Burgen, A. S. V.: Brit. J. Pharmacol. Chemotherapy **25**, 4 (1965).
[10] Szerb, J. C.: Nature [London] **197**, 1016 (1963).
[11] Jenkner, F. L. u. A. Ward: Arch. Neurol. **70**, 489 (1953).
[12] Oelssner, W.: Acta biol. med. german., Suppl. **1**, 46 (1961).
[13] Decsi, L., M. K. Várszegi u. J. Mehes: Arch. int. Pharmacodynam. Thérap. **144**, 399 (1963).
[14] Oelssner, W.: unveröffentlicht.
[15] Erdmann, W. D. u. K. Teutloff: Arzneimittel-Forsch. **13**, 381 (1963).
[16] Stern, P. u. I. Gasparovic: Proc. first intern. Pharmacol. Meeting, Stockholm 1961. Oxford: Pergamon Press **8**, 149 (1961).
[17] Holmstedt, B., G. Lundgren, J. Schuberth u. A. Sundwall: Biochem. Pharmacol. **14**, 189 (1965).
[18] Schuberth, J., A. Sundwall u. B. Sörbo: III. International Pharmacological Congr., São Paulo 1966.

Summary

Arecoline causes an increase of brain acetylcholine. The time-course for the elevation of acetylcholine follows roughly that of the arecoline-induced central-cholinomimetic effects.

Acta biol. med. german., Band 18, Seite 447—450 (1967)

Aus der Deutschen Akademie der Wissenschaften zu Berlin, Institut für Kortiko-Viszerale Pathologie und Therapie, Berlin-Buch (Direktor: Prof. Dr. R. BAUMANN)

Wirkung von Insulin auf den Hirnstoffwechsel

III. Wirkung von Insulin auf die stationären Konzentrationen einiger N-Metaboliten des Rattenhirns

K. KONITZER und S. VOIGT

(Eingegangen am 14. 11. 1966)

In einer früheren Mitteilung [1] wurde eine kurzfristig nach Insulinapplikation einsetzende Änderung der stationären Konzentrationen (SK) einiger P- und N-Metaboliten im Hirn von Ratten beschrieben. Zusammen mit anderen Kriterien wurde dies als Anzeichen eines direkten, nicht hypoglykämiebedingten Effektes des Hormons am Hirn gedeutet und den bislang vornehmlich beachteten Hypoglykämiesymptomen [2]—[4] gegenübergestellt.
Jetzt wurde unter Beibehaltung der damaligen Versuchsanordnung durch Häufung von Stichprobenzeiten in der sogenannten 1. Phase der Hormonwirkung am Hirn der Ablauf von Verschiebungen der SK einiger N-Metaboliten nach Insulinapplikation registriert und mit „stress"-bedingten Änderungen verglichen.

Material und Methodik

130—160 g schwere Albinoratten, Insulinapplikation (10 E/kg), Tierhaltung, Kältefixierung und Extraktherstellung wie in [1] beschrieben.
„Stress": Prozedur der i. p. Injektion einer der Insulinapplikation gleichvolumigen 0,9%igen NaCl-Lösung. Zu den Stichprobenzeiten wurde jeweils ein Tierkollektiv von $n \geqq 6$ verarbeitet.

Bestimmungsverfahren

NH_3, Glu, Glu-NH_2 und freie Glukose im Hirnextrakt wie früher beschrieben [1]. Asp mit Glutamat-Oxalazetat-Transaminase und Malatdehydrogenase [5], N-Azetylaspartat (NAA) als Differenz von Asp vor und nach Säure-Hydrolyse, 6 n HCl/60 min 100 °C; $K_{Hydrolyse} = 0{,}0013 \cdot sec^{-1}$*. Nicht proteingebundenes Total-α-NH_2 als ninhydrinlabiles NH_3 [6]. GSH sofort nach Extraktion spektrophotometrisch als Alloxankomplex [7]. Rest-α-NH_2 = Total-α-NH_2 minus Summe von α-NH_2 von Asp, Glu, Glu-NH_2, γ-glutamyl-terminales α-NH_2 von GSH.

* mit reinem NAA, hergestellt nach C. C. BARKER: J. Chem. Soc. (1953) 453

Ergebnisse

1. Konzentrationsänderungen der N-Metaboliten im „Stress"

Abbildung 1 demonstriert die im Erregungszustand nach i.p. Injektion als signifikant registrierten Konzentrationsänderungen von NH_3, Glu-NH_2 und GSH ($t \geqq$ tg p 0,05). Geringe Änderungen von Glu und Asp (Abnahme) und Rest-α-NH_2 (Zunahme) verliefen im 90%-Sicherungsbereich ($t \leqq$ tg p 0,1) des Ausgangswertes.

Spätestens nach 120 sec, beim NH_3 nach 240 sec, waren die SK des Ausgangszustandes erreicht. Dieses Verhalten des NH_3 entspricht den Beobachtungen anderer Untersucher [8], [9], ebenfalls der zeitlich konforme Schwund von Glu-NH_2.

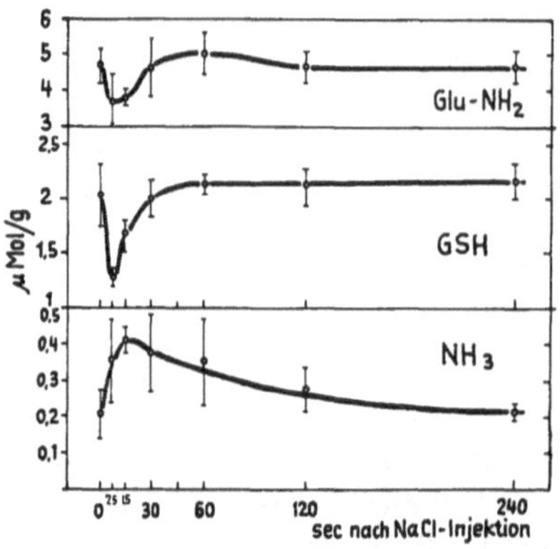

Abb. 1. Änderungen der stationären Konzentrationen von Glu-NH_2, GSH und NH_3 nach NaCl-Injektion („Stress")

2. Postinsulinäre Konzentrationsänderungen

Aus den Abbildungen 2 und 3 ist für NH_3, Glu, Glu-NH_2, NAA und Rest-α-NH_2 ein biphasischer Verlauf ersichtlich.

Die 1. Phase, charakterisiert durch einen Abfall des NH_3 (2,5'-NH_3 ist noch Reaktion auf den Injektionsstress) und einen Anstieg von Glu und Rest-α-NH_2 verlief mindestens in den ersten 5 min bei normaler Konzentration an Glukose im Hirn (Abb. 2).

Im Gegensatz zu einer früheren Arbeit [1] wurde für Glu-NH_2 eine Konzentrationsminderung gemessen. Eine gleichsinnige Verschiebung der SK von NAA erwies für die Stichprobenzeiten 2,5—10 min hohe Signifikanz (>95%-Sicherheit).

Die in dieser Phase gemessenen Verminderungen des NH_3 bei gleichzeitigen Erhöhungen von Glu und Rest-α-NH_2 werden auf verstärkte N-Umsetzungen bzw. auf N-Fixierung durch reduktive Aminierung und Transaminierung zurückgeführt.

Die in früheren Versuchen [1] nicht beobachtete gegensinnige Bewegung des Glu und Glu-NH_2 ist als Ursache der zeitlich korrespondierenden Glu-Zunahme zu berücksichtigen. Das über den gesamten Verlauf von 180 min konstante GSH zeigte eine flüchtige Verminderung der SK bei 2,5 min (Ausgangswert 2,42 ± 0,09 μMol/g, $n = 6$; 2,5 min-Wert 1,76 ± 0,14, $n = 6$).

Auffälliges Merkmal der glykopriven Phase (2. Phase) war die starke Senkung der SK von Rest-α-NH_2. Demgegenüber und im Vergleich zu [1] waren die Verschiebungen von Glu, Glu-NH_2 und NH_3 geringfügig.

Abb. 2. Änderungen der stationären Konzentrationen von Glu, Rest-α-NH_2, NH_3 und Glukose nach Insulinapplikation

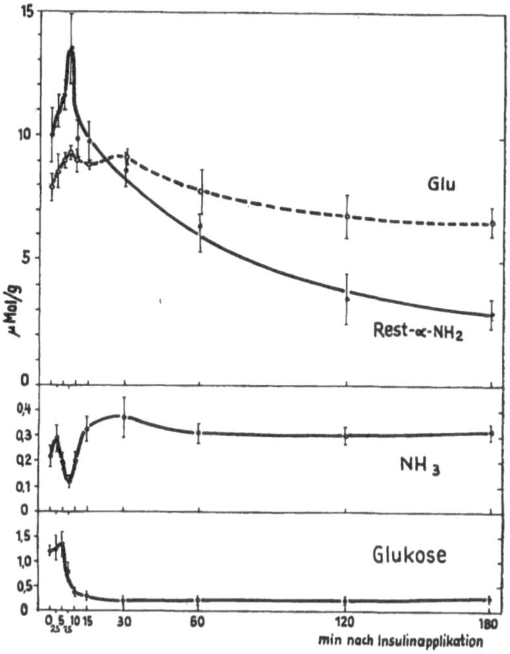

Die dem mäßigen Abbau des initial erhöhten Glu-Pools korrespondierende schwache gegenläufige Bewegung der SK von Asp entspricht den allgemeinen Ansichten über die intermediäre Beziehung beider Metaboliten [10], [11]. Trotz ausgeprägter Hypoglykämie, einer Glykoprivie des Hirns über > 160 min und einer erheblichen Reduzierung der SK von Rest-α-NH_2 war das Verhalten der Versuchstiere frei von hypoglykämischen Symptomen.

Als Ergebnisse der Versuche ist anzusehen:

1. Die Bestätigung der in Qualität und chronologischem Ablauf der Metabolitänderungen von der hypoglykämischen Phase differenzierte Periode direkter Wirkung des Insulins auf den Hirnstoffwechsel;

2. eine ebenfalls qualitative und chronologische Unterschiedlichkeit dieses Insulineffektes von den Metabolitänderungen im „Stress“;

3. die Registrierung einer deutlichen Mitreaktion des im allgemeinen als wenig reaktiv geltenden NAA [12], [13] im frühen postinsulinären Zeitabschnitt.

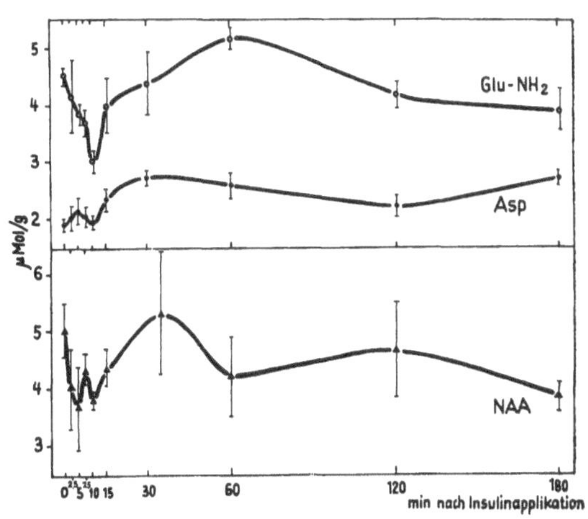

Abb. 3. Änderungen der stationären Konzentrationen von Glu-NH_2, Asp und NAA nach Insulinapplikation.

Literatur

[1] KONITZER, K., M. SOLLE u. S. VOIGT: Acta biol. med. german. **15**, 461 (1965); KONITZER, K., R. BAUMANN, K. HECHT, T. HECHT u. H. MITSCHKE: Abh. dtsch. Akad. Wiss. Berlin, Kl. med. Wiss. **1966**, 155.

[2] HIMWICH, H. E., J. P. FROSTIG, J. F. FAZEKAS u. Z. HAIDIDIAN: Amer. J. Psychiatr. **96**, 371 (1939/40).

[3] OLSEN, N. S. u. J. R. KLEIN: Arch. Biochem. Biophysics **13**, 343 (1947).

[4] TEWS, J. K., S. H. CARTER u. W. E. STONE: J. Neurochemistry **12**, 679 (1965).

[5] PFLEIDERER, G.: In: Methoden der enzymatischen Analyse, Editor: H. N. BERGMEYER, Weinheim 1962, S. 381.

[6] KONITZER, K., I. KÖRNER u. S. VOIGT: Z. analyt. Chem. **223**, 426 (1966).

[7] KAY, W. W. u. K. C. MURFITT: Biochem. J. **74**, 203 (1960).

[8] VLADIMIROV, G. E. u. G. A. VLADIMIROVA: In: Structure and function of the cerebral cortex, Editors: D. B. Tower, J. P. Schadé, Amsterdam 1960, S. 405.

[9] TSÚKADA, Y., S. HIRANO u. Y. NAGATO: V. Int. Congr. Biochem. Moscow 1961, London 1961, S. 223.

[10] KREBS, H. A. u. D. BELLAMY: Biochem. J. **75**, 523 (1960).

[11] BALASZ, R. u. R. J. HASLAM: Biochem. J. **88**, 28 P (1963).

[12] BUNIATIAN, H. CH., V. S. HOVHANNISSIAN u. G. V. APRIKIAN: J. Neurochemistry **12**, 695 (1965).

[13] MCINTOSH, J. C. u. J. R. COOPER: J. Neurochemistry **12**, 825 (1965).

From the Institute of Cancer Research of the German Academy of Sciences Berlin, Experimental Section (Director: Prof.Dr. A. GRAFFI), Berlin-Buch

Soluble and particle-bound hexokinase in normal and tumour tissues of rats

G. SYDOW

(Received 28.12.1966)

In previous studies on the intracellular localization of the hexokinase in different normal and tumour tissues we found that in normal tissues the greater proportion of this enzyme was present in the structureless cytoplasmic fraction [1]. In contrast to the findings of other authors [2]-[4] who demonstrated a high binding of hexokinase to cell particles for the brain, the cytoplasmic localization was also shown for this type of tissue in our experiments. The finding was the more striking as these authors were not able to solubilize more than 20 to 30 per cent of the total brain activity in spite of employing drastic methods of treatment and the use of enzymes and detergents.
In connexion with studies on problems of the regulation of glycolysis, the hexokinase activity in the structureless cytoplasmic fraction of several normal and tumour tissues was again investigated using other experimental conditions. Since the results obtained did not correspond with our earlier findings, these data are presented. Possible reasons of the discrepancies between the former and present results are discussed.

Methods

The organs to be tested were removed from 1-year-old Wistar rats after decapitation. Malignant tissues were taken from 10 to 16 days old intramuscular or subcutaneous tumour grafts (see Table 1).
The tissues were minced and then homogenized 1:10 (w/v) in 0.05 M tris buffer, pH 7.8, or in 0.12 M K-phosphate + 0.15 M KF solution, pH 7.8 by means of a Potter homogenizer. Three ml samples of the homogenates in tris buffer were diluted with the same volume of tris buffer or 2 M KCl solution. The homogenates in phosphate buffer were diluted 1:2 with phosphate buffer only. All samples were immediately assayed for total hexokinase activity. The particle-bound hexokinase was liberated in

Table 1 Influence of inorganic salt concentrations of the medium on the proportion of soluble hexokinase in tissue homogenates
(All activities are given in µmoles of glucose utilization · g tissue^{-1} for pH 7,8 and 24° C)

tissue	in 0,05 M tris buffer			in 0,12 M K-phosphate + 0,15 M KF solution			in 0,025 M tris buffer + 1 M KCl, warmed to 25°C for 10 minutes		
	homo-genate	super-natant	% soluble activity	homo-genate	super-natant	% soluble activity	homo-genate	super-natant	% soluble activity
brain	3,01 ±0,55 [1]	0,63 ±0,11	21 (7) [2]	3,26 ±0,22	1,67 ±0,35	51 (5)	2,63 ±0,18	2,42 ±0,23	92 (4)
kidney	1,30 ±0,24	0,42 ±0,09	32 (7)	1,45 ±0,26	0,85 ±0,29	59 (4)	1,18 ±0,08	1,15 ±0,26	97 (4)
heart	1,28 ±0,19	0,62 ±0,10	48 (7)				1,28 ±0,16	1,17 ±0,16	91 (5)
testes	1,03 ±0,19	0,50 ±0,08	49 (5)				0,84 ±0,13	0,81 ±0,16	96 (4)
spleen	0,80 ±0,09	0,41 ±0,04	51 (5)	0,83 ±0,08	0,79 ±0,07	95 (4)	0,79 ±0,11	0,74 ±0,04	93 (4)
liver	0,35 ±0,06	0,32 ±0,04	91 (6)				0,35 ±0,05	0,37 ±0,04	106 (6)
JENSEN sarcoma	2,72 ±0,56	1,41 ±0,51	52 (6)	2,24 ±0,62	1,61 ±0,39	72 (4)	2,29 ±0,80	2,10 ±0,72	92 (4)
WALKER carcinoma	2,51 ±0,50	1,26 ±0,46	50 (6)				2,32 ±0,38	1,98 ±0,71	77 (4)
DAENA hepatoma	2,38 ±0,21	1,11 ±0,18	47 (10)	2,41 ±0,18	1,80 ±0,19	75 (3)	2,30 ±0,28	2,33 ±0,72	100 (4)
YOSHIDA sarcoma	1,86 ±0,21	0,66 ±0,13	35 (6)				1,92 ±0,16	1,51 ±0,04	79 (3)

[1] mean values ± S.E.

[2] ( ) number of experiments

suspensions containing 1 M KCl by incubation at 25°C for 10 minutes (or also at 0°C). In general, all experimental procedures were performed at temperatures between 0-2°C. The structureless cytoplasmic fractions were obtained by high-speed centrifugation of the homogenates for 30 minutes at 105 000 g.

The hexokinase activity (E.C. 2.7.1.1) in the homogenates and the cytoplasmatic fractions was assayed at 340 mμ by measuring the formation of $NADPH_2$ after addition of all necessary components [5]. Measurements were made at pH 7.8 and 24°C in the presence of 0.2-1 mg protein. The amount of $NADPH_2$ formed was divided by 2, to eliminate the participation of 6-phosphogluconate-dehydrogenase (E.C. 1.1.1.44) in forming $NADPH_2$. Activities are given in μmoles of glucose utilization · g $tissue^{-1}$ · min^{-1}.

Results

The results are presented in Table 1. As may be seen from the data, a considerable proportion of the hexokinase is sedimentable from the homogenates of normal and tumour tissues, if the tissues were homogenized in 0.05 M tris buffer. In the liver, however, a minimum proportion of the activity appears to be present in bound form. As compared with other tissues the total hexokinase activity of the liver is very low. In contrast, the particle-bound proportion of the brain is approximately 80 per cent and of the kidney and YOSHIDA sarcoma about 65 per cent of the total activity. In the other normal tissues and tumours, still about 50 per cent of the activity can be demonstrated in the structureless cytoplasmic fraction.

The proportion of soluble hexokinase increases considerably, if the tissues were homogenized on 0.12 M K-phosphate + 0.15 M KF buffer. This medium had been used in our earlier experiments [1].

If the homogenates prepared in 0.025 M tris buffer and 1 M KCl are warmed to 25°C, the particle-bound hexokinase is solubilized almost completely after 10 minutes. The incubation time must be prolonged, however, to liberate the particle-bound hexokinase at 0°C. Almost the total activity of the tissues can then be demonstrated in the structureless cytoplasmic fraction after high-speed centrifugation.

Discussion

The influence of the medium on the quantitative distribution of particle-bound and soluble hexokinase in cell homogenated of Krebs-2 ascites carcinoma was first mentioned by McCOMB and YUSHOK [6]. Our results have also shown that the amount of soluble hexokinase in the tissue homogenates is strongly dependent on the inorganic salt concentration of the homogenization medium. An increase of the salt concentration results in an increase of the soluble hexokinase. Variations in the distribution of hexokinase observed in previous studies [1] may be explained by the use of a different homogenization medium. Other factors such as temperature, time, and pH also seem to influence the extent of hexokinase binding. The results agree with those of other authors who reported a dissociation of the bound hexokinase from pig-heart homogenates [7] or from the mitochondrial fraction of the brain [8] by high-molar salt solutions.

The significance of the high particulate binding of the hexokinase in the different tissues is not known at present. It can be assumed that the bound enzymes in some organs possibly represent an inactive form thus limiting the glycolysis of these tissues.

At 4500 g a high percentage of the particle-bound hexokinase (60 to 90 per cent) of tumour homogenates prepared in 0.05 M tris buffer sedimented with the mitochondrial fraction. Whether this activity is directly bound to the mitochondria and thus influences the aerobic glycolysis of these tissues, or is due to a contamination with other cell particles, cannot be decided. For subfractionated brain mitochondria the hexokinase activity [9] and glycolytic activity [10] were shown to depend on cell particles other than mitochondria itselves. There is no doubt that cell membranes sedimented together with the mitochondria. Hexokinase activity of cell membranes was shown by EMMELOT and BOS [11] and also by SHAPOT [12] who studied this phenomenon with rat hepatomas. An information about the cellular distribution and the role of the particle-bound hexokinase in the different tissues can only be expected from a careful and exact separation of the sedimentable fractions.

Summary

The influence of the homogenization medium on the localization of the hexokinase in homogenates of different normal and tumour tissues of rats was investigated. The proportion of particle-bound hexokinase of a tissue homogenate is strongly dependent on the inorganic salt concentration of the medium. An increase of the salt concentration results in an increase of the soluble hexokinase.

If the tissues are homogenized in media of lower ionic strength, the particle-bound hexokinase activity varies between 10 and 80 per cent for normal tissues, and between 40 and 65 per cent for tumour tissues.

A comparison between liver and hepatoma shows a clear difference in total hexokinase activities and the intracellular localization of the enzyme.

References

[1] SYDOW, G.: Acta biol.med.german. 10, 590 (1963).

[2] CRANE, R.K. u. A. SOLS: J. biol. Chemistry 203, 273 (1953).

[3] JOHNSON, M.K.: Biochem. J. 77, 610 (1960).

[4] BEATTIE, D.S., H.R. SLOAN u. R.E. BASFORD: J. cellular Biol. 19, 309 (1963).

[5] SYDOW, G.: Z. Naturforsch. 21b, 232 (1966).

[6] McCOMB, R.B. u. W.D. YUSHOK: Biochim. biophysica Acta (Amsterdam) 34, 515 (1959).

[7] HERNANDEZ, A. u. R.K. CRANE: Arch. Biochem. Biophysic. 113, 223 (1966).

[8] TEICHGRÄBER, P. u. D. BIESOLD: Report held at the annual meeting of the Biochemical Society of the GDR, Suhl, September 1966.

[9] BIESOLD, D.: Report held at the annual meeting of the Biochemical Society of the GDR, Magdeburg, June 1965.

[10] RUSCHAK, M., E. MAZEJEWA, D. RUSCHAKOWA u. E. MRĖNA: Ukrain.Biochem. J. 36, 584 (1964).

[11] EMMELOT, P. u. C.J. BOS: Biochim.biophysica Acta (Amsterdam) 121, 434 (1966).

[12] SHAPOT, V.S.: Institute of Clinical and Experimental Oncology, Moscou, Personal Communication.

CONTENTS

СОДЕРЖАНИЕ

INHALT

Herausgeber und verantwortlich für den Inhalt: R. Baumann, H. Dutz, A. Graffi, H. Gummel, F. Jung, L.-H. Kettler, S. M. Rapoport. Schriftleitung: Prof. Dr. Werner Scheler und Dr. habil. Heinz Bielka, 1115 Berlin-Buch, Lindenberger Weg 70. Fernruf: 569851. App. 222. Verlag: Akademie-Verlag GmbH, 108 Berlin, Leipziger Straße 3–4 (Fernruf: 220441) Telex-Nr. 011773, Postscheckkonto Berlin 35021. Bestellnummer dieses Heftes 1053/XVIII/3. Die Zeitschrift erscheint monatlich. Bezugspreis: Einzelheft MDN 14,–, Doppelheft MDN 28,–. Veröffentlicht unter der Lizenznummer 1318 des Presseamtes beim Vorsitzenden des Ministerrates der Deutschen Demokratischen Republik. Gesamtherstellung: VEB Druckerei „Thomas Müntzer“, 582 Bad Langensalza.

FSC
www.fsc.org
MIX
Papier | Fördert
gute Waldnutzung
FSC® C083411

Zeitfracht Medien GmbH
Ferdinand-Jühlke-Straße 7
99095 Erfurt, Deutschland
produktsicherheit@kolibri360.de

DIE

EISERNEN WASSERRÄDER

BERECHNUNG, KONSTRUKTION UND BESTIMMUNG IHRES WIRKUNGSGRADES

MIT ZAHLREICHEN BEISPIELEN AUS DER PRAXIS
ÜBERSICHTEN DER GRÖSSENVERHÄLTNISSE UND GEWICHTE SOWIE MITTEILUNGEN ÜBER LEISTUNGSVERSUCHE

FÜR

INGENIEURE, WASSERBAUTECHNIKER UND WASSERWERKSBESITZER

VON

WILHELM MÜLLER
MASCHINENFABRIKANT, M. D. V. D. I.

MIT EINEM ATLAS VON 33 TAFELN: PLÄNE AUSGEFÜHRTER WASSERRÄDER

ERSTER TEIL

DIE ZELLENRÄDER

MIT ZAHLREICHEN TABELLEN UND ABBILDUNGEN IM TEXT

LEIPZIG
VERLAG VON VEIT & COMP.
1899

Oberschlächtiges Wasserrad mit Zungen-Regulireinlauf

5,20 m Durchmesser, 1,60 m Breite.

Ausgeführt von M. Müller in Cannstatt.

DIE

EISERNEN WASSERRÄDER

BERECHNUNG, KONSTRUKTION UND BESTIMMUNG IHRES WIRKUNGSGRADES

MIT ZAHLREICHEN BEISPIELEN AUS DER PRAXIS
ÜBERSICHTEN DER GRÖSSENVERHÄLTNISSE UND GEWICHTE SOWIE MITTEILUNGEN
ÜBER LEISTUNGSVERSUCHE

FÜR

INGENIEURE, WASSERBAUTECHNIKER UND WASSERWERKSBESITZER

VON

WILHELM MÜLLER

MASCHINENFABRIKANT, M. D. V. D. I.

MIT EINEM ATLAS VON 33 TAFELN: PLÄNE AUSGEFÜHRTER WASSERRÄDER

ERSTER TEIL

DIE ZELLENRÄDER

MIT ZAHLREICHEN TABELLEN UND ABBILDUNGEN IM TEXT

LEIPZIG
VERLAG VON VEIT & COMP.
1899

VORWORT.

Bei Abfassung dieses Werkes hatte ich hauptsächlich das Bedürfnis des praktischen Maschinenbauers im Auge, denn obgleich in jüngster Zeit verschiedene gediegene Veröffentlichungen über „Wasserräder“ zu verzeichnen sind, so bleibt doch immer ein weiter Abstand zwischen Theorie und Praxis bestehen.

Der Grundgedanke meiner Arbeit ist: Den Bau der neueren eisernen Wasserräder auf möglichst einfache Regeln zurückzuführen, durch Zeichnungen und Beschreibungen ausgeführter Anlagen die Richtigkeit der Berechnungen und durch Mitteilung der Resultate der Bremsversuche, welche an den Motoren angestellt wurden, den hohen Wirkungsgrad dieser Konstruktionen nachzuweisen.

Die Darstellung umfaßt alle Arten vertikaler Wasserräder und behandelt (unter Ausschluß veralteter Systeme und für die Praxis unausführbarer Rechenexempel) nur die bewährtesten Räderkonstruktionen; sie steht somit auf dem neuesten Standpunkt der Technik. Während der Text alles Wissenswerte zum Berechnen, Konstruieren und Veranschlagen von Wasserrädern in verschiedenen Abschnitten in gedrängter Kürze zusammenfaßt, enthalten die in einem besonderen Atlas beigegebenen 33 Tafeln Zeichnungen ausgeführter Wasserräder in einer Größe und Vollständigkeit, daß man daraus sowohl die Gesamtanordnung als auch die Einzelheiten deutlich erkennt.

In den Tabellen ist eine Anzahl Räder mit den wichtigsten Angaben über Größen- und Geschwindigkeitsverhältnisse, sowie über die Gewichte der einzelnen Teile übersichtlich zusammengestellt. Die im Anschluß an die Beispiele gegebenen Berichte über Bremsuntersuchungen, welche durch unparteiische Sachverständige an den Motoren vorgenommen wurden, mögen dem ausführenden Ingenieur besonders erwünscht sein und ihm ein wertvolles Material bieten in Bezug auf die beim Bau neuer Wasserräder zu übernehmende Leistungsgarantie.

Das Werk stellt gleichzeitig auch für den erfahrenen Techniker ein Hilfsmittel dar, dessen er sich bei vergleichender Kostenberechnung bedienen kann, da es neben der Frage der Ausführbarkeit auch die kaufmännische Seite der Entwürfe behandelt. Den Studierenden an technischen Lehranstalten wird es die Vorträge über Wasserräder in wünschenswerter Weise ergänzen.

Die gegebenen Konstruktionsgrundsätze beziehen sich auf die Berechnung und den Bau oberschlächtiger und rückschlächtiger Räder mit und ohne

Ventilation der Zellen, hauptsächlich aber auf neuere Überfallwasserräder Konstruktion Braun, und solche des verbesserten Systems Zuppinger in der Bauart deutscher und französischer Werkstätten, mit langen evolventenförmig gekrümmten Schaufeln, welche in den letzten fünfundzwanzig Jahren eine ausgedehnte Anwendung infolge praktischer Brauchbarkeit und hohen Nutzeffektes gefunden haben, sowie auch auf die verbesserten Einlauf- und Schützvorrichtungen der Wasserräder. Nicht zu umgehen war dabei ein Vergleich mit den Turbinen, deren Anwendungsgebiet, wie überhaupt bei allen Wassermotoren, ein begrenztes bleiben wird, solange die Frage der Regulierfähigkeit nicht endgültig gelöst ist.

Die Fachlitteratur ist ausgiebig benutzt worden, wenn es auch für die Einzelheiten nicht immer besonders bemerkt ist. Gleichzeitig wurde den neuesten Erscheinungen auf dem Gebiete der hydraulischen Kraftmaschinen, soweit sie für die rationelle Praxis in Betracht kommen, Beachtung geschenkt; ebenso fanden einige Konstruktionen, welche in Bezug auf ihr Prinzip bemerkenswert sind, Berücksichtigung.

Das umfangreiche Material, welches dem Verfasser aus eigener Praxis zur Verfügung stand, und das durch Beiträge von Ingenieuren und aus Werkstätten, die im Bau dieser Motoren einen bewährten Ruf haben, ergänzt wurde, war für die Darstellung maßgebend; dem Techniker wird somit alles das geboten, was für ein auf Erfahrung gegründetes, überlegtes Vorgehen bei Ausführung neuer Motoren nötig ist.

In besonderem Maße ist Verfasser dem Direktor der Deutschen Müllerschule in Dippoldiswalde, Herrn Ingenieur Ehemann, verpflichtet, dessen Ratschläge bei der Ausarbeitung des Werkes von erheblichem Nutzen waren.

Indem ich das Buch einer freundlichen Aufnahme empfehle, erfülle ich die Pflicht, meinem hochverehrten einstigen Lehrer, Herrn Professor Teichmann a. d. Kgl. Techn. Hochschule Stuttgart, auch öffentlich meinen Dank auszusprechen für die mannigfache Förderung, welche mir dieser hervorragende Fachmann aus Anlaß gemeinsamer Thätigkeit auf diesem Gebiete hat zu teil werden lassen. Ebenso gebührt den verehrten Geschäftsfirmen und Ingenieuren, die mich durch Beiträge unterstützten, meine Dankbarkeit.

Möge das günstige Urteil von Fachmännern, denen die Arbeit im Manuskript vorgelegen hat: „Das Werk werde guten Anklang finden und sich rasch in Schule und Praxis Eingang verschaffen", Bestätigung finden.

Cannstatt, Herbst 1898.

Der Verfasser.

INHALT.

Einleitung.

Die Zellenräder.

Erster Abschnitt.

Die oberschlächtigen Wasserräder.

Zweiter Abschnitt.

Die oberschlächtigen Wasserräder.

Beispiele aus der Praxis.

Dritter Abschnitt.

Die Schützen.

Vierter Abschnitt.

Die rückschlächtigen Wasserräder.

Fünfter Abschnitt.

Besondere Räderkonstruktionen.

Sechster Abschnitt.

Allgemeine Konstruktion der Wasserräder.

Einleitung.

Allgemeines über die hydraulischen Kraftmaschinen und die Grenzen ihrer Anwendung.

Ein Wassermotor soll gut, zuverlässig und in seiner Unterhaltung billig sein, da die Fälle, wo Wasserkräfte im Überfluß vorhanden, äußerst selten sind und die zwingenden Konkurrenzverhältnisse mehr und mehr zur höchsten Produktionsfähigkeit bei rascher Amortisierung der Anlagewerte hindrängen.

Die Anschaffungs- und Betriebskosten der Dampfmaschinen sind, auch bei geringem Kohlenverbrauche, immer noch so hoch, daß eine Wasserkraft dagegen stets im Vorteil bleibt. Die Werksbesitzer haben sich deshalb wieder mehr der besseren Verwertung und Ausnützung ihrer Wasserkräfte zugewendet. Anstatt die seither eine geringe Nutzleistung abgebenden Wassermotoren zu belassen und die fehlende Kraft durch Hilfsdampfmaschinen zu gewinnen, korrigiert man heute die Zu- und Ablaufkanäle und ersetzt die alten Motoren durch neue zweckmäßige Konstruktionen.

Diese Gesichtspunkte kommen hauptsächlich für solche Anlagen in Betracht, welche ihre Produktion nach der verfügbaren Betriebskraft steigern oder vermindern können, wie z. B. Papierfabriken, Mühlen etc.

Den erhöhten Ansprüchen, welche an die Leistungsfähigkeit der hydraulischen Motoren heute gestellt werden, konnten naturgemäß die hölzernen Wasserräder nicht mehr genügen und bildet der Bau eiserner Wasserräder eine Spezialität, wie wir sie in ähnlicher Weise bei einer Reihe von Fabriken für Turbinen besitzen.

Nach der allgemeinen Gewerbestatistik vom 5. Juni 1882 beträgt die Gesamtzahl der Mühlenbetriebe im deutschen Reiche 58079. Es entfallen auf Betriebe mit:

Höchstens 2 Personen	3 und mehr Personen	Großbetriebe über 50 Personen
53,5 %	30,7 %	15,8 %

Im Mühlengewerbe lassen sich alle Zwischenstufen zwischen Groß- und Kleinbetrieb unterscheiden. Die Müllerei erweist sich immer noch vorherrschend als Kleingewerbe. In Preußen sind unter ca. 34956 Mühlen etwa die Hälfte Kleinbetriebe; ferner wurden als in Thätigkeit gezählt: in Bayern 9493, in Sachsen 3067, in Württemberg 2026 (wovon ca. 10 % Großbetrieb); in Baden

1826, in Hessen 1266, im Reichsland 1093 Mühlwerke. Die Mühlen besitzen den erheblichsten Teil aller Wasserkräfte.

Nach der Gewerbezählung von 1890 (die Resultate der jüngsten Zählungen sind noch nicht zugänglich) rechnet man in Deutschland 63000 Getreidemühlen, darunter etwa 2400 Dampfmühlen; letztere, sowie etwa 600 Mühlen mit besonders starken Wasserkräften, betreiben Handelsmüllerei.

Wir ersehen, daß bei der überwiegenden Anzahl der Kleinbetriebe die weitaus größte Zahl der Umtriebsmaschinen gewissen Bedingungen entsprechen muß, welche nicht zu umgehen sind, und wir stehen vor der Frage, welche von den heute am meisten angewendeten hydraulischen Kraftmaschinen hierzu am geeignetsten sind.

Ein Fabrikant von Turbinen wird dieselben für alle Wasserverhältnisse empfehlen, und umgekehrt werden die Wasserräder wieder allen Turbinen vorgezogen. Dem einen haben die Wasserräder nur Vorteile und die Turbinen alle erdenklichen Fehler, der andere erklärt die Turbinen für die vollkommensten Maschinen und verwirft die Anwendung von Wasserrädern unbedingt als ein veraltetes und überwundenes Prinzip. Einseitige Anpreisung eines Systems führt aber ebenso zu verfehlten Anlagen, als eine Nichtbeachtung der für gegebene Verhältnisse bereits anderwärts gemachten Erfahrungen.

Den gefeierten Namen des Maschinenbaues begegnet man in Verbindung mit der wissenschaftlichen Behandlung der Turbinenfrage, und daher mag auch zum großen Teil der gute Ruf herrühren, welcher sich überall für diese Motoren verbreitet hat.

Die meisten der für gute Wirkung der Wasserräder in Anwendung kommenden Konstruktionsregeln sind Erfahrungsresultate, stammen aus der Praxis und verbleiben daher einer Reihe von Werkstätten, welche sich ausschließlich mit dem Bau von Wasserrädern befassen. Diese Firmen haben nun für gewöhnlich keine Veranlassung, die Früchte jahrelanger, mühevoller Arbeit und bisweilen auch kostspieliger Erfahrung (wie man es nicht machen soll) preiszugeben, es findet sich bei diesen weder Zeit noch Gründe, Spezialkonstruktionen in Fachschriften zu veröffentlichen; überdies sind litterarisch-technische Arbeiten in finanzieller Beziehung weniger lohnend, als eine geschäftliche Verwertung der gesammelten Kenntnisse. Bisher haben auch die technischen Schulen viel zu wenig Fühlung mit den Fabriken genommen, und so kam es, daß das Redtenbachersche Werk über Wasserräder fast die einzige Grundlage bildete, auf welcher der Bau dieser Maschinen noch nach vier Jahrzehnten immer wieder gelehrt wurde. Doch hat sich auch hierin manches zum Vorteil geändert. (Siehe Litteraturverzeichnis.)

Obgleich die Turbinen erst in den letzten 25 Jahren eine größere Beachtung und allgemeinere Anwendung gefunden haben, so sind sie doch die Erfindung einer längst vergangenen Zeit. Wenigstens hat es schon vor mehreren Jahrhunderten Wasserräder gegeben, die man Turbinen nennen muß.[1] Allein diese Maschinen beruhten auf keiner wissenschaftlichen Grundlage, waren roh

[1] Auf der Gewerbe-Ausstellung in Zürich 1883 war eine Turbine von Holz ausgestellt, welche mehrere hundert Jahre alt war.

und in jeder Hinsicht unvollkommen ausgeführt, so daß ihre Leistungen jene guter Wasserräder nie erreichten. Die Bedingungen, unter welchen die Kraftleistung einer Turbine günstig sein kann, hat die Wissenschaft indessen aufgestellt und die besseren Einrichtungen der Maschinenwerkstätten hat die richtige Durchführung aller Arbeitsprozesse möglich gemacht.

Es ist bezeichnend für das Wirkungsprinzip des Wassers in den Turbinen, daß die von FOURNEYRON versuchte, von PONCELET und REDTENBACHER entwickelte Turbinentheorie einen wesentlichen Einfluß auf die Leistungsfähigkeit dieser Motoren nicht gehabt hat. Die ersten von FOURNEYRON schon 1823 in Anwendung gebrachten Turbinen weisen Wirkungsgrade auf, welche durch die neuesten Ergebnisse mit Turbinen aller Systeme und Namen, soweit solche auf Wahrheit beruhen, nicht viel übertroffen werden. Diese günstigeren Ergebnisse sind aber nicht in einer Weiterentwicklung der bekannten Theorien, sondern nur in soliderer und genauerer Ausführung der Maschinen, sowie in einer freieren Wahl der Dimensionen begründet.

Ein anderer Umstand für den größeren Ruf der Turbinen ist noch darin zu suchen, daß dieselben bei ihrer Einführung in die Industrie sich in ihrem Leistungsvermögen mit den damaligen hölzernen Wasserrädern zu messen hatten, welche über die ersten Stufen ihrer Entwicklung noch nicht hinausgekommen waren. Der französische Ingenieur MORIN hatte seiner Zeit eingehende Versuche und Berechnungen mit Wasserrädern gemacht und, wie nicht anders zu erwarten war, sehr geringe Resultate erhalten. Es ist nur zu bedauern, daß ein so scharfsinniger und feiner Beobachter seinen Fleiß auf Maschinen von unvollkommener Bauart anwenden mußte.

Nun kamen die Turbinen, bei ihrer Einführung schon nahezu 70 Prozent Wirkungsgrad aufweisend. Ist es auffallend, wenn sich das Interesse der gesamten Industrie diesen neuen Maschinen zuwandte? Durch diese Erfindung schienen alle Schwierigkeiten, Wasserkräfte bei den verschiedensten Gefällen und Wasserquantitäten ausnützen zu können, beseitigt. Ein Motor von allgemeiner Anwendbarkeit war da, den FOURNEYRON nach dem Vorgang seines Lehrers BURDIN aus dem Reaktionsapparat von EULER herausgebildet hatte.

Für alle Turbinen mit Leitkanälen bestehen ohne Ausnahme dieselben Eintrittsbedingungen. Die Gesamtverluste sind proportional dem Gefälle, wenigstens annähernd und unter sich, und sämtliche Bewegungen abhängig vom Gefälle. Hauptunregelmäßigkeiten liegen in der Natur der Sache selbst, insbesondere beim Übertritt des Wassers vom Leitapparat ins Turbinenrad. Diese Verluste sind bedingt durch die Stärke der Schaufeln, weshalb dieselben an dieser Stelle schwach zu halten sind. Jedoch haben schwache Schaufeln den Übelstand, leicht auszubrechen, wodurch sich der Effekt vermindert.

Man sieht, daß es also theoretisch möglich wäre, die Turbinen einer immer größeren Nutzleistung entgegen zu führen, wenn nicht praktische Rücksichten eine Grenze ziehen würden.

In den letzten 25 Jahren ist hingegen viel für den Bau der eisernen Wasserräder, insbesondere bezüglich der konstruktiven Durchbildung der Einzelheiten geschehen. Die selbst bei geringen Gefällen und kleinen Wassermengen hohen Wirkungsgrade, verbunden mit gediegener Ausführung sichern diesen Motoren eine zunehmende Beachtung und ausgedehnte Verbreitung. Die Besprechung einer Anzahl ausgeführter Wasserräder für die mannigfaltigsten Kraft- und Betriebsverhältnisse des mitten in der Praxis stehenden Verfassers dürfte daher nicht unerwünscht sein.

Daß hierbei manches Bekannte wiederholt, manche Anlehnung an bereits Ausgesprochenes gefunden wird, darf bei diesem Gegenstand nicht auffallen, dessen erschöpfende Behandlung nicht die Arbeit eines einzelnen sein kann.

Dem Konstrukteur einen Überblick zu geben über die Grundsätze, nach welchen heute die erlangten Resultate, die aufgestellten Formeln beim Bau eiserner Wasserräder benützt werden, ist der Zweck vorliegender Arbeit.

Wasserrad oder Turbine?

Die Frage: „ist ein Wasserrad oder eine Turbine besser"? läßt sich allgemein nicht beantworten, sie ist in jedem einzelnen Falle auf Grund der besonderen Verhältnisse zu entscheiden. Von Einfluß ist hierbei, die absolute Grösse an Wassermenge und Gefälle, und deren mehr oder minder große Veränderlichkeit, die Kosten des Motors und des Wasserbaues, die Art und Dauer des technischen Betriebs, welchem der Motor dienen soll, das verfügbare Anlagekapital und der Raum.

Nur in ganz seltenen Fällen wird eine ganz bestimmte unveränderliche Wassermenge und ein konstanter Kraftbedarf zusammentreffen. Die Wasserquantitäten der Bäche und Flüsse sind, sowie die Gefälle, mit den Witterungsverhältnissen sehr veränderlich und reichen bei gewissen Zeiten gewöhnlich kaum hin, um die zum Betrieb der Arbeitsmaschinen erforderliche Kraft zu liefern. Es ist daher vorzüglich von Wichtigkeit, daß die hydraulische Kraftmaschine mit kleinen Wasserquantitäten vorteilhafter arbeitet als mit großen, denn wenn Überfluß an Wasser vorhanden ist, hat es nichts auf sich, wenn die Maschine einen weniger günstigen Nutzeffekt entwickelt.

Bei den Turbinen findet aber gerade das Gegenteil statt, denn die absolute Größe derselben muß nach der größten Wassermenge, welche man auf dieselbe bei alsdann vermindertem Gefälle wirken lassen will, bestimmt werden, bei Wassermangel oder geringerem Kraftbedarf ist der Austrittsquerschnitt zu vermindern, was zur Folge hat, daß der Nutzeffekt in einem größeren Maße abnimmt, als die Wassermenge kleiner geworden ist. Durch die Verminderung des Ausflußquerschnitts entstehen entweder Unregelmäßigkeiten, Störungen in der Bewegung des Wassers, oder fehlerhafte Querschnittsverhältnisse, wodurch, wie die Erfahrung beweist, das Güteverhältnis beträchtlich abnimmt. Man hat schon mancherlei Einrichtungen zur Regulierung des Wasserzuflusses ausgedacht, aber noch keine hat den Anforderungen ganz entsprochen. Wenn es möglich wäre, eine richtig wirkende einfache Reguliervorrichtung an den Turbinen anzubringen, so würde eine Turbine wenig zu wünschen übrig lassen.

Eine Schützvorrichtung, die bei veränderlichem Wasserzufluß ein unveränderliches Güteverhältnis zu bewirken imstande wäre, giebt es nicht, diese allen Turbinen zukommende schwache Seite wird wohl niemals ganz beseitigt werden können.

Man findet in der technischen Litteratur vielfach ausgesprochen: „Turbinen eignen sich besonders für sehr kleine und für sehr große Gefälle.“ Dies bedarf einer Berichtigung. Bei kleineren Gefällen empfiehlt sich die Anlage derselben nur dann, wenn es sich um die Ausnützung großer Wasserquantitäten handelt, deren Verarbeitung durch ein Rad nicht ermöglicht ist, oder die Anlage mehrerer Räder durch örtliche oder Betriebsverhältnisse nicht zur Ausführung kommen kann. Der Wirkungsgrad der Turbinen bei kleineren Gefällen ist nicht so groß als bei mittleren, da die absolute Ausflußgeschwindigkeit auch bei der vollkommensten Konstruktion geopfert werden muß. Diese Geschwindigkeit wird für den Abfluß nicht nutzbar gemacht, was dagegen bei einem Teil der Wasserräder der Fall ist.

Wo es sich um die Nutzbarmachung unbegrenzter Wassermengen handelt, kann es natürlich auf 5 % mehr oder weniger Nutzeffekt nicht ankommen. Wenn eine große Totalleistung verlangt wird, ersieht man, daß wir ohne Turbinen gar nicht imstande wären, Wasserkräfte in großen Dimensionen auszunützen, wie es in neuester Zeit mit den Wasserfällen großer Ströme geschehen ist.[1]

Bei Erstellung der Motoren für diese Zwecke kommt es auf einen hohen Wirkungsgrad durchaus nicht an. Ja, er wäre in manchen Beziehungen eher nachteilig, durch verursachte höhere Baukosten, kompliziertere Konstruktion und schwierigere Wartung und Unterhaltung.

Überhaupt verdient bei zwei gleich guten Motoren und gleichem Herstellungspreis der einfachere den Vorzug.

Bei Wasserquantitäten unter 3—4 cbm i. d. Sekunde sind aber die Vorteile, welche gut konstruierte Wasserräder gegenüber den Turbinen bieten, überwiegend. Es ist möglich bei Gefällen von nur 1 m und innerhalb der oben angegebenen Grenzen ein Rad auszuführen, welches mindestens 10 % mehr Nutzleistung ergiebt als jede Turbine, was im Hinblick auf den Weg des Wassers in beiden Motoren auch ohne weiteres erhellt.

Die Wasserräder arbeiten mit kleinen Wasserquantitäten vorteilhafter als mit großen, der Nutzeffekt, den sie entwickeln, nimmt daher in einem geringeren Grade ab, als die Wassermenge, welche auf sie wirkt. Dies ist eine Eigenschaft, welche den Turbinen nicht zukommt. Durch Unreinlichkeiten, Holzstücke oder Eis, welche das Wasser mit sich fortführt, werden die Wasserräder in ihrer Bewegung nicht leicht gestört, dagegen erfordern die Turbinen zu einem gleichmäßigen Gang reines Wasser.

Turbinen von geringem Durchmesser bei hohen Gefällen haben den Übelstand der kleinen Austrittsquerschnitte, welche sich durch die im Wasser schwimmenden Körper irgend welcher Art sofort verstopfen. Legen sich diese

[1] In Betreff des Niagarafalles hat man gewaltige Projekte ausgedacht, und teilweise schon ausgeführt, die verfügbare Kraft desselben schätzt man auf 7 Millionen Pferde.

An Orten, wo durch Wasserfälle solch erhebliche Quantitäten von Arbeitsvermögen konzentriert sind, daß ihre Verwertung das Bedürfnis eines gewerblichen Unternehmers weit übersteigt, sind größere gemeinschaftliche Kraftmaschinen-Anlagen am Platze.

Körper in die Kanäle oder ragen sie aus denselben hervor, so müssen sie durch die Radschaufeln entzwei gestanzt werden und entstehen sehr nachteilige Unregelmäßigkeiten in der Bewegung des Wassers. Denn nicht nur werden die mit großer Geschwindigkeit in den Kanälen strömenden Wasserstrahlen aufgehalten und abgelenkt, es entstehen auch durch diese Ablenkungen Wirbel und Stöße, Druckdifferenzen, welche der guten Wirkung des Motors entgegenarbeiten und den Nutzeffekt desselben erheblich herabziehen.

Das Eis ist ebenfalls ein bedeutender Feind der Turbinen. Die Radkanäle, welche sich nach und nach zulegen, lassen eine geringere Wassermenge durch, als bei normaler Öffnung, bis die Turbinen endlich ganz still stehen. Beschädigungen sind nicht ausgeschlossen. Bei anhaltendem Frostwetter ist die Wiederflottmachung eine mühevolle Arbeit.

Was das Leistungsvermögen anbelangt, so stehen hier die Wasserräder in erster Reihe.

Eine sehr gute Eigenschaft der Wasserräder ist ferner, daß bei abnehmender Wassermenge ihre Bewegung ebenso gleichförmig und mit derselben Geschwindigkeit vor sich geht, wogegen die Geschwindigkeit der Turbinen bei partieller Beaufschlagung abnimmt, die alsdann noch günstige Leistung tritt in folgendem Verhältnis ein:

Leitkanäle geschlossen:			
0.	$^1/_4$	$^1/_2$	$^3/_4$
Umdrehungszahl:[1]			
n	0,96 n	0,84 n	0,70 n

Die als Vollturbinen gebauten Systeme sollten nicht schwächer als bis herab auf $^1/_2$ beaufschlagt werden, da sonst der Wirkungsgrad in diesem Falle zu stark sinkt. Bei Wasserkräften, deren Veränderlichkeit mehr als 1 : 2 beträgt, ist man deshalb genötigt, zwei Turbinen anzulegen, deren Gesamtausflußquerschnitt hinreichend groß bemessen sein muß, um die starken Wasserstände aufzunehmen, insbesondere ist letztere Forderung zu erfüllen, wenn die Wasserkraft in Verbindung mit einer Dampfmaschine arbeitet.

Ist das Gefälle unter 12 m und die zu verarbeitende Wassermenge unter 1 cbm i. d. Sekunde, so ist einem oder mehreren oberschlächtigen Rädern der Vorzug zu geben.

Es muß hervorgehoben werden, daß oberschlächtige Räder, welche 1 cbm i. d. Sekunde verarbeiten, schon sehr bedeutende Breite haben und bei dem starken Füllungsgrade kräftig zu bauen, also teuer sind. Doch sind größere Wassermengen bei solch beträchtlichen Gefällen selten.

Nicht nur entwickelt ein Rad bei diesen Gefällen eine bedeutendere prozentuale Mehrleistung als jede Turbine, sondern die Wartung und Unter-

[1] Eine Eigenschaft, die ebenfalls nicht zu Gunsten der Turbinen spricht, besteht darin, daß dieselben bei constantem Zufluß völlig zum Stillstand gebracht werden können und doch das Wasser durch die Zellenräume durchströmen lassen, ohne daß dadurch eine Erhebung des Oberwassers und eine Vermehrung des Druckes auf die Radschaufeln entsteht, bei den Wasserrädern dagegen findet bei verlangsamtem Gang des Motors eine Vergrößerung des Füllungsgrades und somit eine Steigerung des Arbeitsvermögens gegen den vermehrten Widerstand statt.

haltung ist auch billiger als bei Turbinen, deren kleine Durchmesser eine große Tourenzahl bei starker Inanspruchnahme der Zapfen und Lager bedingt.

In dem Maße aber, als die Wasserquantitäten größer werden, treten die Vorteile der Turbinen mehr und mehr hervor; insbesondere gilt dies bei sehr hohen Gefällen, etwa von 12 m ab.

Hierbei ist die Motorenfrage im voraus zu Gunsten der Turbinen entschieden.

Der verfügbare Raum, Zu- und Ablaufverhältnisse kommen dabei ebenfalls in Betracht.

Was die Anschaffungskosten betrifft, so sind die Wasserräder für kleinere Effekte so wenig kostspielig, als sie in dieser Hinsicht vorteilhafter sind als irgend eine andere hydraulische Kraftmaschine, es unterliegt also keinem Zweifel, daß die Wasserräder bei mäßigen Kräften den Turbinen vorzuziehen sind.

So zweifellos es ist, daß in gewissen Fällen Turbinen bei großen Kräften und hohen Gefällen den Wasserrädern vorzuziehen sind, ebenso ist auch hervorzuheben, daß die große Betriebssicherheit, durch welche sich letztere auszeichnen, der höhere Wirkungsgrad insbesondere bei veränderlichen Wasserständen, die leichtere Ausbesserungsfähigkeit und einfachere Instandhaltung dieselben empfehlenswerter machen.

Es ist in neuerer Zeit von seiten einiger Fabriken Gebrauch geworden, Prospekte über Turbinen zu versenden, worin ganz allgemein außerordentlich hohe Nutzleistungen (oft über 80%) zugesichert werden, obgleich es Thatsache ist, daß solche günstige Ergebnisse nur in den seltensten Fällen und nur ausnahmsweise bei mittleren Gefällen und Wassermengen zu erwarten sind. Geht man auf die Versprechungen näher ein, so findet man bald, daß bei einer etwaigen Probe im voraus bestimmte Koeffizienten für die Berechnung der Wassermenge und Normen für die Vermessung des Gefälles durch die Lieferanten aufgestellt werden, welche eine vorurteilsfreie Prüfung unmöglich machen, und das herausrechnen lassen, was man eben erreichen will.

Die Turbinen von Henschel (Jonval) und Girard erleiden durch die Konstrukteure die meisten Abänderungen, sind jedoch nicht so empfindlich.

Den Mitteilungen über den Effekt der Turbinen legen wir keinen besonderen Wert bei. Die verschiedenen Systeme sind im Nutzeffekt sich einander ziemlich gleich und zeigen höchstens 2—3% Unterschied.

Die mit Leitapparaten versehenen Konstruktionen ergeben durchschnittlich bei voller Beaufschlagung 70—75% und solche ohne Leitkanäle ca. 60%.[1]

Mit allen Wasserrädern läßt sich ebensoviel oder noch mehr leisten, als mit Turbinen. Turbinen haben oberschlächtige Räder, bei Gefällen von 6 m an aufwärts nie erreicht.

Entscheidend ist hier nur Raum und Geld.[2]

---

[1] Zu den letzteren zählen auch einige Typen amerikanischer Turbinen.

[2] Es mag hier noch auf die Abhandlung d. Verf. „Über neuere Turbinen“ verwiesen werden, welche in der Schweiz. Müller-Zeitung (Basel 1896) erschienen und als Sonderabdruck zu beziehen ist.

Wirkungsweise der verschiedenen Konstruktionen vertikaler Wasserräder.

Von allen Wasserrädern verlangt man, daß sie die zu Gebote stehende, von Wassermenge und Gefälle abhängige Wasserkraft möglichst vollständig nutzbar machen und auch bei wechselndem Wasserstand gleich vorteilhaft arbeiten.

Bezeichnet Q die Wassermenge in Litern und H das Gefälle in Meter, so ist die mechanische Arbeit, welche sie verrichten kann i. d. Sekunde: $Q \times H$ mkg oder der absolute Effekt:

$$N_a = \frac{Q \times H}{75} \text{ Pferdekräfte} \quad \ldots \ldots \quad (1)$$

Dieses Arbeitsvermögen wird jedoch nicht vollständig nutzbar gemacht, da der Wirkungsgrad, d. h. das Verhältnis der erreichten zur theoretischen Leistung immer ein echter Bruch ist, der bei den bestwirkenden hydraulischen Motoren 0,75 erreicht und im günstigsten Falle 0,8 nicht viel überschreitet.

Der Grund dieser Erscheinung liegt teils in den Stoßverlusten des Wassers beim Eintritt in die Schaufeln und Gerinne, den Reibungswiderständen, in dem Wasserverluste, welcher nicht zur vollen Wirkung gelangt, teils in dem Umstande, daß das Wasser das Rad mit einer gewissen Geschwindigkeit verläßt, wodurch ein Teil von dessen Arbeitsfähigkeit unausgenutzt bleibt, sowie in der Zapfenreibung der Welle.

Nach der Art und Weise (dynamischen Wirkung), wie das Wasser seine Arbeitskraft auf ein Rad überträgt, unterscheiden wir zwei Richtungen:

a) Wirkung durch das Gewicht,

b) Wirkung durch Stoß,

und nach der Konstruktion der Räder zwei Klassen:

I. Zellenräder und

II. Schaufelräder.

Die erstere Wirkungsart ist die vollkommenste für vertikale Wasserräder und kommt fast ausschließlich bei den oberschlächtigen Rädern zur Anwendung, bei welchen das Wasser durch ein über dem Rad liegendes Gerinne auf dasselbe geführt wird und seine Zellen teilweise füllt, sodann fast die ganze Höhe des Rades durchläuft und nahe dem untersten Punkt (Radtiefsten) zum Austritt gelangt.

Für kleinere Wassermengen von 0,05 bis 0,8 cbm und für Gefälle von 3 bis 12 m lassen sich diese Räder anwenden und zeichnen sich besonders dadurch aus, daß ihr Wirkungsgrad wächst, wenn die Wassermenge kleiner wird, als die, für welche das Rad konstruiert wurde. Der Einlauf des Wassers erfolgt durch Spannschützen, bei den neueren Konstruktionen durch Zungeneinläufe mit Abschlußschiebern. Das Rad taucht nicht in das abfließende Wasser, sondern hängt frei über demselben. Der größte Nutzeffekt wird erreicht, wenn man die Stoßwirkung klein, die Druckwirkung aber groß macht, die Umfangsgeschwindigkeit 1,3 bis 1,5 m i. d. Sekunde nicht übersteigt, und die Zellen sich nur bis zu $^1/_4$ bis $^2/_5$ füllen. Bei kleinen Gefällen beträgt der Nutzeffekt 0,65 bis 0,70 und kann bei hohen von 6 m ab selbst auf 0,80 gebracht werden; er ist aber geringer, wenn bei großer Umfangsgeschwindigkeit die Centrifugalkraft den Eintritt des Wassers stört und das bereits in die Zellen gelangte Wasser wieder hinauswirft.

Hat man bei Gefällen von 2,5 bis 4 m mit sehr veränderlichem Aufschlagwasser zu rechnen, namentlich wenn dessen Menge zwischen 1 bis 2 cbm schwankt, so werden zum Teil Schaufelräder mit Kulisseneinlauf angewendet, wobei die Zahl der Durchlaßöffnungen 2 bis 3 beträgt und die zuströmende Wassermenge durch eine Überfallschütze geregelt wird.

Der Wirkungsgrad beträgt ca. 70%. Der Kulisseneinlauf läßt sich auch bei Gefällen über 3 m und kleineren veränderlichen Wassermengen anwenden; nur baut man dann rückschlächtige Räder und ersetzt die Schaufeln durch Zellen, nach Art der oberschlächtigen Räder, zwischen deren Hinterwänden Spalten zum Entweichen der Luft angeordnet sind.

Der Wirkungsgrad läßt sich auf 0,65 bis 0,70 bringen, da diese Räder jedoch wie die oberschlächtigen aus Blech konstruiert werden müssen, sind sie teuer.

Eine Wirkung zum Teil durch Stoß, zum Teil durch Gewicht findet bei den mittelschlächtigen und rückschlächtigen Rädern statt.

Die mittelschlächtigen Räder, bei welchen der Punkt, wo das Wasser das Rad erreicht, ungefähr in der Höhe seiner Achse liegt, sind von der Einlaufstelle bis zum tiefsten Punkt mit einem konzentrischen Mantel umgeben, heißen deshalb auch Kropfräder; sie eignen sich besonders für Gefälle bis zu 2,5 m und für Wassermengen, welche 2 cbm i. d. Sek. nicht überschreiten, man erreicht mit ihnen einen Wirkungsgrad von 0,50 bis 0,60; laufen schnell um, vertragen aber keine große Veränderlichkeit des Aufschlagwassers. Nur durch Stoß wirken die unterschlächtigen Räder, welche entweder ganz frei in unbegrenztem Wasser hängen (Schiffsmühlenräder), wie man sie bereits im sechsten Jahrhundert auf dem Tiber zu errichten verstand, oder in einem Gerinne eingeschlossen sind.

Die unterschlächtigen Wasserräder im geraden oder Schnurgerinne liefern die schwächste Leistung, 0,30 bis 0,35, da sie nur durch den Wasserstoß in Umdrehung gesetzt werden.

Wo bei Anlage eines unterschlächtigen Rades für Gefälle von 0,5 bis 1,7 m die Wasserkraft besser ausgenützt werden soll, wurde früher das Ponceletrad gewählt. Dasselbe hat krumme Schaufeln, und indem das Wasser an diesen hinaufsteigt, verliert es seine Geschwindigkeit und giebt sie größtenteils an das Rad ab. Diesem Rade eigen ist die nach einem bestimmten Winkel schräggestellte Schütze.

Um alles Wasser zur Wirkung gelangen zu lassen, muß der Spielraum zwischen Rad und Kropf möglichst gering sein, da die Wassergeschwindigkeiten bei Spannschützen immer bedeutend sind. Die Wirkung hängt besonders von der Güte der Ausführung ab, der Wirkungsgrad beträgt bei kleineren Gefällen 0,65 bis 0,60, bei größeren 0,60 bis 0,55. Doch werden diese Räder in neuerer Zeit nur noch selten gebaut.

Vorteilhafter sind die Kropfräder mit beweglichen Überfallschützen, bei denen das Wasser nicht unter, sondern über einer abgerundeten Fläche ins

Rad strömt, dasselbe mit verhältnismäßig geringer Geschwindigkeit erreicht und daher fast allein durch den Druck wirkt. Solche Räder geben einen Wirkungsgrad von 0,65 bis 0,70 und eignen sich für Gefälle von 1,5 bis 2,5 m und Wassermengen von 0,6 bis 2,5 cbm i. d. Sek.

Eine Weiterbildung dieser Konstruktion zeigt das vom französischen Ingenieur SAGEBIEN in Amiens herrührende auch für sehr kleine Gefälle noch anwendbare Kropfrad:

Sagebien-Rad von großem Durchmesser, beträchtlicher Schaufelbreite und bedeutender radialer Tiefe, geringer Umfangsgeschwindigkeit und etwa 0,3 m Schaufelteilung.

Der Zufluß des Wassers erfolgt mit entsprechend kleiner Geschwindigkeit in einem einzigen Strom über der Überfallschütze, durch welche der Zufluß reguliert wird.

Besonders charakteristisch ist diesem Rad die Neigung der ebenen Schaufeln gegen die radiale Richtung, entgegengesetzt dem sonst üblichen Sinne, wodurch der Austritt aus dem Unterwasser verschlechtert, aber ein Neigungswinkel der eingetauchten Schaufeln gegen den Oberwasserspiegel erzielt wird, welcher mehr in der Richtung der relativen Zuflußgeschwindigkeit liegt.

Der Wirkungsgrad des Sagebienrades ist 0,80 und darüber, es zählt somit zu den bestwirkenden hydraulischen Motoren. Übersehen darf jedoch nicht werden, dass die geringe Tourenzahl des Rades bedeutende Dimensionen und starke Räderübersetzungen nötig macht und große Kosten verursacht, vor welchen die Industriellen gewissermaßen zurückschrecken.

Diese Konstruktion liegt auch dem Zuppinger-Rad zu Grunde,[1] welches mit geringerem Durchmesser, größerer Schaufelteilung, seitlich geschlossenem Schaufelkranz und höherer Umfangsgeschwindigkeit eine ähnliche Wasserwirkung zu erreichen strebt. Wirkungsgrad 0,65—0,75.

Nach dem Vorausgegangenen ersieht man, daß bei den vertikalen Wasserrädern nur bei direkter Wirkung des Wassers durch sein Gewicht ein hoher Wirkungsgrad erzielt werden kann, während durch Stoßwirkung starke Verluste unvermeidlich sind. Wir gelangen somit, noch ehe wir in eine Berechnung eingetreten sind, zu dem Schlusse, daß da, wo eine Wasserkraft möglichst ausgenützt werden soll, die Wasserwirkung durch das Gewicht den Vorzug verdient. —

Wie es schon durch seine Wirkungsweise bedingt ist, erstrecken sich die Verbesserungen am eisernen oberschlächtigen Wasserrad hauptsächlich auf die grösstmögliche Ausnützung der verfügbaren Gefällhöhe, bei langsamem Gang des Motors und Verminderung des Stoßgefälles in Verbindung mit Ventilation der Zellen unter Anwendung der neuesten Reguliereinläufe.

Geicherweise gestatten die rückschlächtigen Zellenräder eine vollkommenere Ausführung nach vorstehenden Gesichtspunkten.

Die Schaufelräder mit Kulisseneinlauf haben eine rationelle Durchbildung und wesentliche Verbesserung sowohl hinsichtlich gediegener Bauart als auch

---

[1] WALTER ZUPPINGER, württ. Baurat, früherer Chef der Filialwerkstätte ESCHER, WYSS & Co. in Ravensburg ist am 16. Nov. 1889 zu Eschenz (Schweiz) gestorben.

mit Bezug auf ihren Nutzeffekt durch Baudirektor v. BACH in Stuttgart gefunden. Für die Ausführung von Rädern nach diesem System möge auf dessen vortreffliches Werk „Die Wasserräder“, Stuttgart 1886, verwiesen werden.

Für die neueren Überfallräder hat das von SAGEBIEN herrührende tiefschlächtige Kropfrad die Grundlage gebildet zur Konstruktion eines Motors, welcher mit verhältnismäßig langsamem Gang dem diesem System zukommenden hohen Wirkungsgrad nahe rückt, ohne in den Nachteil der allzugeringen Tourenzahl und der hieraus sich ergebenden bedeutenden Dimensionen zu verfallen.

Die mit der Bremse an Rädern dieser Bauart erhaltenen Resultate gaben Veranlassung für die Ausbildung der im zweiten Teil beschriebenen eisernen Räderkonstruktionen. Durch eine Reihe gelungener Ausführungen bildete sich für die mannigfaltigsten Kraft- und Betriebsverhältnisse nach und nach ein System aus, welches bei den geringen Wassermengen von 200—300 l i. d. Sekunde bis zu Aufschlagmengen von 4000—5000 l i. d. Sekunde für ein einzelnes Rad, sich gleich gut anwendbar und leistungsfähig gezeigt hat.

Vergleicht man die Wirkungsgrade dieser Räder bei verschiedenen Füllungen und insbesondere bei großer Veränderung der Wasserspiegel mit denjenigen anderer Motoren, so wird man sich überzeugen, daß die Anwendung derselben in allen Fällen — sofern nicht oberschlächtigen Rädern bei höheren Gefällen oder Turbinen, bei ganz bedeutenden Wassermengen, der Vorzug zu geben ist — eine sorgfältige Ausnützung der Wasserkräfte bei mäßigen Anlagekosten sichert.

Bei der Konstruktion vertikaler Wasserräder hat die Vernachlässigung theoretischer Grundsätze in vielen Fällen weniger schwere Folgen, als beim Turbinenbau, doch ist auch bei dieser Gattung von hydraulischen Motoren die Erzielung und Vorausbestimmung höchster Wirkungsgrade nur möglich unter Anlehnung an streng wissenschaftliche Betrachtungen.

Zur umstehenden Tabelle ist bezügl. der Bezeichnungen, soweit dieselben nicht durch die Überschriften über den einzelnen Spalten erklärt sind, folgendes zu bemerken:

h = bedeutet die Druckhöhe zur Erzeugung der Eintrittsgeschwindigkeit c des Wassers ins Rad.

f = Freihängen bei oberschlächtigen Rädern.

x = Abstand des Radscheitels von Unterkante Gerinnsohle.

h_t = normale Eintauchung der Radschaufeln bei Schaufelrädern.

$h_t$max. = tiefste Eintauchung derselben, wobei das Rad noch gangfähig ist.

g = Beschleunigung durch die Schwerkraft = 9,81 m i. d. Sekunde.

$\sqrt{2gh}$ = die der Beschleunigung zukommende theoretische Endgeschwindigkeit i. d. Sekunde bei einer Druckhöhe = h.

Tabelle über Größenverhältnisse und Wirkungsgrade der Wasserräder.

	Bezeichnung des Wasserrades	Gefälle H in m	Wassermenge Q in cbm i. d. Sek.	Eintrittsgeschwindigkeit c in m	Umfangsgeschwindigkeit v in m	Raddurchmesser D in m	Wassermenge für 1 m Radbreite in cbm	Wirkungsgrad η
Zellenräder	Rückschlächtiges Rad	3,5—5,0	0,1—0,8	$0{,}90\sqrt{2gh}$	1,4—1,6	1,33 H 4,5—7,0	0,1—0,2	0,60—0,70
	Millot-Rad	3,0—4,0	0,25—0,5	1,4—1,75	1,2—1,5	1,8—2,0 H	0,25	0,60—0,70
	Pfister-Rad	3,0—6,0	0,02—0,3	$0{,}85–0{,}90\sqrt{2gh}$	$0{,}5 \cdot c$	$\frac{38\sqrt{h}}{n}$	0,15	0,65—0,75
	Oberschlächtiges Rad für kleines Gefälle	3,0—5,0	0,075—0,9	$1{,}1 \cdot v$	1,3—1,5	$H-[h+f+x]$	0,1—0,25	0,65—0,75
	Oberschlächtiges Rad für mittleres Gefälle	5,0—8,0	0,06—0,7		1,5—1,75			0,75—0,80
	Oberschlächtiges Rad für großes Gefälle	8,0—12,0	0,04—0,5		1,75			0,80—0,88
Schaufelräder	Wasserrad im Schußgerinne				2,5	4,5—5,5	1,5—2,5	ca. 0,30
	Poncelet-Rad	0,5—1,7	0,5—4,0	$0{,}95\sqrt{2gh}$	$0{,}4\,c$	3,0—7,0 4 H	0,6—0,9	0,50—0,65
	Unterschl. Kropfrad mit Spannschütze	0,3—2,0	0,4—2,5	$0{,}6–0{,}7\sqrt{2gh}$	2,0—2,5	4,0—6,0	0,5—0,8	0,50—0,65
	Unterschl. Kropfrad mit schiefer Einlaßschütze	0,5—1,8	0,5—3,5	$0{,}7–0{,}8\sqrt{2gh}$	1,8—2,2	4,5—6,5	0,4—0,7	0,60—0,70
	Schaufelrad mit Überfalleinlauf schnellgehend ältere Konstruktion	1,5—2,5	0,4—2,5	3,5	1,6—2,0	2,5 H — 3 H	0,5—0,8	0,60—0,70
	Überfallrad nach neuestem System für kleinere Wassermengen	0,75—1,5	0,2—1,0	durchschnittlich etwa $1{,}2 \cdot v$	1,1—1,25	$2\left(H+h_t+\frac{h_t\max-h_t}{2}+\frac{1}{H}\right)$	0,3—0,4	0,72—0,76
	Überfallrad nach neuestem System für größere Wassermengen	1,2—3,5	1,0—5,0		1,2—1,4		0,5—0,7	0,75—0,78
	Überfallrad nach neuestem System für höhere Gefälle teilweise m. Kulisseneinlauf	3,0—4,0	0,75—4,0		1,4—1,5		0,4—0,5	0,75—0,80
	Schaufelrad mit Kulisseneinlauf nach Prof. Bach	1,5—4,5	0,4—1,5	$0{,}92–0{,}94\sqrt{2gh}$	1,6—2,2	$H+3{,}5$ m max 7 m	0,4—0,5	0,70—0,78
	Zuppinger-Rad mit Seitengetäfel	1,0—3,0	0,5—5,0	1,7—2,0	1,4—1,6	2,0—3,5 H	0,5—0,7	0,65—0,75
	Sagebien-Rad	0,3—4,0	0,6—5,0	0,7—0,9	0,6—0,8	8,0—10,0	0,6—0,7	0,75—0,85

Die Zellenräder.

Erster Abschnitt.

Theoretische Bestimmung des Nutzeffektes oberschlächtiger Wasserräder.

Mit der Entwicklung der theoretischen Behandlung der Wassermotoren zeigte sich natürlich auch das Bedürfnis einer rechnungsmäßigen Vorausbestimmung des Nutzeffektes.

Bei oberschlächtigen Rädern führt nachfolgendes graphisch-analytisches Verfahren, welches z. T. den Vorträgen des Prof. v. Kankelwitz entnommen ist, auf einfache Weise zum Ziel.

Die schematische Anordnung ist gewöhnlich nach Fig. 1 und es gelten die dort eingeschriebenen Bezeichnungen, ferner sei:

w die Austrittsgeschwindigkeit,
v die Umfangsgeschwindigkeit des Rades,
b die Radbreite und
b' die Strahlbreite,
z der Vertikalabstand von der Mitte des Austritts bis zum Radscheitel.

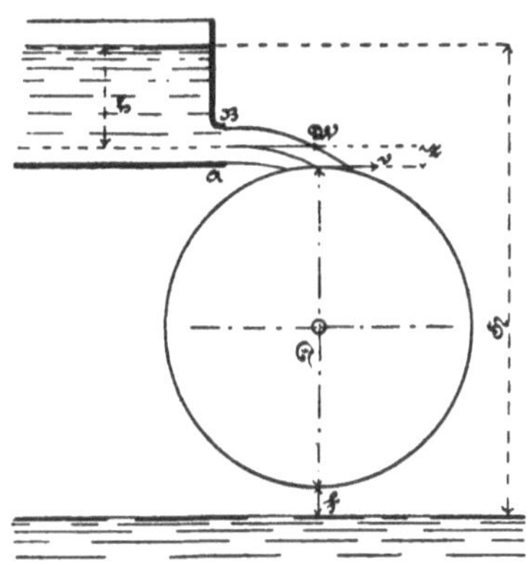
Fig. 1.

Man konstruiert zuerst den absoluten Strahl Fig. 2 nach dem Gesetz der Parabel und erhält die Tangente an die Parabel im Scheitel v des Rades, durch welchen Punkt der freispringende Strahl bei vorteilhaft konstruierten Rädern zu gehen hat, durch Verlängerung von $A\,S'$, so dass $A\,S' = S'\,B = z$ wird.

Der Punkt S' ist Scheitel der Parabel und die Tangente in S' horizontal.

Trägt man jetzt von O aus nach rechts Fig. 2 die Horizontalwege des Strahls für sehr kleine Zeitintervalle, z. B. $\frac{1}{20}$ sec. auf, so haben wir für einen beliebigen Punkt:

$$y = \frac{1}{2} g t^2 \quad \ldots \ldots \quad (2)$$

wo t die dem Horizontalwege s_w entsprechende Zeit.

Die Strahlstärke a für einen beliebigen Punkt erhält man aus der Gleichung:

$$Q = a \,.\, b' \,.\, c \quad \ldots \ldots \quad (3)$$

wo Q die Wassermenge i. d. Sekunde bedeutet und c für jeden Punkt wie in Fig. 2 und 4 zu bestimmen.

Der relative Strahl wird aus dem absoluten erhalten, indem man in Fig. 2 die den einzelnen Punkten der letzteren entsprechenden Radwege zurück trägt; man benützt hierbei vorteilhaft dieselben Zeitintervalle, wie bei Konstruktion des absoluten Strahls.

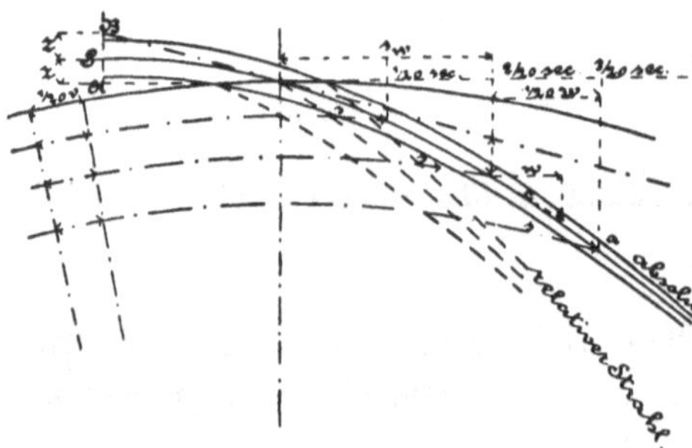

Fig. 2.

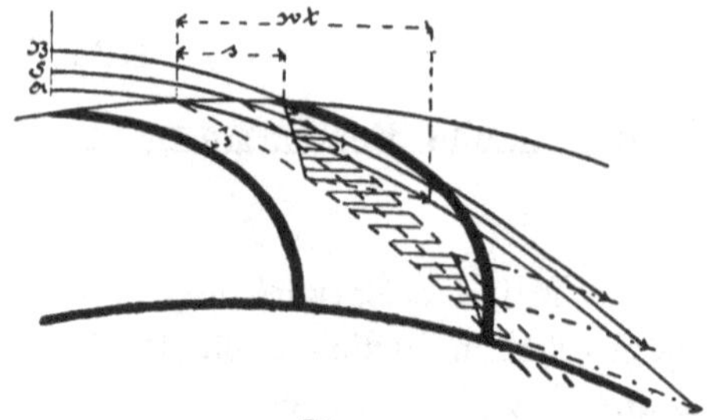

Fig. 3.

Jetzt kann man nach Einzeichnung der Schaufeln in der Stellung Fig. 3 sofort beurteilen, ob die Eintrittsverhältnisse des Rades richtig sind. In diesem Fall muß hinter dem relativem Strahl genügender Raum $s_2 b$ vorhanden sein, so daß die Luft, welche durch das einströmende Wasser verdrängt wird, mit einer Geschwindigkeit von nicht über 6 m ausströmen kann.

Ist der Querschnitt $s_2 b$ zu klein, so schießt ein Teil des Wassers über das Rad weg und es tritt hierdurch unter Umständen ein bedeutender Effektverlust ein, welcher jedoch rechnungsmäßig sehr schwer zu bestimmen ist.

Ein weiterer Verlust beim Eintritt entsteht durch den Rückschlag des Wassers auf die Schaufeln, welcher nie ganz zu vermeiden, jedoch bei guten Rädern so klein ist, dass er vernachlässigt werden kann. Derselbe läßt sich schätzungsweise an der Hand von Fig. 3 mit Hilfe des relativen Strahls erkennen. Der relative Strahl giebt außerdem, mit Rücksicht auf ein möglichst spätes Ausleeren, dem Konstrukteur das Mittel, die richtige Form und Anzahl der Schaufeln zu bestimmen. Dasjenige Stück des relativen Strahls, welches einer Schaufelteilung entspricht, erhält man wie folgt:

Man greift die zu machenden Radwege z. B. s aus der Zeichnung Fig. 3 ab und hat alsdann:

$$t_1 = \frac{s_1}{v} \quad \ldots \ldots \quad (4)$$

wo v = Radgeschwindigkeit.

Trägt man $w\, t_1$ von dem betreffenden Punkt aus nach rechts, projiziert auf den entsprechenden Punkt des absoluten Strahls herunter und sucht den korrespondierenden Punkt des relativen Strahls auf, so erhält man einen der gesuchten Punkte. Auf diese Weise lassen sich die 6 in Fig. 3 mit Ringen bezeichneten Punkte bestimmen und man erhält durch Verbindung derselben das Gesuchte.

Für größere Räder $D > 4^{\text{m}}$ genügt es nun, die Eintrittsverluste auf folgende Weise zu nehmen:

$$\left.\begin{array}{ll} \text{durch Umsetzen in Geschwindigkeit} \;.\;.\;. & 0{,}1\,\dfrac{c^2}{2g} \\ \text{,, Stoß} \;.\;.\;.\;.\;.\;.\;.\;.\;.\;.\;. & \dfrac{m^2}{2g} \\ \left.\begin{array}{l}\text{,, die Tieferlage des Schwerpunktes} \;. \\ \text{des Wasserkörpers in der Schaufel} \;.\end{array}\right\} & A \end{array}\right\} = \text{Eintrittsverluste.} \qquad (5)$$

wobei c und m die absolute, bezw. Eintrittsgeschwindigkeit in das Rad am Scheitel 0 bedeutet, Fig. 4.

Für kleinere Räder $D = < 4^{\mathrm{m}}$ und wenn man genau rechnen will, hat man den Stoßpunkt des Strahls zu bestimmen und die Geschwindigkeiten c und m alsdann dort abzunehmen.

In diesem Fall nimmt man der Einfachheit halber und weil es in Wirklichkeit, wie man sich leicht überzeugt, nur sehr wenig ausmacht, an, die radiale Entfernung des Schwerpunktes des Wasserkörpers ändere sich nicht, derselbe bewege sich also auf einem Kreise und bestimmt alsdann die Lage desselben nach aufeinander folgenden kleinen Zeitintervallen, z. B. $^1/_{20}$ Sekunde wie für den absoluten Strahl. Es werden nun entweder zwei gleichnamige (derselben Zeit entsprechende) Punkte des Schwerpunktskreises und des absoluten Strahls zusammenfallen, was unmittelbar den Stoßpunkt giebt, oder aber die Sache gestaltet sich wie in Fig. 4 und es läßt sich der Stoßpunkt dann leicht durch die angedeutete graphische Interpolation bestimmen. Jetzt ist c und m in dem Standpunkt S abzugreifen, Fig. 4, und man hat:

$$\left.\begin{array}{ll} \text{durch Umsetzen in Geschwindigkeit} & 0{,}1\,\dfrac{c^2}{2g} \\ \text{,, Stoß} \;.\;.\;.\;.\;.\;.\;.\;.\;.\;. & \dfrac{m^2}{2g} \end{array}\right\} = \text{Eintrittsverluste.} \qquad (6)$$

Die Austrittsverluste erfolgen durch zu frühes Entleeren, Verlust der Umfangsgeschwindigkeit und durch die Höhenlage des Rades über dem Unterwasserspiegel.

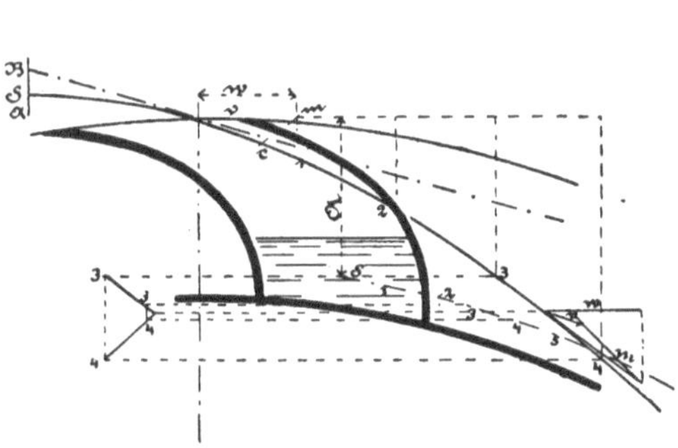

Fig. 4.

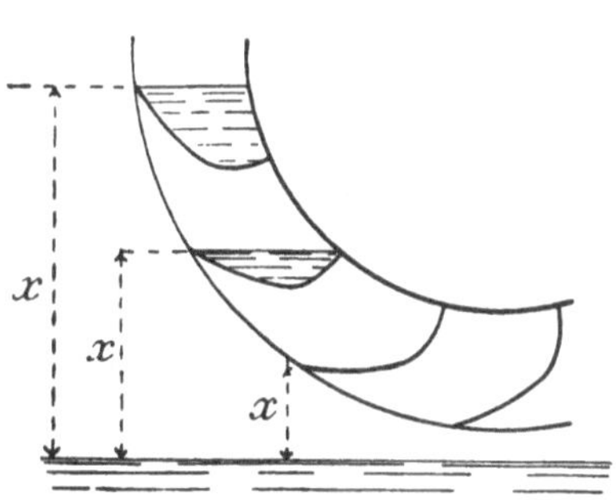

Fig. 5.

Bei dem Entleeren handelt es sich darum, die Anzahl Meterkilogramm zu bestimmen, welche verloren gehen.

Sei $d\,Q$ die Wassermenge, welche in der Sekunde aus einer Schaufel ausfließt und x die verlorene Fallhöhe, so ist der Verlust

$$\mathfrak{V} = \int x\,d\,Q \;.\;.\;. \qquad . \qquad (7)$$

den Wert dieses Integrals bestimmt man am besten graphisch, indem man nach Fig. 6 die Schaufelfläche von Beginn des Ausleerens an in einzelne Teile zerlegt, die entsprechende Fallhöhe dazu bestimmt und dann nach der SIMPSON'schen Regel den Mittelwert dazu aufsucht. Man hat also z. B. für 3 Teile in Übereinstimmung mit Fig. 6 und 7.

$$I = \frac{x_1 + 3\,x_2 + 3\,x_3 + x_4}{8}\,Q_I \quad . \quad . \quad . \quad (8)$$

$$II = \frac{x_4 + 3\,x_5 + 3\,x_6 + x_7}{8}\,Q_{II} \quad . \quad (9)$$

und somit den Gefällverlust h_v m:

$$h_v = \frac{I + II}{Q} \quad . \quad . \quad . \quad . \quad . \quad (10)$$

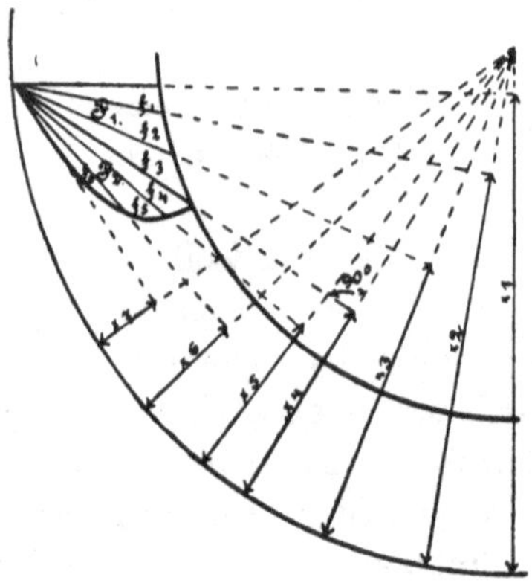

Fig. 6.

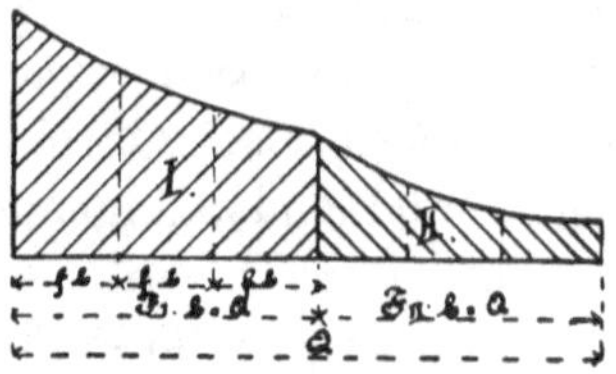

Fig. 7.

Dieses h_v ist jedoch nicht genau richtig, weil dabei angenommen ist, daß der Wasserspiegel in der Schaufel horizontal bleibt, was nur der Fall, wenn das Rad stillsteht, während bei der Bewegung das Wasser in der Schaufel vermöge der Centrifugalkraft eine konkav von oben gekrümmte Oberfläche erhält, infolgedessen das Entleeren in der That frühzeitiger vor sich gehen wird. Der Einfluß ist jedoch bei Rädern mit nicht zu großer Geschwindigkeit so gering, daß er für praktische Zwecke vernachlässigt werden kann.

Die sämtlichen Austrittsverluste ergeben sich sonach wie folgt:

$$\left.\begin{array}{ll} \text{durch frühzeitiges Entleeren} \;.\;.\;.\;.\;.\;. & h_v \\ \text{„ Entführung von Geschwindigkeit} \;. & \dfrac{v^2}{2g} \\ \text{„ Aufhängen über dem Unterwasserspiegel} & f \end{array}\right\} = \text{Austrittsverluste} \quad . \; (11)$$

Zu den Ein- und Austrittsverlusten kommt noch die Zapfenreibung hinzu, welche nach bekannten Gesetzen zu rechnen und in Fallhöhe für die Wassermenge Q auszudrücken ist.

Die Anwendung des in vorstehendem gezeigten Verfahrens ergab für ein Rad von vorliegenden Abmessungen und unter der Voraussetzung, daß das Rad den oben gegebenen Regeln gemäß konstruiert ist, so daß Rückschlag vernachlässigt werden kann und kein Überfließen des Wassers über die Schaufeln stattfindet, folgende Resultate:

Für $Q = 0{,}3^{\text{cbm}}$ $\quad H = 4^{\text{m}}$ $\quad w = 3^{\text{m}}$ $\quad v = 1{,}5^{\text{m}}$

$f = 0{,}025^{\text{m}}$ $\quad D = 3{,}434^{\text{m}}$ $\quad z = 0{,}036^{\text{m}}$

$$h = 1{,}1\,\frac{w^2}{2g} \qquad = 0{,}505^{\text{m}}$$

Verluste.

a) mit Bestimmung des Stoßpunktes:

durch Umsetzen in Geschwindigkeit	$0{,}1 \frac{c^2}{2g} = 0{,}078^m = 1{,}95\ \%$	Eintritt
„ Stoß . .	$\frac{m^2}{2g} = 0{,}385^m = 9{,}62_5\ \%$	
durch frühzeitiges Entleeren	$h_v = 0{,}389^m = 9{,}72_5\ \%$	Austritt
„ Entführung von Geschwindigkeit	$\frac{v^2}{2g} = 0{,}114^m = 2{,}85\ \%$	
Über dem Unterwasser hängen	$f = 0{,}025^m = 0{,}62_5\ \%$	
Zapfenreibung	$= 0{,}048^m = 1{,}20\ \%$	
zusammen:	$= 1{,}039^m = 25{,}97_5\ \%$	
somit der Nutzeffekt	$\eta = 74{,}02\ \%$.	

b) ohne Bestimmung des Stosspunktes.

Eintritt	$0{,}1 \frac{c^2}{2g}$	$= 0{,}054 =$	$1{,}35\ \%$
	$\frac{m^2}{2g}$	$= 0{,}150 =$	$3{,}75\ \%$
	a	$= 0{,}232 =$	$5{,}80\ \%$
Austritt	h_v	$= 0{,}389 =$	$9{,}72_5\ \%$
	$\frac{v^2}{2g}$	$= 0{,}114 =$	$2{,}85\ \%$
	f	$= 0{,}025 =$	$0{,}62_5\ \%$
Zapfenreibung		$= 0{,}048 =$	$1{,}20\ \%$
zusammen		$= 1{,}012^m =$	$25{,}30\ \%$
	Nutzeffekt	$\eta =$	$74{,}7\ \%$.

Untergeordnete Effektverluste, welche sich näherungsweise in Anschlag bringen lassen, sind der Widerstand der Luft und die Reibung der Wasserradwelle in den Lagern. Letzteren Verlust haben wir oben bereits mit 1,2 % eingesetzt.

Der als tangentialer und der Bewegung des Rades entgegengerichtete Luftwiderstand kann bei normalem Gang mit höchstens etwa 1 % in Rechnung gebracht werden. Bei oberschlächtigen überhaupt bei Rädern mit seitlich geschlossenem Radkranz, läuft die in den Schaufelräumen befindliche Luft im wesentlichen mit dem Rade um, insoweit sie nicht durch die Ventilationsspalten erneuert und nach außen fortgetrieben wird.

Der Effektverlust durch die Zapfenreibung der Welle ist, wenn G das Gewicht des Rades und r den Halbmesser in den Lagern (im Mittel, wenn er in den Lagern verschieden sein sollte) bezeichnet

$$E_z = \mu\, G \frac{r}{R} v \quad . \tag{12}$$

$\mu = 0{,}06$ bis $0{,}08$ Reibungskoeffizient.

Für ein zu entwerfendes Rad, für welches zwar v und R angenommen, G und r noch nicht bekannt sind, kann man für das Gesamtgewicht des Rades mit Rosette, Welle und Lagern

$$G = C \times N_n \text{ kg.}$$

setzen, unter C eine Konstante verstanden, die durch Vergleichung einer größeren Zahl ausgeführter Räder verschiedener Art und Größe bestimmt wurde.

Für die Konstante C wurde, mittlere Verhältnisse vorausgesetzt, gefunden:

$$C = 450$$

$$\text{somit } G = 450 \times N_n \text{ kg} \quad \ldots \ldots \ldots \quad (13)$$

Noch genauer kann überschläglich gesetzt werden für das Gewicht des schmiedeeisernen Radkörpers oberschlächtiger Räder bei zwei Armsystemen und leichter Bauart:

$$G = 2\ (25 . Z . B) + \text{Gewicht der Diagonalverbände} \quad \ldots \quad (14)$$

und sind die gefundenen Zahlen nach oben abzurunden. (Z = Zellenzahl.)

Konstruktionsgrundlagen der oberschlächtigen Wasserräder.

Das oberschlächtige Wasserrad gehört, wie wir bereits bei Besprechung der Wirkungsweise der verschiedenen Konstruktionen hervorgehoben haben, zu den bestwirkenden hydraulischen Motoren.

Das Wasser arbeitet im Rad während des größten Teils der Gefällhöhe durch sein Gewicht, je früher dasselbe in den Schaufeln zur Ruhe gelangt und je länger die Dauer, während welcher es mit dem Rad niedersinkt, desto günstiger wird der Nutzeffekt. Das Rad taucht bei normalen Verhältnissen nicht im Unterwasser, sondern hängt frei über demselben, was bei der gewöhnlichen Anordnung Fig. 9 nötig ist, da die Drehungsrichtung des Rades der Ablaufrichtung des Unterwassers entgegengesetzt ist. Die Austrittsgeschwindigkeit wird für den Abfluß nicht nutzbar gemacht, geht somit für den Effekt verloren, es ist dies eine Schattenseite dieser Räder. Taucht das Rad, so können sich die Zellen nicht rechtzeitig entleeren, wodurch ein Teil des Wassers mit den Schaufeln hochgezogen wird, wenn nicht die sogenannte Ventilation im Radboden das Nachtreten der Luft in die Zellenräume ermöglicht.

Im allgemeinen lassen sich die Effektverluste bei oberschlächtigen Rädern rechnerisch genauer verfolgen als bei den anderen Konstruktionen und insbesondere läßt sich das Wassergewicht im Rad, die Stoßwirkung desselben, die Lagerdrücke, die Beanspruchung einzelner Konstruktionsglieder leichter feststellen. Oberschlächtige Räder sind kräftig zu bauen. Bei Bemessung der Radteile ist namentlich die Verschiedenheit der Füllung und das Tauchen bei wechselnden Wasserständen zu berücksichtigen.

Man wählt je nach der Größe des Gefälles das Freihängen

$$f = 2 \text{ bis } 5 \text{ cm} \quad \ldots \ldots \ldots \ldots \quad (15)$$

und ist bei öfter und stark veränderlichem Unterwasserspiegel genötigt, manchmal darüber hinauszugehen. Auch dieser Teil des Gefälles geht für die Nutzwirkung verloren.

Wählt man die Eintrittsgeschwindigkeit

$$c = 1{,}1 \times v \quad \ldots \ldots \ldots \ldots \quad (16)$$

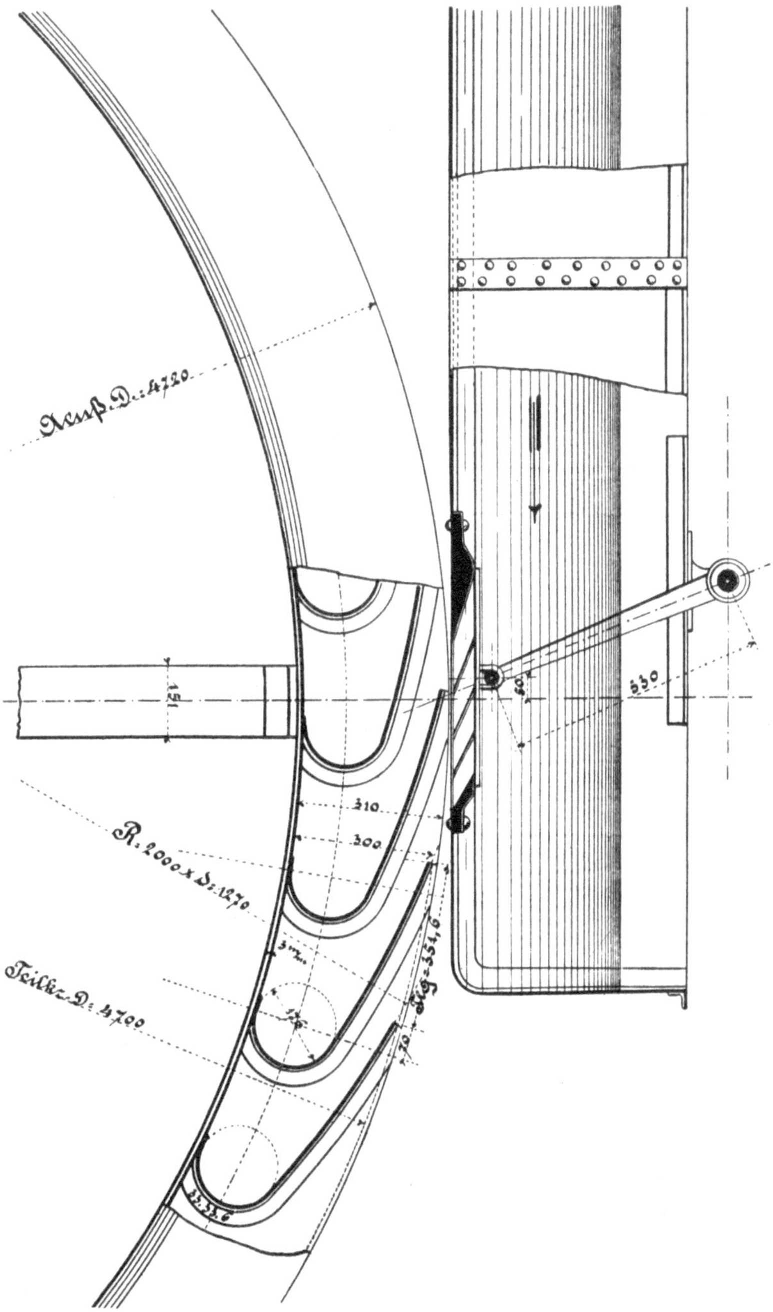

Fig. 8. Zungeneinlauf mit einem Schieber.

so ergiebt sich die Druckhöhe h zur Erzeugung dieser Geschwindigkeit

$$h = \frac{1}{\varphi^2} \cdot \frac{c^2}{2g} = \frac{1}{0{,}97^2} \cdot \frac{1{,}1 \times v^2}{2 \,.\, 9{,}81} \quad . \quad . \quad . \quad . \quad . \quad . \quad . \quad . \quad (17)$$

Die Umfangsgeschwindigkeit des Rades sei:

$$v = 1{,}3 \text{ bis } 1{,}5 \text{ m i. d. Sek.} \quad . \quad . \quad . \quad . \quad . \quad . \quad . \quad . \quad . \quad (18)$$

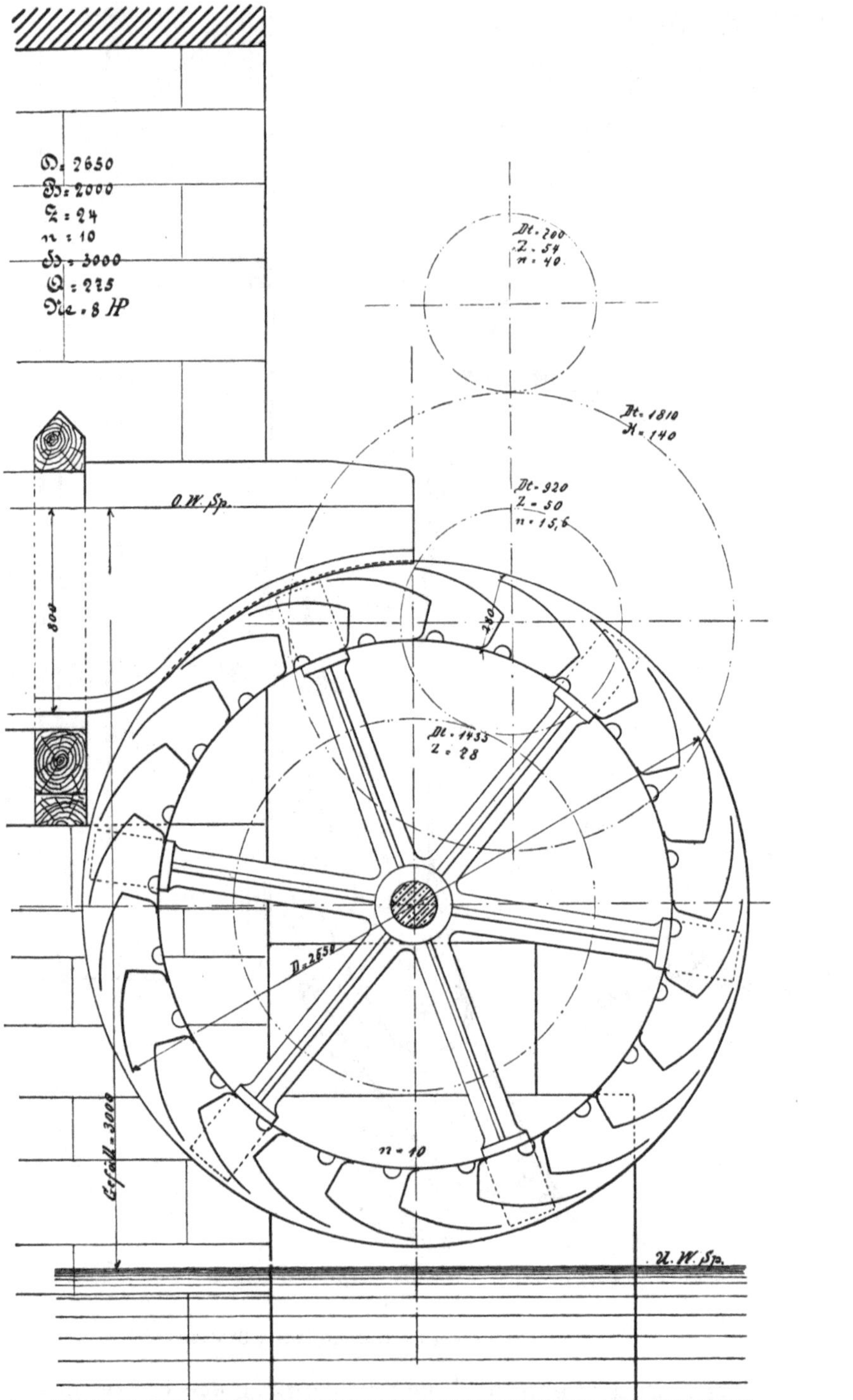

Fig. 9. Zellenrad mit seitlicher Ventilation.

wachsend mit dem Gefälle und können wir die minimale Druckhöhe h bestimmen zu

$$h_{\text{min.}} = 10 \text{ bis } 15 \text{ cm} \quad \ldots\ldots\ldots \quad (19)$$

Man wird zwar nur in seltenen Fällen, bei geringen und konstanten Wassermengen, bis auf diese minimale Druckhöhe herabgehen können.

Für die Praxis geht man mit Rücksicht auf die Schwankungen der Oberwasserspiegel selten unter $h = 0{,}2$ m herunter und erfordern die, später noch

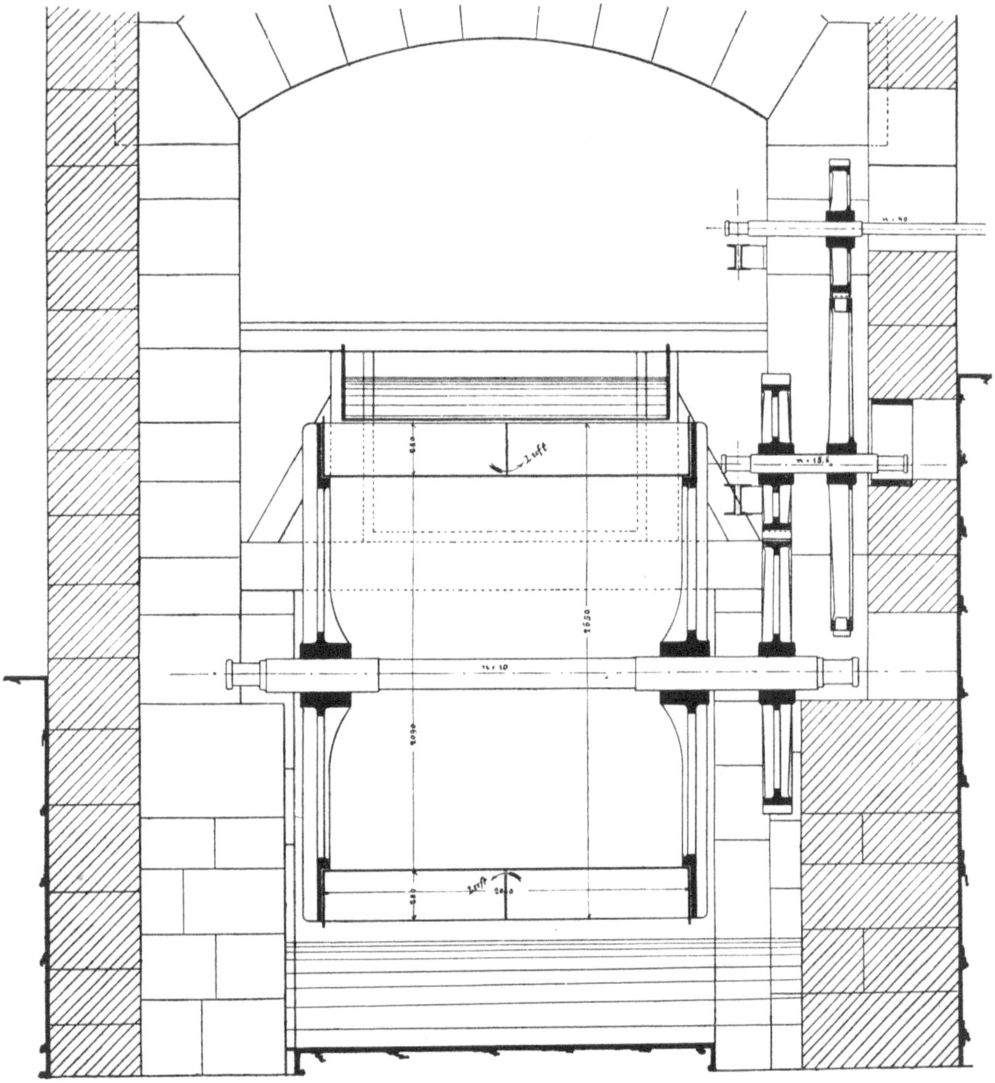

Fig. 10. Querschnitt zu Fig. 9.

eingehend behandelten Zungeneinläufe bedeutendere Druckhöhen, um Wirbelbildungen zu vermeiden.

Die in der technischen Litteratur häufig anzutreffende Angabe $c = 2 \cdot v = 3$ bis 4 m ist nicht brauchbar, indem die Eintrittsverluste dadurch unnötigerweise hoch ausfallen. Wir wiederholen, daß die Druckwirkung groſs, die Stoßwirkung aber so gering als möglich zu nehmen ist.

Der Raddurchmesser D bestimmt sich nunmehr aus:

$$D = H - (h + f + x) \quad \ldots \ldots \ldots \quad (20)$$

$x =$ Spielraum zwischen Radscheitel und Unterkante-Einlauf, gew. 2 bis 5 cm, wenn die Felgen abgedreht sind, was der Fall sein muß, und das Rad rund läuft.

Der Punkt, in welchem die Mittellinie des Wasserstrahls auftrifft, soll im Radscheitel liegen. Die Verlegung des Einlaufs vom Scheitel rückwärts (entgegengesetzt der Drehungsrichtung des Rades) ist für den Nutzeffekt günstiger, jedoch bei großem Raddurchmesser nicht immer anwendbar, um das Anlassen zu sichern und gleichzeitig zu vermeiden, daß Wasser hinten über das Rad läuft.

Die radiale Dimension der Zellen a wählt man zwischen folgenden Grenzen: bei Wassermengen bis 0,5 cbm i. d. Sekunde

$$a = 0{,}25 \text{ m bis } 0{,}35 \text{ m} \qquad (21)$$

bei Wassermengen von 0,5 bis 1 cbm i. d. Sekunde

$$a = 0{,}35 \text{ m bis } 0{,}45 \text{ m} \qquad (22)$$

und zwar um so tiefer, je größer die durch das Rad zu verarbeitende Wassermenge ist und je weniger breit man das Rad machen will.

Mit der Vermehrung der radialen Tiefe nimmt der Nutzeffekt ab, da die Lage des Schwerpunktes der Wasserfüllung in der Schaufel mehr gegen den Mittelpunkt des Rades rückt und die Eintritts- und Austrittsverluste damit wachsen.

Der Füllungsgrad ε oder das Verhältnis zwischen der Wassermenge, welche ein Zellenraum aufzunehmen hat, und dem Volumen eines solchen Raumes betrage:

$$\varepsilon = 0{,}25 \text{ bis } 0{,}4 \qquad (23)$$

Hieraus ergiebt sich vorbehältlich späterer Abrundung die Radbreite B unter Berücksichtigung der Schaufeldicke, für welche ein Zuschlag von 3 bis 4 % zu machen ist:

$$B = 1{,}035 \frac{Q}{a \cdot v_1 \cdot \varepsilon} \qquad (24)$$

$v_1 =$ Geschwindigkeit im Schwerpunkt der Schaufelfüllung.

Zur entgiltigen Feststellung der Radbreite wird man auf die im Handel vorkommenden Blechgrößen Rücksicht zu nehmen haben, um nicht unnütze Abfälle zu bekommen; die Schaufeln verursachen den meisten Arbeits- und Materialaufwand.

Beispiel 1 S. 44 zeigt, dass das Gewicht der Schaufeln mit angenieteten Winkeleisen 50 % vom Gesamtgewicht der Blecharbeit (Schaufeln, Felgen, Böden, Laschen) ausmacht.

Die Schaufelteilung betrage etwa

$$t = 0{,}35 \text{ m.} \qquad (25)$$

somit die Schaufelzahl vorläufig:

$$Z = \frac{\pi D}{0{,}35} \qquad (26)$$

dieselbe ist abhängig von der Zahl der Radarme eines Systems, da die Schaufelzahl stets ein Vielfaches der Armzahl sein muß.

Eine Abweichung von dieser Regel bietet konstruktive Schwierigkeiten.

Die Anzahl der Radarme A ist abhängig von dem Effekt des Rades, im allgemeinen ist dieselbe etwas größer als bei den Überfallrädern und den Rädern mit Spannschütze zu wählen; als Anhaltspunkt möge des Verfassers Formel dienen:

$$A = \frac{\pi \times D}{1{,}5 + (0{,}1 \times D)} \quad . \quad . \quad . \quad . \quad (27)$$

An der Übertragung des Drehungsmoments sollen möglichst alle Arme teilnehmen, es wird dies erreicht, wenn der Radkranz genügend Steifigkeit besitzt und die Verbindung der Arme mit demselben sorgfältig ausgeführt wird.

Armquerschnitte, bei welchen der größte Teil des Materials in der neutralen Achse liegt, sowie Profile von unförmlichen Dimensionen sind zu vermeiden. (Berechnung der Wasserradarme siehe S. 30 u. ff.)

Die geringste Anzahl Arme ist gewöhnlich 6, die größte 12 für je 1 Armsystem. Weniger als 6 Arme anzuordnen ist selbst bei kleinen oberschlächtigen Rädern als unkonstruktiv nicht zulässig, da bei geringem Raddurchmesser das einzelne Felgenstück einen starken Bogen aufweist und die bescheidene Ersparnis an Walzeisen beim U-Armprofil sich durch Blechverschwendung an den Kranzfelgen mehr als ausgleicht.

Die Effektverluste haben wir bereits S. 19 festgestellt; es erübrigt uns noch der beim Eintritt des Wassers in die Zellen entstehenden Kompression zu gedenken.

Da die Zellen nur gegen den eintretenden Strahl geöffnet sind, so entsteht zur Zeit der Füllung eine Kompression der in denselben enthaltenen Luft, welche den Wasserstrahl zum Teil durchbricht und Anlaß zu inneren Bewegungen und Ablenkungen giebt, welche die gute Wirkung stören, Wasserverluste herbeiführen und die Eintrittsgeschwindigkeit zu vermindern streben.

Wir werden daher auf eine mäßige Eintrittsgeschwindigkeit hingewiesen, welche eine ebenfalls mäßige Umfangsgeschwindigkeit des Rades bedingt.

Um die Kompression zu vermeiden, werden im Radboden Öffnungen zum Entweichen der Luft angeordnet. Am zweckmäßigsten erstrecken sich die Öffnungen über die ganze Breite der Schaufeln, da sie dann ziemlich eng gehalten werden können und keine oder nur geringe Wasserverluste verursachen.

In welcher Weise die Ventilation bewerkstelligt werden kann, zeigen die Skizzen S. 22, 23, 26, 52, 53.

Die Öffnungen im Radboden sichern auch ein rechtzeitiges Entleeren der Zellen beim Tauchen des Rades, doch hat die Wahl der Ventilation mit Vorsicht zu geschehen, da sie die Herstellungskosten des Motors wesentlich beeinflußt, wenn sie z. B. nach Fig. 21 genommen wird.

Die Konstruktion nach Fig. 11 ist die einfachste, erfüllt ihren Zweck vollkommen, auch wird dadurch der Radboden überflüssig, doch ist sie für breite Räder ohne Mittelkranz nicht ausführbar und nur für kleinere Kräfte geeignet.

Bei Rädern mit einem Mittelkranz verfährt man auch manchmal nach Fig. 10, indem die Luft durch die seitlichen Öffnungen im Mittelkranz aus den Zellen der einen Radhälfte in die andere übertritt. Die Schaufelkanten der beiden Radhälften sind dabei um die halbe Teilung gegeneinander zu versetzen.

Ist keine Ventilation vorhanden, so ist die Strahlbreite

$$b = B - 0{,}1\,\mathrm{m} \text{ bis } 0{,}2\,\mathrm{m} \quad \ldots\ldots\ldots \quad (28)$$

zu nehmen. Bei Rädern mit einem Mittelkranz soll die Verminderung der Strahlbreite das Doppelte betragen.

Zellenräder erhalten genügende Festigkeit, wenn man den Schaufeln und dem Radboden giebt die Dicke:

$$e = 1 + 5 . a + 0{,}8 . B \quad \ldots\ldots\ldots \quad (29)$$

gewöhnlich 3,5 bis 4 mm

und den Seitenkränzen desgleichen:

$$1{,}6 . e \text{ oder } 5 \text{ bis } 7\,\mathrm{mm} \quad \ldots \quad (30)$$

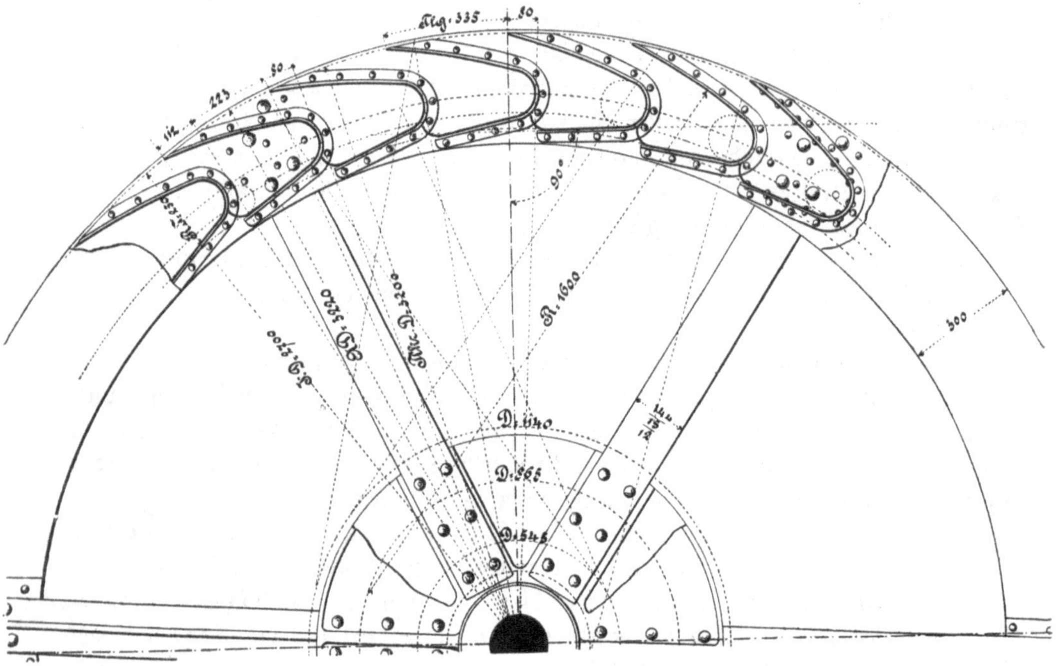

Fig. 11. Ventiliertes Zellenrad ohne Boden.

Stärke und Dichtigkeit der Blechtafeln für die Schaufeln ist niemals ganz gleich, weshalb die fertigen Schaufeln vor dem Einnieten zu verwiegen und entsprechend im Radkranz zu verteilen sind, damit das Rad ein labiles Gleichgewicht erhält.

Beim oberschlächtigen Rad kommt die Wirkung des Wassers durch die Schwerkraft am reinsten zum Ausdruck. Theoretisch wird bei ihm das Wasser an seinem höchsten Punkte eingeleitet und verteilt sich in die Zellen, am halben Umfang des Schaufelkranzes; es durchläuft mit dem Rad gemeinsam einen bestimmten Weg in vertikalem Sinne.

Die Gefällhöhe unterscheidet sich daher praktisch nur sehr wenig vom Durchmesser des Rades und vermindert sich um:

1. die Dicke h der Wasservorlage, welche zur Erzeugung der Eintrittsgeschwindigkeit nötig, und welche, wie wir gesehen haben, nicht bedeutend ist;

2. die Bodenstärke des Zuflußgerinnes und
3. den Spielraum zwischen der Unterkante des Gerinnes und dem Radkranz und zwischen letzterem und dem Unterwasserspiegel.

Letztere Größe hängt von dem veränderlichen Wasserstand ab und wäre ein zu großes Freihängen zu vermeiden, außerdem soll das Rad bei normalem Gang nicht im Unterwasser waten.

Bei der gewöhnlichen Anordnung ist das Wasser nach dem Austritt aus den Zellen genötigt, sich im Ablaufkanal umzuwenden, um seinen Lauf in ent-

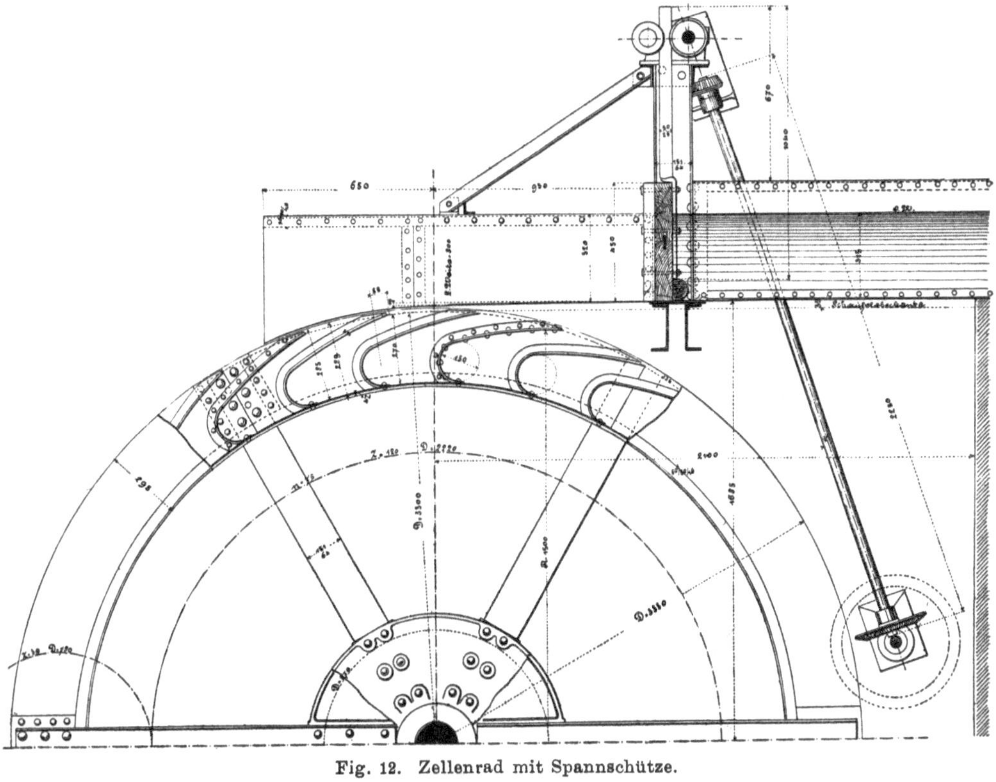

Fig. 12. Zellenrad mit Spannschütze.

gegengesetztem Sinne wieder aufnehmen zu können, hieraus ergiebt sich eine nachteilige Stauung, besonders wenn das Rad wegen Hinterwasser watet.

Die Geschwindigkeit u, mit welcher das Wasser das Rad verläßt, ist gleich der Geschwindigkeit v_1 im Schwerpunkt der Wasserfüllung, daher:

$$u = v_1$$

Bei den Zungeneinläufen kann die Drehung des Rades der Ablaufrichtung des Unterwassers angepaßt werden, was bei öfter eintretendem Stau vorteilhaft ist.

Die Gefällhöhe H unterscheidet sich nur wenig vom Raddurchmesser, im allgemeinen beträgt sie 3 bis 10 m oder 12 m, in Ausnahmefällen selbst 15 m. Die für die Anwendung oberschlächtiger Räder geeignetsten Gefälle liegen zwischen 5 und 7 m.

Die Zuflußmenge für je 1 m Radbreite wechselt im allgemeinen zwischen 100 und 250 l i. d. Sekunde.

Da das Zellenrad einen langsamen Gang erhalten muß und die Kranztiefe einen gewissen Wert nicht übersteigen soll, so wäre man bei größeren Wassermengen genötigt, dem Rade eine übermäßige Breite zu geben, dieselbe überschreitet aber selten 4 m, so daß die Grenze der Anwendung dieses Rades bei 1 cbm i. d. Sekunde liegt.

Bei beträchtlicher Breite giebt man dem Rade mehrere zwischenliegende Armkreuze und scheidet die Zellen durch Wände entsprechend ab. Die Entfernung der Scheidewände soll 1 bis 1,5 m betragen und kann nur ausnahmsweise 2 m erreichen; bei letzterer Ausdehnung müssen die Schaufelbleche mehreremal durch Stützen versteift werden.

Sämtliche Wasserräder werden partial beaufschlagt. Das oberschlächtige Rad weist den längsten Umfangsbogen der gespeist wird auf, seine Partialität beträgt etwa 0,5.

Der Wirkungsgrad eines gut ausgeführten oberschlächtigen Wasserrads soll mindestens 70 bis 80 Prozent erreichen und unter den günstigsten Bedingungen erhält man auch etwas mehr.

Das Produkt $Q . H$ in Meter soll höchstens etwa $= 6$ entsprechend einer absoluten Leistung von $N_a = 80$ Pferdekräfte sein.

Die Schaufelform.

Die Schaufelkurve der oberschlächtigen Wasserräder ist in ziemlich enge Grenzen gewiesen. Die üblichen Normen bezüglich Anzahl und Tiefe der Radzellen haben wir bereits S. 22 u. f. festgestellt; die Form derselben hängt neben den Eintritts- und Austrittsbedingungen noch von Fabrikationsrücksichten ab.

Der Wassereintritt hat im Scheitel des Rades zu erfolgen, zuweilen steht der Eintrittspunkt um 10 bis 15 cm davon nach rückwärts ab, doch ist letzteres nur bei kleineren Rädern zulässig, bei großen Rädern aus bereits besprochenen Rücksichten nicht ratsam.

Die Geschwindigkeit des eintretenden Wassers sei wenigstens

$$c = 1{,}1 \times v = 1{,}43 \text{ bis } 1{,}65 \text{ m i. d. Sekunde} \quad . \quad . \quad . \quad . \quad . \quad (31)$$

die Umfangsgeschwindigkeit $v = 1{,}3$ bei kleineren und nicht über 1,50 m bei größeren Gefällen.

Die Schaufelzahl soll durch die Zahl der Radarme teilbar sein. Der Fassungsraum des Radkranzes wird durch die materielle Dicke der Schaufelbleche und Winkeleisen um ca. 3 bis 4 Prozent vermindert.

Um seitliche Wasserverluste zu vermeiden, sollen die Seitenwände mindestens 2 cm über die Schaufelkanten vorstehen. Die Zellen sind geknickt oder gebogen aus Blechen so herzustellen, daß das Wasser in denselben bald nach seinem Eintritt zur relativen Ruhe gelangt, nicht zu früh austreten kann, und auch noch genügend freier Raum (Schluckweite) für den Eintritt verbleibt.

Anhaltspunkte bieten die Schaufelformen, S. 21, 22, 26, 27, 38, 46 und 53.

In Ausnahmefällen, bei sehr hohen und breiten Rädern werden Schaufeln und Radboden aus Rücksichten der Stabilität und des Herstellungspreises aus Forchenholz angefertigt, wobei die einzelnen Bretter bei später notwendig werdenden Auswechselungen rasch und bequem herauszunehmen sein sollen (Beispiel S. 62).

Die Schaufeln werden zur Verzögerung des Austritts mit Überdeckung ausgeführt. Diese Überdeckung betrage etwa $^1/_3\ a$.

Das Zuleitungsgerinne ist horizontal oder sehr schwach geneigt.

Die Schütze stellt man so nah als möglich ans Rad.

Das Gewicht der Wasserfüllung im Rad kann gesetzt werden:

$$G_w = \frac{\pi D \times B \times a \times \varepsilon}{2} \quad \ldots \ldots \ldots \quad (32)$$

Werden die Größen $\pi D, B$ und a in Decimeter in die Formel eingesetzt, so ergiebt das Resultat die Wasserbelastung in Kilogramm.

Geübte Fachleute entwerfen die Schaufelform ihrer Rezeptoren, seien es Räder oder Turbinen, aus freier Hand und legen nachher die Kurven durch eine gesetzmäßige Linie fest.

Die Grundsätze, nach welchen bei Zellenrädern zu verfahren ist, sind bereits angegeben worden; es mag nochmals hervorgehoben werden, daß, nachdem Radbreite, radiale Tiefe, Zellenzahl bestimmt sind, hauptsächlich auf ausreichende Schluckweite zu achten ist. Genügenden Fassungsraum des Radkranzes vorausgesetzt, darf nicht übersehen werden, daß das Wasserquantum, welches am Unterwasserspiegel auszugießen ist, auch oben eintreten kann. Die Schluckweite betrage nach erprobten Ausführungen nicht unter 8 cm, bei größeren Wassermengen nicht unter 10 cm. Der Konstrukteur hat daher den Schaufelapparat mit Rücksicht hierauf zu entwerfen bezw. Zahl und Form der Schaufeln so lange abzuändern, bis der beabsichtigte Füllungsgrad vollständig erreicht wird.

Große Schaufelzahl ist für die theoretische Nutzleistung günstig, verteuert jedoch die Herstellung des Motors und hat praktische Nachteile im Gefolge. Die Schaufelkonstruktion steht übrigens hier, wie bei allen Wasserrädern, mit den später zu behandelnden Einlaufskonstruktionen in direktem Zusammenhang; insofern ist in erster Linie darauf zu achten, die Eintrittsverluste so viel als möglich herabzuziehen. Im allgemeinen betragen die letzteren etwa die Hälfte der Gesamtverluste.

Werden die Blechtafeln, um Handarbeit zu sparen, auf Maschinen gebogen, so wird man die Zellen nach Kreisbögen formen und die Krümmung mittels einer Blechwalze herstellen. Zuerst wird der flache Bogen und dann die halbkreisförmige Biegung in kaltem Zustand aufgewalzt.

Die Zellenbleche können, um sich eines rationellen Verfahrens zu bedienen, nach folgender Regel geformt werden. (Vgl. umstehendes Schema, Fig. 13.)

Nachdem die Anzahl der Zellen bestimmt und die Schaufelteilung am Umfang des Radkreises aufgetragen ist, zieht man eine Gerade, und zwar vom Schnittpunkt der Schaufel am Kranz zum Mittelpunkt des Rades, welche den Hilfskreis d tangiert:

$$d = \frac{11}{20} a \quad \ldots \ldots \quad (33)$$

Der Hilfskreis im Centrum des Wasserrades mit dem Radius r wird durch die Schaufel selbst bedingt und ist ungefähr: $2\,r = \frac{1}{3,5}\,R$ bei kleineren und $= \frac{1}{3,3}\,R$ bei größeren Rädern.

$$R_1 = R - \frac{a}{2} \quad . \quad . \quad . \quad . \quad . \quad . \quad . \quad . \quad . \quad (34)$$

Die Konstruktion des eintretenden Wasserstrahls bezw. die Verhältnisse des Einlaufgerinnes und Vorwassers sind der Schaufel entsprechend zu machen. Ein Stoß ist so viel als thunlich zu vermeiden, was hauptsächlich bei der Umfangsgeschwindigkeit zu berücksichtigen ist.

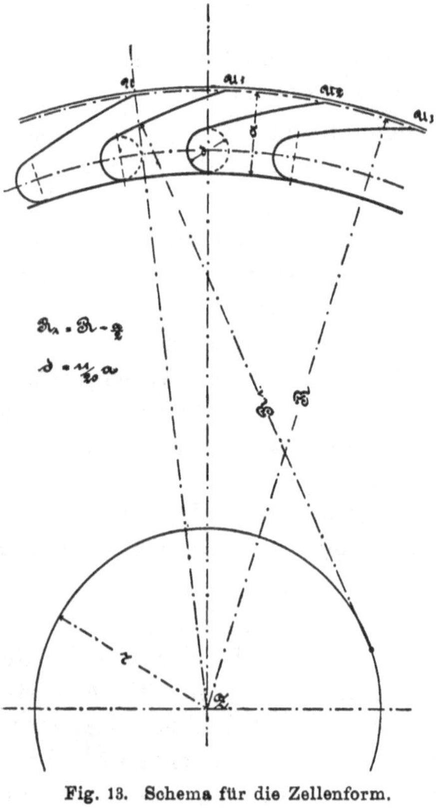

Fig. 13. Schema für die Zellenform.

Krümmungen der Zellenbleche im Winkel, wie einige Schaufelschnitte erkennen lassen, erfordern ein Erwärmen der Blechtafeln und Aufbiegen von Hand über einzelne gehobelte Unterlagsformen. Letztere Arbeit verteuert die Herstellung des Wasserrades wesentlich, da die Schaufeln für sich allein, wie a. a. O. bemerkt, etwa die Hälfte an Arbeit und Material des Zellenrades darstellen.

Berechnung der Wasserradarme.

Um bei der Berechnung der Radarme für eiserne Wasserräder geeignete Anhaltspunkte zu gewinnen, denken wir uns den einfachsten Fall, daß ein Rad 4 Arme hat und betrachten vorerst die einwirkenden Kräfte am oberschlächtigen System.

Wir nehmen an, daß das Rad im Augenblick, wo die Füllung des halben Radkranzes erfolgt ist, still stehe, und durch das Eigengewicht der Konstruktion, sowie durch das Wassergewicht, eine Beanspruchung nach den, in Fig. 14 durch die Pfeile angezeigten Richtungen stattfindet.

Arm I wird hiernach auf Druck, die Arme II, III und IV werden auf Zug beansprucht.

Arm I dient dem ganzen System als Stütze, die Arme II bis IV können wir uns durch Spannstangen von ausreichendem Querschnitt ersetzt denken, wodurch das Ganze an Festigkeit nichts verlieren würde.

Lassen wir das Rad eine Drehung um $^1/_8$ seines Umfanges vollziehen, so wird sich der Kräfteplan nach Fig. 15 darstellen und für Arm IV eine Änderung der Beanspruchung eintreten.

Es übernehmen nun die Arme I und IV zusammen die Funktion des Armes I. Kombiniert man beide Figuren, so ergeben sich für 8 Arme: 3 Stücke, welche die Belastung durch rückwirkende Festigkeit vollständig tragen, 5 Stücke werden als Spannstangen dienen, und gleichzeitig die Verdrehung aufnehmen.

Bewegt sich das Rad um seine Achse, so werden die Arme in analoger Reihenfolge, wechselweise die Belastung teils ziehend, teils drückend nach dem in Fig. 15 angedeuteten Sinne aufnehmen.

Durch das langsame Umlaufen der Wasserräder ändert sich die Beanspruchung in stetiger, nahezu stoßfreier Weise, wobei der Spannungswechsel noch durch die beträchtliche, nach ein und derselben Richtung in Bewegung befindlichen Masse des ganzen Radkörpers und durch die Festigkeit der starren Verbindung der Arme mit demselben, günstig beeinflusst wird.

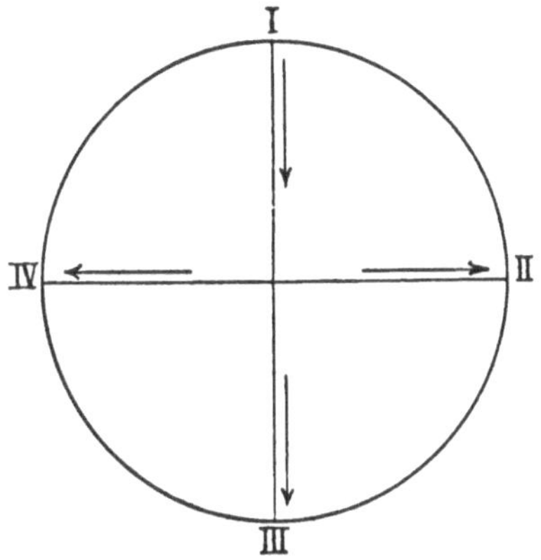

Fig. 14.

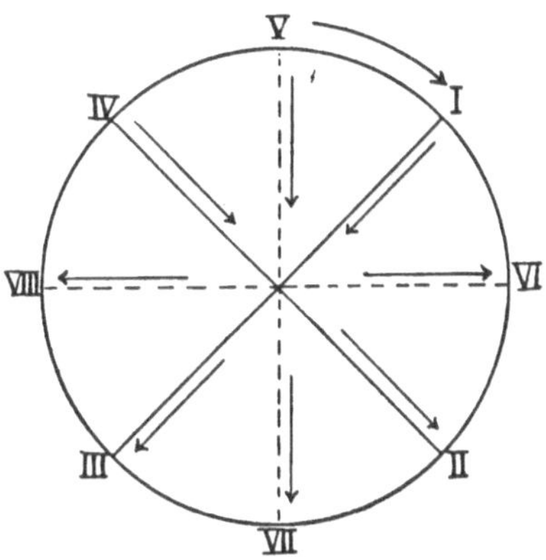

Fig. 15.

Man wird durch vorstehende Betrachtung dahin geführt, zur Bestimmung der Stärke der Arme das Verhältnis 3 : 5 in der Weise zur Anwendung zu bringen, daß für ein zu entwerfendes Rad dies die Grundlage bildet, nach welcher bei der Berechnung für Räder mit 7—8—9—10 und mehr Armen vorzugehen ist, d. h. daß bei einem Armstern mit 8 Stück 5 Arme die gesamte biegend wirkende Umfangskraft und 3 Arme die Belastung durch Konstruktions- und Wassergewicht aufnehmen. Die Annahme, daß auf einen Arm nicht mehr als der fünfte Teil der Gesamtkraft als größte biegende Kraft kommt, scheint schon deshalb gerechtfertigt zu sein, da beim oberschlächtigen Rad das Wasser auf einen großen Teil des Radumfanges verteilt ist. Bei der Festigkeit des Schaufelringes insbesondere bei Rädern mit seitlich abgeschlossenem Radkranz und der meist üblichen Vernietung der Arme mit demselben, sowie mit den Radnaben (Rosetten) ist wohl ohne weiteres vorauszusetzen, daß alle Arme in der Lage sind, die gemachte Annahme zu rechtfertigen. Bei sechs Armen ist etwa $^1/_3$ der gesamten Umfangskraft als biegend, $^1/_2$ der Gewichtsbelastung als ziehend bezw. drückend auf einen Arm zu rechnen. Da sich die Gesamtbelastung bei einem Wasserrade durch die symmetrische Anordnung der Maschine gleich hoch auf die angebrachten Armsysteme verteilt, so werden wir in folgendem die Rechnung nur für einen Armstern durchführen, auf welchen demzufolge ein aliquoter Teil der Gesamtbelastung entfällt.

In Hinsicht auf die Bauart der Wasserräder, d. h. der Kraftübertragung auf die Vorgelege, haben wir in vorstehendem die Wasserräder mit besonderem, auf der Radachse aufgekeiltem Zahnrad, bei welchem der ganze Effekt vom Radumfang durch die Arme auf die Achse übertragen und von dieser durch das Zahnrad dem eingreifenden Getriebe mitgeteilt wird, in Betracht gezogen.

Wasserräder mit einem Zahnkranz, der an einem Armsystem befestigt ist und wobei nur ein Teil des Effektes durch die Arme auf die Welle übertragen und durch das den Zahnkranz tragende Armsystem zu diesem geleitet wird, während ein anderer Teil des Effektes vom Radumfang durch die mit dem Zahnkranz verbundenen Arme direkt zum Zahnkranz gelangt, sollten nach allgemeinen Anschauungen schwächere Arme und weniger kräftige Wellen erhalten. In der Praxis hat sich jedoch erwiesen, dass die ungleiche Belastung des Schaufelkranzes und die einseitige Übertragung der Arbeit eine Verdrehung des ganzen Systems hervorruft, wodurch eine ungünstige Inanspruchnahme der Armprofile erfolgt. Die dadurch auftretenden Schwankungen teilen sich der Welle mit und führen zu Lockerungen der Naben, zuweilen selbst zu Achsbrüchen. Es sollte deshalb nur bei ganz besonderen Ausnahmen diese Art der Kraftabgabe gewählt werden.

Mit Rücksicht auf die Herstellung und Verwendung gleicher Rosettenmodelle führt man auch bei Rädern nach dieser Bauart, sowie bei solchen mit mehreren Armsystemen die Arme in gleichen Dimensionen aus, und zwar nach dem stärkeren, durch Rechnung gefundenen Profil.

Der Radkranz nimmt annähernd den vollen Effekt der Wasserkraft auf, nur kann er denselben nicht in gleicher Größe wieder abgeben, weil durch Stoßwirkungen und Wasserverluste, sowie durch Reibung ein Teil der Kraft aufgezehrt wird; wir setzen deshalb in die Gleichung den absoluten maximalen Effekt ein.

Beispiel.

Oberschlächtiges Wasserrad 5,50 m Durchmesser; 2,20 m Breite, 5 Umdrehungen in der Minute, Effekt = 30 HP, $v_1 = 1{,}45$ m in der Sekunde. Anzahl der Radarme = 8. (Vergl. Beispiele aus der Praxis S. 37.)

Das Gewicht der Konstruktionsteile beträgt	= 6600 kg
das Wassergewicht sei gesetzt	= 3000 „
Totale Belastung P	= 9600 kg

Der Arbeitsdruck am Umfang des Rades für eine Rosette wird:

$$^1/_2 \cdot \frac{75 \,.\, Na\,\text{max.}}{v_1} = \frac{75 \,.\, 45}{1{,}45} = 1163 \text{ kg}$$

Hiervon entfallen auf einen Arm nach obigen Voraussetzungen:

$$\frac{1163}{5} = 232{,}6 \text{ kg}$$

Die 232 kg wirken biegend bei einer Armlänge bis zum Schwerpunkt der Last am Hebelsarm $l = 200$ cm, und es folgt:

$$\sigma = \frac{M_b}{W} = \frac{232 \times 200}{W}$$

Bei Normal-Profil **U** Nr. 16, dessen Dimensionen 160/65/7 $^1/_2$ und dessen Widerstandsmoment für die YY-Biegungsebene $W = 117$ beträgt, wird:

$$\sigma = \frac{232 \,.\, 200}{117} = 396 \text{ kg / qcm.}$$

Die Umfangskraft ruft im Profil Nr. 16 allein schon eine Biegungsspannung von rd. 400 kg auf den qcm hervor. Außerdem müssen die Arme noch das Eigengewicht der Konstruktionsteile tragen und was von dem Wassergewicht nach Abzug der vertikalen Komponenten der bereits in Rechnung gezogenen Tangentialkräfte übrig ist. —

Nun wird die größte Biegungsanstrengung im einzelnen Arm nicht gleichzeitig mit der größten Beanspruchung auf rückwirkende Festigkeit durch das Eigen- und Wassergewicht eintreten. Immerhin wird man durch Kombination eines Teils beider Beanspruchungen zu einem richtigen Bild kommen. Da sich die Gesamtbelastung auf beide Armsysteme gleichmäßig verteilt, so beträgt der Anteil für jede Radhälfte:

$$\frac{P}{2} = 4800 \text{ kg}$$

Rechnen wir für einen Arm $^1/_3$ der Gesamtbelastung, so ergiebt sich eine Zug- bezw. Druckbelastung von

$$\frac{4800}{3} = 1600 \text{ kg pro Arm}$$

und beim gewählten **U** Profil Nr. 16, dem ein Querschnitt

$$F = 24{,}1 \text{ qcm}$$

entspricht:

$$\frac{1600}{F} = \frac{1600}{24} = 66 \text{ kg per qcm}$$

Somit Gesamtbeanspruchung des Armes:

$$396 + 66 = 462 \text{ kg/qcm}$$

Die zulässige Anstrengung ist allgemein: $\sigma = 400 \div 500$ kg/qcm.

Wie zu ersehen spielt die Belastung durch Eigengewicht und durch das gleichmäßig verteilt gedachte Wassergewicht für die Dimensionierung der Radarme bei weitem nicht die Rolle, als die durch Einseitigkeit der Wasserbelastung hervorgerufenen auf die Arme biegend wirkenden Umfangskräfte.

Einen genaueren Einblick über die Verteilung der Umfangskraft auf ein Armsystem unter bestimmten Verhältnissen gewähren die theoretischen Berechnungen, welche Ingenieur Herm. Scheven, s. Z. Assistent an der technischen Hochschule Stuttgart, in einer Preisschrift entwickelt und dem Verfasser freundlichst zur Verfügung gestellt hat.

Die durch Professor Teichmann gegebene Aufgabe lautete: Ein in der Mitte befestigtes Armkreuz von 4, 6, 8, n Armen ist an den Enden durch Bogenstücke gelenkartig verbunden und am Ende eines Armes durch eine Tangentialkraft Q belastet. Die Durchbiegung eines Armes durch eine Tangentialkraft T ist $\alpha\ T$, die Längenänderung eines Kranzstückes durch eine Längenkraft Z ist $\beta\ Z$.

Wie verteilt sich Q auf die einzelnen Arme?

Die Auflösung soll das numerische Verteilungsverhältnis für $n = 4, 6, 8,$

und für $\frac{\alpha}{\beta} = \frac{1}{5}; \frac{1}{2}; 1; 2; 5$ enthalten.

Der Bewerber hatte sich mit großer Ausdauer und Pünktlichkeit den mühevollen Rechnungen unterzogen, dieselben hier vollständig wiederzugeben würde über den Rahmen unserer Darstellung hinausgreifen; das Hauptergebnis findet sich nachstehend, unter Anwendung auf gerade Armzahlen, nach dem Vorgang des damaligen Referenten zusammengestellt, der die Lösung der Aufgabe als vollständig und richtig anerkannte. Die ziffermäßige Durchführung der Rechnung und ihre Anwendung auf bestimmte Armzahlen gestattet uns einen Einblick in die Beanspruchung wichtiger Konstruktionsteile, bei deren Bestimmung man bisher mit recht willkürlichcn Schätzungen sich begnügte.

Im folgenden sollen die entwickelten Gleichungen, um einen Einblick in die Rechnung zu gewähren, für einen bestimmten Fall $n=6$ ausgeführt werden, und verweisen wir bezügl. der Entwicklung der allgemein gültigen Gleichungen auf die Originalarbeit selber.

Die Last Q wird durch die tangential gerichteten Reaktionen der Arme aufgenommen, die vom belasteten Knotenpnnkt angefangen mit $T_1 \ldots\ldots T_2 \ldots\ldots$ bis $T_6 \ldots\ldots$ bezeichnet werden mögen. Wir haben somit die Gleichung

$$T_1 + T_2 + T_3 \ldots\ldots + T_6 = Q \ldots\ldots \text{(I)}$$

Um die Last von ihrem Angriffspunkt teilweise auf die übrigen Arme zu übertragen, müssen von Knotenpunkt zu Knotenpunkt, also in der Richtung der Bogensehnen, Kräfte — Spannungen der Bogenstücke — wirken, und zwar werden diese (wenn Q wie in unserer Skizze gerichtet) in der oberen Hälfte vom ersten bis zum dritten Knotenpunkt Zugkräfte, in der unteren Hälfte Druckkräfte sein.

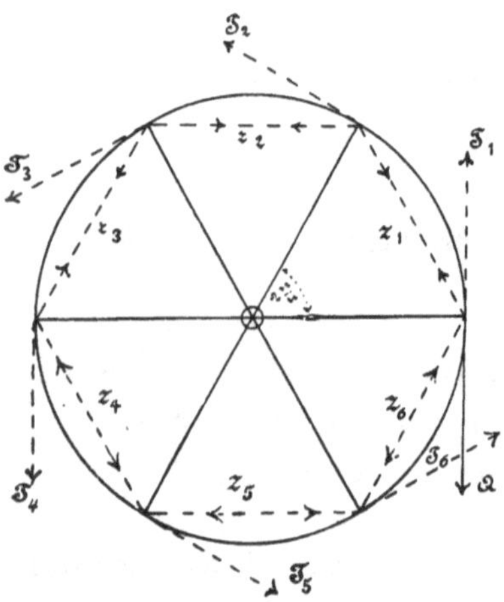

Fig. 16.

Es wird vorausgesetzt, daß sich die Kranzstücke gegen Zug und Druck gleich verhalten, d. h. durch gleiche Kräfte gleiche Längenänderungen, in der Richtung der Sehne gemessen, erfahren. Dann haben wir bei der vollständig symmetrischen Anordnung, wenn wir die genannten Kräfte der Reihe nach mit $Z_1 \ldots\ldots Z_2 \ldots\ldots$ bis Z_6 bezeichnen:

$$\text{II} \begin{cases} Z_1 = Z_6 \\ Z_2 = Z_5 \\ Z_3 = Z_4 \end{cases}$$

Es werden die Gleichgewichtsbedingungen für die einzelnen Knotenpunkte aufgestellt.

Die Kräfte Z bilden mit den Kräften T den $\measuredangle \frac{\pi}{6}$ gleich dem halben Centriwinkel $\frac{2\pi}{6}$

Wir haben also

$$1.\ Q - T_1 - Z_1 \cos\frac{\pi}{6} - Z_6 \cos\frac{\pi}{6} = 0$$

$$2.\ Z_1 \cos\frac{\pi}{6} - T_2 - Z_2 \cos\frac{\pi}{6} = 0$$

$$3.\ Z_2 \cos\frac{\pi}{6} - T_3 - Z_3 \cos\frac{\pi}{6} = 0$$

$$4.\ Z_3 \cos\frac{\pi}{6} - T_4 + Z_4 \cos\frac{\pi}{6} = 0$$

$$5.\ Z_4 \cos\frac{\pi}{6} + T_5 - Z_5 \cos\frac{\pi}{6} = 0$$

$$6.\ Z_5 \cos\frac{\pi}{6} + T_6 - Z_6 \cos\frac{\pi}{6} = 0$$

oder mit Berücksichtigung der Gleichungen II

$$1.\ T_1 = Q - 2\,Z_1 \cos\frac{\pi}{6}$$

$$2.\ T_2 = (Z_1 - Z_2) \cos\frac{\pi}{6}$$

$$3.\ T_3 = (Z_2 - Z_3) \cos\frac{\pi}{6}$$

$$4.\ T_4 = 2\,Z_3 \cos\frac{\pi}{6}$$

$$5.\ T_5 = (Z_2 - Z_3) \cos\frac{\pi}{6}$$

$$6.\ T_6 = (Z_1 - Z_2) \cos\frac{\pi}{6}$$

Aus Vergleichung der zweiten Form von Gleichung 2. mit 6. und 3. mit 5. ergiebt sich

$$\text{III} \left\{ \begin{array}{l} T_2 = T_6 \\ T_3 = T_5 \end{array} \right.$$

Unsere 6 unbekannten T reduzieren sich also auf 4 und wir haben dafür die Gleichungen, um sie nochmals zusammenzustellen:

$$\text{IV} \left\{ \begin{array}{l} T_1 = Q - 2\,Z_1 \cos\frac{\pi}{6} \\ T_2 = (Z_1 - Z_2) \cos\frac{\pi}{6} \\ T_3 = (Z_2 - Z_3) \cos\frac{\pi}{6} \\ T_4 = 2\,Z_3 \cos\frac{\pi}{6} \end{array} \right.$$

In diesen Gleichungen haben wir noch 3 unbekannte Z, und um diese fortzubringen, suchen wir eine Beziehung zwischen den Kräften Z und T.

Betrachten wir beispielsweise den ersten Sektor. Hier sind die Armreaktionen T_1 und T_2 die entsprechenden Durchbiegungen also nach der Voraussetzung $\alpha\, T_1$ und $\alpha\, T_2$. Der Sektor nimmt die gestrichelte Form an, der Centriwinkel hat um

$$\frac{\alpha\, T}{r} - \frac{\alpha\, T_2}{r} = \frac{\alpha}{r}\,(T_1 - T_2)$$

zugenommen. Die Bogensehne hatte vor der Deformation die Länge $s = 2 r \sin \frac{\varphi}{2}$, bei der Zunahme um einen sehr kleinen $\measuredangle\, d\varphi$ würde sich die Zunahme der Sehnenlänge ergeben aus

$$ds = r \cos \frac{\varphi}{2}\, d\varphi.$$

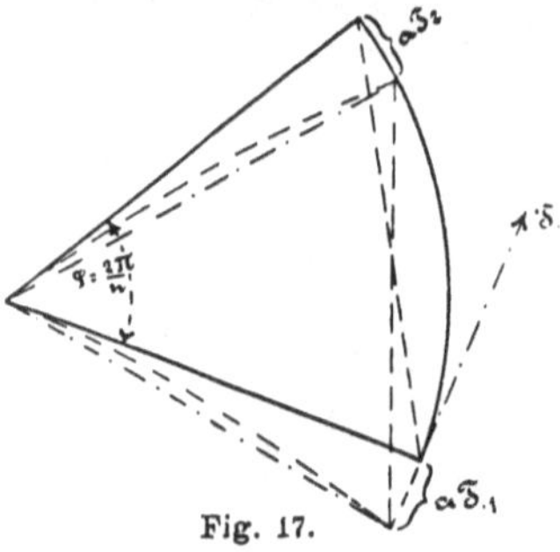

Fig. 17.

Der Deformationswinkel unseres Sektors wird dem ursprünglichen Winkel gegenüber außerordentlich klein sein und wir erhalten mit genügender Genauigkeit die Längenänderung des Bogenstückes in den Sehnen gemessen, wenn wir setzen für $\frac{\varphi}{2} : \frac{\pi}{n}$ und für $d\varphi : \frac{\alpha}{r}(T_1 - T_2)$. Somit haben wir:

$$ds = r \cos \frac{\pi}{n} \frac{\alpha}{r} (T_1 - T_2) = \alpha (T_1 - T_2) \cos \frac{\pi}{n}$$

Dieser Wert muß nach Voraussetzung $= \beta Z$ sein.
Wir haben also:

$$\text{V} \left\{ \begin{array}{l} 1.\ Z_1 = \frac{\alpha}{\beta}(T_1 - T_2) \cos \frac{\pi}{6} \\ 2.\ Z_2 = \frac{\alpha}{\beta}(T_2 - T_3) \cos \frac{\pi}{6} \\ 3.\ Z_3 = \frac{\alpha}{\beta}(T_3 - T_4) \cos \frac{\pi}{6} \\ 4.\ Z_4 = \frac{\alpha}{\beta}(T_4 - T_5) \cos \frac{\pi}{6} \\ \quad \text{oder mit Berücksichtigung von Gleichung III} \\ \quad Z_4 = - Z_3 \\ 5.\ Z_5 = \frac{\alpha}{\beta}(T_5 - T_6) \cos \frac{\pi}{6} \\ \quad \text{oder mit Berücksichtigung von Gleichung III} \\ \quad Z_5 = - Z_2 \\ 6.\ Z_6 = \frac{\alpha}{\beta}(T_6 - T_1) \cos \frac{\pi}{6} \\ \quad \text{oder mit Berücksichtigung von Gleichung III} \\ \quad Z_6 = - Z_1. \end{array} \right.$$

(Daß Z_1 und Z_6, Z_2 und Z_5, Z_3 und Z_4 entgegengesetzte Vorzeichen haben, erklärt sich daraus, daß erstere Zug-, letztere Druckkräfte sind, während wir vorher [II] nur die absoluten Werte betrachtet hatten.)

Wenn wir die ersten 3 Gleichungen von dieser Gruppe in die Gleichung IV einführen, erhalten wir:

$$\text{VI} \left\{ \begin{array}{l} 1.\ T_1 = Q - 2 \frac{\alpha}{\beta}(T_1 - T_2) \cos^2 \frac{\pi}{6} \\ 2.\ T_2 = \frac{\alpha}{\beta}(T_1 - 2 T_2 + T_3) \cos^2 \frac{\pi}{6} \\ 3.\ T_3 = \frac{\alpha}{\beta}(T_2 - 2 T_4 + T_4) \cos^2 \frac{\pi}{6} \\ 4.\ T_4 = 2 \frac{\alpha}{\beta}(T_3 - T_4) \cos^2 \frac{\pi}{6} \end{array} \right.$$

Aus diesen Gleichungen lassen sich, wie leicht ersichtlich, die Werte von T_1 bis T_4 für bestimmte Größen von $\frac{\alpha}{\beta}$ bestimmen. Die weiteren Entwicklungen sollen hier übergangen und nur das Resultat der ganzen Rechnung aufgeführt werden.

Es ergiebt sich folgendes:

Beträgt das Verhältnis $\frac{\text{der Steifigkeit des Kranzes}}{\text{zur Steifigkeit der Arme}}$		$\frac{1}{0}$	5	2	1	0,5	0,2	0
so ist das Verhältnis								
$\frac{\text{der größten Armbelastung}}{\text{zur Gesamtbelastung}}$	bei den Armzahlen 4	0,250	0,356	0,466	0,583	0,708	0,845	1
	6	0,167	0,274	0,384	0,501	0,633	0,791	1
	8	0,125	0,246	0,359	0,476	0,608	0,771	1
$\frac{\text{der größten Armbelastung}}{\text{zur mittler. Armbelastung}}$	bei den Armzahlen 4	1	1,42	1,86	2,33	2,83	3,38	4
	6	1	1,64	2,30	3,01	3,80	4,75	6
	8	1	1,97	2,87	3,81	4,86	6,17	8

Aus der ersten senkrechten Kolonne der aufgeführten Zahlen geht hervor, daß, wenn der Kranz unendlich steif ist, alle Arme gleichviel zu tragen haben, aus der letzten Kolonne, daß, wenn der Kranz unendlich nachgiebig ist, ein Arm die ganze Last Q zu tragen hat, was auch bei einfa her Überlegung klar ist.

Greifen wir die dritte Kolonne heraus, so ist zu ersehen, daß für den Wert — Kranz doppelt so steif als die Arme — noch ein ziemlich erheblicher Teil für die Gesamtbelastung auf den einzelnen Arm kommt, bei 4 Armen etwas weniger als die Hälfte, bei 8 Armen noch immer mehr als ein Drittel. Es liegen aber die Verhältnisse bei den Wasserrädern insofern günstiger, als sich die Umfangskraft ohne weiteres je nach der Beaufschlagung auf einen mehr oder minder großen Teil des Umfangs verteilt. Die aufgestellte Tabelle giebt bei Berechnung der Wasserradarme gute Anhaltspunkte für die Schätzung.

Es dürfte sich empfehlen, für Räder mit größerem Durchmesser (etwa von 6 m ab) stärkere Armprofile zu verwenden, als man im allgemeinen zu nehmen geneigt ist, um gegen Seitenschwankungen gesichert zu sein. Kräftige Arme versteifen das Rad in wirksamer Weise und lassen Diagonalverbände meist als überflüssig erscheinen.

Berechnen und Entwerfen oberschlächtiger Wasserräder.

Erstes Beispiel:

Für eine Handelsmühle mit automatischem Mahlverfahren — Leistung 80 Sack Weizen (à 100 kg) in 14 Stunden — woselbst eine Wassermenge Q von:

365 Sekl. bei Kleinwasser,
550 „ „ Mittelwasser und
750 „ „ starkem Wasserstand

während je 4 Monate des Jahres bei einem Gefälle $H = 6{,}240$ m zur Verfügung steht, soll ein oberschlächtiges Rad gebaut werden.

Die Lokalverhältnisse sind derart, daß die Höhenlage der Sohle des Zulaufgerinnes nicht verändert werden darf, da aus demselben noch ein weiteres älteres Rad gespeist wird. Die geringste Lichtweite der gemauerten Wasserstube beträgt = 2,80 m, worauf bezüglich der Radbreite Rücksicht genommen werden muß. Die Wassertiefe im Gerinne beträgt bei mittlerem Wasserstand $h = 0{,}430$ m, die Bohlenstärke = 60 mm.

Durch Auftragen der Maße ergiebt sich für die Radhöhe ein verfügbarer Raum von 5,750 m.

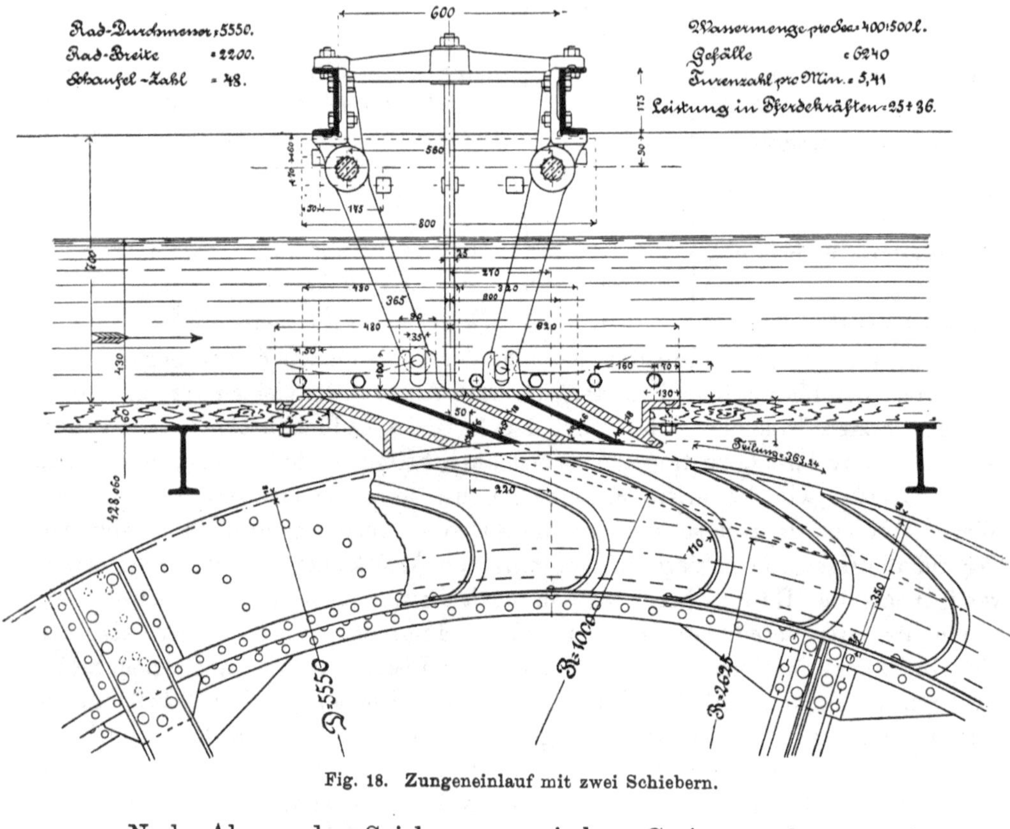

Fig. 18. Zungeneinlauf mit zwei Schiebern.

Nach Abzug des Spielraums zwischen Gerinnunterkante und Radscheitel = 10 cm und 10 cm für Freihängen legen wir den Raddurchmesser mit

$$D = 5{,}550 \text{ m}$$

fest.

Die Konsumtionsfähigkeit des Rades bestimmen wir mit Rücksicht auf die wechselnden Wasserstände und den zweiten vorhandenen Motor zu $500 \dfrac{L}{\text{Sek.}}$ max.; können somit Kleinwasser und volles Mittelwasser mit dem neuen Rad verarbeiten, noch größeren Zufluß weisen wir dem anderen Rade zu. Wir nützen so während $^3/_4$ des Jahres die Wasserkraft aufs sorgfältigste aus und haben auch bei stärkeren Wasserständen durch Zusammenarbeiten beider Räder auf eine gemeinschaftliche Hauptwelle, welche 64 Umgänge i. d. Minute macht, eine gute Nutzleistung zu erwarten.

Die Schaufelbreite bestimmt sich nach den Raumverhältnissen zu

$$B = 2{,}20\,\mathrm{m}$$

die wir durch eine Mittelwand in zwei gleiche Hälften $2 \times 1{,}10$ m abscheiden. Die radiale Tiefe wählen wir nach S. 22 $a = 0{,}35\,\mathrm{m}$. —

Um das Mittelwasser verarbeiten zu können und da wir in den Dimensionen beschränkt sind, muß auf größere Umfangsgeschwindigkeit gerechnet werden. Die Tourenzahl des Rades nehmen wir vorläufig zu 5,4 i. d. Minute an und erhalten

$$v = \frac{\pi \times D \times n}{60} = \frac{3{,}14 \,.\, 5{,}55 \,.\, 5{,}4}{60} = 1{,}57 \,\frac{m}{S}\,.$$

über welche Größe, wenn auf einen Wirkungsgrad von 75 % gerechnet wird, nicht hinauszugehen ist.

Die Schaufelzahl sei angenommen:

$$\frac{D \,.\, \pi}{0{,}35} = \mathrm{rd.}\ 50$$

wofür wir unter Berücksichtigung des Umstandes, daß das Rad nicht übermäßig teuer sein soll

$$Z = 48$$

festsetzen.

Die Anzahl der Arme ergiebt sich aus:

$$A = \frac{\pi \,.\, D}{1{,}5 + (0{,}1 \,.\, D)} = \mathrm{rd.}\ 8{,}5$$

Da die Schaufelzahl durch die Armzahl teilbar sein soll, nehmen wir 8 Arme und ordnen 2 Armsysteme an.

Prüfen wir nun den Füllungsgrad bei verschiedenen Beaufschlagungen.

Drittel Füllung:

Geschwindigkeit im Schwerpunkt der Schaufelfüllung v_1 finden wir aus:

$$D_1 = D - 2\,a + \frac{a}{3} = 5550 - 700 + 117$$

$$= 4967 \ \mathrm{mm}$$

und somit

$$v_1 = \frac{\pi \,.\, 4 \,.\, 967 \,.\, 5{,}4}{60} = \frac{84{,}2}{60}$$

$$= 1{,}404 \,\frac{m}{S}$$

Wassermenge:

$$Q = v_1 \,.\, B \,.\, a\, 0{,}33 \,.\, 0{,}95$$

$$= 1{,}404 \,.\, 2{,}2 \,.\, 0{,}35 \,.\, 0{,}33 \,.\, 0{,}95$$

$$= 340 \,\frac{L}{S}$$

Es sind hier sicherheitshalber 5 % Verminderung des Fassungsraums wegen Stärke der Schaufeln, Winkeleisen und Nietköpfe in Abzug gebracht.

Halbe Füllung:

$$D_1 = D - 2\,a + \frac{a}{2} = 5550 - 700 + 175$$

$$= 5025\,\mathrm{mm}$$

$$v_1 = \frac{\pi \,.\, 5{,}025 \,.\, 5{,}4}{60}$$

$$= 1{,}42 \frac{m}{S}$$

Wassermenge:

$$Q = v_1 \,.\, B \,.\, a \,.\, 0{,}5 \,.\, 0{,}95 = 1{,}418 \,.\, 2{,}2 \,.\, 0{,}35 \,.\, 0{,}5 \,.\, 0{,}95$$

$$= 0{,}5195^{\text{cbm}} = \text{rd. } 520 \frac{L}{S}$$

Die Verhältnisse legen sich soweit günstig zusammen, obgleich wir nicht übersehen, daß der Füllungsgrad mit $^1/_2$ zu groß angenommen ist; da das zweite Wasserrad jedoch bei besseren Wasserständen mitarbeitet, so rechnen wir, daß das neue Wasserrad selten in die Lage kommen dürfte, das volle Mittelwasser für sich allein aufzunehmen und es zweckmäßig erscheint, während $^2/_3$ des Jahres beide Motoren in Gang zu setzen.

Zungeneinlauf.

Wir ordnen aus bereits bemerkten Gründen einen Zungeneinlauf mit 4 Schlitzen (Fig. 18) an, und berechnet sich die ausfließende Wassermenge für die einzelnen Öffnungen wie folgt:

Die Druckhöhe über dem Centrum der Öffnungen beträgt $h = 0{,}530$ m, die Schlitzlänge b je 0,90 m, und die Wassermenge $Q = k \,.\, \Sigma (b \,.\, s) \sqrt{2 g h}$.

s = lichte Weite der Schlitze.

Durch den ersten und zweiten Schlitz strömen aus:

$$Q_1 + Q_2 = 0{,}75 \,.\, (2 \,.\, 0{,}9 \,.\, 0{,}045 + 2 \,.\, 0{,}9 \,.\, 0{,}045) \,.\, 3{,}224$$
$$= 0{,}75 \,.\, 0{,}523 \text{ cbm}$$
$$= 392 \text{ l i. d. Sekunde.}$$

Beim dritten und vierten Schlitz gehen unter denselben Bedingungen hindurch:

$$Q_3 + Q_4 = 0{,}75 \,.\, (2 \,.\, 0{,}9 \,.\, 0{,}04 + 2 \,.\, 0{,}9 \,.\, 0{,}04)\, 3{,}224$$
$$= 0{,}75 \,.\, 0{,}464 \text{ cbm}$$
$$= 348 \text{ l i. d. Sekunde.}$$

Die Gesamtausflußmenge beträgt somit:

$$Q_1 + Q_2 + Q_3 + Q_4 = 740 \text{ l.}$$

Man ersieht, daß in ausreichender Weise Ausflußquerschnitt angenommen wurde, um die verlangte Beaufschlagung zu erreichen und daß schon drei Öffnungen reichlich genügen, die volle Wassermenge für das neue Rad durchzulassen.

Verzeichnis der einzelnen Teile.

Wasserrad.

1	Wasserradwelle aus Stahl 5,40 m lang 240—210—200 und 170 mm dick	1520 kg
3	Bodenlager mit Bronzeschalen, Sohlen und Steinschrauben (2 Stück 170 bezw. 240 und 1 Stück 200 mm Bohrung)	676 „
	Latus	2196 kg

		Transport 2196 kg
2	gußeis. Rosetten 8armig (1 Stück 240 mm, 1 Stück 210 mm Bohrung) mit schmiedeeis. Nabenringen	1060 „
76	Rosettenschrauben mit kon. Schaft 100 × 20 und Splinte	50 „
	Schmiedeeiserner Radkörper:	
16	Radarme U 160 mm mit angenieteten Strebenköpfen	
2	Seitenkränze à 6 Segmente aus 6 mm Blech	
16	Bodenstücke 4 mm Blech, 16 Tragwinkel 100 × 50 × 10	
32	Stützstreben 75 × 55 × 9	3870 „
8	Zugstreben 75 × 55 × 9 von einer Rosette zur anderen	
14	Laschen 80 × 12	
16	Beilagen an den Zugstreben 76 × 10	
96	Blechschaufeln 1,10 m lang, $3^1/_2$ mm dick mit angenieteten Winkeleisen	2730 „
50	Schrauben	12 „
		9918 kg

Getriebe.

1	Stirnrad 140 E. Z. 3,080 m Dtr. 2teilig verschraubt, 190 mm Zahnbreite, 69,12 mm Teilung, 200 mm Nabenbohrung Schrauben und 2 Keile	1750 kg
2	schmiedeeis. Nabenringe	
1	Stirntrieb 35 E. Z. 0,770 m Durchmesser, 130 mm Bohrung mit 1 Keil	285 „
	(Übersetzungsverhältnis 1 : 4)	
1	konisches Rad, 120 Holzkammen, 2,052 m Durchmesser, 150 mm Breite, 53,78 mm Teilung, 130 mm Bohrung	660 „
1	konischer Trieb 40 *E. Z.* 0,688 m Durchmesser, 53,88 mm Teilung, 110 mm Bohrung mit angegossener Ausrückgroffe, Metallmutter und Spindel	185 „
	(Übersetzungsverhältnis 1 : 3)	
1	Vorgelegwelle 1580 mm lang, 130 mm dick, mit 2 eingedrehten Lagerzapfen 110 mm dick	145 „
1	Bodenlager mit Bronzeschalen, 110 mm Bohrung mit Sohle und Steinschrauben	118 „
1	Winkelsohlplatte mit 2 Bodenlagern mit Bronzeschalen 110 und 90 mm Bohrung	200 „
3	Steinschrauben dazu	
		3343 kg

(Geschwindigkeit der liegenden Hauptwelle in der Mühle = 64 Umdr. i. d. Minute wie vorgeschrieben.)

1	kompletter Zungen-Regulliereinlauf mit 2 Schiebern, Bewegungsgetriebe und Rahmen zum Anschluß an das hölzerne Gerinne	1795 kg

Zweites Beispiel.

Oberschlächtiges eisernes Wasserrad zum Betrieb einer Uhrfederfabrik.

(Tafel III und IV.)

Wassermenge $Q = 0{,}270 - 0{,}380$ cbm i. d. Sek.
Gefälle $H = 4{,}250$ m
Nutzleistung $N_n = 11{,}5 - 16$ HP.

Dem Rad wird durch eine 700 mm lichtweite Rohrleitung unter dem Erdboden (die örtlichen Verhältnisse gestatten keinen offenen Kanal) das Wasser zugeführt. Unmittelbar am Wasserhaus steigt die Leitung senkrecht mit konisch erweitertem Anschluß zu einem eisernen Sammelbehälter, in welchem der Oberwasserspiegel beinahe die Wehrhöhe erreicht.

Der Gefällverlust beträgt nur wenige Centimeter, da der Auftrieb infolge der Eintrittsgeschwindigkeit die Reibungsverluste fast vollständig ausgleicht. Der Raddurchmesser ergiebt sich nach Maßgabe der verfügbaren Höhe zu $D = 3{,}80$ m
die Radbreite sei $B = 2{,}00$ m
die radiale Schaufeltiefe wählen wir $a = 0{,}325$ m
und die Umdrehungszahl i. d. Minute zu $n = 6^2/_3$
Hieraus berechnet sich die Geschwindigkeit am Umfang des Rades i. d. Sekunde zu:

$$v = \frac{\pi \,.\, D \,.\, n}{60} = \frac{3{,}14 \,.\, 3{,}8 \,.\, 6{,}66}{60} = 1{,}325 \text{ m}$$

welche wir unverändert beibehalten können.

Das Rad verarbeitet bei ein Drittel Füllung:

Radkreis im Schwerpunkt der Wasserfüllung wird:

$$D_1 = D - 2\,a + \frac{a}{3} = 3{,}8 - 2 \,.\, 0{,}325 + \frac{0{,}325}{3}$$
$$= 3{,}258 \text{ m.}$$

Die Geschwindigkeit in diesem Punkt:

$$v_1 = \frac{3{,}14 \,.\, 3{,}258 \,.\, 6{,}66}{60}$$
$$= 1{,}137 \text{ m/S.}$$

Die Konsumtionsfähigkeit ergiebt sich:

$$Q = v_1 \,.\, B \,.\, a \,.\, 0{,}33 \,.\, 0{,}95$$
$$= 1{,}137 \,.\, 2 \,.\, 0{,}325 \,.\, 0{,}33 \,.\, 0{,}95$$
$$= 0{,}232 \,\frac{\text{cbm}}{\text{Sek.}}$$

Nutzeffekt: rd. 10 Pferdekräfte.

Beim Maximum der Wassermenge wird der Füllungsgrad die Größe 0,5 erreichen, da hierbei jedoch die Geschwindigkeit des Rades gesteigert werden kann (es sind 7 Umdrehungen i. d. Minute wohl zulässig), so behalten wir die angenommenen Raddimensionen bei.

Die Räderübersetzung.

Bei der Übertragung der Kraft auf die Haupttransmission nehmen wir als erstes Hauptgetriebe:

1 Stirnrad auf der Wasserradwelle 140 *E. Z.* 2,585 m Durchmesser, 170 mm Zahnbreite, 58 mm Teilung,

1 Trieb dazu 36 *E. Z.* 0,664 m Durchmesser, 120 mm Bohrung;

als zweite Übersetzung und für das Riemenvorgelege:

1 konisches Rad mit 120 HK. 125 mm Kammenbreite, 53,7 mm Teilung, 2,041 m Durchmesser,

1 konischer Trieb 36 E. Z. 130 mm Zahnbreite, 615 mm Dtr.

1 schmiedeeiserne Riemenscheibe auf der zweiten Vorgelegwelle: 1,80 m Durchmesser, 230 mm Breite,

die Gegenscheibe 0,86 m Durchmesser, 230 mm Breite,

die Tourenzahlen bei $6^2/_3$ Umdrehungen am Wasserrad sind:

$$\frac{6{,}66 \,.\, 140}{36} \doteq \text{rd. } 26 \text{ am ersten Vorgelege,}$$

$$\frac{26 \,.\, 120}{36} = \text{rd. } 86 \text{ am zweiten Vorgelege.}$$

Geschwindigkeit der Transmission:

$$\frac{86 \,.\, 1{,}80}{0{,}86} = 180 \text{ Umdrehungen in der Minute.}$$

Als nächstes Beispiel wählen wir ein Lokal mit hohem Gefälle und schwachem Zufluß, um die Gesichtspunkte, welche unter solchen Verhältnissen maßgebend sind, darzulegen.

Drittes Beispiel:

Oberschlächtiges Rad zum Betrieb einer Mühle mit 3 Gängen, 1 doppelten Schrotwalzenstuhl, 1 Porzellanwalzenstuhl und den Nebenapparaten.

Wassermenge: $Q = 40 - 80$ l i. d. Sekunde.
Gefälle: $H = 9{,}70$ m.
Leistung: $N_n = 4 - 8$ Pferdekräfte.
Der Raddurchmesser wird: $D = 9{,}20$ m.
Die Radbreite: $B = 1{,}00$ m.
Tourenzahl: $n = 2{,}5$ i. d. Minute.
Umfangsgeschwindigkeit: $v = \frac{\pi \,.\, D_1 \,.\, n}{60} = \frac{3{,}14 \,.\, 9{,}2 \,.\, 2{,}5}{60} = 1{,}204$ m/s.

Mit Rücksicht auf die kleine Wassermenge und höchste Ausnützung der Kraft ist eine geringe Radgeschwindigkeit geboten.

Die radiale Tiefe sei: $a = 0{,}240$ m
die Schaufelzahl: $Z = 70$
Anzahl der Arme: $A = 2 \,.\, 10 = 20$.

Das Rad verarbeitet bei Drittel-Füllung:

$$D_1 = D - 2 \,.\, a + \frac{a}{3} = 9{,}20 - 2 \,.\, 0{,}24 + \frac{0{,}24}{3} = 8{,}80 \text{ m}$$

$$v_1 = \frac{\pi \,.\, D_1 \,.\, n}{60} = 1{,}152 \frac{\text{m}}{S}$$

$$\begin{aligned} Q &= v_1 \, B \,.\, a \,.\, 0{,}33 \,.\, 0{,}95 \\ &= 1{,}152 \,.\, 1 \,.\, 0{,}240 \,.\, 0{,}33 \,.\, 0{,}95 \\ &= 0{,}0875 \text{ cbm} \\ &= 85 - 90 \text{ Sekundenliter.} \end{aligned}$$

Die Radbreite könnte noch etwas vermindert werden, ohne den Effekt des Rades herabzuziehen, da der Mühlenbesitzer jedoch die Anlage eines Stauweihers beabsichtigt, wodurch zu Zeiten auch mit stärkerem Zufluß gearbeitet wird und die Stabilität des Rades bei der beträchtlichen Höhe durch die größere Breite gewinnt, so belassen wir die angenommene Schaufellänge.

Die Herstellung eines eisernen Wasserrades in vorliegenden Dimensionen würde sehr teuer sein und in keinem Verhältnis zu der schwachen Leistung stehen, so daß die Ausführung in Holz empfehlenswerter ist. Um den Vorteil des besseren Effekts jedoch nicht zu verlieren, sind die Schaufeln aus Blech ausgeführt. Es mag dieses Beispiel für ähnliche Verhältnisse als Vorlage gelten, wenn mit Rücksicht auf das verfügbare Anlagekapital ein bescheidener Aufwand geboten erscheint.

Das Gewicht der 70 Blechschaufeln 3 mm dick, mit angenieteten Winkeleisen, betrug 1340 kg.

Ferner waren notwendig für die Befestigung der Schaufeln am Radboden und an den Felgen:

500 Stück Maschinenschrauben 55×10,
500 Unterlagscheiben 26×10,
850 Maschinenschrauben 75×10,
850 Unterlagscheiben hierzu;

sowie für die Verbindung der hölzernen Arme mit der Radwelle:

2 Wasserradrosetten aus Gußeisen, 10armig, Bohrung 200 und 180 mm
4 Nabenringe, 4 Keile,
20 Platten aus Schmiedeeisen,
40 Schrauben und Muttern
} Gewicht 850 kg.

Zweiter Abschnitt.

Die oberschlächtigen Wasserräder.

Beispiele aus der Praxis.

Erstes Beispiel.

Oberschlächtiges Wasserrad zum Betrieb eines Sägwerkes.

Wassermenge i. d. Sekunde	$Q = 0{,}550$	cbm
Gefälle	$H = 5{,}720$	m
Raddurchmesser	$D = 5{,}200$	„
Radbreite im Lichten	$B = 2 \times 1{,}30 = 2{,}600$	„
Schaufeltiefe	$a = 0{,}350$	„
Umgangszahl i. d. Minute	$n = 5{,}5$	
Schaufelzahl	$Z = 48$	
Umfangsgeschwindigkeit i. d. Sek.	$v = 1{,}480$	m
Wassergeschwindigkeit im Schwerpunkt der Schaufelfüllung	$v_1 = 1{,}40$	„
Füllungsgrad $\frac{Q}{a b v_1} + 3\,\%$ Zuschlag für die Schaufeldicke	$\varepsilon = 0{,}45$	„
Freihängen	$x = 0{,}090$	„
Nutzleistung in Pferdekräften	$N_n = 30$	HP.

Zungeneinlauf.

Zahl der Öffnungen $= 4$
Länge der Öffnungen im Lichten $b_1 = 2 \times 1\,\text{m} = 2{,}0$ m
Normale Weite 39—39—37—34 mm
Druckhöhe über dem Centrum der Öffnungen $= 0{,}470$ „
Theoretische Ausflußgeschwindigkeit i. d. Sek. $c = 3{,}0$ „
Ausflußkoeffizient $k = 0{,}7$ „
Wassermenge i. d. Sek. $Q_1 = 0{,}625$ cbm

Verzeichnis der einzelnen Teile.

	Gewicht
96 Schaufeln $740 \times 1300 \times 3{,}5$ mm mit angenieteten Winkeleisen, 192 Stück, 680 mm lang, $35 \times 35 \times 6$ mm	2973 kg
16 Bodenbleche $1314 \times 1805 \times 3{,}5$ mm	1171 „
32 Felgenbleche 6,5 mm	1712 „

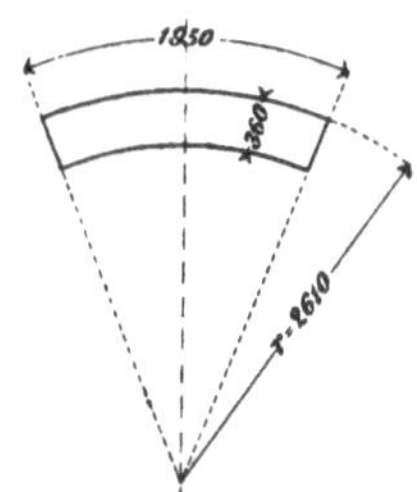

4 Ringe je 4,5 Dchm. zus. = 56,6 m ⌞ $50 \times 50 \times 6$
16 Arme 2355 mm lang U $176 \times 72 \times 9^3/_4$
8 do.

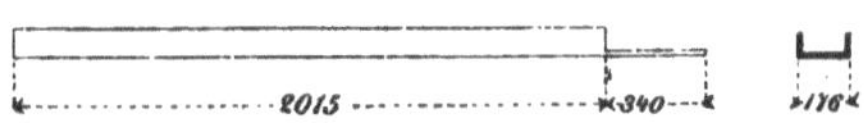

8 Winkellaschen

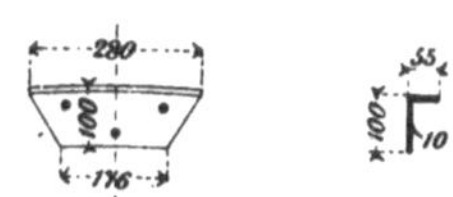

(4 Ringe, 16 Arme, 8 do., 8 Winkellaschen zusammen) 1502 „

4 Diagonalverbände aus ⌞ und flach mit Blechlaschen, 8 Streben U, 4 Rosettenverbindungen, 96 ⌝⌞, 16 Winkel ⌞, 16 Platten	527 „
32 Laschen in die Arme $380 \times 148 \times 10$	107 „
96 Verbindungen Z in die Schaufeln 200 mm lang, $45 \times 4{,}5$ 6000 Nieten, die am Platze geschlagen werden müssen	245 „
52 Schrauben zu den Streben	24 „
	8261 kg

In welcher Weise bei der Wahl der Stärkeverhältnisse beim Entwerfen eines neuen Rades vorzugehen ist, zeigt folgender Prozentsatz:

Gewicht der Schaufeln	$= 50\,\%$	vom Gesamtgewicht der Schaufeln, Felgen, Böden, Laschen.
„ „ Böden	$= 20\,\%$	
„ „ Felgen	$= 20\,\%$	
„ „ Laschen	$= 5\,\%$	

1 Wasserradwelle aus Manganstahl, 5,20 m lang, 220, 270, 230 und 220 mm dick	1561 kg
3 Rosetten 8armig mit schmiedeeisernen Nabenringen, 6 Stahlkeile	1654 „
2 Wasserradlager mit Bronceschalen 172 mm Bohrung u. Untersätze 1 do. do. 200 mm Bohrung.	957 „
	4172 kg

Gesamtgewicht des Rades $= 12433$ „

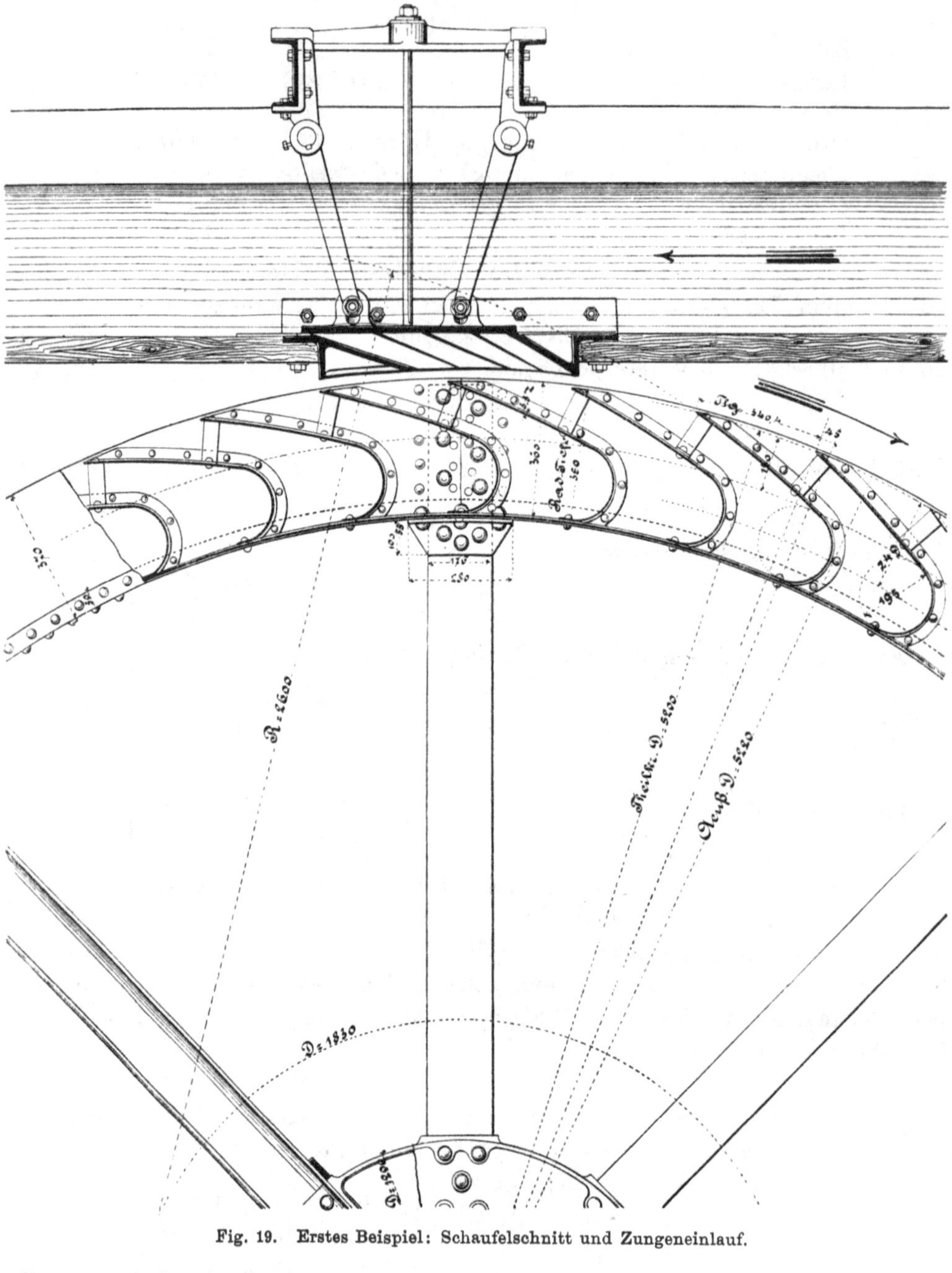

Fig. 19. Erstes Beispiel: Schaufelschnitt und Zungeneinlauf.

Zungeneinlauf mit eingenieteten Blechzungen (Fig. 19)	631 kg
2 Schieber, 3 Achsen, 2 Zahnsegmente, 5 Traversen, 1 Steuerrad, div. Schrauben	641 „
2 Balken U mit 6 Ohrenlagern	278 „
	1550 kg

Gewicht der Wasserfüllung $G_w = 3000$ kg

„ des Stirnrades 160 *E. Z.*

Dtr. $= 3{,}440$ m, $B = 230$ mm $t = 67{,}54$ mm $G_r = 2204$ „

Zahndruck vertikal aufwärts wirkend

$$P = \frac{75 \, . \, N}{\pi \, 3{,}44 \, \frac{5{,}5}{60}} = \frac{75 \, . \, 30}{0{,}99} = 2277 \text{ kg}$$

Kraftmessung.

Bericht

über die in der Sägmühle „Völmles-Mühle“ des Herrn H. Böcking in Schernbach ausgeführten Messungen der Wasserkraft und der Leistung zweier Bundgatter und einer Schwartensäge.

Erstattet von C. Schmidt, Professor in Stuttgart.

Die Messungen wurden vorgenommen von den Herren Professor Teichmann, Maschinenfabrikant Müller und Professor Schmidt unter Beihilfe von 4 Schülern der K. Baugewerkschule Stuttgart.

Zweck der Messungen war die Feststellung des Effektverbrauchs der beiden Bundgatter und der Nachweis, daß das Wasserrad bei 550 Liter Wasserverbrauch i. d. Sekunde einen Nutzeffekt von 30 Pferdestärken leiste.

Es wurde deshalb je mit 1 Gatter gearbeitet und gleichzeitig einerseits die Leistung an Schnittfläche, andererseits der Wasserverbrauch und das Gefälle bestimmt und hierauf mit möglichst demselben Wasserzufluß der Effekt des Rades mittels einer auf der Haupttransmission angebrachten Bremse gemessen, wobei der Wasserverbrauch und das Gefälle gleichfalls ermittelt wurden.

Schließlich folgten einige Bremsversuche mit der ganzen vorhandenen Wassermenge, ein Sägeversuch mit der Schwartensäge und ein Versuch mit dem Leerlauf der Transmission.

Die Verteilung der Arbeit erfolgte in der Weise, daß die Herren Teichmann und Müller mit 2 Schülern die Messung der Wassermenge und des Gefälls, Herr Schmidt mit 2 Schülern die Messung der Leistungen der Gatter und der gebremsten Effekte ausführten.

Die Endresultate der Messungen sind in der Tabelle S. 49 zusammengestellt. — Zur Tabelle ist zu bemerken:

Spalte 1 und 2 enthalten der Zeitfolge nach die einzelnen Versuche für die Wassermessungen, welche mit denjenigen an den Gattern und an der Bremse (Spalte 10) korrespondieren. In Spalte 3 ist die mittels des Woltmannschen Flügels im Oberkanal gemessene, verbrauchte Wassermenge, in Spalte 4 das Gefälle vom Oberwasserspiegel bis zum tiefsten Punkt des Rades eingetragen. Die hieraus sich ergebenden Werte des Bruttoeffekts des verbrauchten Wassers enthält die Spalte 5. — Der jeweilige, durch Bremsung ermittelte Effekt (Versuche III, IX, X, XIa und XIb) in Pferdestärken steht in Spalte 6. Addiert man hierzu den aus Versuch VIII, aus dem Radgewicht und aus den Dimensionen der Wellzapfen als wahrscheinlich berechneten Effekt mit 2,9 Pferden, welchen die Transmission vom Wasserrad zur Bremse verbraucht, so ergeben sich die Nutzeffekte des Wasserrads beim Bremsen, wie in Spalte 7 angegeben.

Das Verhältnis dieser Nutzeffekte zu den entsprechenden Bruttoeffekten ergiebt den Anhaltspunkt zur Ermittlung des Effektverbrauchs der Gatter aus den beim Sägen wirksamen Wassermengen und Gefällen. Berechnet man nämlich aus den Werten der Spalten 5 und 7 das Verhältnis des Nutzeffekts zum Bruttoeffekt in Prozenten (Spalte 8) und nimmt aus diesen Verhältnissen den Mittelwert, so ergiebt sich das durchschnittliche Verhältnis 75,1.

Nun folgen aus den Bruttoeffekten der beim Sägen verbrauchten Wassermengen die beim Sägen vom Wasserrad geleisteten Nutzeffekte (Spalte 9).

Hiervon den von der Transmission verbrauchten Effekt mit 2,9 Pferden wieder abgezogen, ergeben sich die Effektverbrauche der Gatter (Spalte 10). Die Ergebnisse der Leistungen der Gatter an Schnittfläche und die Geschwindigkeitsverhältnisse sind aus den Spalten 12 bis 14 ersichtlich. Die Werte der Spalte 15, Effektverbrauch pro 1 qm (in Quadratmeter) minutlicher Schnittfläche, sollen das Verhältnis des Kraftverbrauchs zur Leistung an Schnittfläche noch anschaulicher machen.

Zu den Werten in Spalte 6 und 7 ist zu bemerken: Versuch XIa zeigt unmittelbar, daß das Rad bei 550 Liter reichlich 30 Pferde an die Transmission abgiebt. Sogar an der Bremse sind noch reichlich 30 Pferde gemessen worden.

Was den Effektverbrauch der Bundgatter betrifft, so erscheinen die absoluten Werte pro 1 qm minutlicher Schnittfläche (Spalte 15) besonders bei den Versuchen IV, V, VI ungewöhnlich hoch gegenüber den Werten bei Versuch I und II und gegenüber den sonst als üblich angenommenen Werten.

Sie finden ihre Erklärung nur teilweise in dem zu Anfang der Versuche etwas zu schlaff gewesenen Betriebsriemen, wo durch Riemenrutschen ein Effektverlust stattgefunden haben mag.

Hauptsächlich rühren diese großen Zahlen her von den ungewöhnlich hohen Hubzahlen und noch besonders von der Wahl des kleinen Vorschubs. Es zeigt dies der Vergleich mit den Versuchen I und II wie auch mit VIII. — Bei I und II, wo nach meiner Anordnung der nahezu höchste zulässige Vorschub gegeben wurde, beträgt der Effektverbrauch pro 1 qm minutlicher Schnittfläche nur etwas mehr als die Hälfte desjenigen, welchen der Erbauer des kleinen Gatters bei Versuch IV mit kleinem Vorschub gebraucht hat. Die Versuche V und VI lassen sich mit den anderen weniger direkt vergleichen, wegen der größeren Sägendicke und Blockhöhe. Doch ist auch hier als sicher anzunehmen, daß ein größerer Vorschub bei kleinerer Hubzahl bessere Resultate ergeben hätte. Man sollte, soweit es die Rücksicht auf die Feinheit des Schnittes erlaubt, den Vorschub stets so groß als möglich nehmen und mit der Hubzahl auf einer Grenze bleiben, welche durch die vorhandene Betriebskraft gezogen ist, statt umgekehrt.

Das kleine Gatter verbraucht z. B. für den Leergang allein:

bei den Hubzahlen 187	Versuch I und II	4	Pferde
„ „ „ 207	„ IV	6	„
„ „ „ 230	„ wie geplant	8,8	„

Beim großen Gatter stellt sich eine analoge Rechnung wie folgt:

bei den Hubzahlen 147	Versuch V und IV	5,5	Pferde
„ „ „ 159	„ VIII	7,3	„
„ „ „ 184	„ wie geplant	12,0	„

1.	2.	3.	4.	5.	6.	7.	8.	9.	10.	11.	12.	13.	14.	15.	16.
Nummer des Versuchs	Zeit von — bis	Wasser-verbrauch i. d. Sekunde Liter	Gefälle m	Brutto-effekt des Wassers Pferde	Effekt gebremst Pferde	Nutzeffekt des Rades beim Bremsen Pferde	Wirkungs-grad %	Nutzeffekt des Rades beim Sägen Pferde	Effekt-verbrauch der Gatter Pferde	Mittlere Hubzahl des Gatters i. d. Minute	Mittlerer Vorschub i. d. Minute mm	Mittlerer Vorschub pro Hub mm	Schnitt-fläche i. d. Minute qm	Effektver-brauch pro 1 qm mintl. Schnittfl. Pferde	Bemerkungen
I	11h 27′—11h 40′	408	5,756	31,3	—	—	—	23,5	20,6	187,3	480	2,56	1,62	13,7	Kleines Gatter. Geschnitten: 4 gesäumte Blöcke von 290 mm Höhe, von 420, 230, 370, 340 mm mittlerem Durchmesser.
II	11h 57′—12h 12′	463	5,777	35,7	—	—	—	26,8	23,9	187,3	480	2,56	1,62	13,7	Länge der Blöcke 4500 mm. Vorschub groß genommen 15 bis 13 Sägen in Arbeit.
III	12h 39′—12h 52′	506	5,786	39,0	26,35	29,25	75,0	—	—	—	—	—	—	—	Bremse.
IV	2h 18′—2h 30′	519	5,776	40,0	—	—	—	30,0	27,1	207	243	1,17	1,16	23,4	Kleines Gatter. Geschnitten: 1 gesäumter Block von 290 mm Höhe, 470 mm Durchmesser. Vorschub klein genommen 18 Sägen in Arbeit.
V	3h 4′—3h 15′	609	5,748	46,7	—	—	—	35,1	32,2	146,9	100	0,68	0,916	35	Großes Gatter. Geschnitten: 1 ungesäumter Block von 580 mm mittlerer Durchmesser. 20 Sägen in Arbeit.
VI	3h 42′—4h 9′	576	5,761	44,2	—	—	—	33,2	30,3	146,7	90	0,613	0,825	36,6	Großes Gatter. Geschnitten: 1 Block wie der letzte. Arbeit wird unterbrochen, um den Riemen zu verkürzen.
VII	4h 59′—5h 19′	554	5,798	42,8	27,9	30,8	72,0	—	—	—	—	—	—	—	Bremse.
VIII	5h 52′—6h 13′	420	5,748	32,2	—	—	—	24,2	21,3	159	294	1,85	1,1	19,4	Großes Gatter. Geschnitten: 2 gesäumte Blöcke von 290 mm Höhe.
IX	6h 25′—6h 44′	448	5,774	34,5	22,2	25,0	72,8	—	—	—	—	—	—	—	Bremse.
X	10h 10′—10h 24′	600	5,658	45,3	31,3	34,2	75,5	—	—	—	—	—	—	—	Bremse.
XI a	10h 40′—10h 55′	553	5,821	42,9	30,3	33,2	77,4	—	—	—	—	—	—	—	Bremse.
XI b	10h 56′—11h 13′	576	5,816	44,6	31,8	34,7	77,9	—	—	—	—	—	—	—	Bremse.
XII	12h 36′—12h 52′	173	5,695	13,1	—	—	—	9,8	6,9	300 (?)	500	1,67(?)	0,2	34,5	Schwartensäge. Geschnitten: 6 Schwarten von ca. 240 mm Breite und 45—50 mm Dicke. 2—4 Blätter in Arbeit.
XIII	1h 10′—1h 18′	59,6	5,730	4,55	—	—	—	—	—	—	—	—	—	—	Leergang.

Ferner steigt der Effektverbrauch pro 1 qm Schnittfläche, welcher für das Schneiden allein erforderlich ist mit abnehmendem Vorschub, weil das Material zu feineren Spänen verarbeitet wird.

Eine Verkleinerung der Hubzahlen der Gatter würde, da eine Verminderung der Radgeschwindigkeit bei der jetzt schon ziemlich starken Füllung der Radzellen nicht wohl angeht, sich bei beiden Bundgattern am einfachsten ausführen lassen durch Auswechseln der Betriebsriemenscheiben auf der Haupttransmissionswelle gegen solche von kleinerem Durchmesser.

Ein weiterer Grund für die absolute Höhe der für beide Hauptgatter erforderlichen Betriebskräfte liegt in der Wahl der etwas großen Sägendicke. Beim kleinen Gatter würde ich eine Sägendicke von 1,5 mm statt 2 mm für angemessen halten. Der höchst mögliche Vorschub würde sich dann für Blöcke von 290 mm Höhe ergeben zu 2 mm pro Hub, die minutliche Schnittfläche bei einer Hubzahl von 187 zu 1,5 qm, der Effektbedarf zu 15 Pferden, d. h. pro 1 qm minutlicher Schnittfläche zu 10 Pferden (Blöcke von 420 mm Durchmesser vorausgesetzt).

Auch beim großen Gatter würde eine geringere Sägendicke kleinere Betriebskräfte erfordern.

Anmerkung d. Verfassers: Die bei vorstehenden Versuchen angewendete TEICHMANNsche Methode der Wassermessung für rechteckige Profile braucht zur Bestimmung der mittleren Geschwindigkeit nur die Messung in 4 bestimmten Punkten desselben, und beruht auf der Annahme, daß die Abnahme der Wassergeschwindigkeit von oben nach unten und von der Mitte nach beiden Ufern hin nach dem Parabelgesetz erfolge. Die mittlere Geschwindigkeit ergiebt sich dann als arithmetisches Mittel aus den vier gemessenen Geschwindigkeiten. (Siehe Zeitschrift des Vereines Deutscher Ingenieure.)

Zweites Beispiel.

Oberschlächtiges Rad mit Ventilationsöffnungen nach innen für eine Kunstmühle.

(Fig. 20 und 21.)

Wassermenge sehr veränderlich	$Q_{max.} = 0{,}800$ cbm i. d. Sek.
Gefälle	$H = 3{,}180$ m
Raddurchmesser	$D = 2{,}800$ „
Radbreite im Lichten	$B = 2 \times 2{,}0 = 4{,}000$ „
Radiale Tiefe	$a = 0{,}350$ „
Schaufelzahl	$Z = 24$
Umgangszahl i. d. Minute	$n = 8$ bis 9
Umfangsgeschwindigkeit i. d. Sek.	$v = 1{,}320$ m
Schaufelteilung	$t = 0{,}2995$ „
Füllungsgrad $\frac{Q}{a \cdot b \cdot v} + 3\,\%$ Zuschlag	$\varepsilon = 0{,}45$
Freihängen	$x = 0{,}030$ m
Nutzleistung in Pferdestärken	$N_n = 24$
Gewicht der Wasserfüllung im Rad $\frac{40 \cdot 28 \cdot 3{,}14 \cdot 3{,}5 \cdot 0{,}45}{2}$	rd. $= 2770$ kg

Zungeneinlauf.

Zahl der Öffnungen		$= 4$
Länge der Öffnungen im Lichten	$2 \times 1{,}720$	$= 3{,}440$ m
Normale Weiten		$= 45$ mm
Druckhöhe über den Öffnungen		$h = 0{,}410$ m
Theoretische Ausflußgeschwindigkeit		$c = 2{,}836$ m i. d. Sek.
Ausflußkoeffizient		$k = 0{,}67$
Wassermenge		$Q_1 = 1200$ l i. d. Sek.

Verzeichnis der einzelnen Teile des Rades S. 52 u. 53.

	Gewichte
1 Wasserradwelle aus Feinkorneisen	2100 kg
1 gußeiserne Armrosette links mit Stahlkeilen 1 „ „ rechts „ „	1987 „
1 „ „ Mitte „ „	572 „
Schmiedeeiserner Radkörper bestehend in: 2 Rädern à 2 m Breite, à 24 Schaufeln samt Laschen, Überplattungen, Nieten, Ventilationseinrichtung	5368 „
2 Wasserradlager mit Bronzeschalen u. Sohlen 4 Steinschrauben	562 „
1 Stirnrad 109 E. Z. auf der Wasserradwelle	1118 „
1 Trieb 60 E. Z. auf der Vorgelegwelle	461 „
Zungeneinlauf.	
1 Rahmen mit eingenieteten Blechzungen und 2 Schiebern 4 Zahnstangen, 4 Triebe	587 „
Regulierungsgetrieb	354 „

Bei einem Versuch mit dem Zungeneinlauf war von den vier Einlaufschlitzen einer von 45 mm Weite ganz und einer teilweise geöffnet, die offene Weite des letzteren betrug verglichen: $= 19$ mm
die Gesamtbreite der beiden Öffnungen $= 3{,}440$ m

Die Kontraktion war bei bem ganz geöffneten Schlitz unvollständig, bei dem halboffenen vollständig, der Wasserstand über der Öffnung betrug $h = 0{,}370$ m
dementsprechend die vom Rade verbrauchte Wassermenge i. d. Sekunde:

$$Q_2 = 0{,}67 \,.\, 0{,}045 \,.\, 3{,}44 \sqrt{2g \,.\, 0{,}37} \,.+ 0{,}62 \,.\, 0{,}019 \,.\, 3{,}44 \sqrt{2g \,.\, 0{,}37} = \text{rd. } 400 \text{ l}$$

Bei zwei offenen Schlitzen und 41 cm Wasser über der Öffnung gehen 600 l Wasser durch.

Bei 28 cm Wasserstand gehen durch einen Schlitz ca. 240 l, durch drei Schlitze 720 l.

Der absolute Fassungsraum des Rades bei neun Umgängen i. d. Minute ist:

$$V = 4 \,.\, 0{,}35 \,.\, 2{,}8 \,.\, \pi \frac{9}{60} = 1{,}848 \text{ cbm} = 1848 \text{ l}$$

es wird also durch einen Zufluss von 800 l i. d. Sekunde gefüllt werden auf

$$\varepsilon = \frac{800}{1848} = 0{,}432$$

und mit einem Zuschlag von 3% für die Schaufeldicken $\varepsilon = 0{,}445$ was als Maximum ganz wohl zulässig ist und immer noch gut 65 bis 70% Nutzeffekt oder bei 3,2 m Totalgefälle 22 bis 24 Pferdekräfte geben wird.

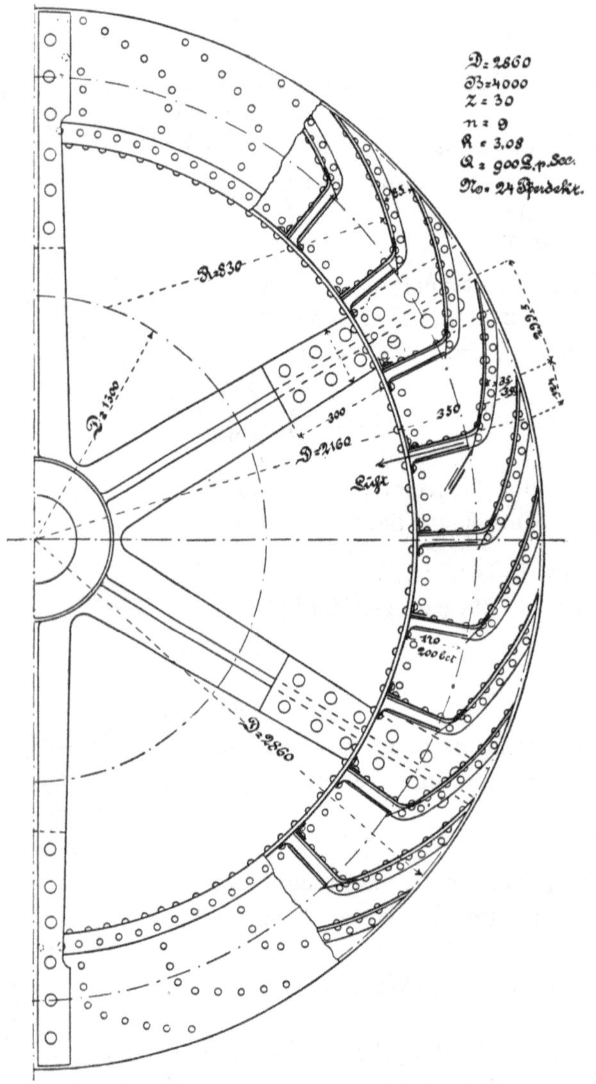

Fig. 20. Ventiliertes Zellenrad.

Ein besserer Motor, der zugleich auch die kleinen Wassermengen in trockenen Jahreszeiten gut ausnützt, wird überhaupt kaum herzustellen sein. Bei größerem Wasserkonsum entweicht die Luft durch die angebrachten Ventilationsöffnungen ohne Wasserverlust.

Obgleich das Rad seit etwa fünfzehn Jahren fast ununterbrochen recht zufriedenstellend arbeitet, würde Verfasser bei ähnlichen Verhältnissen die Anlage eines gleichen Motors doch weniger empfehlen, da oberschlächtige Räder in dieser Breite gewisse Übelstände haben, welche in der Elastizität des Materials, der geringen Dicke der Schaufeln, Radböden und Seitenkränze liegen. Der Fluß, welcher das Betriebswasser liefert, ist großen Schwankungen unterworfen und treten im Laufe des Jahres wiederholt und länger andauernd Hochwasserstände ein; es findet öfter ein Waten des Rades im Unterwasser statt, dessen Wirkung sich in erhöhter Inanspruchnahme aller Konstruktionsglieder äußert.

Der Motor wird pulsende Bewegungen ausführen, die bei seiner kräftigen Bauart bisher zwar ohne sichtlichen Nachteil geblieben sind, auf seine Lebensdauer jedoch immerhin von Einfluß sein müssen.

Gewisse unkonstruktive Verhältnisse verbleiben immer, auch bei vollständiger Durchbildung der Einzelheiten, wenn ein Radkörper bei nur 2,80 m Durchmesser eine solch beträchtliche Breitenausdehnung hat; die Radachse von 6 m Länge bietet in betreff der Stärke und Lagerung eine unangenehme Zugabe.

Am passendsten für ein solches Lokal wäre ein mittelschlächtiges Überfallrad von 7,50 m Durchmesser, 2 m Breite (siehe II. Teil), das bei billiger zu erstellendem Wasserbau einen höheren Nutzeffekt bei mittleren Wasserständen abgiebt und bei Stauwasser länger gangfähig bleibt. Die lebendige Kraft seiner Masse ist größer, die Wartung und Unterhaltung leichter, da Verstopfungen der engen Schlitze im Zungeneinlauf des Zellenrades bei unreinem Wasser nicht ausgeschlossen sind, wogegen bei einer Überfallschütze fremde Körper die Schaufeln ohne Schaden passieren.

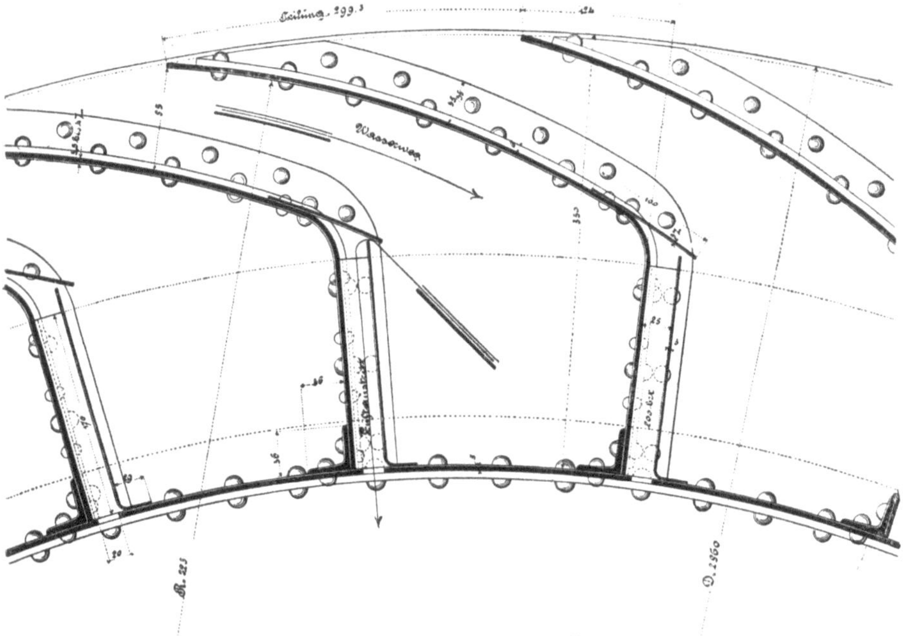

Fig. 21. Schaufelschnitt zu Fig. 20.

Die Erfahrung a. a. O. hat auch diese Anschauung vollständig bestätigt, indem das durch eine leistungsfähige Fabrik gebaute Rad Nr. 3 (Tabelle III, I. Teil S. 77), dem gleichen gewerblichen Betrieb dienend, nach acht Jahren wegen ungenügender Leistung und häufigen Ausbesserungen durch ein Überfallrad des Verfassers ersetzt werden mußte.

Die Leistungen dieses neuen Motors haben seit mehr als dreizehn Jahren die Erwartungen vollständig erfüllt.

Anschließend an vorstehendes ist noch hervorzuheben, daß für Gefälle von 3 m abwärts oberschlächtige Räder heute weniger häufig als früher, selbst bei Zuflussmengen bis herab auf 200 l i. d. Sekunde, angeordnet werden.

Der mäßige Wirkungsgrad, welcher oft nur ca. 60 % beträgt, die geringe Veränderung der Aufschlagmenge, welche diese Räder gestatten, die starken Wasserverluste, die bei ungleicher Führung entstehen, machen diese Motoren in Verbindung mit den teueren Herstellungskosten für die meisten Betriebe, welche nicht eine einfache Transmission als Grundbedingung fordern, ungeeignet. Fast in allen Fällen wird man mit einem zweckmäßig konstruierten Überfallrad nach den Beispielen im II. Teil bessere Leistungen erzielen und einen weniger teueren und leichter in Stand zu haltenden Motor, der die Schwankungen der Wasserspiegel nur in geringem Grade empfindet, erreichen.

Vor etwa 25 bis 30 Jahren wurden eine große Zahl solcher kleiner oberschlächtiger Räder ausgeführt, da die meisten der damaligen in Aufnahme kommenden Turbinen für veränderlichen Wasserzufluß ungenügend eingerichtet waren.

Die große Ausdehnung, welche der Bau eiserner Brücken in den letzten Dezennien gefunden hat, brachte in rascher Folge die Vermehrung der Walzenstraßen für Profileisen und ermöglichte damit dem Maschinenbauer das Radgerippe der sich bald allgemein einführenden Überfallräder auch für kleinere Kräfte mit verhältnismäßig geringem Gewicht in dauerhafter Weise herzustellen.

In die Tabellen I, II und III, S. 72—77, sind mehrere oberschlächtige Räder für 2,50 bis 3 m Gefälle aufgenommen worden, um hauptsächlich dem Konstrukteur die Daten zur Vergleichung mit Überfallrädern an die Hand zu geben.

Drittes Beispiel.

Oberschlächtiges Wasserrad mit Ventilation zum Betrieb einer Handelsmühle.

Wassermenge i. d. Sekunde	$Q_{max.} = 0{,}470$ cbm
Gefälle	$H = 3{,}800$ m
Raddurchmesser	$D = 3{,}300$ m
Radbreite im Lichten $2 \times 1{,}150$ m	$B = 2{,}300$ m
Radiale Tiefe	$a = 0{,}260$ m
Schaufelzahl	$Z = 2 \times 32$
Umdrehungen i. d. Minute	$n = 8{,}75$
Umfangsgeschwindigkeit i. d. Sek.	$v = 1{,}40$ m
Füllungsgrad	$\varepsilon = 0{,}60$ (zu groß!)
Nutzleistung in Pferdekräften	$N_n = 15—18$
Gewicht des Wassers im Rad	$G_w = 1858$ kg

Dieses Wasserrad ist verhältnismäßig leicht gebaut und hat schon öfter zu Ausbesserungen Anlaß gegeben; Radwelle, Arme und Rosetten erwiesen sich nach kurzer Betriebsdauer als zu schwach. Durch Einbringen einer stärkeren Welle und zweier kräftiger Rosetten, sowie eines Winkelrings in der Mitte der Schaufeln zur Unterstützung derselben, wurden die Übelstände gehoben, doch läßt die zeitweise auftretende Lockerung der Verbindungen, da wo die Arme den Radkörper fassen, darauf schließen, daß das öftere Tauchen, welchem das Rad ausgesetzt ist, von erheblichem Nachteil für seine Dauer wird. Die Ventilation erleichtert zwar das Entleeren der Zellen, doch schadet die starke Beaufschlagung (welche bei Verminderung des Gefälles angewendet werden muß) in bemerkenswerter Weise.

Leider konnte bei der stark veränderlichen Zuflußmenge kein besserer Motor angewendet werden und ist unter ähnlichen Verhältnissen dem Konstrukteur größte Sorgfalt und Berücksichtigung aller Einzelheiten dringend zu empfehlen.

Verzeichnis der einzelnen Teile.

1	Wasserradwelle aus Manganstahl	964 kg
2	Rosetten links und rechts	680 „
12	Arme ⊥	414 „
1	Rosette in der Mitte	340 „
6	Arme hierzu ⊥	
3	Laschen, 32 Schrauben	275 „
3	Ringsegmente	
200	Nieten	40 „
1	Stirnrad zweiteilig mit Schrauben, Keilen und Nabenringen 112 *E. Z.* *Dtr* = 2,220 m	925 „
1	Zungeneinlauf	
2	Schieber	
4	Hebel	
2	Achsen 55 mm dick, 4 Stellringe	
2	Zahnsegmente	
2	Wandplatten, 6 Lager	742 „
1	Steuerrad	
1	Achse 45 mm dick	
1	Stirntrieb	
30	Schrauben	
1	Stirntrieb 42 *E. Z.* mit Stahlkeil	247 „
32	Radschaufeln	2119 „
2	Seitenkränze hierzu	355 „
	Röhrchen mit Schrauben, Nieten	75 „

Viertes Beispiel.

Oberschlächtiges Wasserrad.

Wassermenge i. d. Sekunde	$Q = 0{,}160$ cbm
Gefälle	$H = 6{,}000$ m
Raddurchmesser	$D = 5{,}600$ m
Radbreite im Lichten	$B = 1{,}100$ m
Radiale Tiefe	$a = 0{,}250$ m
Schaufelzahl	$Z = 48$
Umgangszahl i. d. Minute	$n = 5$
Umfangsgeschwindigkeit i. d. Sek.	$v = 1{,}465$ m
Füllungsgrad $\frac{Q}{a\,b\,v_1} + 3\%$ Zuschlag	$\varepsilon = 0{,}43$
Nutzleistung in Pferdekräften	$N_n = 10$
48 Radschaufeln, 1,10 m breit, mit angenieteten Winkeleisen	952 kg
16 Arme	1170 „
6 Felgensegmente mit Laschen	614 „
8 Bodentafeln	445 „
Nieten	65 „
	3246 kg

2 Rosetten achtarmig	560 kg
1 Wasserradwelle	625 „
1 Stirnrad auf der Wasserradwelle	1265 „
2 Wasseradlager mit Bronzeschalen, Sohlen und Schrauben	230 „
1 Wasserzuführung aus Blech mit Winkeleisen verstärkt, 9 m lang, 1 m breit, 0,5 m hoch 1 Zungeneinlauf mit eingenieteten Blechzungen Schieber 2 Hebel Bewegungsmechanismen	985 „

Fünftes Beispiel.

Oberschlächtiges Wasserrad mit Ventilationsöffnungen nach der Seite, zum Betrieb einer Seidenzwirnerei.

(Fig. 9 und 10.)

Wassermenge i. d. Sekunde	$Q = 0{,}300$ cbm
Gefälle	$H = 2{,}855$ m
Raddurchmesser	$D = 2{,}650$ m
Radbreite im Lichten	$B = 2{,}000$ m
Radiale Tiefe	$a = 0{,}280$ m
Zahl der Doppelschaufeln, versetzt angeordnet, mit einem inneren Felgenkranz	$Z = 24$
Umdrehungen i. d. Minute	$n = 10$
Umfangsgeschwindigkeit i. d. Sek.	$v = 1{,}387$
Wassergeschwindigkeit	$v_1 = 1{,}241$
Füllungsgrad $\frac{Q}{a\,b\,v_1} = 0{,}43 + 3\%$	$\varepsilon = 0{,}455$
Nutzleistung in Pferdekräften	$N_n = 8{,}5$
Wassergewicht im Rad	$G_w = 1048$ kg
Radkörper aus Schmiedeeisen: 24 versetzte Doppelschaufeln mit angenieteten Winkeleisen (Gewicht derselben allein 1021 kg) 2 Armrosetten, sechsarmig (Gußeisen) mit Stahlkeilen	2890 „

Das Rad wurde in fertigem Zustande von der Fabrik versandt.

1 Wasserzuführung mit gußeisernen Schildern und Blechboden 2 Führungsschienen für die Falle	390 kg
2 Fallenzugböckchen mit Führungsrollen und	76 „
Bewegungsteile	174 „
1 Wasserradwelle, 3,50 m lang, 172 mm dick	630 „
1 Stirnrad auf der Wasserradwelle 78 *E. Z.* 1,430 m Dtr., 170 mm Breite, 58 mm Tlg. $G_w = 480$	„

Sechstes Beispiel.

Oberschlächtiges Wasserrad mit Ventilationsöffnungen nach innen.

Wassermenge i. d. Sekunde	$Q = 0{,}220$ cbm
	bis 0,360 „
Gefälle	$H = 3{,}5$ m
Raddurchmesser	$D = 3{,}200$ m
Radbreite	$2 \times 1{,}0\,\text{m} = B = 2$ m
Radiale Tiefe	$a = 0{,}300$ m
Zahl der Doppelschaufeln	$Z = 30$
Umdrehungen i. d. Minute	$n = 8$
Umfangsgeschwindigkeit i. d. Sek.	$v = 1{,}340$ m
Armzahl	$A = 6$
Wassergeschwindigkeit im Schwerpunkt der Schaufelfüllung	$v_1 = 1{,}214$ m
Füllungsgrad bei 220 l $\frac{Q}{a\,b\,v_1} =$	$\varepsilon = 0{,}3$
(ohne Rücksicht auf die Schaufeldicke)	
Nutzleistung in Pferdekräften	$N_n = 7$ bis 12
Gesamtausflußnormale:	$39^1/_2 + 39^1/_2 + 37 + 34$ mm
Lichte Breite der Öffnungen	$= 0{,}850$ m

Durch die zwei hinteren Öffnungen fließen:

Querschnitt $2 \times 1{,}7\,\text{m} \times 0{,}071$ m	$= 0{,}241$ qm
Reduzierte Druckhöhe	$h = 0{,}250$ m
Theoretische Geschwindigkeit	$c = 2{,}215$ m
Wassermenge $Q = 0{,}7 \times 2{,}215 \times 0{,}255$	$= 0{,}395$ cbm
Durch die zwei Doppelöffnungen fließen:	$= 0{,}790$ cbm

Verzeichnis der einzelnen Teile.

1 oberschlächtiges Wasserrad mit 30 Schaufeln, 3,200 m D. 2,000 m Breite	2270 kg
12 Arme	414 „
Nieten	45 „
1 Wasserradwelle, 3,900 m lang, 160 mm dick	580 „
2 Rosetten, sechsarmig mit 4 Keilen	632 „
2 Wasserradlager mit Bronzeschalen	257 „
1 Stirnrad 130 E. Z. 2,070 m Dtr.	610 „
1 Stirntrieb 40 E. Z. 0,637 m Dtr.	140 „
1 Zungeneinlauf mit 2 Schiebern, 2 Wellen, 4 Hebel, 2 Zahnsegmente, Getrieb und Lager	379 „

Siebentes Beispiel.

Oberschlächtiges Wasserrad.

Wassermenge i. d. Sekunde	$Q = 0{,}175$ cbm
Gefälle	$H = 5{,}500$ m
Raddurchmesser	$D = 5{,}000$ „

Radbreite	$B = 1{,}000$ m
Radiale Tiefe	$a = 0{,}235$ „
Zahl der Schaufeln	$Z = 48$
Umdrehungen i. d. Minute	$n = 5{,}2$
Umfangsgeschwindigkeit i. d. Sek.	$v = 1{,}37$ m
Armzahl	$A = 8$
Füllungsgrad	$\varepsilon = 0{,}46$
Nutzleistung in Pferdekräften	$N_n = 10$

Verzeichnis der einzelnen Teile.

1 oberschlächtiges Wasserrad, 5 m Durchmesser, 1 m Breite; 6 Felgensegmente	= 575 kg
8 Bodenstücke	397 „
48 Schaufeln mit angenieteten Winkeleisen	936 „
16 Arme	925 „
2500 Nieten	75 „
	2908 kg

96	Rosettennieten 65 × 20		
64	Armnieten an die Felgen 60 × 18		
800	Schaufelnieten an die Felgen 22 × 10	Verkaufs-Nr.	11
750	Schaufelnieten an die Böden	„	7
120	Bodenstücke übereinander	„	7
400	Bodenstücke an die Felgen	„	9
50	Stoßnieten an die Winkel	„	11
50	Stoßnieten an die Laschen, versenkt,		
64	lange Nieten für die Laschen		
2394	Stück		

1 Wasserradwelle 3,280 m lang, 160 mm dick	494 kg
2 Rosetten	725 „
2 Wasserradlager mit Bronzeschalen und Sohlen	242 „
1 Stirnrad 120 E. Z. 170 mm Breite, 2,220 m Dtr., 58 mm Teilung	754 „
1 Stirntrieb 39 E. Z. 0,720 m Dtr.	200 „
1 Wasserzuführung: 9 m lang, 1 m breit, 0,5 m tief mit angenieteten Winkeleisen; 1 Zungeneinlauf mit 1 Schieber; 2 Hebelarme; 1 Zahnsegment, 1 Achse; 1 Platte mit Handrad und Trieb; 2 Stellringe	985 „

Preis: der Blecharbeit des Rades, der Arme und Rosetten, Wasserzuführung und Bewegungsmechanismen mit Aufstellung M. 2000,—

Achtes Beispiel.

Oberschlächtiges Wasserrad zum Betrieb einer Mahlmühle mit 5 Gängen.

Wassermenge i. d. Sekunde	$Q = 195—265$ l
Gefälle	$H = 5{,}400$ m
Raddurchmesser	$D = 5{,}000$ „
Radbreite	$B = 2 \times 0{,}80 = 1{,}600$ „
Radiale Tiefe	$a = 0{,}300$ „
Zahl der Doppelschaufeln	$Z = 42$
Umdrehungen i. d. Minute	$n = 5{,}2$
Umfangsgeschwindigkeit i. d. Sekunde	$v = 1{,}37$ m
Armzahl	$A = 6$
Wassergeschwindigkeit im Schwerpunkt der Schaufelfüllung	$v_1 = 1{,}275$ m
Füllungsgrad bei 200 l $= \dfrac{Q}{a\,b\,v_1} =$	$\varepsilon = 0{,}38$
Nutzleistung in Pferdekräften	$N_n = 10—15$

Verzeichnis der einzelnen Teile.

1 Wasserradwelle	682 kg
1 Wasserradlager mit Bronzeschale	152 „
1 „ „ „	115 „
2 sechsarmige Rosetten	734 „
1 oberschlächtiges Wasserrad $D = 5{,}020$ m, 1,60 m Breite mit 42 Doppelschaufeln 1 mittlerer Kranz, Radboden	2993 „
12 Winkelstreben	115 „
12 Arme ⊔ mit 24 Laschen	786 „
12 Winkel, div. Nieten und Schrauben	59 „
1 Einlaufblech	20 „
1 Stirnrad auf die Wasserradwelle 140 *E. Z.*, $D = 2{,}585$ m, $B = 170$ mm, 58 mm Tlg.	1015 „
1 Trieb hierzu 35 E. Z.	188 „
Gesamtgewicht der 84 Radschaufeln mit angenieteten Winkeleisen	(2295 kg)
Gewicht 1 Schaufel	(27,3 „)

Neuntes Beispiel.

Oberschlächtiges Wasserrad mit Zungeneinlauf.

Wassermenge i. d. Sekunde	$Q = 100-150$ l
Gefälle	$H = 5{,}100$ m
Raddurchmesser	$D = 4{,}700$ „
Radbreite	$B = 1{,}000$ „
Radiale Tiefe	$a = 0{,}300$ „
Zahl der Schaufeln	$Z = 42$
Umdrehungen i. d. Minute	$n = 5{,}5$
Umfangsgeschwindigkeit i. d. Sek.	$v = 1{,}352$ m

Armzahl	$A = 6$
Wassergeschwindigkeit im Schwerpunkt der Schaufelfüllung	$v_1 = 1{,}266$ m
Füllungsgrad	$\varepsilon = 0{,}38$
Nutzleistung in Pferdekräften	$N_n = 5-7{,}5$

Verzeichnis der einzelnen Teile.

1 Wasserzuführung aus Blech 10 m lang mit Winkeleisen, 1 Zungeneinlauf, 1 Schieber, 2 Hebel, 1 Zahnsegment, 1 Achse, 1 Platte mit Handrad und Trieb, 2 Stellringe	894 kg
1 oberschlächtiges Wasserrad $D = 4{,}70$ m, $B = 1$ m mit 42 Schaufeln, 12 Arme U	2488 „
2 Rosetten, 4 Keile	500 „
1 Wasserradwelle	553 „
2 Wasserradlager mit Bronzeschalen	219 „
1 Stirnrad auf die Wasserradwelle 130 E. Z. Dtr. = 2,070 m, $B = 150$ mm, 50 mm Teilung	593 „
1 Trieb hierzu 40 E. Z. Dtr. = 0,637 m	140 „

Zehntes Beispiel.

Oberschlächtiges eisernes Wasserrad der Pumpstation Birkenfeld.

(Tafel I und II.)

Wassermenge i. d. Sekunde	$Q = 0{,}250$ cbm
Gefälle	$H = 3{,}780$ m
Raddurchmesser	$D = 3{,}30$ „
Radbreite 2×1 m	$B = 2{,}00$ „
Radiale Tiefe	$a = 0{,}360$ „
Zahl der Doppelschaufeln	$Z = 30$
Umdrehungen i. d. Minute	$n = 8$
Umfangsgeschwindigkeit i. d. Sek. $= \frac{\pi . D . n}{60} =$	$v = 1{,}348$ m
Wassergeschwindigkeit im Schwerpunkt der Schaufelfüllung	$v_1 = 1{,}25$ „
Füllungsgrad $\frac{Q}{a\,b\,v_1}$	$\varepsilon = 0{,}277$
Wassergewicht im Rad	$ca = 1000$ kg
Nutzleistung in Pferdekräften	$N_n = 9{,}5$ HP
Lichte Weite der Einlaßfalle	$b_1 = 1{,}80$ m
Vorwasser (Wassertiefe im Kanal)	$h = 0{,}40$ „

Beim Heben des Schützenbrettes um 74 mm gehen 260 l Wasser durch die Öffnung, nach der Formel:

$$Q = k_2 . b_1 . 0{,}074 \sqrt{2\,g . 0{,}363}$$
$$= 0{,}728 \times 1{,}80 \times 0{,}074 . 2{,}668 = 0{,}2587$$
$$\text{rd.} = 0{,}260 \text{ cbm. i. d. Sekunde}$$

Verzeichnis der einzelnen Teile.

Anzahl	Teil	Gewicht
1	Wasserradwelle aus Siemens-Martinstahl	960 kg
1	eisernes oberschlächtiges Wasserrad 3,330 m Durchmesser, 2,00 m Breite, 0,360 m radiale Tiefe mit 30 versetzten Doppelschaufeln	3182 „
12	Arme U 1475 × 152 × 6	378 „
	Schrauben und Nieten zum Kranz	40 „
72	Rosettenschrauben mit konischem Schaft	27 „
2	sechsarmige Rosetten mit 4 Stahlkeilen und 4 Nabenringen	575 „
1	Wasserradlager mit Bronzeschale 140 × 220 mit Sohle und 2 Steinschrauben	177 „
1	Wandkasten mit 1 Wasserradlager 170 × 240	345 „
1	zweiteiliges Stirnrad mit 140 *E. Z.* 2,585 m Dtr., 58 mm Tlg. 170 mm breit mit 8 Schrauben	1028 „
1	Stirntrieb mit 42 E. Z. 58 mm Tlg. 0,775 m Dtr., 125 mm Bohrung mit 200 mm langer einseitiger Nabe	255 „
1	Fallengestell aus Schmiedeeisen 2100 mm hoch, 800 mm Lichtweite. U Profile 175 × 72 und 153 × 58	174 „
1	ditto aus U Profil zur Übereich- und Leerschußfalle 2100 mm Lichtweite	254 „
1	Fallenzug	296 „
1	Blecheinlauf zum Wasserrad	186 „
1	Fallengestell aus U Profil mit Blech und Winkel	366 „
1	Fallenzug	230 „
2	Zahnstangen und 2 Böckchen zur Einlaßfalle	68 „
		8541 kg

Preis einschließlich der Aufstellung M. 3850,—.

Wasserrad der Quellwasserversorgung der Gemeinde Kohlstetten (Oberamt Münsingen).

Zum Betrieb der für die Gemeinde Kohlstetten erstellten Quellwasserversorgung war zu liefern:

1. Ein eisernes oberschlächtiges Wasserrad, konstruiert für ein konzessioniertes Nutzgefälle von 3,65 m und für eine mittlere Betriebswassermenge von ca. 100 Sekunden-Liter, bei kleiner Umfangsgeschwindigkeit und nicht mehr als $^1/_3$ Schaufelfüllung, einen möglichst hohen Nutzeffekt gebend.

Das Rad, bestehend aus 2 Armsystemen mit je 6 Armen, 2 gußeisernen Rosetten, gußstählerner Wasserradwelle, 2 Radkränzen, von nicht unter 5 mm starkem Eisenblech hergestellt, desgleichen bestens geformten und in genügender Anzahl zu stellenden Wasserradschaufeln von ca. 4 mm Blechstärke, 2 starken Wasserradlagern mit Metalllagerschalen.

2. Die Bestandteile für die Abstellfalle, um das Wasserrad vom Pumpenraum aus abstellen und in Gang setzen zu können. Das Rad dient zum Betrieb einer auf 20 Atmosphären inneren Wasserdruck geprüften, aus Eisen und Metall konstruierten, doppeltwirkenden Kastenpumpe.

3. Die Größenabmessungen des Pumpwerks sind derart, daß dasselbe bei der gewählten Tourenzahl und 95 % Nutzleistung der Pumpe 2,3 Sekunden-Liter Wasser oder in 24 Stunden bei ununterbrochenem Betriebe ca. 198720 l Wasser nach den Hochsammelbehältern bei einem Arbeitsdrucke von ca. 72 m durch die 80 mm weite und ca. 3800 m lange Druckröhrenfahrt fördern kann.

Daten:

Raddurchmesser	$D = 3{,}300$ m
Radbreite	$B = 1{,}00$ „
Schaufelzahl	$Z = 30$
Radiale Tiefe	$a = 0{,}295$ m
Umdrehungen i. d. Minute	$n = 7{,}5$
Gefälle	$H = 3{,}650$ m
Wassermenge	$Q = 100$ l
Nutzleistung	$N_n = 3{,}5 - 4$ HP
Umfangsgeschwindigkeit i. d. Sek.	$v = 1{,}296$ m
Füllungsgrad	$\varepsilon = 0{,}27$

Gewichte der einzelnen Teile:

1 Wasserradwelle	438 kg
2 Wasserradlager mit Hohlgußsockel	
4 Schlautern mit Platten	298 „
8 Steinschrauben, 6 Platten	70 „
2 sechsarmige Rosetten, 4 Nabenringe, 4 Keile	567 „
1 oberschlächtiges Wasserrad 3,30 m Dtr. 1,0 m Breite, 30 Schaufeln, 42 Nieten	1814 „
2 Balken 175 × 70 × 9 à 5500 und 6000 mm lang	280 „
1 Einlauf mit Fallenzug und Fallen aus Eichenholz	515 „
1 Stirnrad auf die Wasserradwelle 120 E. Z. 170 mm breit, 58 mm Teilung, 2,220 m Dtr.	770 „
1 Stirntrieb auf die Pumpenwelle 39 E. Z.	209 „
Gesamtgewicht aller Teile für Pos. 1 u. 2	4961 kg.

Preis M. 2125.

Wasserrad der Heuberg-Wasser-Versorgung auf württembergischem und badischem Gebiet.

(Fig. 22 und Tafel V, VI und VII.)

Das Wasserrad mit Betriebswasser-Zuleitung, Falleneinrichtungen und Zubehörden zum Betrieb der beiden Pumpwerke ist ein aus Eisen und Holz konstruiertes oberschlächtiges Zellen-Wasserrad mit eisernem Einlauf.

Die für das Rad verfügbare Triebwassermenge beträgt ca. 400 Sekunden-Liter, das gegebene Nutzgefälle 9,7 Meter, worunter sich bei einem Nutzeffekt von 75 % der Rohkraft für den Motor eine Leistung von 39 Pferdekräften erzielen läßt. Bei veränderter Wassermenge und etwa vorkommender geringer Änderung des Gefälls ist der oben angegebene Nutzeffekt annähernd gleich.

Unter Zugrundelegung einer sekundlichen Umfangsgeschwindigkeit von ca. 1,5 m erhält das Rad bei einem äußeren Durchmesser von 9,25 m die lichte Schaufelbreite von 2,56 m, Umdrehungszahl sonach 3,1 in der Minute. Zwei auf der mit 300 bezw. 340 mm Stärke ausgeführten Radwelle festgekeilte Rosetten dienen zur Befestigung der beiden Doppel-Armsysteme von je zehn schmiedeeisernen Armen, welch letztere unter sich sowohl, als auch mit der gegenüberliegenden Rosette durch Streben und Diagonalstangen etc. versteift sind. Die einzelnen Segmente der aus Blech hergestellten Seitengetäfel sind an den Radarmen genietet, ebenso ist das Zwischengetäfel am Radboden durch Querschienen und Diagonalstreben mit den beiderseitigen Armsystemen verbunden.

Der Radboden sowie die Schaufelbretter sind aus Forchenholz hergestellt.

Ersterer erhält seine Befestigung an den an die Radgetäfel angenieteten 4 Winkelringen, während die letzteren an die Schaufelwinkel derart angeschraubt sind, daß sie bei Auswechslungen leicht herausgenommen werden können.

Der gußeiserne Zahnkranz (mit 28 cm Zahnbreite, 103,67 mm Teilung) zur Übertragung des Effekts auf die Pumpen-Kurbelwelle ist mit den Armen bezw. dem Radgetäfel verschraubt.

Die Betriebswasser-Zuleitung vom Kanalendschachte bis zum Einlaufgerinne im Wasserhaus ist aus 80 cm lichtweiten gußeisernen Muffenröhren in einer Länge von ca. 33 m hergestellt. Ebenso wurde eine 250 mm lichtweite Leerschuß- und Entleerungsleitung und eine zur allmählichen stoßfreien Ingangsetzung des Wasserrades durch Anfüllung der in mittlerer Höhe des Rades befindlichen Radzellen dienende Zweigleitung von 150 mm Lichtweite, sowie eine gleichweite Sicherheitsleitung zum Entleeren des Gerinnschachtes zwischen Regulier- und Abstellfalle, einschließlich der erforderlichen Absperrschieber, Ventile, Reguliermechanismen ausgeführt.

Durch das aus Eisenblech gefertigte ca. 2,70 m breite Einlaufsgerinne wird das Betriebswasser auf das Rad geleitet.

Die erforderliche Transmission zur Kraftübertragung vom Wasserrade auf die Pumpmaschine ist durch Zahnkranz und Stirnradkolben mit Holzzähnen, letzterer zum Auswechseln aus 2 Teilen, hergestellt.

Die beiden gleich grossen Plungerpumpen sollen bei 20 Umdrehungen der Kurbelwelle in der Minute und einem Wirkungsgrade der Pumpen von 95% jede derselben 3,5 l in der Sekunde oder 12,6 cbm in der Stunde liefern, von beiden Pumpwerken zusammen sekundlich 7 l oder bei 24 stündiger täglicher Arbeitszeit 605 cbm durch 3 vom Teilschacht am Ende der 650 m langen und 150 mm lichtweiten gemeinschaftlichen Hauptdruckleitung im Thale an vollständig getrennte Druckröhrenfahrten auf 8 verschieden hoch und entfernt liegende Punkte des Heubergs gehoben werden.

Über die Einzelheiten der Bauausführung entnehmen wir der, durch den Staatstechniker für das öffentliche Wasserversorgungswesen in Württemberg, Oberbaurat Ehmann, ausgearbeiteten Denkschrift noch folgendes:

„Um die Wasserkraft der Beera möglichst zu erhöhen, wurde sowohl der frühere Oberkanal um 1 m gehoben, als auch ein neuer, gegen früher 3,7 m tieferer und 290 m langer Unterkanal hergestellt, so daß jetzt das Gesamtgefälle 9,7 m beträgt.“

„Die Wassermenge beider Beeraarme läßt sich im Durchschnitt auf 300 Sekunden-Liter annehmen, sie sinkt aber nicht selten auf 200 l, welches Quantum als Minimum der Berechnung zu Grunde gelegt wurde.“

„Der neue offene Kanal mit 2,5 m Sohlbreite, 1,5 m Tiefe und 0,3 m Sohlengefälle führt das Triebwasser der Berghalde entlang bis nahe an das Maschinenhaus und in einen betonierten Schacht, von welchem aus ein gußeisernes, 800 mm weites Rohr siphonartig unter der Straße durch in dem Gebäude wieder aufsteigend, auf das Rad führt. Durch einen rechtsseitig angebrachten Zahnkranz von 8,91 m Durchmesser wird das vor dem Rad befindliche Vorgelege mit 25 bis 30 Umdrehungen minutlich in Bewegung gesetzt, welch letzteres mittelst zweier Kurbelscheiben mit verstellbaren Kurbelzapfen für drei verschiedene Hublängen die horizontalen, doppelt wirkenden Plungerpumpen treibt, um sekundlich 8 bis 10 l zu heben.“

„Der Nutzeffekt des Rades, einschließlich der Reibung in den Pumpen, berechnet sich bei der ersten Probe auf voll 80%.“

„Um den linksseitigen Beeraarm mit dem rechtsseitigen zu vereinigen, mußte derselbe quer über das Thal geführt werden. Die kostspieligen und in der Unterhaltung lästigen Schutzdämme, welche ein offener Graben wegen des Hochwassers nötig gemacht hätte, konnten umgangen werden, indem dieser Kanalarm unterirdisch in einem betonierten, kreisrunden, 800 mm weiten Rohr, der Horizontalkurve folgend, in entsprechender Tiefe unter der Thalsohle durchgeführt und oberhalb des neuen, ganz aus Beton erstellten Wehres in die rechtsseitige Beera eingeleitet wurde. Der Untergrund für diesen Röhrenkanal besteht aus wenig festem Moorschlamm und mußte, um die nötige Festigkeit zu erzielen, ein Rost aus Langhölzern mit Dielenboden auf die ganze Breite des Thales eingelegt werden, welcher sich sehr gut bewährt hat und der jetzt zugleich die Unterlage für die eben dort das Thal kreuzende gußeiserne Druckleitung nach Obernheim bildet.“

An Baukosten wurde u. a. etwa verausgabt:

„Für Grunderwerbungen einschließlich der Wasserkraft mit der alten Mühle und abzüglich des Wertes der später verkäuflichen Grundstücke und Gebäude, ferner für die Wehr- und Kanalanlagen, Pumpstation, Reservoir; endlich für Servitutenbestellung zu den Rohrleitungen und Entschädigungen an Güterbesitzer M. 27,580.—

Maschinenanlagen zur Ausnutzung der Wasserkraft:

Wasserrad samt Betriebswasserleitung	M. 14,800.—
Transmissionen	„ 5,500.—
Pumpen mit Windkesseln	„ 16,200.—
	M. 36,500.—

Die Ober- und Unterkanalanlage mit dem Wehr und sämtlichen Fallenaufzügen M. 44,000.—“

„Sämtliche Arbeiten und Lieferungen wurden im Akkord vergeben, bei allen Bewegungsteilen der Maschinen mit 12monatlicher, bei allen übrigen Lieferungen mit 5jähriger Garantie.“

„Noch im Spätsommer 1886 konnte, nachdem alle Arbeiten und Lieferungen vergeben waren, mit den Bauarbeiten gleichzeitig im Thal und auf der Höhe begonnen werden und am 12. Dezember 1887 floß das Wasser im höchstgelegenen Reservoir erstmals ein.“ —

Bemerkenswert an diesem Wasserrad ist, daß Radboden und Schaufeln aus Forchenholz hergestellt und dieses Material wohl hauptsächlich mit Rücksicht auf die billigere Erstellung und leichte Ersetzbarkeit gewählt wurde.

Bei hölzernen Böden von so bedeutendem Umfang ist darauf Bedacht zu nehmen, daß die Bodenbretter bei längerer Einwirkung des Wassers zu wachsen beginnen (aufquellen) und notwendig, mit dem zur Verwendung kommenden Holz Proben anzustellen, in welchem Maße diese Schwellungen in der Breite auftreten; hiernach sind die Spalten zwischen den einzelnen Bohlen, welche durch eingelegte Federn abgedichtet werden, zu bemessen.

Das Rad zeigt in seiner Herstellungsweise — Radkörper: Schmiedeeisen, Schaufelräume: Holz — etwa analoge Bauart, wie die im zweiten Teil behandelten Überfallräder, wobei noch als weitere Konstruktionsschwierigkeit der gußeiserne Zahnkranz und seine Verbindung mit den Radarmen hinzukommt. Es machte dies die bereits eingangs erwähnte Diagonalverbindung der Radarme unter sich und mit der gegenüberliegenden Rosette, sowie die Querschienen und Diagonalstreben am Radboden nötig.

Diese Verbände sind in solider Weise ausgeführt, erhöhen jedoch die Kosten des Motors wesentlich.

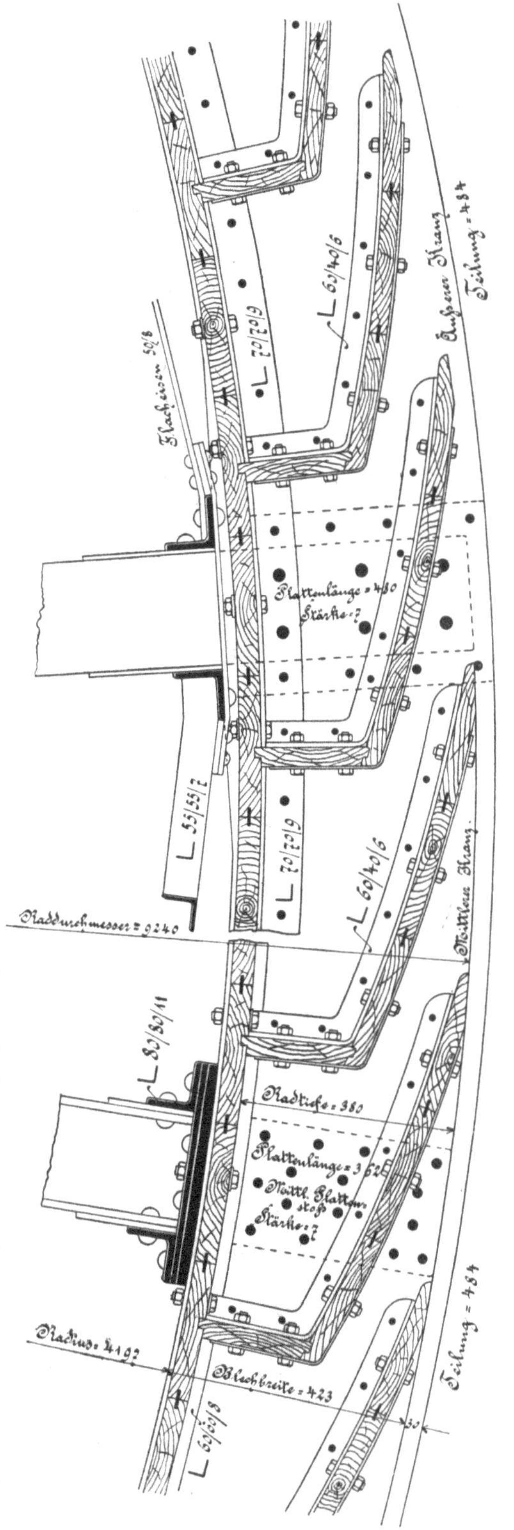

Fig. 22. Schaufelschnitt des Heuberg-Rades.

Wie bereits a. a. O. bemerkt, haben Zahnkränze an Wasserrädern verschiedene Mißstände, über welche auch bei sorgfältigster Durchbildung der Einzelheiten nicht hinwegzukommen ist. Bei dem bedeutenden Durchmesser des Kranzes kommen schon beim Gießen der 10 Segmente, aus welchen derselbe besteht, ungleiche Schwindungen vor. Das Zusammenarbeiten und Abdrehen eines Ringes von ca. 8,91 m Durchmesser und das Egalisieren von 270 Zähnen mit 33 π mm Schrift behufs eines möglichst ruhigen Ganges, bleibt eine mühevolle Arbeit.

Man wird bei Anlagen, welche nicht in so sorgfältiger Weise hergestellt werden können und für welche nicht so ausreichende Mittel zur Verfügung stehen, wie es meistens bei den Wasserversorgungen der Fall ist, von der Ausführung dieser Form der Kraftübertragung absehen müssen.[1]

Aus den Größenverhältnissen des Rades berechnet sich die verarbeitete Wassermenge i. d. Sek. bei angenommenem Füllungsgrad = $^1/_3$ wie folgt:

Durchmesser des Radkreises im Schwerpunkt der Wasserfüllung:

$$D_1 = D - 2a + \frac{a}{3}$$

$$= 9{,}24 - 2 \times 0{,}380 + \frac{0{,}380}{3} = 9{,}24 - 0{,}760 + 0{,}126$$

$$= 8{,}6 \text{ m.}$$

Wassergeschwindigkeit im Schwerpunktskreis:

$$v_1 = \frac{\pi \times 8{,}6 \times 3{,}1}{60} = 1{,}4 \text{ m i. d. Sek.}$$

Wassermenge ohne Rücksicht auf die Verengung der Zellenräume durch Holzschaufeln und Konstruktionsteile:

$$Q_1 = v_1 \times B \times \frac{a}{3}$$

$$= 1{,}4 \times 2{,}56 \times \frac{0{,}38}{3} = 0{,}465 \text{ cbm/s.}$$

Der Faktor für die Verminderung des Fassungsraumes durch die Zellenbestandteile kann hier zu $k = 0{,}86$ gesetzt werden und ergiebt sich die thatsächliche Wassermenge hieraus:

$$Q = v_1 \times B \times \frac{a}{3} \times k$$

$$= 1{,}4 \times 2{,}56 \times \frac{0{,}38}{3} \times 0{,}86 = 0{,}390 \text{ cbm/s.}$$

rd. 400 l.

---

[1] Die Maschinenfabrik und Eisengießerei G. Kuhn in Stuttgart-Berg, welche Wasserrad und Pumpenanlage für die Heuberg-Wasserversorgung ausgeführt hat, stellte nachfolgendes Materialverzeichnis für die Eisenkonstruktion und die Zeichnung des Wasserrades dem Verfasser bereitwilligst zur Verfügung. Für dieses freundliche Entgegenkommen wird auch hier der beste Dank ausgesprochen.

Materialverzeichnis der Eisenkonstruktion.

(Vorlage eines Bestellzettels für die Werkstatt.)

Benennung und Skizze.

20 Radsegmente $6^1/_2$ mm stark

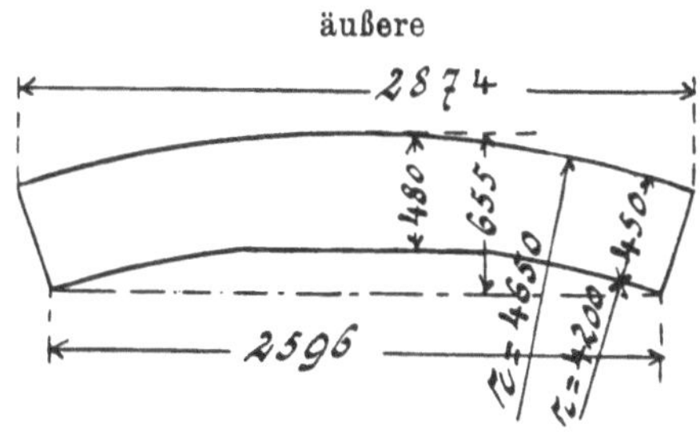

10 Verstärkungsplatten 7 mm stark

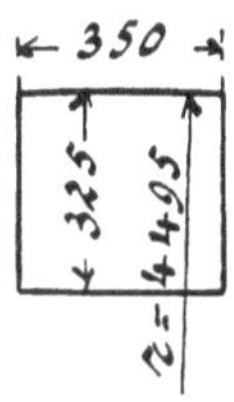

10 Verstärkungsplatten 7 mm stark

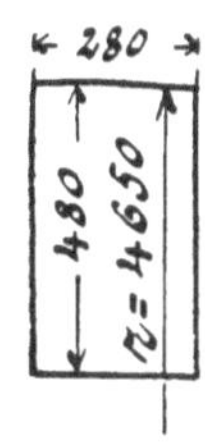

20 Stoßplatten 7 mm stark

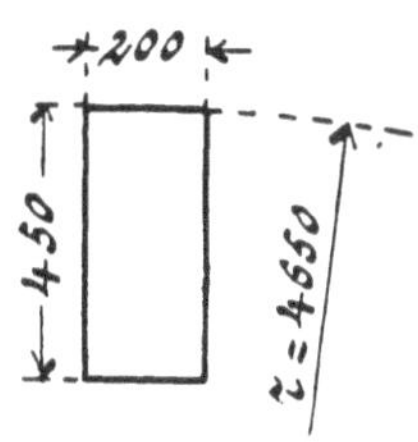

2 Winkelringe 70/70/9 5teilig

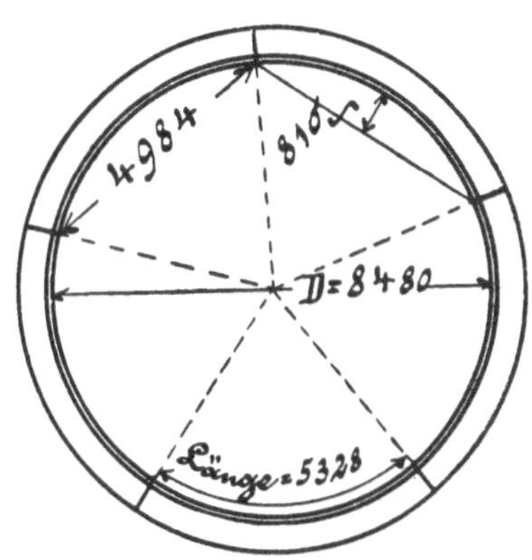

10 Stoßwinkel 60/60/8

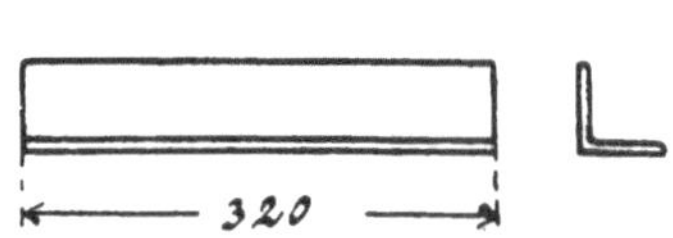

$L = 320$

10 Radsegmente $6^1/_2$ mm stark

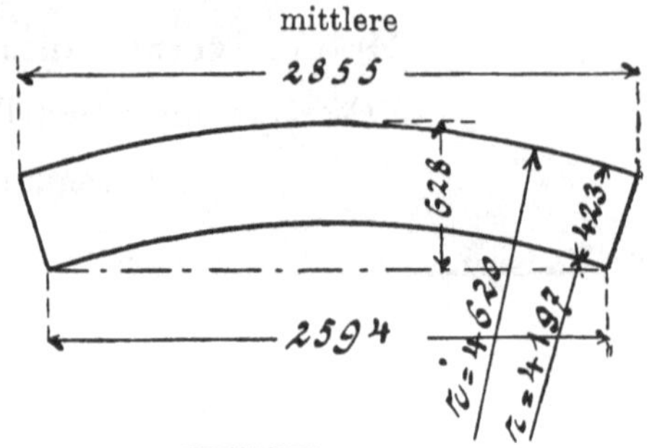

10 Stoßplatten 7 mm stark

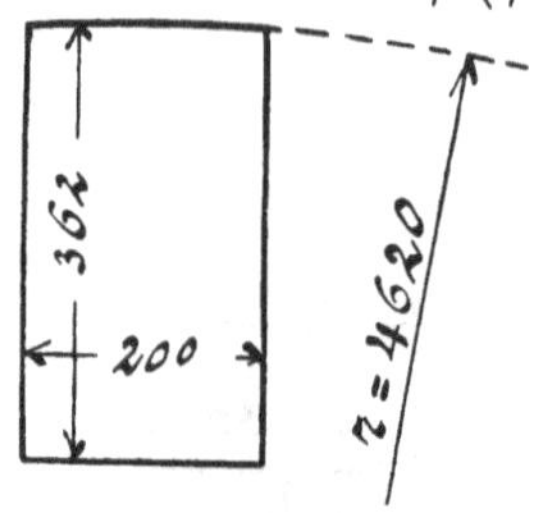

2 Winkelringe 60/60/8 5teilig

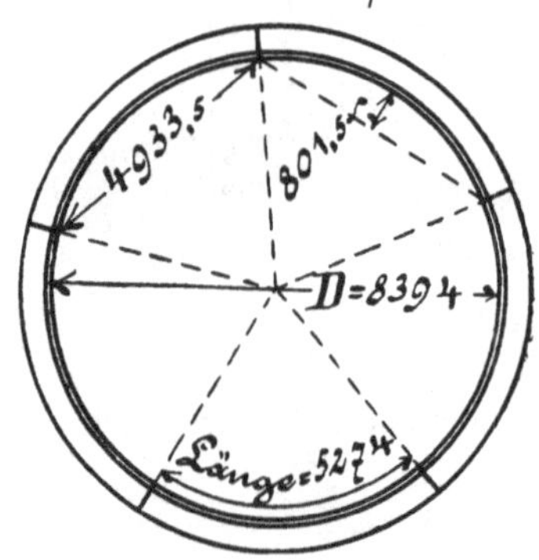

10 Stoßwinkel 52/52/8 $L = 320$

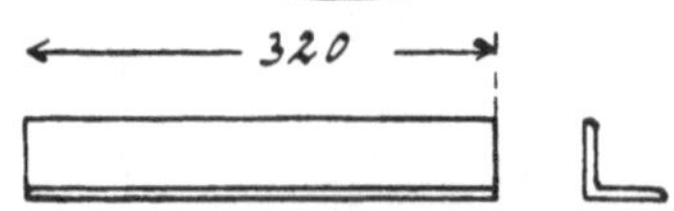

60 rechte und 60 linke Schaufelstiele am mittleren Kranz aus ⌊-Eisen 40/60/6 $L = 810$

60 rechte und 60 linke Schaufelstiele an den äußeren Kränzen aus ⌊-Eisen 40/60/6 $L = 765$

10 Arme am Zahnrad

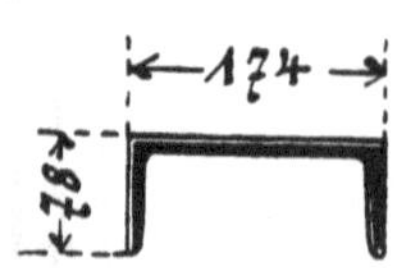

$L = 4057$ mm

10 Arme am rechten Radkranz

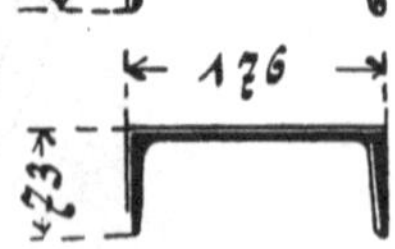

$L = 4290$ mm

10 mittlere Arme links schräg abgeschnitten

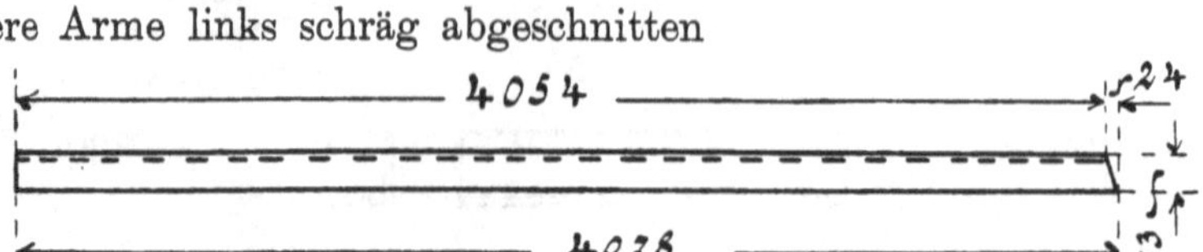

10 mittlere Arme rechts schräg abgeschnitten

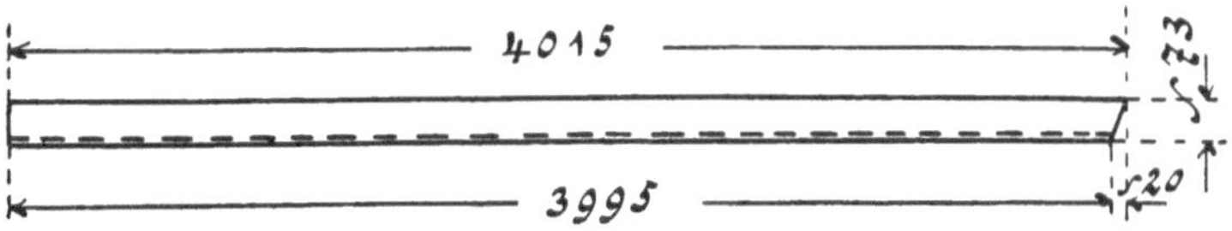

20 Flacheisen zur Verstärkung der äußeren Arme 550 mm lang
20 Flacheisen zur Verstärkung der inneren Arme 516 mm lang
20 Winkeleisen zur Querverbindung 80/80/11 je 2938 mm lang
20 Flacheisen zur Querverbindung 80/10 je 2938 mm lang

20 Eckbleche links 8 mm stark

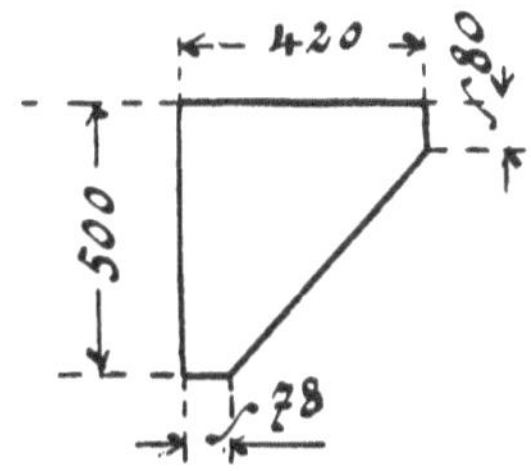

20 Eckbleche rechts 7 mm stark

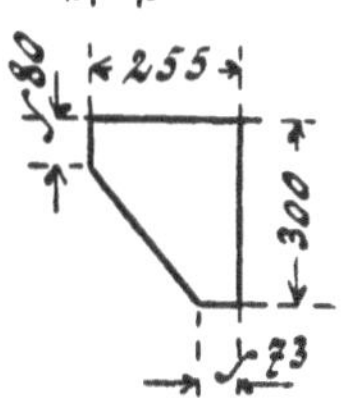

20 Mittelbleche 7 mm stark

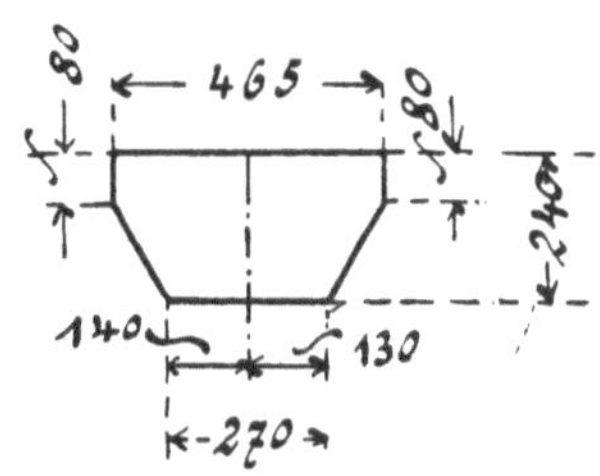

10 Mittelbleche 350/260/10
10 ditto 350/128/17/14

20 Eckbleche zur Versteifung der linken Arme

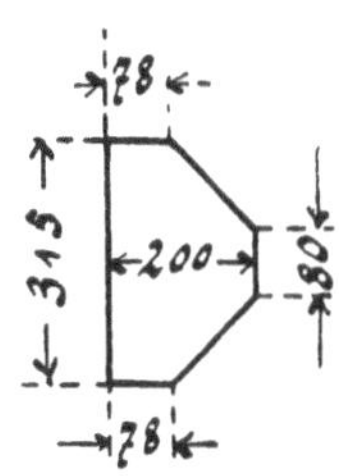

20 ditto zur Versteifung der rechten Arme

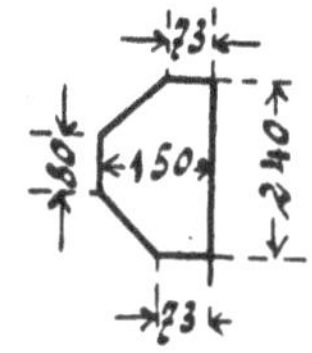

40 Mittelbleche zunächst rund $D = 220$ mm 7 mm stark

10 Diagonalstangen 50/8 $L = 3520$ mm
10 Winkeleisen 55/55/7 $L = 3520$ mm
10 Anschlußbleche links 12 mm stark

10 Anschlußbleche rechts 8 mm stark

10 Platten 10 mm stark

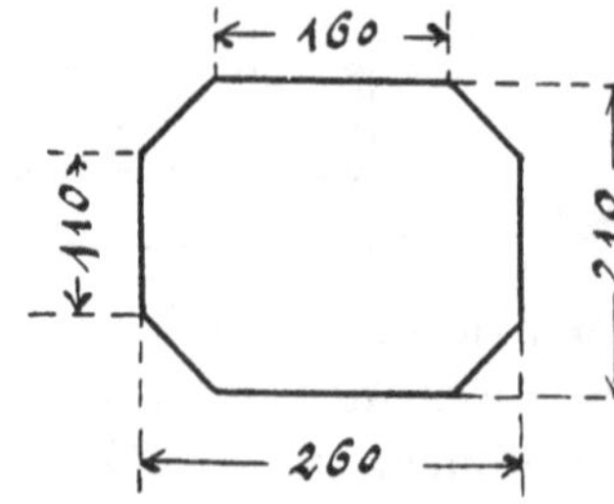

20 Zwischenlagen 9 mm stark 107/55 für den mittleren Anschluß

40 ditto 9 mm stark

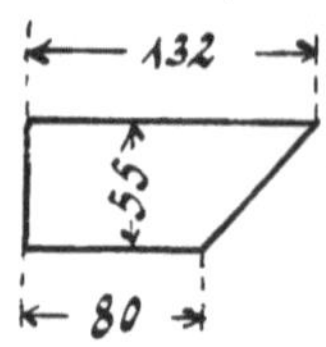

für den äußeren Anschluß

460 Schrauben zum Radboden
20 Schrauben zu den Stößen 72 mm lang
1200 Schrauben zu den Zellen
240 Unterlagflacheisen $35/3^1/_2$ je 725 mm lang
240 Federnflacheisen $30/3^1/_2$ $L = 1268$ mm im Radboden
240 ditto $30/3^1/_2$ $L = 1276$ mm in den Zellen
5 Schrauben für die Rosetten

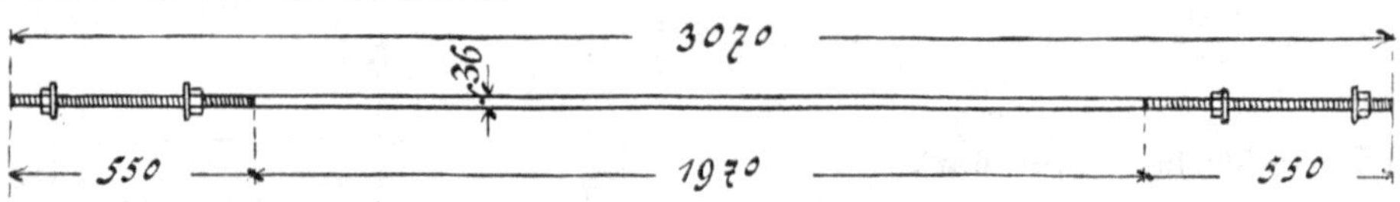

1 Wasserradwelle aus Bessemerstahl $L = 4250$ mm
2 Rosetten (eine rechts und eine links) mit je 2 Stahlkeilen
2 Fußlager $d = 210$ mm normal mit $^1/_2$ Metallschale und 2 Schutzkasten aus Blech
2 Tovote-Schmierbüchsen Nr. 7
2 Sohlplatten dazu nach neuer Tabelle (abnormal)
4 Steinschrauben
4 Ankerschrauben mit Platten

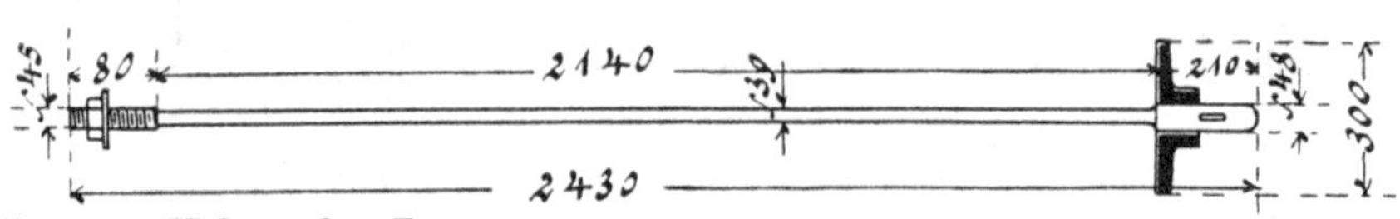

2 Keile zum Heben der Lager
1 zehnteiliger Zahnkranz $D = 8910$ mm $Z = 270$ Tlg. $= 103{,}62$ mm

20 Schrauben dazu

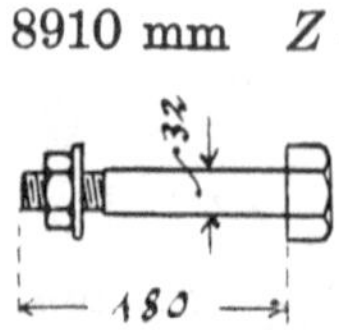

10 Schrauben dazu

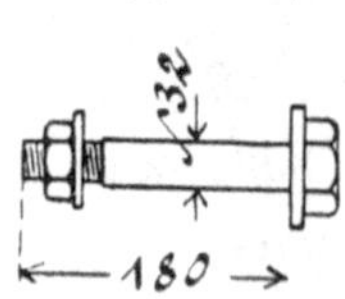

Gewicht der einzelnen Teile.

1 Stahlwelle 290/300/310/340 mm dick, 4250 mm lang	2358 kg
2 gußeiserne Lager mit je 1 unteren Lagerschale aus Rotguß 210 mm Bohr., 312 mm lang	617 „
2 Sohlplatten	330 „
2 Schutzdeckel aus Eisenblech	12 „
4 Fundamentbolzen 45 mm dick, 2,430 m lang	94 „
4 gußeiserne Scheiben und 4 Keile	83 „
2 gußeiserne Wasserradrosetten mit 4 Stahlkeilen	2953 „
15 Radsegmente aus Eisenblech mit Laschen	3660 „
40 Arme U 176 × 78 mit je 1 eingenieteten Verstärkung aus Flacheisen	4206 „
25 Schaufelstiele 40 × 40 × 5	70 „
12 schmiedeeiserne Schienen mit 3 Verstrebungen	697 „
12 Flachschienen je mit 2 runden und 2 sechseckigen Verbindungslaschen	321 „
5 Flachschienen mit je 1 großen und 1 kleinen Verbindungslasche	86,5 „
5 gebogene Winkeleisenschienen mit je 2 Laschen	116 „
42 Laschen und Winkel	206 „
5 Verstrebungsschrauben 36 × 3070 durch die Rosetten	121 „
8 Flachschienen mit 4 Verbindungslaschen	215 „
5 gebogene Winkelschienen mit 20 Verbindungslaschen	120 „
5 Flachschienen mit 5 großen und 10 kleinen Verbindungslaschen	83 „
8 Paar Platten und 4 ⌊-Platten	97 „
8 schmiedeeis. Winkelschienen mit je 2 angeschraubten Verstrebungen	457 „
2 Keile zum Heben des Wasserrades	32,5 „
240 Stück Unterlagflacheisen	155 „
240 „ Federn aus Flacheisen	482 „
265 „ Nieten 22 mm dick	95 „
470 „ „ 19,5 „ „	115 „
570 „ „ 16,5 „ „	71 „
290 „ „ 15 „ „	78 „
55 „ „ 13 „ „	4,5 „
540 „ „ 12 „ „	28,5 „
540 „ „ 14 „ „	20 „
1253 „ Mutterschrauben $13^1/_2$ zu den Schaufeln	147 „
490 „ „ 15 „ „ Böden	95 „
490 „ Unterlagscheiben 15 mm	7,5 „
726 Bohlen aus Forchenholz zum Radboden und den Schaufeln	3360 „
360 Schaufelbretter 220 × 30 1277 mm lang	
120 „ 190 × 30 1277 „ „	
240 Bodenbretter 222 × 35 1270 „ „	
10 gußeiserne Zahnkranzsegmente mit je 27 bearbeiteten Eisenzähnen 280 mm breit zum Zahnkranz 8,91 m Dtr., 33 $\pi = 103,67$ Schrift, 270 *E. Z.* 30 Mutterschrauben dazu	5628,5 „
1 gußeiserner zweiteiliger Stirnkolben 42 *H. Z.*	1365 „

Tabelle I.

Oberschlächtige

für 2,5—9,7 m Gefälle

H m	*Q* l	*Nn* HP	*D* m	*B* m	*a* m	*Z*	*n*	*v* m	*ε*
2,50	450	10	2,17	2,864 2 × 1,432	0,200	2 × 30	14	1,59	0,5 ventiliert
2,70	200	5,4	2,46	1,72	0,186	30	12	1,54	0,35
2,855	300	8,5	2,65	2,00 2 × 1,0	0,280	2 × 24	10	1,387	0,445 ventiliert
3,10	275—400	8,5—12,5	2,65	2,00 2 × 1,0	0,250	2 × 24	12	1,6	0,44
3,18	800	24	2,80	4,00 2 × 2,0	0,350	2 × 24	9	1,32	0,45
3,20	100—150	3,2—5	3,00	1,25	0,250	30	7,25	1,14	0,33
3,40	160	5,5	2,865	1,50	0,200	30	9	1,35	0,41
3,40	180	6	3,0	1,50	0,300	30	9	1,38	0,3
3,40	150	5	3,0	1,40	0,200	36	10	1,54	0,35
3,50	220—360	7—12	3,20	2,00 2 × 1,0	0,300	2 × 30	8	1,34	0,32 ventiliert
3,65	100	3,5—4	3,30	1,00	0,295	30	7,5	1,296	0,27
3,780	250	9,45	3,300	2,00	0,360	30	7,8	1,348	0,277
3,80	470	16	3,30	2,14 2 × 1,07	0,260	2 × 32	8,75	1,4	0,6 ventiliert
3,80	360	13,5	3,30	2,00 2 × 1,0	—	2 × 32	—	—	—
4,250	270—580	11,5—24	3,800	2,00 2 × 1,0	0,325	2 × 36	6,66	1,325	0,33
4,80	175	8	4,20	1,30	0,30	36	—	—	ventiliert
5,10	100—150	5—8	4,70	1,00	0,300	42	5,5	1,352	0,38
5,33	175	10	5,0	1,00	0,235	48	5,2	1,37	0,46
5,40	195—250	14	5,02	1,60 2 × 0,8	0,310	2 × 42	5,2	1,37	0,38
5,80	550	30	5,20	2,60 2 × 1,3	0,350	2 × 48	5,5	1,497	0,45
6,00	150	10	5,60	1,10	0,20	48	5	1,466	—
6,24	500	25—36	5,55	2,20 (2 × 1,10)	0,360	48	5,41	1,57	0,4
9,70	400	40	9,25	2,56 2 × 1,28	0,4	2 × 60	3,1	1,5	0,33

eiserne Wasserräder

und 100—800 lit/sec Wasser.

Tabelle I.

Einzelgewichte in Kilogramm						Gewicht von Radrosetten, Welle und Lager	Zungen, Regul., Einlauf		Bemerkungen
Welle	Lager	Rosetten		Rad-gew.	Stirnrad	kg	kg		
1152	214	3	728	2564	450	4678	—	—	Kunstmühle
420	120	2	2098		551	2646	2 Klappen 248		Mahlmühle
630	232	2	2890		480	3752	390	250	Seidenzwirnerei
580	120	2	2915		Kon. Rad	3615	—	—	
2100	562	3	1001 986 572	5368	1118	10589	587	354	Kunstmühle
—	—	—	—	—	—	—	—	—	Brauerei
695	120	2	1720		Kon. Rad 462	2527	2 Klappen	320	Mahlmühle
700	120	2	294	1700	Kon. Rad 446	2714	—	—	Mahlmühle
560	120	2	274	1560	Kon. Rad 465	2514	—	—	Mahlmühle
580	257	2	632	2739	610	4198	—	379	Mahlmühle
438	298	2	567	1814	770	—	—	515	Pumpwerk
960	531	2	1000	3598	1028	562	186	366	Pumpwerk
964	—	3	340	—	925	—	742		Kunstmühle
712	260	2	650	3410	750	5032	985		Kunstmühle
1088	480	2	778	3715	980	8061	1578		Uhrfedernfabrik
500	120	2	315	2100	Kon. Rad 452	3035	—	—	Mahlmühle
553	219	2	500	2488	593	3760	1 Wasserzuführung 10 m lang, 1 Zungeneinlauf mit Getrieb 894 kg		Mahlmühle
494	242	2	725	2908	750	4365	1 Wasserzuführung, 9 m lang, 1 m breit, mit Zungeneinlauf 985 kg		Mahlmühle
682	267	2	734	3953	1015	5636	—	—	Mahlmühle
1561	(3) 957	3	1654	8261	2204	12433	631	641	Sägewerk
622	229	2	560	3247	1265	4661	—	116	Mahlmühle
1520	676	2	1060	6600	1800	9856	Kulisse 1795		Kunstmühle
2358	617	2	2953	11754	5628,5 Zahnkranz	—	—	—	Pumpwerk

Tabelle II.

Oberschlächtige

von 2,8—10 m Gefälle

H	*Q*	*Nn*	*D*	*B*	*n*	*Z*	Wasserrad Achse		Lager mit Platten	Wasserrad Rosetten
							Länge m Dicke mm	Gewicht		
m	l	HP	m	m				kg	kg	kg
2,80	165	4,6	2,430	1,890	10,5	2×27	2,864	525		
3,15	265	8	2,780	1,620	9	30				461
3,20	300	9,5	2,864	1,810	9	30	3,280 168	644	382	1164
3,195 3,345	338 450	9—15	3,007	2,720	8,5	30	4,300 200	1249	825	1774
3,293	400	15,8	3,050	2,864	8,5	2×36	4,440 215	1844	750	1743
3,350	50 282	1,7—10	3,050	1,140	8	36	2,864 157	475	140 ohne Pl.	430
3,80	200	7,5	3,436	1,290	7	40	2,690 160	532	616	539
3,90	180	7	3,550	1,140	7,17	40	2,864 157	474	279	462
4,04	400	16	3,720	2,290	8,8	2×40	4,300 186	1020	643	1958
4,10	94	4	3,80	1,140	6,33	42	4,000 163	710	497	650
4,15	400 800	31	3,80	3,346	6,33	2×42		1739	879	904
4,535	230 560	23	4,000	2,380	6,0	2×42	4,200 206	1685	807	725
4,670	200	9,5	4,150	1,350	6,0	49	3,020 155	515	332	471
4,750	45 300	2,14—14,25	4,200	1,430	5,75	49	3,310 172	678	427	536
4,915	300	15	4,400	2,300	6,25	2×49	4,300 206	1265	854	748
4,95	54 216	2,7—11	4,590	1,288	5	48	2,600 143	336	240	661
5,73	75 120	4,5—7,0	5,30	1,288	4,48	56	2,050 143	354	306	607
5,80	66	4	5,44	0,573	5,5	56	3,100 143	421	171	445
5.85	8	0,5	5,45	0,245	4,5	63	3,300 100	263	140	367
6,25	470	35	5,56	2,690	4,8	48	5,590 258	2470	1976	2579
7,45	118 235	20	6,88	1,720	4,33	60	3,720 230	1292	843	1788
9,90	25 60	2,5—6	9,45	0,515	3,0	84	2,300 178	465	242 ohne Pl.	1058

eiserne Wasserräder

Tabelle II.

und 8—800 l i. d. Sekunde.

Arme Seitenwände Blechschaufeln kg	Wasserrad zusammen ohne Stirnrad Gew. kg	Preis per 100 kg Mk.	Betrag Mk.	Fallenzug kg	Fallenzug pr. 100 kg Mk.	Betrag Mk.	Bemerkungen
	3242						1 Zahnkranz D. 2,45 m Gew. 500 kg ohne Welle und Lager
1902	2363	48		162	48		
1657	3847			93			
2847	6695	48	3212				
3301	7618	60	4567	240	46	220	
1618	2663	76	2023,50	70	140	100	
2148	3835	42,60	3268	61	67,20	41	Mk. 3360 montiert
1872	3087	50	1543,50	67	50	33,50	
4233	7854			268	73,72	198	
2313	4170	57,90	2430,95	113,5	104,64	172	Einlauf 578 kg 1 Stirnrad 90 E. Z. = 580 kg
5982	9504	44	4182	391,5	44,0	172	
4549	7266	56	2430,95	96 Einlauf 157 Regulirf 249	52	233	1 Stirnrad 150 E. Z. 828 kg
2580	3898	80	3118,40	62,5	80	50	1 Stirnrad 160 E. Z. 1644 kg
2826	4467	50	2233	63	50	31,50	
4977	7844	60	4706	176	62,5	220	
2891	4128			95			
3086	4353	56	2438				
1858	2905	76	2207				1 kon. Rad 114 E. Z. 481 kg
1109	1879	75,44	1414,29				
7311	14336	54,86	7865,25	278	54,86	152,57	1 Stirnrad 170 E. Z. 2938 kg
6242	10165	85,71	8713,70	167,50	72	137,14	1 Zahnkranz 1945 kg
4000	5765	50	2882	Blechgerinne 6,5 m lg. 251		125	1 Zahnkranz 992 kg

Tabelle III.

Oberschlächtige

für 2,5—10 m Gefälle

H	Q	N_n	v	n	D_a	Radialtiefe D_i	B	Z	Wasserradwelle				Lagergewicht mit Schrauben und Platten
									d_m	Lager Bohrung	Länge	Gewicht	
m	l	HP	m	pr.	m	mm m	m		mm	mm	m	kg	kg
2,52	178	4,8	1,35	12	2,15	T = 200 1,75	1,45	24	120	90	2,48	524	—
2,68	350	9	1,36	11¹/₄	2,30	225 1,85	2,50	25	220	120 120	4,13	720	—
3,18	180 900	6 30	1,5	9—9¹/₂	3,0	2,30	3,50	35	260	180 150	5,28	1423	—
3,50	200	7	1,45	8,5	3,20	250 2,70	1,20	30	190	120 90	—	542	—
4,58	550	25	1,37	6,25	4,20	300 3,60	2,50	42	270	170 160	4,60	1445	—
5,10	235	12	1,42	5,75	4,70	275 4,15	1,50	48	240	150 150	3,60	900	—
5,1	500 8—900	30 45	1,413	6	4,50	300 3,90	3,80	36	260	210 150	5,78	1680	—
6,10 6,30	40—60	2,5 3,8	1,36	4,5	5,80	250 5,30	0,60	56	190	100 100	2,70	324	—
6,36	66	4,5	1,5	4,85	6,35	200 5,95	0,60	64	120	100	2,00	168	—
7,6	900	67	1,64	4,8	6,50	400 5,70	3,0	48	340	290 220	5,35	3000	—
7,65	150	11	1,41	3,75	7,25	250 5,75	1,0	80	210	180 150	3,94	—	—
9,60	80 130	8 12,5	1,44	3	9,20	250 8,70	0,75	90	220	150 150	2,68	630	—

eiserne Wasserräder

Tabelle III.

und 40—900 l i. d. Sekunde.

Rosetten		Eisenteile des Rades ohne Rosetten und Welle	Zahnrad			Regulierung und Einlauf	Summe der Gewichte ausschl. Zahnrad	Bemerkungen
Zahl	Gewicht		D	Schrift und Zähne	Gewicht			
d	kg	kg	mm	mm	kg	kg		
2	144	—	—	—	—	150	1650 ohne Regulierung	
3	332 (2) 230 (1)	2800	2160	s = 15 144	651	1080 Regulierung 1100 Getrieb	7320 5050 inkl. Einlauf	585 Mauerkasten
3	1300	6500	3020	s = 21 144	1740	3000	Dieses Rad hat sich als unbrauchbar erwiesen und wurde nach 8jährigem Betrieb entfernt. Radgewicht allein = 9923 kg	
2	522	1834	—	—	—	—	3096 mit Regulierung	
4	1720	5752	—	—	—	405 Spannschütze	10500	1 Bock = 273 kg
2	1100	4417	3024	s = 21 144	1878	312 Regulierung 531 Fallengestell 420 Getrieb	8130	465 für 1 Mauerkasten
4	1900	9000	3728	s = 23 162	2350	2250	15930	
2	530	2876	3344	s = 19 126	1022	—	4566	206 Mauerkasten
2	364	2960	4028	s = 19 212	780	—	3686	
4	3360	14068	4320	s = 30 144	5100	—	22765	557 Fallengestell 670 Einlaßfalle
2	1200	—	—	—	—	—	—	
2	1410	6388	3990	s = 19 210	—	72 Aufzug 175 Getrieb	9670	375 Fallengestell

Dritter Abschnitt.

Die Schützen.

Im allgemeinen wird den Einläufen und Regulierfallen der Wasserräder noch immer zu wenig Aufmerksamkeit geschenkt, und es ist deshalb begreiflich, wenn sonst gut konstruierte Räder infolge mangelhafter Wasserzuführung nicht die erwartete Wirkung ergeben und von Anfang an in gründlicher Weise verdorben sind. Die Schütze ist ein wesentlicher Teil eines jeden Wasserrades und bildet den Leitapparat, ohne welchen der Motor keine vollständige Maschine ist.

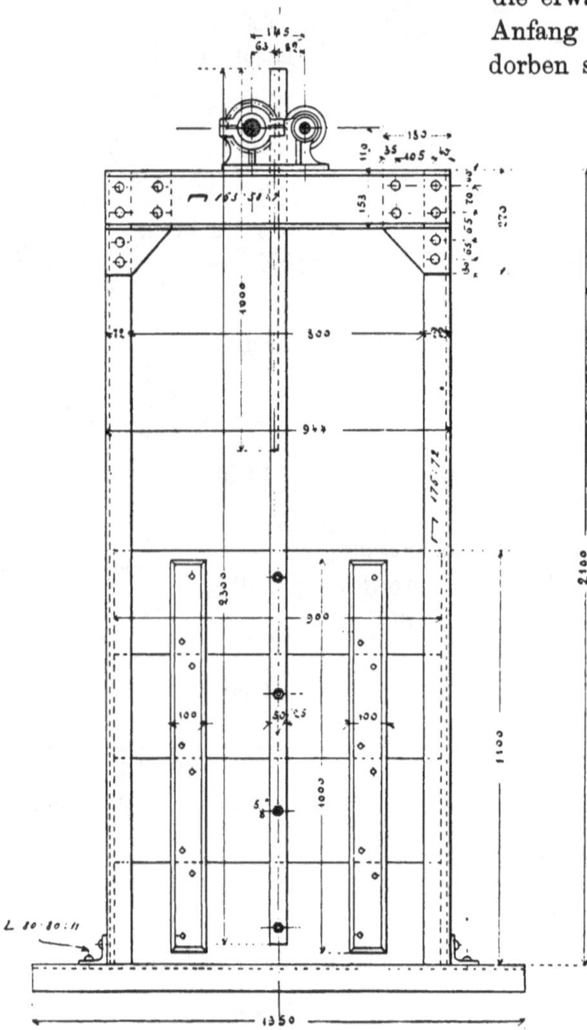

Fig. 23. Spannschütze.

In Bezug auf die Anordnung der Wasserzuführung unterscheidet man 1. Räder mit Spannschütze, 2. solche mit Zungenschütze (neue Konstruktion), 3. Leitschaufel oder Kulissenschütze und 4. Überfallschütze, — je nachdem wie bei der ersten Art das Aufschlagwasser aus einer rechteckigen Mündung mit einem Ansatzgerinne dem Rade zufließt, oder wie bei der zweiten Ausführungsform aus einem System von Leitblechen in horizontaler Anordnung (Zungenschütze des Verfassers), drittens in vertikaler oder schiefer Lage der Leitbleche wie bei dem Kulisseneinlauf, endlich viertens als Überfall über eine horizontale Schwelle mit aufgeschraubtem Überfallblech und Überfallpolster besteht.

Bei den oberschlächtigen Rädern wird der Zufluß des Wassers meistens durch eine vertikale Spannschütze vermittelt, deren Brett man der veränderlichen Wassermenge, welche auf das Rad wirken soll, folgen läßt. Wird das Schutzbrett den Veränderungen des Wasserspiegels entsprechend gestellt und erhält man Q konstant, so hindert dies eine Änderung der Ausflußgeschwindigkeit c nicht.

Die durch die geöffnete Schütze, deren untere Kante mit einer Abrundung zur Verminderung der Kontraktion versehen wird, ausfließende Wassermenge ist in bekannter Weise zu berechnen.

Das Ausflußquantum bestimmt sich bei:

Breite der Öffnung $= L$
Höhe derselben $= a$
Druckhöhe über der Schwelle $= H$
" " " Mitte der Ausflußöffnung $= h$
Ausflußkoeffizient $= k$

aus der Formel $Q = k \, . \, L \, . \, a \, . \sqrt{2gh}$

Der Koeffizient k (zwischen 0,60 bis 0,80) ändert sich mit der Zahl der Seitenkontraktionen, ebenso ist bei der Berechnung gleichzeitig die Anordnung und Neigung des Gerinnes, sowie das Verhältnis des Kanalquerschnittes zum Ausflußquerschnitt und die Geschwindigkeit vor der Mündung zu berücksichtigen.

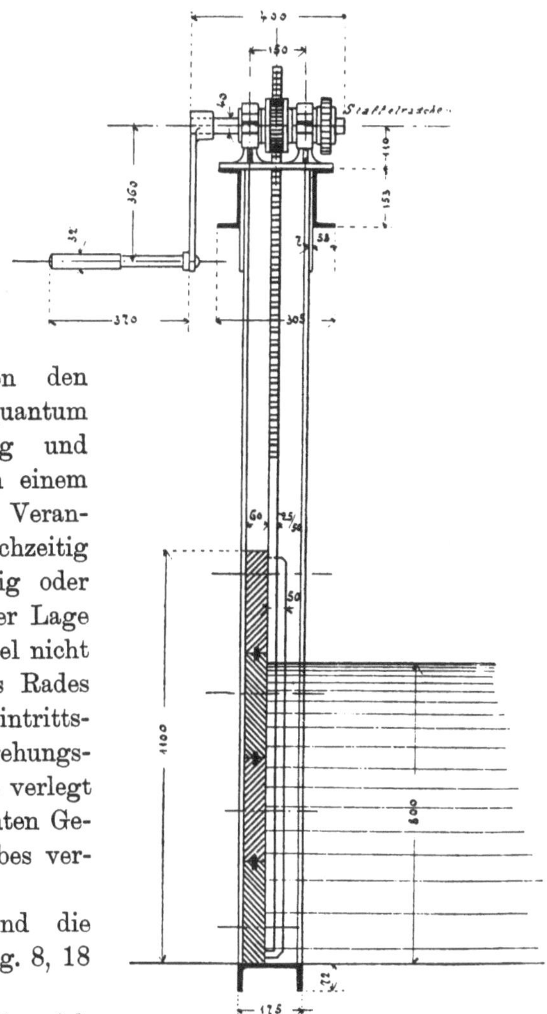

Fig. 24. Querschnitt zu Fig. 23.

Diese Schützen führen den Wasserrädern das Aufschlagquantum ohne Rücksicht auf Stellung und Schluckweite der Schaufeln in einem einzigen Strahle zu und geben Veranlassung zu Wasserverluste, gleichzeitig läßt sich der Strahl, ob wenig oder mehr Wasser ausfließt, in seiner Lage und Richtung zu dem Radscheitel nicht ändern. Um das Anlassen des Rades zu sichern, muß deshalb der Eintrittspunkt stets im Sinne der Drehungsrichtung des Rades nach vorne verlegt werden, was mit einem konstanten Gefällverlust während des Betriebes verbunden ist.

In dieser Hinsicht sind die Zungeneinläufe nach den Fig. 8, 18 und 19 empfehlenswerter.

Grundsätzlich unterscheiden sich diese Zungenschützen von den gewöhnlichen Radfallen durch die Teilung des eintretenden Wasserstroms in mehrere Schichten (meistens drei), wodurch die Schaufelfüllung nicht auf einmal, sondern in Abstufungen stattfindet. Die Kompression ist dadurch geringer, indem die Luft Zeit findet, aus der Schaufel zu entweichen, der Wasserstrahl ist besser geleitet und wird in der beabsichtigten Richtung eingeführt, das Wasser kommt in den Schaufeln früher zur Ruhe, auch kann die Drehungsrichtung des Rades willkürlich gewählt, bezw. der Ablaufrichtnng des Unterwassers angepaßt werden; dagegen ist der Eintritt mit etwas größerem Reibungswiderstand verbunden.

Die Öffnungsweite der Zungen nimmt man im Verhältnis zur Schluckweite der Schaufeln an, indem man berücksichtigt, daß eine Überdeckung der Leitbleche stattfinden muß, damit der Strahl genügend geführt ist, zu enge Stellung auch leicht Verstopfungen hervorruft und die Rechenweite ebenfalls von maßgebendem Einfluß hierauf bleibt.

Die Schlitze werden in der Regel ungleich weit angeordnet und zwar erhält die hinterste Öffnung die geringste Schluckweite, entsprechend dem kleinsten zum Aufschlag kommenden Wasserquantum, der nächstfolgende Schlitz soll zusammen mit dem ersten die normale Wassermenge verschlucken und etwas mehr lichte Weite als der erste erhalten, die dritte (letzte) Öffnung bekommt die größte Weite, indem diese nur zum Anlassen des Rades und bei vorhandenem stärkstem Wasserzufluß und auftretendem Stau geöffnet werden soll.

Bei sehr veränderlicher Wassermenge werden bis zu vier Öffnungen angeordnet.

Zu weite Schlitze bedingen eine größere Höhe des Rahmens, in welchem die Zungenbleche befestigt sind, verursachen dadurch eine größere Reibungsfläche und vermehrten Druckhöhenverlust.

Letzterer Umstand führt uns auf einen Nachteil dieser Konstruktion. Um Wirbelbildungen zu vermeiden, welche den Eintritt stören und Effektverluste hervorrufen, darf die Druckhöhe über dem Centrum der Öffnungen nicht unter ein bestimmtes Maß sinken; es tritt hier die gleiche Erscheinung auf, wie sie sich beim Leitapparat zu einer Strahlturbine zeigt, wenn die Wasserhöhe über demselben nicht genügend bemessen ist, wobei der gestörte Eintritt und die Effektverminderung infolge Wirbel und Trichter sich am Bremszaum leicht beobachten läßt.

Die Schlitzweite wird zwischen 30 bis 50 mm angenommen. Kontraktionskoeffizient $k = 0{,}70$ bis $0{,}85$.

Die Zungenschütze hat den Vorteil, daß bei Regulierung auf die Menge die Geschwindigkeit des dem Rade zufließenden Wassers bei gleichbleibendem Oberwasserspiegel sich nicht ändert und können bei ihrer verbesserten Ausführungsart, wobei das Wasser durch zwei verstellbare Schieber dem Rade zufließt, Menge und Geschwindigkeit desselben unabhängig voneinander reguliert werden. Diese Art der Wasserzuführung sollte, wo sie konstruktiv am Platze ist, besonders bei sehr veränderlichem Oberwasserspiegel, als die vollkommenere angewendet werden.

Der Einlauf wird in der Weise gehandhabt, daß zum Anlassen des Rades der vordere Schieber (stets im Sinne der Drehungsrichtung des Rades verstanden) so lange geöffnet bleibt, bis das Rad seine Bewegung beginnt; hierauf wird der hintere eigentliche Regulierschieber so weit geöffnet und der erstere wieder geschlossen, damit das beabsichtigte Wasserquantum an vorteilhaftester Stelle zum Aufschlag gelangt.

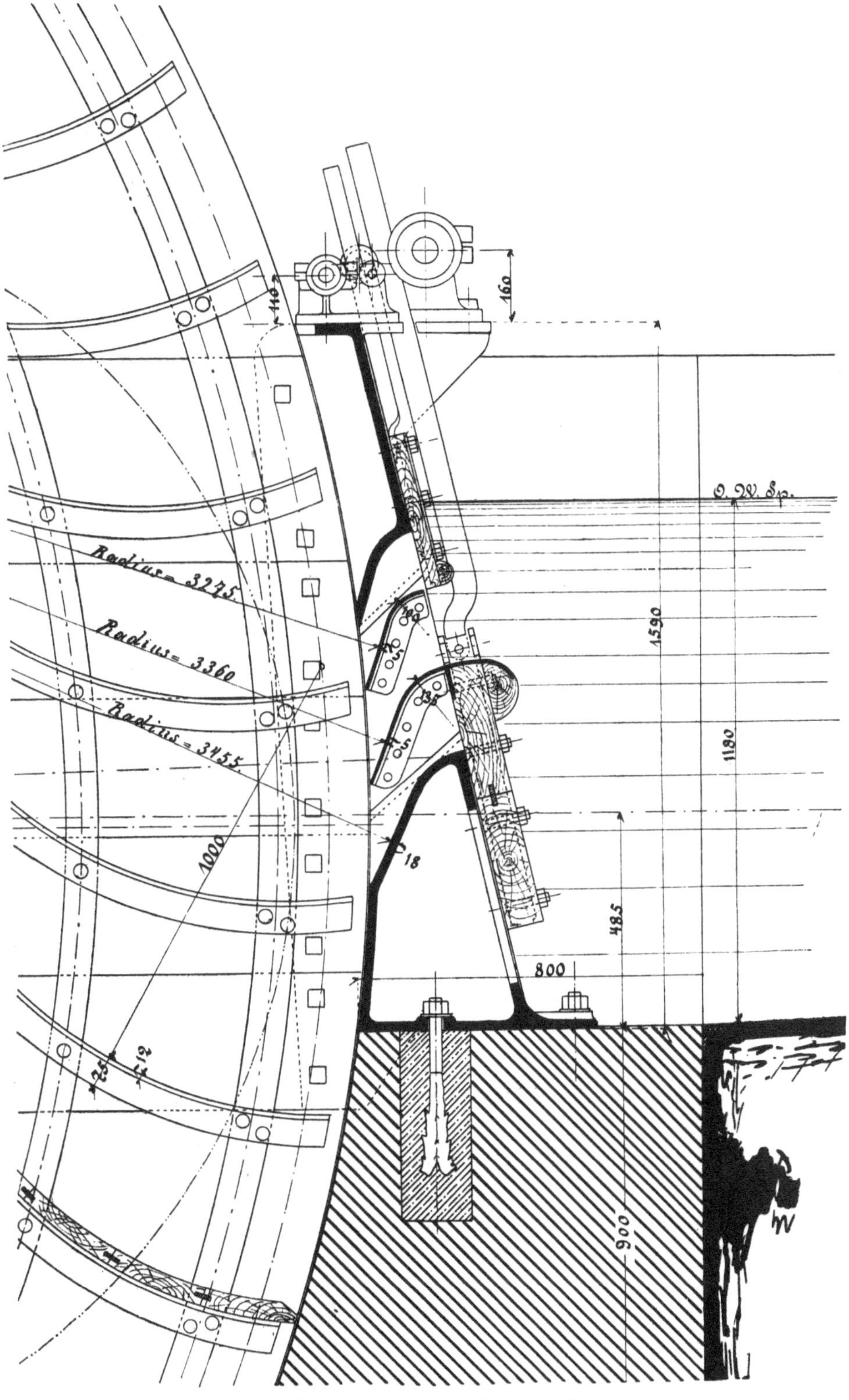

Fig. 25. Doppelschütze für Kulisseneinläufe.

Doppelschütze. Fig. 25 zeigt den Durchschnitt einer von Professor TEICHMANN angegebenen neuen Schützenanordnung, welche für Kulisseneinläufe zu Schaufelrädern und rückschlächtigen Zellenrädern anwendbar ist und vom Verfasser schon mehrfach ausgeführt wurde. Werden bei einem Kulisseneinlauf kleine Wassermengen eingeführt, was immer durch die obere und nach Bedarf zum Teil durch die nächstliegende Kulisse erfolgen muß, so entstehen in den vollständig geschlossenen Einströmungsöffnungen leere (schädliche) Räume und die teilweise geschlossenen Öffnungen geben wegen mangelhafter Strahlführung Veranlassung zu Unregelmäßigkeiten in der Wasserbewegung.

Durch Anwendung einer zweiten Schütze, welche oberhalb der gebräuchlichen anzubringen ist und die in ihren Dimensionen leicht gehalten werden kann, ist man unabhängig, aus welcher Öffnung das Aufschlagwasser eingeführt werden soll, ebenso hat man es vollständig in der Hand, gleichzeitig auf Menge und Geschwindigkeit des Aufschlagwassers zu regulieren. Mit dieser Anordnung kann der Raddurchmesser kleiner gewählt werden, als es sonst der Fall sein müßte, was bei stark sich vermindernder Zuflußmenge, wobei die toten Lasten (Radgewicht) und die Umdrehungszahl besonders in Betracht gezogen werden müssen, von Wichtigkeit; ebenso bleibt man unabhängig von der Lage des Oberwasserspiegels bei Niederwasser. Am besten wird die Wirkung sein, wenn die untere Schütze nach dem Normalwasserstand eingestellt und jeweiliger Kraftbedarf oder Schwankung in der Zuflußmenge durch die obere Schütze korrigiert wird.

Wie alle ausgebildeten Reguliervorrichtungen einer aufmerksamen Pflege und Bedienung bedürfen, um ihren Zweck zu erfüllen und dadurch Vorteile zu bieten, so auch hier. Der Konstrukteur möge immer im Auge behalten, für welche Art des Betriebs und für welches Bedienungspersonal er seine Projekte entwirft, denn für ungeübte oder träge Leute passen keine feinen Mechanismen. —

Für unreines Wasser (Laub, Bodengras, Holz), sowie bei starker Eisbildung ist die Einlaufkonstruktion mit Zungenschützen zu vermeiden, dagegen ist die Anwendung derselben bei einem Zulaufgerinne, woselbst mehrere Räder hintereinander liegen und das Aufschlagwasser für dieselben in einem gemeinschaftlichen Kanal zugeführt wird, ebenso bei beabsichtigter Drehrichtung des Rades entgegen der Zuflußrichtung des Oberwassers, empfehlenswert und wohl kaum zu umgehen.

Die Bewegung der Regulierschieber erfolgt durch einfache Schützenwinden. Aus Schmiedeeisen hergestellte Hebel haben sich bis jetzt am besten bewährt; Zahnstangen und Getriebe unter Wasser nützen sich zu stark ab. —

Den hohen Gleichförmigkeitsgrad der Bewegung, welcher gegenwärtig hauptsächlich beim Betrieb elektrodynamischer Maschinen verlangt wird, macht die rationelle Regulierbarkeit hydraulischer Motoren zu einer Tagesfrage.

Erbauer von Wasserrädern haben deshalb Veranlassung, der raschen und leichten Beweglichkeit der Regulierschützen ihrer Räder alle Sorgfalt in konstruktiver Hinsicht angedeihen zu lassen.

Bei der Wahl des Motors für elektrischen Betrieb — selbst schon für Webereien, Spinnereien u. s. w. — wird die Frage sofort zu Gunsten der Turbinen entschieden, da diesen Kraftmaschinen eine größere Gleichförmigkeit der Bewegung und höheres Anpassungsvermögen an veränderliche Widerstände in besonderem Grade eigen sein soll. Nach genauer Prüfung wird man jedoch finden (die Erfahrung mit Turbinenanlagen für genannte Zwecke hat dies auch schon bestätigt), daß nur das System der radialen Beaufschlagung mit beweglichen Leitschaufeln hierfür besonders geeignet erscheint, dagegen sind bei axialem Durchfluß, sei es nach dem Reaktions- oder Aktionsprinzip mit Flachschieber- oder Ringschieberregulierung die Regulierteile bei fortwährender Bewegung starker Abnützung und grossem Kraftaufwand unterworfen.

Welchen Wert hat eine Reguliervorrichtung, die für sich selbst einige Pferdekräfte Effekt und mehrere Minuten Zeit braucht, bis sie überhaupt zur vollständigen Wirkung gelangt, oder nur durch ein beträchtliches Zuviel oder Zuwenig in Anstoß gebracht werden kann, um einzugreifen?

Der Lieferant des Regulators bei der 300 HP. Turbine in Lauffen a/N. zur Kraftübertragung Lauffen — Frankfurt a/M. war z. B. genötigt, einen Zellenaufsatz mit radialem Einfluß auf den Leitapparat der Turbine aufzusetzen, um der Bedingung zu entsprechen, daß der Regulator die ganz geöffnete Turbine bei plötzlicher gänzlicher Entlastung in ungefähr 20 Sekunden geschlossen haben müsse. Diese Forderung rührt von dem Bedürfnis her, daß bei etwa eintretendem Kurzschluß die Zeit des Durchgehens der Turbine auf ein möglichst kleines Maß beschränkt werde.

Die Turbine, wie sie von anderer Seite geliefert worden, war vermöge der Grundform, in der dieselbe vorlag, nicht befähigt, daß der Regulator sie vollständig beherrschen konnte. Nur der Innenkranz hatte eine Abschluß- bezw. Reguliereinrichtung und zwar in der für Axial-Girardturbinen allgemein üblichen Weise mit senkrechten Schiebern. Diese sind zu je drei Stück an einer Stange vereinigt, werden durch Drehen eines oberhalb liegenden Ringes (Stange für Stange) gehoben oder gesenkt und öffnen oder schließen damit die betreffenden Leitkanäle.

Nach Lage der Verhältnisse war keine andere Ausführung der Regulierungseinrichtung für den Außenkranz möglich, als die Anbringung einer senkrechten entlasteten Ringschütze, welche den Querschnitt für die Wasserzuströmung zum Leitrade verringert oder vergrößert. Für den äußeren Leitschaufelkranz wurde ein entsprechender Aufsatz angebracht und die Ringschütze an vier Zahnstangen aufgehängt.

Die Betriebswelle der Innenkranzregulierung erhält ihren Antrieb mittels GALLscher Kette von der Arbeitswelle des Turbinenregulators; die Einrichtung ist so getroffen, daß mit beiden Turbinenkränzen, oder auch nur mit einem, je nach Kraftbedarf und verfügbarem Wasserstand, gearbeitet werden kann.

Die Ringschütze ist, wie jede Drosselvorrichtung, ein unvollkommenes Reguliermittel, ferner erschwert sie dem Regulator seine Aufgabe wesentlich.

Der Regulator muß zum Verstellen beider Kränze ungefähr 3 HP. aufwenden.

Bei Neuanlage einer Turbine für ähnliche Verhältnisse würde eine andere, leichter und rationeller regulierbare Turbinengattung, die Francisturbine, am Platze sein. Der Regulator hätte dann statt mit 3 HP. nur mit ungefähr $^1/_2$ HP. einzugreifen, bei gleicher Schlußzeit, wodurch selbstverständlich seine Leistung noch wesentlich schneller und genauer wird.

(Vergl. Bericht der Prüfungskommission der Elektrotechnischen Ausstellung, Frankfurt a/M., SAUERLÄNDER.)

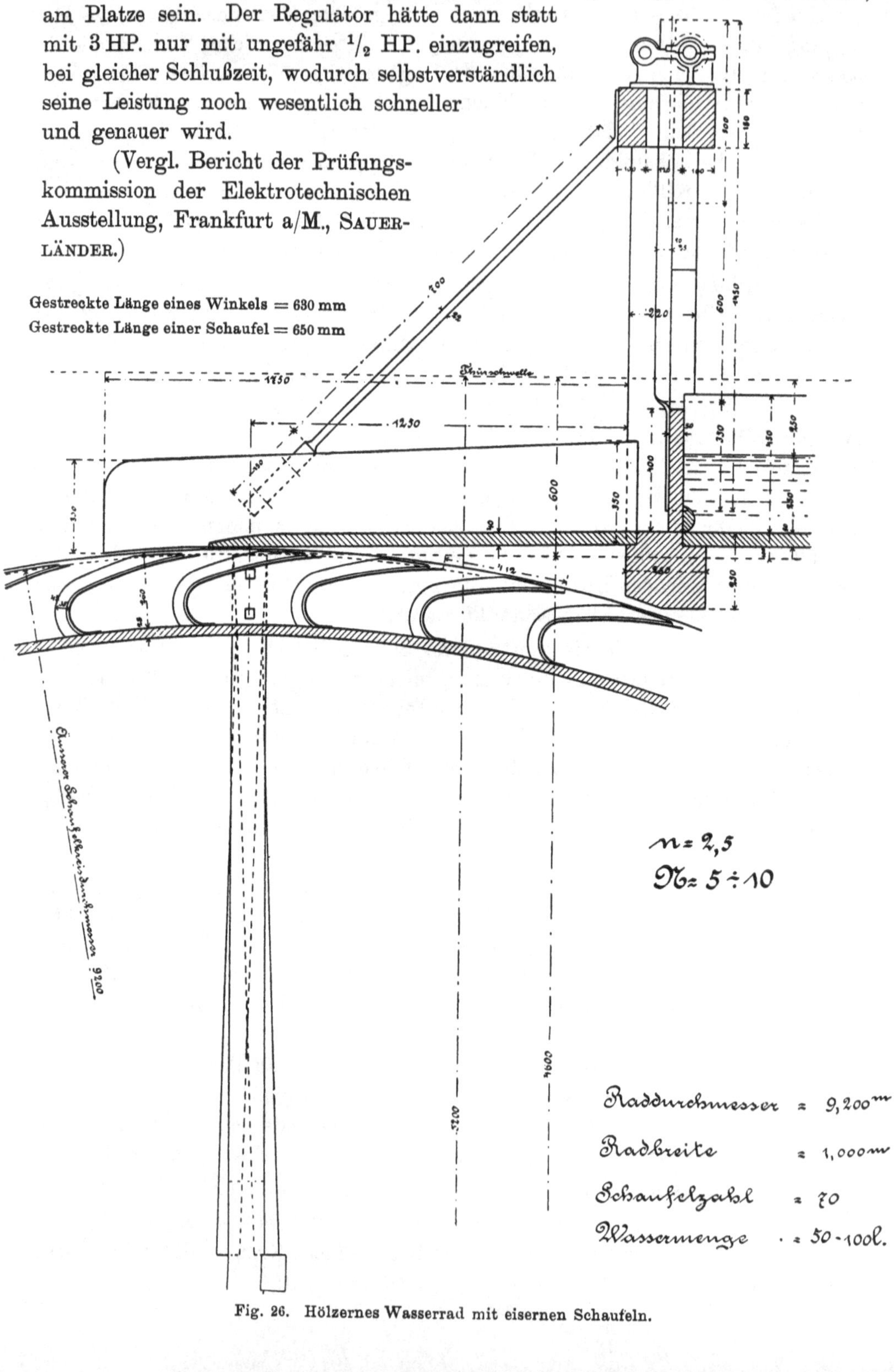

Fig. 26. Hölzernes Wasserrad mit eisernen Schaufeln.

Ebenso hatte Verfasser Gelegenheit eine Kraftübertragungsanlage mit 150 HP. (von einer bekannten Turbinenfabrik geliefert) im Betrieb mehrfach zu beobachten, bei welcher der nämliche Mißstand der axialen Reaktionsturbinen mit Bezug auf Regulierbarkeit zu Tage trat.

In dieser Hinsicht dürfte den Wasserrädern auch für elektrische Betriebe in Zukunft mehr Beachtung geschenkt werden, da deren Gleichförmigkeit im Gang und Beharrungsvermögen infolge der größeren lebendigen Kraft ihrer Maße, ebenso das Anpassen an verschiedene Wasserstände und Gefälle mindestens ebenso groß ist als bei Turbinen, hauptsächlich auch bei relativ kleineren Kräften, die meistens mit höchstem Wirkungsgrad auszunützen sind.

Im zweiten Teil der Abhandlung werden derartige elektrische Anlagen mit Wasserrädern zum Betrieb von Centralstationen für Beleuchtung und Kraftübertragung in Verbindung mit Mahlmühlen beschrieben und die erzielten Resultate angegeben. —

Die Anordnung der Schützenzüge ist aus beigegebenen Skizzen zu ersehen und empfiehlt es sich, die Zugsvorrichtungen und Übersetzungsverhältnisse für im Freien befindlichen Arbeits- und Wehr-

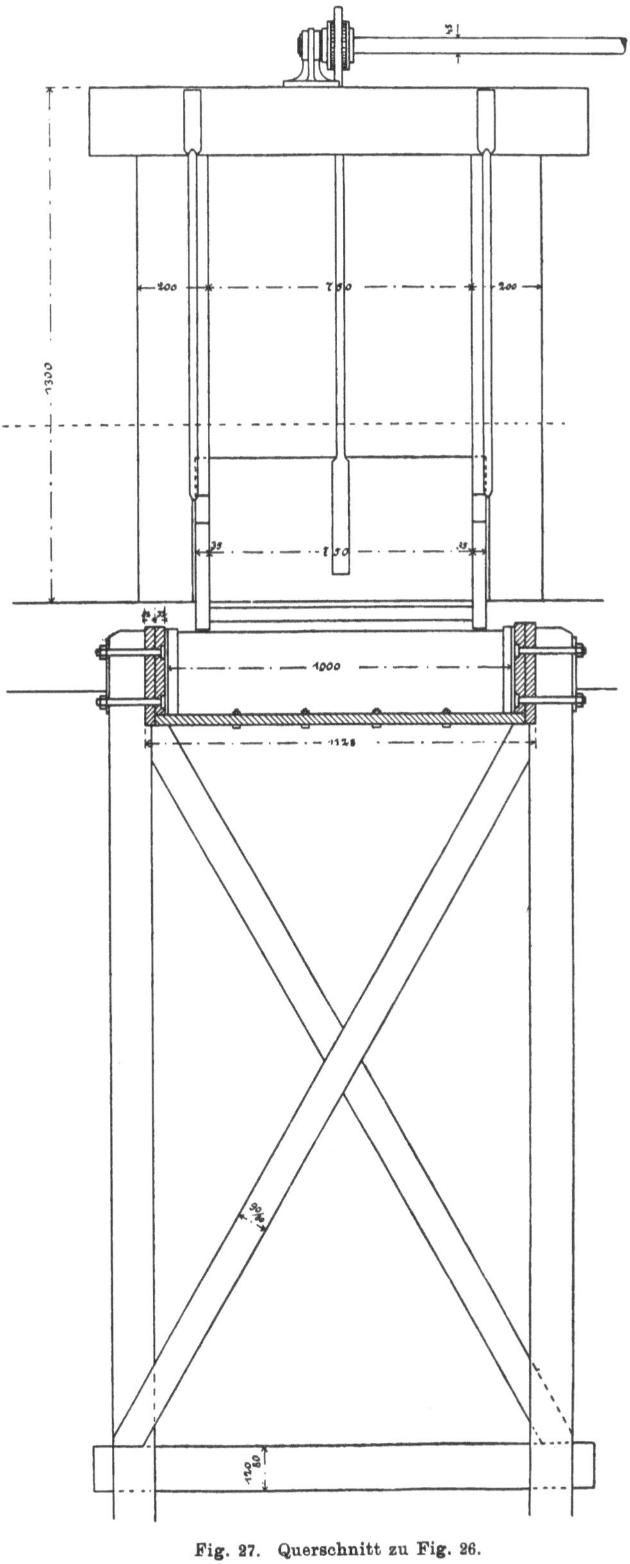

Fig. 27. Querschnitt zu Fig. 26.

fallen reichlich zu bemessen. Seitenpfosten und Querbalken der Fallengestelle wurden früher aus Holz, teilweise auch aus Stein hergestellt; gegenwärtig in den meisten Fällen jedoch in Profileisen ausgeführt und ist U-Eisenform hierzu am geeignetsten. Die billige Herstellung und große Dauerhaftigkeit des schmiedeeisernen Rahmens läßt es angezeigt erscheinen, diese Ausführungsart allgemein durchzuführen. — Verfasser wendet ausschließlich schmiedeeiserne Zahnstangen für Schützenzüge an und haben sich dieselben bezüglich Witterungsverhältnisse und Inanspruchnahme durch größere Betriebssicherheit sehr gut bewährt. Die Herstellung des gezähnten Teils erfolgt am zweckmäßigsten mittels Stoßmaschine. Schneckengetriebe haben trotz höheren Reibungsverlustes den Vorzug stärkerer Hintersetzungsverhältnisse und machen auch eine Sperrvorichtung der Züge entbehrlich.

Die Figuren enthalten sowohl Fallengestelle mit einer Schütze und einfacher Windevorrichtung als auch solche mit mehreren Schützen und stärkeren Zugsvorrichtungen.

Vierter Abschnitt.

Die rückschlächtigen Wasserräder.

Rückschlächtige Wasserräder werden unter ähnlichen Verhältnissen wie oberschlächtige angewendet, finden sich aber vorzugsweise bei sehr veränderlichen Ober- und Unterwasserständen und stark variablen kleineren Wassermengen ausgeführt und einem oberschlächtigen Rade vorgezogen.

Passende Anwendung bei Gefällen von etwa 3 bis 5 m mit Raddurchmessern von

$$D = 1{,}3 \text{ bis } 1{,}4 \,.\, H = 4{,}50 \text{ m bis } 7 \text{ m} \quad \ldots\ldots \quad (35)$$

Für Gefälle von ca. 3 m erhalten oberschlächtige Räder so kleine Durchmesser, daß sie ungleichförmige Widerstände, infolge der geringen lebendigen Kraft ihrer Masse, nur auf Kosten eines stoßweisen Ganges zu überwinden vermögen. Der Eintritt des Wassers ist mangelhaft, seine Wirkung eine unvollständige, da dasselbe nicht zur Ruhe kommen kann und nach kurzem Hin- und Herschlagen in den Zellen bereits am Unterwasserspiegel angelangt ist.

Bei geringer Füllung der Räder machen sich diese Übelstände weniger bemerkbar, aber schon bei stärkerer Beaufschlagung sinkt der Nutzeffekt bedeutend, da eine Menge Wasser über das Rad hinflutet und für den Effekt verloren geht. Bei veränderlichem Unterwasserstand zeigen diese Räder eine stockende Bewegung und trotzdem hierbei gewöhnlich eine größere Wassermenge zur Verfügung steht, läßt sich der Gefällverlust doch nicht durch eine stärkere Beaufschlagung ersetzen, da diese Durchmesser keine bedeutende radiale Tiefe zulassen und größere Breite die Räder schwerfällig und teuer macht.

Wir greifen daher nicht zu niederig, wenn wir für diese Klasse hydraulischer Motoren einen Wirkungsgrad von nicht viel über 60% voraussetzen.[1]

---

[1] Die heutigen Produktionsverhältnisse verlangen eine höhere Ausnützung, besonders bei relativ kleinen Kräften, welche häufig in den angegebenen Grenzen liegen.

Für stark veränderliche und kleinere Wasserquantitäten, wobei von der Anlage von Turbinen ganz abgesehen werden muß, ist besonders das rückschlächtige Rad mit Kulisseneinlauf geeignet.

Durch den Kulisseneinlauf strömt das Wasser dem Rade nicht in einem Strahle zu, sondern wird durch gebogene Flächen von möglichst geringer Dicke in mehrere übereinander liegende Schichten geteilt; die Folge davon ist ein nahezu tangentialer Eintritt und eine gleichmäßige Führung des Wassers.

Die Kulissenschütze gestattet die Einlaufstelle dem jeweiligen Oberwasserstande anzupassen und indem die Ablaufrichtung im Unterkanal mit der Bewegungsrichtung des Rades übereinstimmt, wirkt sein Waten weniger nachteilig.

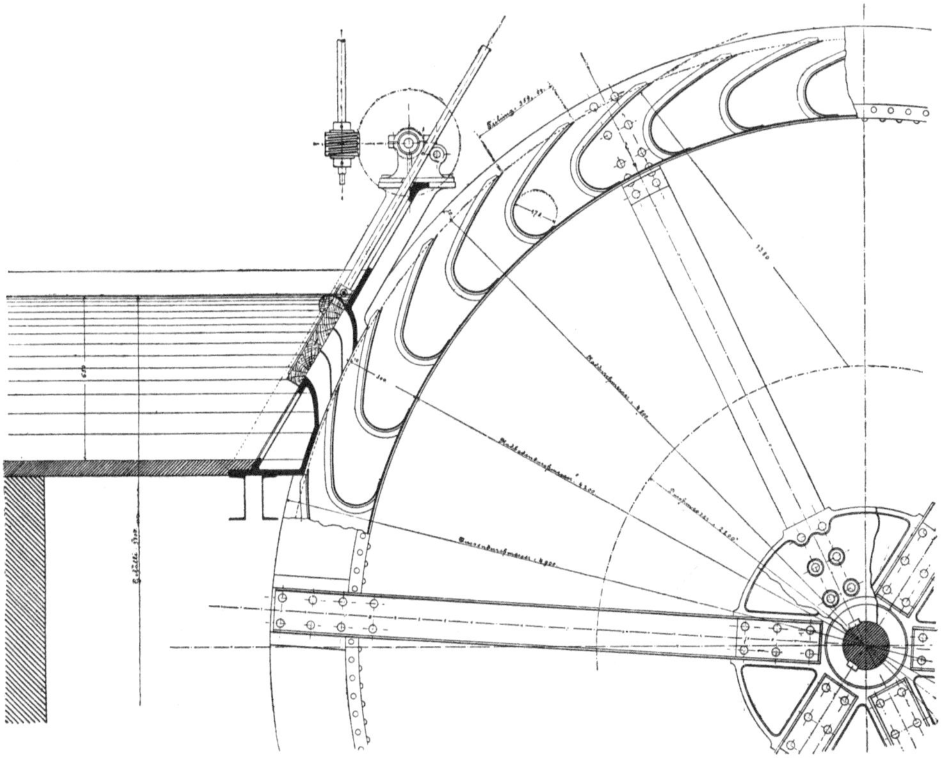

Fig. 28. Rückschlächtiges Zellenrad mit Kulisseneinlauf.

Da durch Stoßräder dem Wasser nur die Hälfte seiner lebendigen Kraft entzogen werden kann, so wird ein Rad eine um so bessere Wirkung ergeben, mit je weniger Stoß das Wasser arbeitet, d. h. auf einem um so größeren Teil des Gefälles man dasselbe an einem möglichst langen Hebelsarme vermöge seines Gewichtes wirken läßt. Dieser Gedankengang führt auf das rückschlächtige Wasserrad mit Überfall- oder Kulisseneinlauf.

Die Umfangsgeschwindigkeit v wird passend $=$ 1,3 bis 1,6 m i. d. Sekunde angenommen. Ihre Steigerung über 1,8 m hinaus ist bei freihängenden Rädern, wie sie hier vorausgesetzt sind, mit Rücksicht auf Gefällverluste (frühzeitige Entleerung der Zellen und das großenteils verloren gehende Stoßgefälle) nicht ratsam, da diese Räder in solchen Fällen angewendet werden, bei welchen

Wert auf hohen Nutzeffekt mit Rücksicht auf den Herstellungspreis gelegt werden muß.

Den Zellen kann dieselbe Grundform gegeben werden wie bei oberschlächtigen Rädern, abgesehen von der Komplikation, welche die Ventilation der Zellen mit sich bringt.

Wäre hier nicht der mißliche Umstand, daß die Hinterflächen der Schaufeln vom einfließenden Wasser gestoßen werden und der Wassereintritt bei diesen Rädern selten in befriedigender Weise erfolgt, so könnte der Wirkungsgrad noch etwas größer gefunden werden, als für oberschlächtige Räder bei gleichen Werten von H.

Der Wirkungsgrad vergrößert sich dadurch, daß man das Stoßgefälle vermeidet oder wenigstens erheblich vermindert, dabei das Aufschlagwasser durch einen Überfalleinlauf mit nur wenig größerer Geschwindigkeit, mit der es im Gerinne zuströmt, in das Rad einfließen läßt und letzteres mit einem Kropfe umgiebt.

Man wird dadurch zur Anlage eines Schaufelrades, anstatt eines freihängenden Zellenrades geführt, dessen Wirkungsfähigkeit auch bei veränderlichem Unterwasserstand eine größere ist und das bei gleichem Herstellungspreis vorteilhafter arbeitet. Es werden deshalb verhältnismäßig selten rückschlächtige Zellenräder ausgeführt und geben nachstehende Beispiele weiteren Aufschluß über die Gesichtspunkte, nach welchen die Entscheidung bei der Wahl des Motors zu erfolgen hat.

Erstes Beispiel.

Vergleichende Kostenberechnung über ein rückschlächtiges Zellenrad mit Kropf.

Die Konstruktionsgrundlagen für den Motor sind:

Gefälle	$H = 3{,}40$ m
Wassermenge	$Q = 120$ bis 360 l i. d. Sekunde
Leistung à 74 % Wirkungsgrad	$N_n = 12$ HP. max.

Der Auflaufkanal mündet in einen Strom, welcher zeitweise starken Rückstau bildet, ohne daß das Betriebswasser sich erheblich vermehrt. Wir ordnen deshalb einen Kropf und ventilierte Zellen an und wählen:

Raddurchmesser	$D = 4{,}80$ m
Breite (der Schaufelkranz wird in der Mitte geteilt) 2×1 m	$B = 2{,}0$ m
Schaufelzahl	$Z = 40$
Schaufelteilung $= \frac{15{,}080}{40}$	$t = 0{,}377$ m
Radiale Tiefe	$a = 0{,}360$ m
Umdrehungen i. d. Minute	$n = 6$
Umfangsgeschwindigkeit i. d. Sek.	$v = 1{,}5$ m
Füllungsgrad $\frac{Q}{a \cdot B \cdot v}$	$\varepsilon_1 = 0{,}33$
desgl. mit Rücksicht auf die Schaufeldicke	$\varepsilon = 0{,}35$

Gewichtsüberschlag.

80 Schaufeln, 1 m lang, mit 2 angenieteten Winkeleisen, 35 × 35 × 6, Blechstärke 3,5 mm	1800 kg
3 Felgen, 370 mm breit, 6,5 mm dick, mit Laschen	910 „
Winkeleisen für die Felgen	220 „
80 Schaufelstützen *Z*	25 „
Nieten	160 „
16 Arme **U**-Eisen Nr. 12, 145 × 60 × 8 mit Einlageplatten	635 „
8 Diagonalverbände	250 „
	4000 kg
2 gußeiserne achtarmige Rosetten mit Keilen und Nabenringen	500 „
1 Radwelle aus Flußeisen ca. 4 m lang mit eingedrehtem Lagerzapfen	700 „
Gesamtgewicht des Rades:	5200 kg

Preis ca. M. 2800.—.

Zur Berechnung der Wasserradwelle sei gesetzt:

Das Radgewicht $G = 5200$ kg

Das Wassergewicht $G = 1100$ „

Gesamtbelastung $G_S = 6300$ kg

Durch Anwendung von 42 Radschaufeln würde sich die Schaufelteilung ändern zu:

$$t = \frac{15{,}08}{42} = 0{,}359 \text{ m}$$

und es könnten anstatt 16 jetzt 12 Arme genommen werden; dabei würde sich das Radgewicht nur unerheblich ändern.

Zweites Beispiel.

Rückschlächtiges freihängendes Zellenrad.

Das auf Tafel VIII dargestellte rückschlächtige freihängende Zellenrad wurde für folgende Verhältnisse konstruiert:

Wassermenge i. d. Sekunde	$Q = 65$ bis 300 l
Gefälle	$H = 4$ m
Nutzleistung	$N_n = 2{,}6$ bis 12 HP
Durchmesser	$D = 4{,}600$ m
Breite	$B = 1{,}700$ „
Schaufelzahl	$Z = 49$
Umdrehungen i. d. Minute	$n = 5$
Umfangsgeschwindigkeit	$v = 1{,}204$ m
Füllungsgrad	$\varepsilon = 0{,}1$ bis 0,5
Armzahl	$A = 7$
Schaufelteilung	$t = 0{,}294$ m
Radiale Tiefe	$a = 0{,}300$ „
Kranzbreite	$a_1 = 0{,}360$ „

Gewichte der einzelnen Teile

1	Wasserradwelle, 3,50 m lang, 150 mm dick	587 kg	
2	Lager hierzu mit Bronzeschalen und Sohlen	419 „	
2	Rosetten 7armig	475 „	
14	Arme U-Eisen, 2 Seitenkränze, 360 mm breit, 4,60 mm Durchmesser		
49	Blechschaufeln mit angenieteten Winkeleisen	2248 „	
	per 100 kg M. 52.—	3729 kg	M. 1939.08
1	Zungeneinlauf bestehend in:		
1	gußeisernen Rahmen mit eingegossener schmiedeeiserner Blechzunge		
1	Schieber mit angenietetem Überfallblech		
2	Zahnstangen mit Getrieb		
1	Fallenzugachse mit 2 Böckchen, Getrieb und Handrad	622,5 „	
	per 100 kg M. 52.—		„ 323.70
		4351,5 kg	M. 2262.78

Das Rad wurde mit Rücksicht auf die geringe Wassermenge, welche einen großen Teil des Jahres auf dasselbe wirkt, mit sehr enger Schaufelteilung ausgeführt, doch können recht wohl 12 Arme und 48 Schaufeln angewendet werden, die Schaufelteilung erhöht sich dann auf $\frac{14{,}451}{48} = 0{,}301$ m. Da die Zellen nicht ventiliert sind, würde die „Schluckweite" dadurch etwas vergrößert, was vorteilhafter wäre. Die Radwelle dürfte sich bei voller Ausnützung der Kraft etwas schwach erweisen. Bemerkenswert ist die Anordnung des Einlaufs, welcher durch die Blechzunge in zwei ungleichweite Sektionen geteilt wird; die obere Öffnung ist für das kleinste Wasserquantum berechnet, die untere soll gemeinschaftlich mit der ersteren die volle Wassermenge durchlassen. Der Einlauf ist so nah als möglich ans Rad gerückt und es sollen durch das Übertreten der Seitenkränze um 60 mm über die Schaufelkanten Wasserverluste vermieden werden.

Drittes Beispiel.

Rückschlächtiges Schaufelrad.

Für die neue Pumpstation der Stadtgemeinde Ebingen war ein eisernes rückschlächtiges Wasserrad samt den nötigen Transmissionen und Räderwerken zum Betrieb eines liegenden doppeltwirkenden Pumpwerkes zu liefern.

Für das Wasserrad wurde festgesetzt:

1. Dasselbe soll ein aus Eisen konstruiertes rückschlächtiges, langsam gehendes Schaufel- oder Zellen-Wasserrad mit Kulisseneinlauf sein.

Die verfügbare mittlere Trieb-Wassermenge beträgt ca. 300 Sekundenliter, das gegebene Nutzgefälle 3,80 m, woraus sich bei einem zu garantierenden Nutzeffekt von 70 Prozent der Wasserkraft für den Motor eine Kraftäußerung von 10,7 Pferdekräften erzielen läßt.

Mit einer sekundlichen Umfangsgeschwindigkeit von ca. 1,5 m ergeben sich für das Rad bei 6 m Durchmesser 4,77 Umdrehungen in der Minute.

Bezüglich der Breite des Rades, Anzahl, Tiefe und Form der Radzellen oder Radschaufeln wurde der ausführenden Fabrik innerhalb der üblichen Normen freier Spielraum gelassen.

Zwei auf der Welle festgekeilte gußeiserne Rosetten sollen zur Befestigung der beiden Armsysteme von je 6 schmiedeeisernen **U**-Armen dienen, welch letztere sowohl unter sich, als auch mit den gegenüberliegenden Rosetten mittels der nötigen Anzahl geeigneter Streben aufs solideste zu versteifen sind.

Bei der Wahl eines Zellenrades sind die einzelnen Segmente des aus hinreichend starkem Bleche hergestellten Seitengetäfels an die Radarme festzunieten und unter sich mit Laschen zu verbinden.

Der Radboden, sowie die Schaufeln oder Zellen müssen dabei ebenfalls aus Eisenblech hergestellt und bei notwendig werdenden Auswechslungen jederzeit herausgenommen werden können.

2. Die erforderliche Transmission mit Räderwerken zur Kraftübertragung vom Wasserrad auf die Pumpmaschine, bestehend in einem auf der Radwelle befestigten Stirnrade von ca. 3 m Durchmesser und einem Vorgelege („Eisen in Eisen") im Übersetzungsverhältnis von 1:4 mit stählerner Kurbelwelle, gußeiserner Kurbelscheibe und stählernem Kurbelzapfen für zweifache Hubveränderung.

3. Die Größenabmessungen des Pumpwerkes sind so zu wählen, daß bei durchschnittlich 4 bis 5 Umdrehungen des Wasserrades, bezw. 16 bis 20 Umdrehungen der Kurbelwelle i. d. Minute und einem Wirkungsgrad der Pumpe nicht unter 90 %, dasselbe 8 l in der Sekunde oder rund 29 cbm in der Stunde nach dem 3800 m von der Pumpstation entfernten und mit seinem Übereich 77,0 m höher als der niederste Saugwasserspiegel gelegenen Hochreservoir zu liefern imstande ist.

4. Die guß- und schmiedeeisernen Bestandteile für die zum Wasserrad gehörige Einlaß- und Regulierfalle mit Kulisseneinlauf sowie zur Leerschußfalle und zum Schutzrechen vor dem Wasserradhause.

Für das Wasserrad mit dem angehängten Wasserkraft-Pumpwerke wird überdies noch verlangt, daß diesen Einrichtungen hinlänglich starke Dimensionen zu geben sind, um bei vorhandenen größeren Betriebswassermengen dem Pumpwerk anstatt der mittleren Tourenzahl der Kurbelwelle von 15 bis 24 Umdrehungen i. d. Minute deren 20 bis 30 geben zu können, ohne Stöße, Brüche oder sonstige Betriebsstörungen befürchten zu müssen. —

Das Wasserrad wurde als Schaufelrad mit 6,50 m Dtr. ausgeführt, um die Konsumtionsfähigkeit desselben bei größeren Wassermengen zu erhöhen und die Widerstände der Pumpen leichter zu überwinden, was bei einem Zellenrad nur durch ungewöhnlichen Füllungsgrad ermöglicht werden könnte.

Obgleich der Motor unserer Einteilung gemäß bei den Schaufelrädern Aufnahme finden sollte, wurde derselbe doch hier beigezogen, um die Grenzen der Verwendung rückschlächtiger Zellenräder an diesem Beispiel zu zeigen.

Die Ausführung zeigt folgende Verhältnisse:

Durchmesser des Rades	$D = 6{,}50$ m
Breite " "	$B = 1{,}50$ "
Schaufelzahl	$Z = 48$
Radiale Tiefe	$a = 0{,}60$ m

Umdrehungen i. d. Minute	$n = 4,4$
Umfangsgeschwindigkeit i. d. Sek.	$v = 1,50$ m
Wassermenge	$Q = 300$ l
Gefälle	$H = 3,820$ m
Effektive Leistung à 75 %	$N_n = 11$ HP

Gewichte der einzelnen Teile.

1	Wasserradwelle 3,50 m lang, 215, 240 u. 200 mm dick	913 kg
1	Wasserradlager mit Bronzeschalen 230×150 mit Hohlgußsockel	185 „
1	desgleichen 260×200 mit Mauerkasten	462 „
2	Ankerbolzen 2140×38 mit 2 Keilen und 2 Platten	86 „
2	sechsarmige Rosetten mit Keilen und Nabenringen	950 „
12	Arme U-Eisen 2430×176 mit angenieteten Laschen für die Streben	306 „
12	Winkelstreben 50×50×6	100 „
24	Laschen	44 „
4	Ringsegmente mit je 2 ∟ Ringen 60×90×9 mit je 12 aufgenieteten Schaufelstielen 70×55×7	712 „
4	desgleichen	717 „
48	Blechschaufeln 1500×1000×5	2274 „
	Nieten	96 „
17	Steinschrauben	20 „
1	Kulisseneinlauf mit 2 Öffnungen mit ausziehbarem Mittelstück	610 „
1	kompl. Regulierschützenzug mit 2 schmiedeeis. Zahnstangen, 2 Fallenzugböckchen mit Führungsrollen und 2 Getrieben, 1 Achse mit Schneckenrad, Schnecke, Vorgelegwelle mit konischem Getrieb, Handrad mit Platte	243 „
1	Regulierfalle aus Eichenholz mit 2 Fallenanfassungen 1620×520×55 mit angeschraubter abgerundeter Überfallschwelle	
1	zweiteiliges Stirnrad 164 E. Z. Dtr. = 3,806 m, $B = 0,195$ m, Teilung = 67,5 mm, 2 Nabenringe, 2 Keile	2158 „
1	Stirntrieb 38 E. Z. $D = 0,836$ m, $B = 0,195$ m, Teilung = 67,5 mm, Bohrung = 130 mm	306 „
2	Keile	12 „
1	schmiedeeisernes Fallengestell zur Vorfalle	269 „
1	Vorfalle aus Eichenholz 1650×950×70, 1 Schützenzug zur Vorfalle	245 „
1	Leerlauffallen-Gestell mit Schützenzug und Schütze	285 „
40	Rechenstäbe aus Ovaleisen 1,80 m lang, 120 Nägel, 2 Schraubenschlüssel	162 „
2	Reservebronzelagerschalen	20 „

Preis einschließlich Montage M. 6887,50.

Fünfter Abschnitt.
Besondere Räderkonstruktionen.
Millot-Rad.

Vertikales Wasserrad mit innerem Einlauf.

Dieses durch Figuren 29 und 30 dargestellte, von der Maschinenfabrik Geislingen in Geislingen ausgeführte Wasserrad unterscheidet sich von anderen Wasserrädern dadurch, daß das Wasser am innern Radkranz eintritt, während der Austritt am äußern Umfang stattfindet.

Das Zuflußgerinne teilt sich vor dem Rade in zwei Arme, welche sich zur Innenseite der Radkränze umbiegen. Das Wasser tritt über eine Überfallschütze in die eigentümlich gekrümmten Radschaufeln, giebt seine Geschwindigkeit an das Rad ab, wirkt durch sein Gewicht, bis das äußere Schaufelende dem Unterwasser nahe ist und entleert sich allmählich.

Die beiden äußeren und der mittlere Radkranz sind unter sich durch die Schaufeln und mit der Welle durch ein zwischen den beiden Einlaufarmen durchgehendes doppeltes Armsystem verbunden, das durch zwei Rosetten, welche die gegen die Mitte geneigten Arme tragen, auf der Achse festsitzt.

Das Rad findet Verwendung bei Gefällen, wofür bisher ober- und rückschlächtige Räder gebaut wurden. Besonders geeignet ist dasselbe bei mittleren Gefällen, wo oberschlächtige Räder zu klein werden und das Gefälle für ein Kropfrad zu groß ist; es kann jedoch nur für veränderliche Wassermengen bis höchstens 500 l i. d. Sekunde bei geringer Tauchung im Unterwasser angewendet werden.

Konstruktionsgrundlagen.

Gefälle	$H = 3{,}16$ m
Wassermenge i. d. Sek.	$Q = 470$ l
Äußerer Durchmesser des Rades	$D = 5{,}64$ m
Breite der Schaufeln	$B = 2{,}10$ m
Schaufelzahl (Doppelschaufel)	$Z = 54$
Umdrehungszahl i. d. Minute	$n = 4$
Umfangsgeschwindigkeit i. d. Sek.	$v = 1{,}18$ m
Nutzleistung	$N_n = 14$ Pferdekräfte
Radiale Tiefe	$a = 0{,}66$ m
Innerer Durchmesser des Rades	$D_1 = 4{,}32$ m
Geschwindigkeit am inneren Umfang	$v_1 = 0{,}9$ m
Gesamtgewicht des Rades	rd. $G = 12500$ kg.

Der Stabilität halber werden keine stärkeren Räder als für 0,25 cbm i. d. Sek. größte Beaufschlagung für 1 m Schaufelbreite gebaut.

Die 18 Arme bilden, von den Rosetten nach der Mitte des Schaufelkranzes laufend, wo je zwei derselben an einer gußeisernen Doppeltraverse E verschraubt sind, ein Armsystem, welchem infolge seines ungünstigen Angriffspunktes jedoch nicht genügende Unterstützung des Schaufelkranzes zugeschrieben werden muß.

An die Traversen E, welche durch die ganze Breite des Rades parallel mit der Welle laufen, sind die beiden Seitenkränze F und der Mittelkranz G aus Blech befestigt. Die 54 Schaufeln aus Blech sind zwischen die Kränze genietet. Die 9 gußeisernen Traversen E verbinden die Arme mit den 3 Kränzen, die zwischengenieteten Schaufeln gewähren den Radkränzen eine gegenseitige Verbindung.

Die Zuflußgerinne aus 3 mm Blech (𝔖) stoßen nach ihrer halbkreisförmigen Biegung gegen die innere Kranzweite des Rades, wo sie durch Träger von den Seitenmauern abgestützt werden. An diesen Einläufen ist mit möglichst wenig Spielraum gegen das Rad eine Holzwand befestigt, welche einerseits das Gerinne von den gefüllten Schaufeln trennt und andererseits die Führung für die Überfallschützen K bildet.

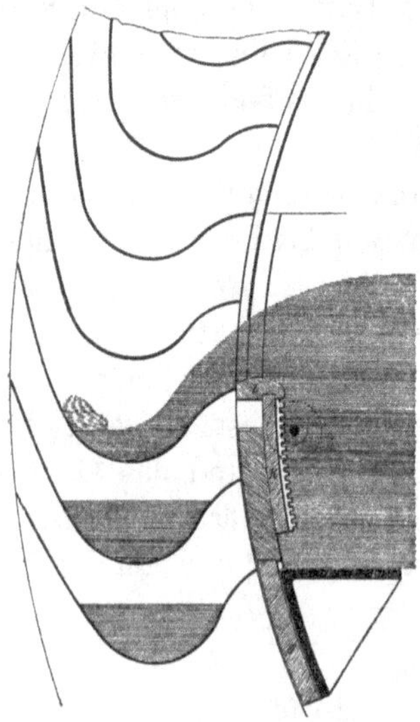

Fig. 29.
Schaufelschnitt des Millot-Rades.

Auf den Überfallschützen schließt sich die passende Überfallschwelle L ganz nahe an das Rad. Diese Schütze wird je nach dem Wasserstand reguliert. (Siehe auch „Offiziellen Ausstellungsbericht“, Wien 1873, von Prof. F. Radinger, S. 250 u. f.)

Der Einlauf kann bei geforderter Umdrehungsrichtung auch diametral entgegengesetzt am Rad angelegt werden.

Als Vorteile der Konstruktion können folgende Punkte geltend gemacht werden:

„Die Form der Schaufelöffnungen kann einerseits für den Eintritt, andererseits für den Austritt für jede Funktion, weil voneinander unabhängig, gemacht werden.

Spätes Ausleeren der Radzellen, Ein- und Austauchen der Schaufelenden im Stauwasser ohne schädliche Rückwirkung auf den Effekt des Rades. Eintritt des Wassers fast ohne Stoß, freies Entweichen der Luft bei den größten Füllungen, späteres Entleeren, die Möglichkeit des Tauchens ohne Effektverlust, freie Wahl des Durchmessers (der Umdrehungszahl) unabhängig von dem Gefälle und der Richtung des zufließenden Wassers.

Für verschiedene Gefälle und Wassermengen läßt sich das Prinzip dieser Radkonstruktion bei entsprechender Wahl von Durchmesser, Radbreite, Kranztiefe, Schaufelzahl und Schaufelform durchführen.“

Ein solches Rad nach Fig. 30 war im Jahre 1873 auf der Wiener Weltausstellung und ist daselbst durch Prof. Radinger gebremst worden. Das Ausstellungsrad war für 0,470 cbm Wasser i. d. Sekunde gebaut. Die Einläufe waren $2 \times 0{,}857$ m breit und das Wasser rann 107 mm hoch über sie.

Der Effekt stellte sich infolge der geringen Wassermenge, über welche man verfügen konnte, auf 4 Pferdekräfte, wobei das Rad tadellos lief.

Als Nachteile lassen sich folgende Bedenken gegen das Rad anführen:

Die Angabe in einem S. 96 unten näher bezeichneten Aufsatz, daß das Rad sich für verschiedene Gefälle und Wassermengen bei entsprechender Wahl der Dimensionen ausführen lasse, erleidet eine starke Einschränkung. Damit die

Radschaufeln die richtige Lage gegenüber dem Eintritt erhalten und keine Wasserverluste stattfinden können, muß der Radhalbmesser etwa gleich dem Gefälle angenommen werden. Bei vorliegendem Rad verhält sich $R:H = 0{,}9:1$. Bei Gefällen über 4 m kommt der Durchmesser außer allem Verhältnis; daraus ergiebt sich selbst bei geringen Kräften ein großes Radgewicht, z. B. sind für eine

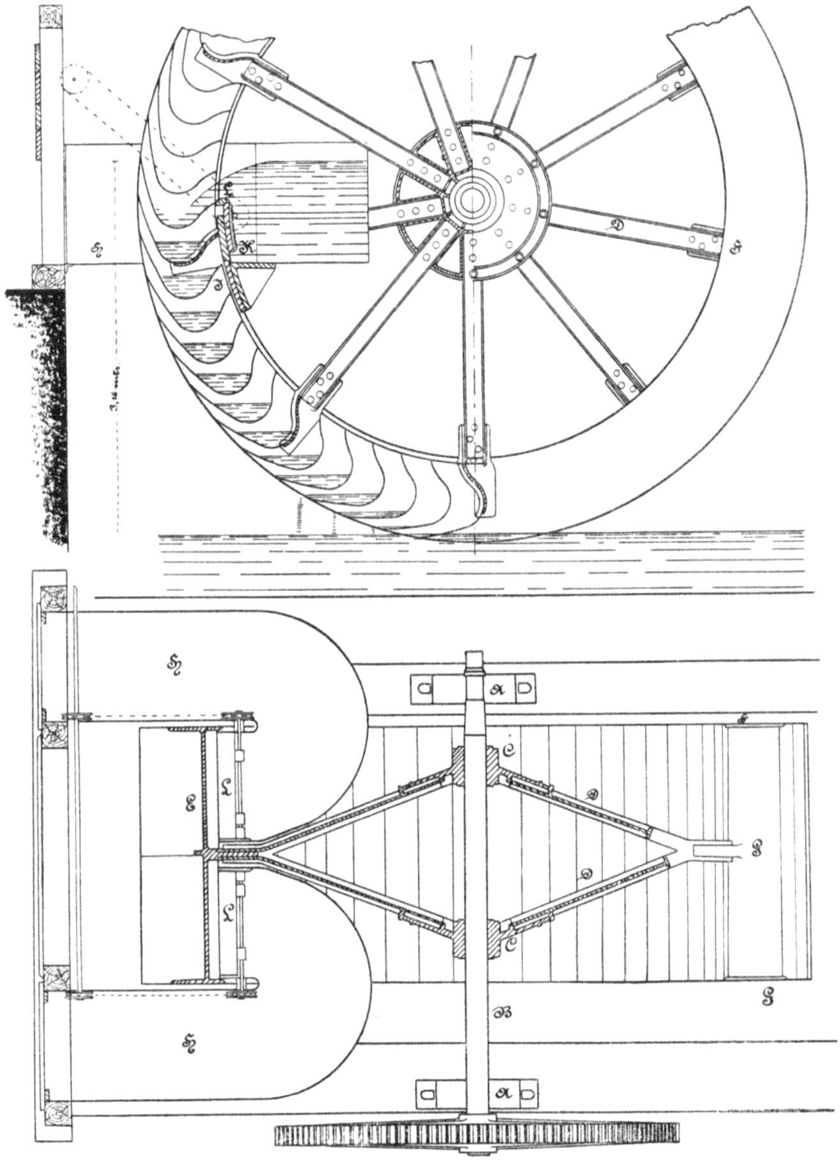

Fig. 80. Millot-Rad.

Pferdekraft durchschnittlich ca. 900 kg Materialaufwand erforderlich, somit das Doppelte des Gewichtes, das wir für oberschlächtige Wasserräder bei gleichen Durchmessern gefunden haben.

Es sind zu enge Grenzen der Anwendung, wenn für diese Konstruktion nur Gefälle von 2 bis 4 m in Betracht kommen können, man wird mit einem

Schaufelrad nach den Vorlagen im II. Teil mindestens die gleich hohe Leistung bei wesentlich billigerem Preis erzielen; doch soll nicht unerwähnt bleiben, daß eben für diese Gefälle (2 bis 4 m) und kleinere veränderliche Wassermengen die Wahl des Motors immer schwierig ist.

Wenn die Zuflußmenge über 0,5 cbm i. d. Sekunde steigt, müßte das Rad eine Breite erhalten, welche für das nur in der Mitte des Kranzes wirksame Armsystem verhängnisvoll werden würde, denn die Stabilität desselben scheint nicht über jeden Zweifel erhaben, wenn das Rad normal gespeist wird.

Die zweimalige Ablenkung des einfließenden Wasserstromes um 90° kommt in der Wasserbewegung durch Unregelmäßigkeiten und Wirbel zum Ausdruck und es bleibt eine offene Frage, ob beide Radhälften zu allen Zeiten gleichviel Wasser enthalten. Ist letzteres nicht der Fall, so entsteht wegen ungleicher Belastung die Gefahr baldiger Lockerung der Schrauben und Nieten. Die muldenförmige Schaufel begünstigt ein längeres Hin- und Herschwingen des Wassers, das im Rad spät zur Ruhe gelangt, auch dürfte die innere Schaufelhälfte bei Tauchung über den halben Radkranz Wasser mit in die Höhe nehmen. Zu beanstanden ist ebenfalls die reichliche Verwendung von Gußeisen, welche bei eisernen Wasserrädern so viel als möglich ausgeschlossen sein sollte, doch hat das Wasserrad nach diesem System, welches genanntes Haus im eigenen Geschäft seit 1871 im Betrieb hat, bis jetzt noch keinerlei Reparatur erfordert.

Ganz ohne Gefäll- und Stoßverlust kann die Wirkung des Wassers auch bei diesem Motor nicht erfolgen, denn der Wassereintritt über eine Überfallschütze ist hier wie bei Schaufelrädern naturgemäß den gleichen Bedingungen unterworfen.

Die Berechnung des Rades erfolgt wie bei Überfallrädern; die Umfangsgeschwindigkeit richtet sich nach der Eintrittsgeschwindigkeit und wird der Überfallhöhe bei Mittelwasser angepaßt. Der Eintritt des Wassers erfolgt etwas über der Mitte des Rades.

Nach den bis jetzt gemachten Erfahrungen arbeitet das Rad mit etwa 75 % Nutzeffekt. Genaue Resultate über Leistung liegen nicht vor.

Die Bedenken, die sich gegen das Rad aussprechen lassen, beziehen sich hauptsächlich auf die engen Grenzen der Verwendung; es wurden durch genannte Firma bis jetzt (innerhalb 26 Jahren), so viel bekannt geworden, nur 2 oder 3 Räder nach diesem System gebaut. Ferner ist der Kostenpunkt ein Hindernis für eine allgemeine Anwendung. Die Konstruktion stellt ein teueres Rad mit großem Gewicht dar bei geringer Stabilität gegenüber nur mäßigen Kräften, die durch dasselbe ausgenützt werden können.

Doch ist das Rad beachtenswert wegen seiner eigenartigen Idee und in Ausnahmefällen, wo nicht auf den Kostenpunkt gesehen wird, bei gehöriger Durchbildung anwendbar.

Beschreibung und Darstellung des Millot-Rades konnte im Anschluß an eine Arbeit in Wiebes Skizzenbuch für den Ingenieur und Maschinenbauer und unter Benutzung des durch die Maschinenfabrik Geislingen in Geislingen dem Verfasser bereitwilligst zur Verfügung gestellten Materials erfolgen. Das bewiesene Entgegenkommen dieser angesehenen Firma verdient auch hier dankbare Anerkennung.

Tabelle IV.

Tabelle über Größenverhältnisse
eiserner Wasserräder mit Blechschaufeln und innerem Einlauf.

Ausgeführt von der Maschinenfabrik Geislingen in Geislingen a/St.

Nr.	Empfänger	Durchmesser	Breite	Gefälle	Wassermenge	Leistung in Pferdekräften	Umdrehungen i. d. Min.	Schaufelzahl Doppelschaufeln	Wasserrad-Welle Länge und Dicke	Wasserrad-Welle Gewicht	Lager mit Platten	Rosetten	Arme, Seitenwände u. Blechschaufeln	Wasserrad zusammen ohne Stirnrad	Einläufe	Einlauf einschl. Überfallschütze	Fallenzug
		m	m	m	l	N_n	n	z	m	kg	kg	kg	kg	kg	Anzahl		kg
1.	**Eisendreherei Straub**	5,384	2	2,864	118 590	4—17	6	54	4 0,186	890	580	954	7440	9882	2	957	301
2.	**Ausstellung Wien 1873**	5,384	2	2,864	94 235	3—7	4,07	54	4 0,226	1330	806	926	8360	11420	2	943	—
3.	**Mahlmühle**	5,64	2,1	3,0	100 800	3—24	4	54	4,10 0,225	1230	—	—	—	12000	2	—	1100

Mittelschlächtiges Wasserrad von Carl Pfister in München.

D. R. P. Nr. 29199 v. Jahr 1884.

Mittelschlächtige Räder werden gewöhnlich bei Gefällen $H = 2$ bis 4 m und bei Aufschlagwassermengen $Q = 0{,}2$ bis 2 cbm i. d. Sekunde angewendet.

Bei größeren Gefällen kommen sie zwar auch als freihängende Zellenräder vor, in welchem Fall vor allem zur Verkleinerung des Gefällverlustes h_2* möglichst viele und lang gestreckte Schaufeln, bei kleiner Füllung und mäßiger Umfangsgeschwindigkeit ratsam sind.

Meistens jedoch ist der Bau dieser Räder als Kropfräder vorzuziehen, wobei der Gefällverlust h_3** anstatt h_2 besonders maßgebend für den Wirkungsgrad wird.

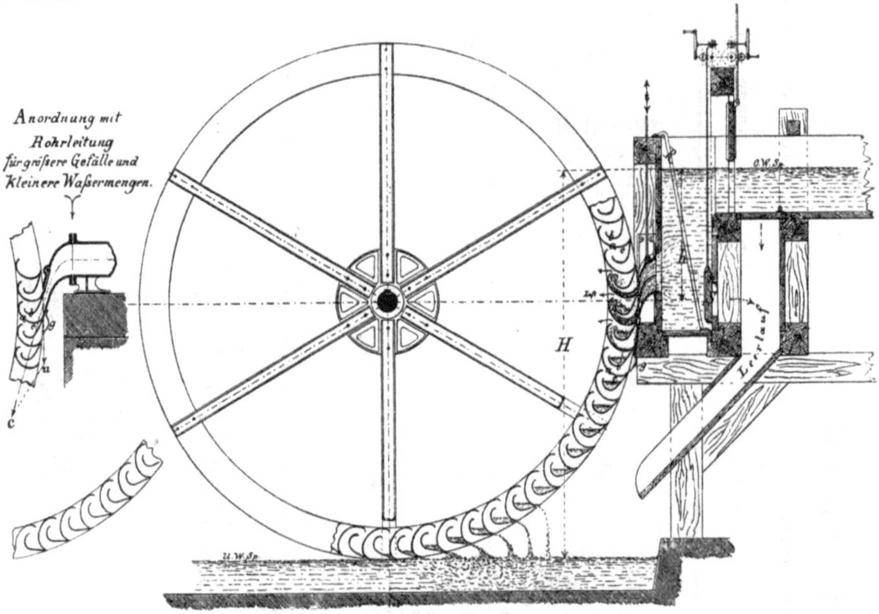

Fig. 31. Mittelschlächtiges Wasserrad von Pfister.

Wenn das mittelschlächtige Rad als freihängendes Zellenrad gebaut wird, läßt sich besonders mit Rücksicht auf h_2 nur ein schwächerer Wirkungsgrad, als bei ober- und rückschlächtigen Rädern erwarten, denn dieser Gefällverlust, bei gegebener Schaufelform und gegebenen Werten von ε, v und D von bestimmter Größe, ist ein um so größerer Teil von H, je kleiner H.

Eine erhebliche Vergrößerung des Wirkungsgrades soll von der eigentümlichen Form und Anordnung der Schaufeln nach K. Pfisters Patent zu erhalten sein.

Der Radkranz ist hier mit zweierlei Schaufeln ausgerüstet, mit den Stoßschaufeln AB und den Sammelschaufeln CD, beide gekrümmt.

Das Wasser, welches gegen AB stoßend eingeflossen ist, ergießt sich, teils längs AB hinfließend, in die darin befindliche Sammelschaufel CD, teils

* h_2 entspricht der vorzeitigen Entleerung der Zellen bei freihängenden Zellenrädern.

** h_3 ist ein bei Kropfrädern durch die Spielräume verursachter Gefällverlust.

durch schmale Spalten oder sonstige kleine Durchbrechungen von AB in die darunter befindliche Sammelschaufel.

Letztere bildet mit der Stoßschaufel AB einen Sammelraum, der nach außen eine nur schmale und so zu bemessende spaltartige Öffnung AD hat, daß der Ausfluß des Wassers aus ihr erst dann vollendet ist, wenn sie die tiefste Stelle des Rades erreicht hat.

Indem das Wasser (Fig. 31) durch eine Kulissenschütze zugeführt wird und die Druckhöhe $h =$ ca. $^1/_3$ des ganzen Gefälles H gesetzt ist, fallen die Eintrittsverluste hier bedeutend aus. Die Umfangsgeschwindigkeit v, welche passend $=$ 1,50 bis 1,80 m i. d. Sekunde beträgt, ist 2,50 m angenommen. Ihre Steigerung über 1,80 m hinaus ist mit Rücksicht auf den Gefällverlust h_2 und auf das großenteils verloren gehende, mit v entsprechend zu vergrößernde Stoßgefälle nicht ratsam, sofern solche Räder in Fällen zur Anwendung kommen, in welchen mehr Wert auf Vergrößerung des Wirkungsgrades, als auf Vereinfachung der Transmission zu legen ist.

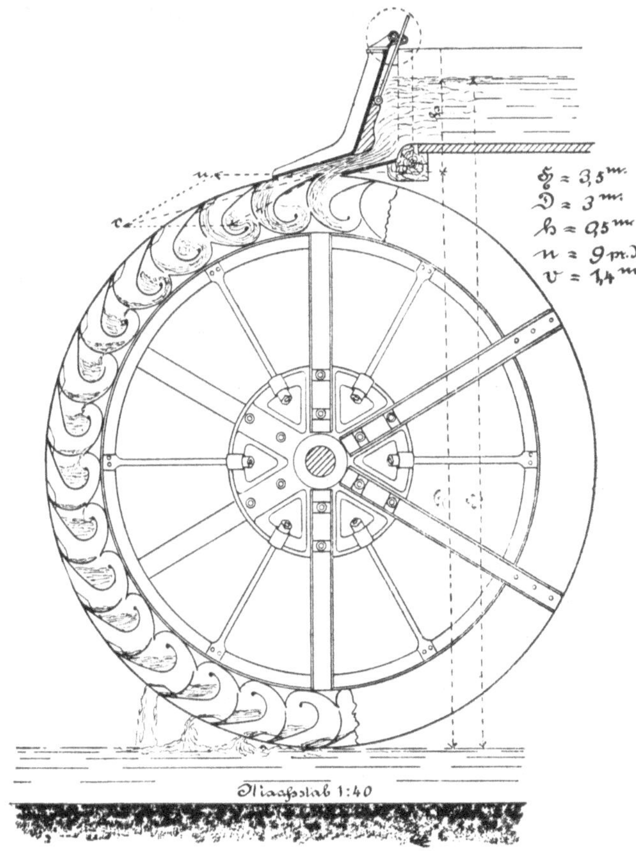

Fig. 32.
Pfister-Rad, Beaufschlagung im Scheitel und seitlicher Entleerung.

Konstruktionsgrundlagen, soweit sie aus der Patentzeichnung zu entnehmen sind. (Fig. 31.)

Gefälle	$H = 5{,}15$ m
Stoßgefälle	$h = 1{,}75$ „
Austrittsgeschwindigkeit i. d. Sek. 0,85 bis 0,9 $\sqrt{2gh} = 4{,}98$ m bis 5,27 m im Mittel	$c = 5{,}125$ m
Umfangsgeschwindigkeit (in der Patentschrift mit u bezeichnet)	$v =$ ca. $0{,}5\,c = 2{,}50$ m
Tourenzahl des Rades	$n = 7$ i. d. Minute.
Durchmesser	$D = 6{,}9$ m
Radiale Tiefe	$a = 0{,}40$ m
Radiale Tiefe der eigentlichen Füllungsschaufeln	$a = 0{,}30$ „
Schaufelzahl (Doppelschaufeln)	$Z = 60$

Das Fassungsvermögen dürfte nicht mehr als 150 l für 1 Meter Radbreite erreichen.

Zur Berechnung der hauptsächlichsten Werte wurden folgende Formeln abgeleitet:

1. Bei gegebenen oder angenommenen Raddurchmesser D und Tourenzahl n ist

$$\text{die Druckhöhe } h = \left(\frac{D \cdot n}{38}\right)^2$$

2. Bei gegebenen oder angenommenen Raddurchmesser D und Druckhöhe h ist

$$\text{die Tourenzahl } n = \frac{38\sqrt{h}}{D}$$

3. Bei gegebener oder angenommener Druckhöhe h und Tourenzahl n ist

$$\text{der Raddurchmesser } D = \frac{38\sqrt{h}}{n}$$

Ferner bei Beaufschlagung im Radmittel:

$$D = 2\,(H - h);\quad H = \frac{D + 2h}{2}\quad h = H - \frac{D}{2}$$

und bei Beaufschlagung im Radscheitel:

$$D = H - h;\quad H = D + h\quad h = H - D.$$

Aus obigen drei Formeln ist bei beliebiger Beaufschlagung am Radumfange die für den jeweiligen Fall geeignetste Aufstellung leicht zu bestimmen, wobei man aber mit den Raddurchmessern selbstverständlich nicht unter eine gewisse praktische Grenze herabgehen wird.

Das gebogene Blechstück g wird erfahrungsgemäß seinen Zweck, beim Eintritt verspritztes Wasser wieder den Schaufeln zuzuführen, nicht vollkommen erfüllen, vielmehr auf dem ganzen wasserhaltenden Bogen Wasserverlust stattfinden. Die engen Schaufelspalten werden sich durch die vom Wasser mitgerissenen Körper leicht verstopfen.

Bei diesem freihängenden Zellenrad sind die Gefällverluste h_2 sowie h_3 wegen vorzeitigen Ausgusses der Zellen, welcher von v abhängig und durch eine denselben befördernde Pressung des Wassers in den unteren Zellen bedingt ist, von wesentlichem Einfluß auf den Wirkungsgrad. Dieser Druck ist um so beträchtlicher, je größer v bei gegebenen Werten von D ist.

Das bezüglich des Kostenpunktes und Güteverhältnisses über das Millot-Rad Hervorgehobene findet auch auf diesen Motor seine volle Anwendung, denn die Anfertigung der zahlreichen, schwierig herzustellenden Doppelschaufeln erfordert bedeutenden Aufwand an Material und Arbeit.

Der Wirkungsgrad dürfte nicht höher als zu 60 bis 70 Prozent anzunehmen sein.

Verfasser verdankt der Gefälligkeit des Herrn Pfister nachstehende Mitteilungen über seine Radkonstruktion, woraus Absicht, Zweck und Anwendung derselben zur Genüge ersehen werden kann.

„Bezüglich praktischer Erfolge diene zur Mitteilung, daß die erste Ausführung sich schon über 4 Jahre im Betrieb befindet und gute Resultate erzielt.“

„Es war dies eine nur sehr kleine Anlage für ein Pumpwerk, wobei 2,7 m Gefälle und 14 l i. d. Sekunde also nur 0,5 HP. theoret. zur Verfügung standen. Es werden damit 17 l i. d. Minute auf eine Höhe von ca. 50 m gefördert. Die Druckleitung ist ca. 900 m lang und 38 mm weit, so daß ca. 10 m Druckverlust, d. h. eine Gesamtförderhöhe von ca. 60 m vorhanden ist. Der Gesamtnutzeffekt beträgt demnach ca. 50 %, so daß, wenn man für die Pumpe 75 % annimmt, das Wasserrad ca. 67 % = rd. $^1/_3$ Pferd leistet, was in Anbetracht der geringen Kraft, wo die toten Lasten, d. h. der Leergang schon einen sehr hohen Prozentsatz beanspruchen werden, jedenfalls günstig ist. Das Rad hat 3,5 m Durchmesser und 0,3 m Breite, 72 Doppelschaufeln und macht 9 Touren i. d. Minute.“

„Bei einer späteren größeren Ausführung war der Erfolg weniger günstig und mußte ich dabei Beobachtungen machen, die für größere Wassermengen eine andere Wahl der Querschnitte erfordert hätten. Solche Mängel ließen sich an der Hand praktischer Versuche ja leicht verbessern, doch hatte ich weiter keine Gelegenheit mehr hierzu.“

Die Konstruktion hat natürlich — wie eigentlich alle Wasserräder — nur ein beschränktes Gebiet zu ihrer Verwendung, immerhin aber könnte solche an Stelle von mittel-, rück- und oberschlächtigen Rädern stattfinden, wie in einer Zusammenstellung verschiedener Aufstellungsarten gezeigt war. —

„Veranlassung zur Konstruktion dieses Rades gab der Umstand, daß besonders bei den (bisherigen) Zellenrädern beim Ein- und Austritt des Wassers ziemliche Effektverluste vorhanden sind und ferner, daß bei Wasserradanlagen nach allen bisherigen Systemen Dimensionen und Tourenzahl den vorhandenen Wasserverhältnissen entsprechend sich nur in sehr engen Grenzen bewegen konnten und die (wenigstens für gute Radanlagen) nötige geringe Tourenzahl meist schwerfällige Triebwerke und mehrfache Übersetzungen erfordert.“

„Der Verlust beim Eintritt des Wassers entsteht bei den bisherigen Rädern bekanntlich dadurch, daß die durch die Eintrittsgeschwindigkeit erzeugte lebendige Kraft nur als Stoßwirkung zur Geltung kommt und dadurch ein Teil der die nötige Eintrittsgeschwindigkeit erzeugenden Druck-(Gefälls-)höhe verloren geht. Dieser Verlust wird bei vorliegendem Rade durch Anordnung einer Aktionsschaufel vermieden, welche bei richtiger Ablenkung des eintretenden Wasserstrahles die demselben innewohnende lebendige Kraft auf das Rad mit dem höchstmöglichen Nutzeffekte überträgt.“

„Der Verlust beim Austritte des Wassers aus dem Rade entsteht durch zu frühes Entleeren der Zellen, so daß ein Teil des Wassers frei herabfallend seine Einwirkung auf das Rad verliert. Dieses zu frühe Entleeren kann bei den bisherigen offenen Zellen auch bei sorgfältigster Konstruktion und Dimensionierung nur bis zu einem gewissen Grade vermindert werden. Bei vorliegendem Rade jedoch wird eine bedeutende Verzögerung der Entleerung dadurch erreicht, daß das Wasser nur durch enge Öffnungen aus den sonst geschlossenen Zellen austreten kann und zum größten Teile bis zur tiefsten Radstelle seine Wirkung ausüben muß. Dabei soll natürlich der Querschnitt der Austrittsöffnungen dem Wasserquantum bezw. der Schaufelfüllung und der Umfangsgeschwindigkeit des Rades entsprechen und können dieselben entweder durch einen schmalen Spalt der ganzen Radbreite nachgebildet oder seitlich als besondere Ausgußöffnungen angeordnet sein. Die vorbenannte Bedingungen erfüllende und in Fig. 31 dargestellte Schaufelkonstruktion läßt also das Wasser, nachdem es der Aktionsschaufel entlang durch Druck bezw. Ablenkung seiner Druckhöhe entsprechend gewirkt hat, in die darüber befindliche, geschlossene und mit engen Ausgußöffnungen versehene Zelle übertreten, wo es bis zum Verlassen des Rades noch durch sein Gewicht auf dasselbe wirkt."

„Betreffendes Rad ist daher eine Kombination von Aktionsturbine und Zellenwasserrad, wobei die Aktionswirkung von der geringsten Druckhöhe an bis auf einen gewissen Teil des ganzen Gefälles ausgedehnt werden kann, so daß für ein und denselben Fall unendlich viel Aufstellungsarten möglich sind und hierdurch der weitere Zweck vorstehender Radkonstruktion erreicht ist, nämlich der, bezüglich Raddurchmesser und Tourenzahl größere Wahl zu haben und im allgemeinen kleinere Raddurchmesser und größere Umfangsgeschwindigkeiten ohne Beeinträchtigung des Nutzeffektes anwenden zu können. Man hat also bezüglich Annahme von Durchmesser und Tourenzahl innerhalb gewisser Grenzen beliebige Wahl, wobei nur das Maximum der Umfangsgeschwindigkeit nicht überschritten werden darf, wenn nicht die Gewichtwirkung des in den Zellen eingeschlossenen Wassers illusorisch werden soll."

„Bezüglich Konstruktion, Berechnung und Wasserbewegung in den Schaufeln ist noch zu erwähnen, daß die Umfangsgeschwindigkeit des Rades so im Verhältnis zur Eintrittsgeschwindigkeit angenommen sein soll, daß gerade noch ein Übertreten desselben in die obere Zelle erfolgt. Zu rasches Übertreten (bei zu langsamem Gange) würde Effektverlust und nicht vollständiges Übertreten ein Zurückfallen des Wassers in die Aktionsschaufel und hieraus ein zu frühes Entleeren im Gefolge haben."

Hauptsächlich bei kleinen Wasserkräften, für welche das Pfister-Rad ohnehin besonders geeignet ist, beziffern die Reibungsverluste durch ausgedehnte Übersetzungen oft einen derartig hohen Prozentsatz der verfügbaren Kraft, daß am Ende der Transmission an der Arbeitsmaschine, als eigentlich produktive Kraft, wenig mehr zur Verfügung bleibt. Es hat das seinen Grund darin, daß man in der Praxis bezüglich der nötigen Stärken von Wellen, Rädern, Riemenscheiben u. s. w. bei kleinen Kräften aus den verschiedensten Gründen meist nicht entsprechend leicht genug baut, deshalb viel überflüssiges Gewicht zu bewegen hat, wodurch die Reibungsverluste unverhältnismäßig hoch werden. In solchen Fällen kann also allein ein Umgehen der vielen Übersetzungen, d. h. ein Rad mit schnellerem Gange helfen, welches dann zugleich an und für sich billiger und leichter ist (weil in den Dimensionen kleiner), weniger und leichteres Triebwerk erfordert und somit die mehrfachen Vorteile der geringeren Anlage- und Unterhaltungskosten sowie einer größeren Leistung bietet.

Stehen der ausgedehnten Verwendung dieses Systems auch die großen Herstellungskosten entgegen, so verdient doch das Bestreben des Konstrukteurs, das Zellenrad einer weiteren Vervollkommnung zuzuführen, alle Anerkennung.

Die im Deutschen Reiche unter Schutz gestellten Konstruktionen.

Die Zahl der für Wasserräder erteilten Patente ist nicht erheblich, sie betreffen in der Hauptsache gewisse Einzelheiten, welche die Wirkung dieser Gattung von Motoren erhöhen sollen. Die Gesamtanordnung dieser seit Jahrhunderten in feststehenden Formen sich darstellenden Maschinen konnte durch diese Neuerungen nur wenig beeinflußt werden.

Das Bestreben der Konstrukteure ist darauf gerichtet, eine vorteilhaftere Form der die Kraft aufnehmenden Teile oder Einrichtungen zu finden, wodurch Wasserverlust vermieden oder der Widerstand beim Austreten der Zellen und Schaufeln aus dem Unterwasser verringert werden soll; ferner den Rädern besondere Nebeneinrichtungen beizufügen, um einen größeren Nutzeffekt zu erzielen oder gewisse Vorteile, welche die Turbinen auszeichnen, auch jenen zu gute kommen zu lassen, z. B. kleinere Durchmesser und größere Umlaufschnelle zu erreichen, sowie die Fähigkeit zu erlangen, höhere Gefälle als sonst üblich, ebenfalls ausnützen zu können.

Von wesentlichem Einfluß auf die Ausgestaltung und den Bau der Wasserräder sind die zu besprechenden Einrichtungen für die Praxis jedoch, wie bereits bemerkt, nicht geblieben, da die Verbesserungen sich auf solche Eigentümlichkeiten beschränken, welche die Konstruktion verwickeln und sie jenen Zufälligkeiten und Betriebsstörungen unterwerfen, die auch bei den meisten patentierten Regulierungen für Turbinen zu beobachten sind.

Die verschiedenen Eigenschaften der fließenden Gewässer treten diesen Neuerungen feindlich gegenüber, Ablagerungen (Wasserstein), Rost beeinträchtigen mit der Zeit häufig die Betriebsicherheit beweglicher Teile. Vom Wasser mitgeführte Körper veranlassen nur zu oft Einklemmungen und infolgedessen ein Zurückgreifen auf die erprobten einfacheren Formen.

Oberschlächtige und rückschlächtige Räder.

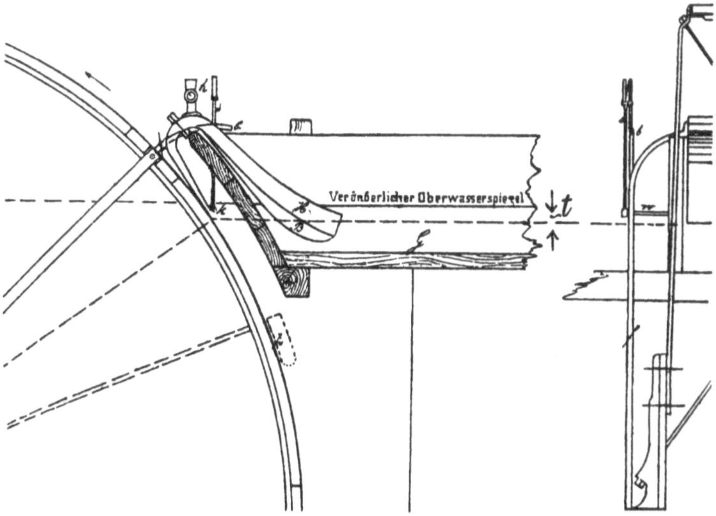

Fig. 33. D. R. P. Nr. 7283 Fr. Gosebrink in Werther bei Bielefeld.

Patent Nr. 29199 CARL PFISTER, München, haben wir bereits eingehend behandelt. Zunächst kommt Patent Nr. 7283 FR. GOSEBRINK, Werther, ein sich selbst regulierender Hebereinlauf in Betracht. Im Gerinne wird ein Heber schwimmend erhalten, vom Oberwasser gehoben und derart durch Schienen geführt, daß der Eintrittswinkel des Wassers in das Rad, zum Zweck einer Erhöhung des Nutzeffektes, stets der gleiche bleibt.

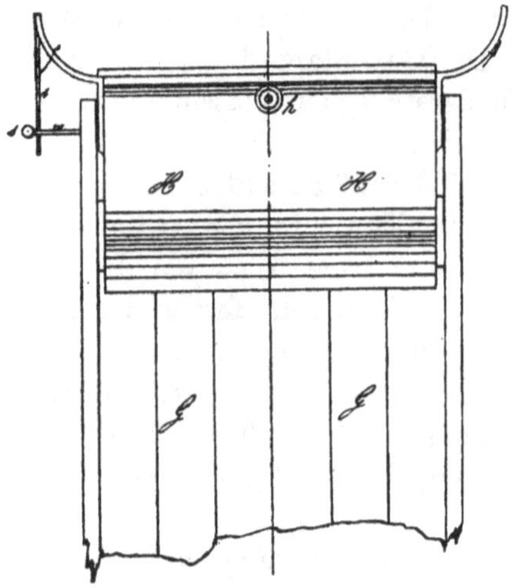

Fig. 34.

Nach dem Patent Nr. 20330 E. Masson, Lenclos, finden sich im Zellenboden Klappen angebracht, welche durch das Aufschlagwasser geschlossen gehalten werden und sich durch ihr Eigengewicht öffnen, sobald die Zelle aus dem Unterwasser tritt, um dadurch der Luft von oben Zugang zu gestatten und das Entleeren zu erleichtern.

Patent Nr. 27765 betrifft ein Kübelrad. Die senkrecht und beweglich aufgehängten Kübel werden durch einen am Gerinne angebrachten Ausgußtrichter, der durch einen Schieber geschlossen gehalten wird, gefüllt. Kommt ein Kübel an den Einlauf, so öffnet und schließt ein Hebelmechanismus den Trichter. Die Entleerung erfolgt am tiefsten Punkt des Rades durch Umkippen der Kübel. Auf einfache Weise werden hier Verluste an Aufschlagwasser vermieden. Solche Räder dürften sich für höhere Gefälle, wobei der spärliche Zufluß in einem Weiher angesammelt wird und die Kraft landwirtschaftlichen Zwecken dient, am besten eignen.

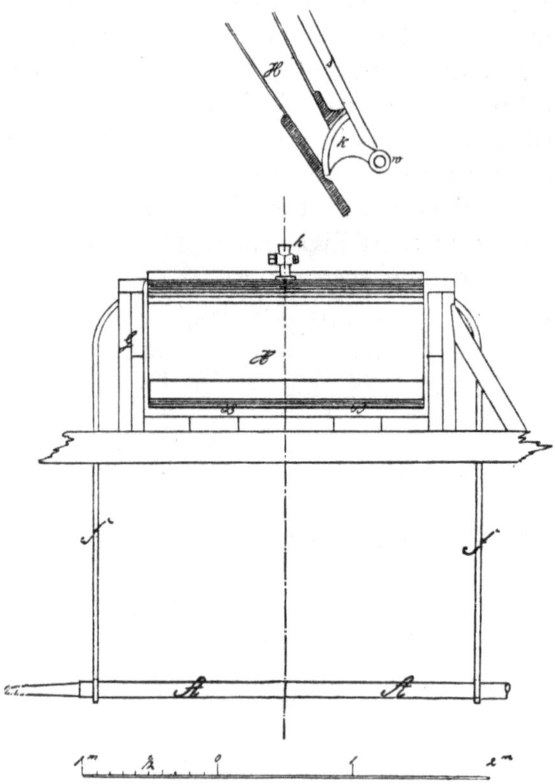

Fig. 35.
D. R. P. Nr. 7283 Fr. Gosebrink in Werther bei Bielefeld.

Mittelschlächtige Räder.

Das einzige in Betracht kommende Patent Nr. 4139 Bechler, Eßlingen, zeigt eine ganz vom Üblichen abweichende Ausgestaltung der Schaufeln. Hohle, verschlossene Cylinder parallel zur Radachse sollen an Stelle der flachen Schaufeln den Zweck haben, den Widerstand beim Austritt der Schaufeln aus dem Unterwasser zu vermeiden.

Unterschlächtige Räder.

Das unter Nr. 3843 Parje, Frankfurt a. M., patentierte Wasserrad wird von innen beaufschlagt. Als Kropf dient ein an einem Hebelsarm schwingender

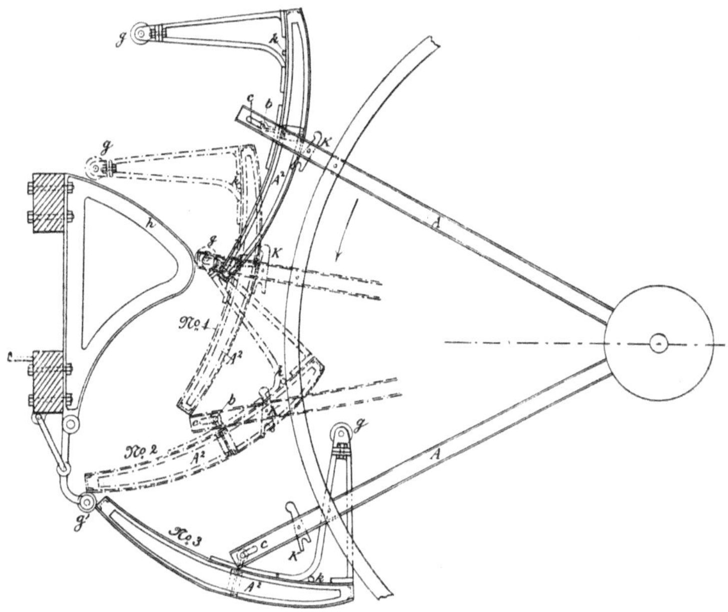

Fig. 36.

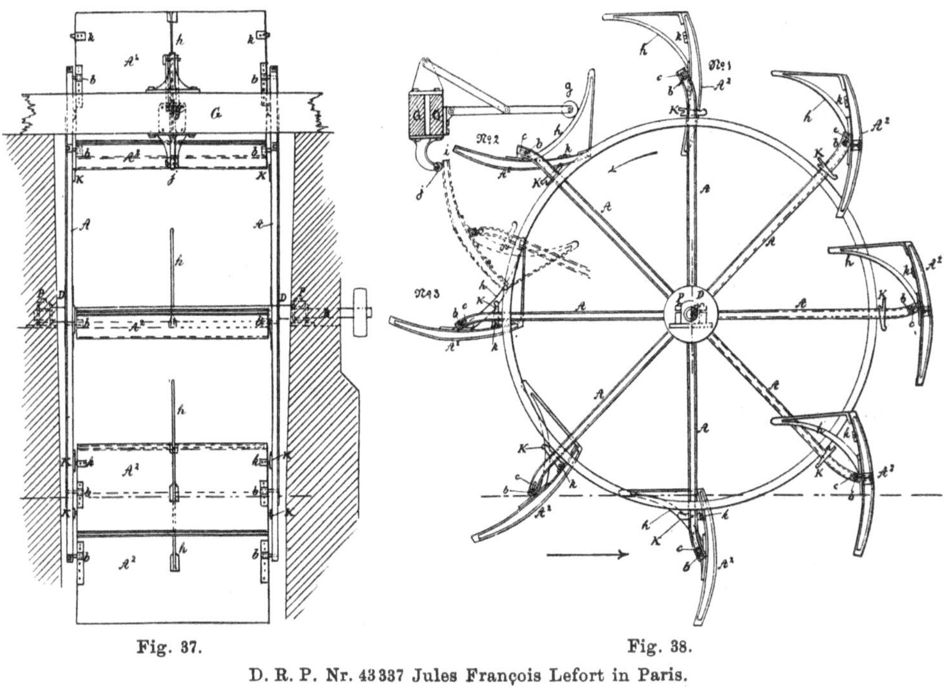

Fig. 37. Fig. 38.

D. R. P. Nr. 43337 Jules François Lefort in Paris.

Mantel, der sich ohne Reibung an das Rad anlegen, den Wasserverlust auf einen geringen Betrag herabziehen und ferner den Zweck haben soll, durch geschlossen geleitete Vorfüllung der Schaufelräume mit Unterwasser eine Ersparnis an Oberwasser herbeizuführen.

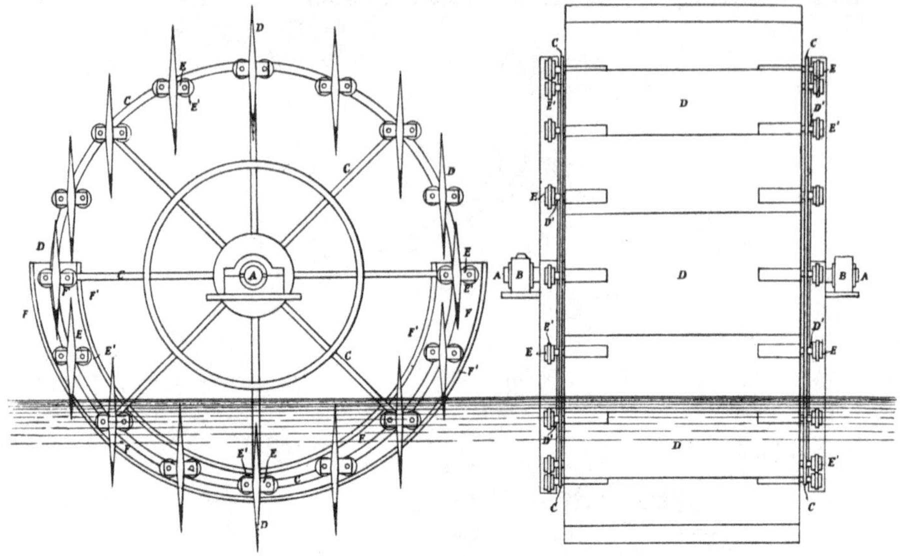

Fig. 39.

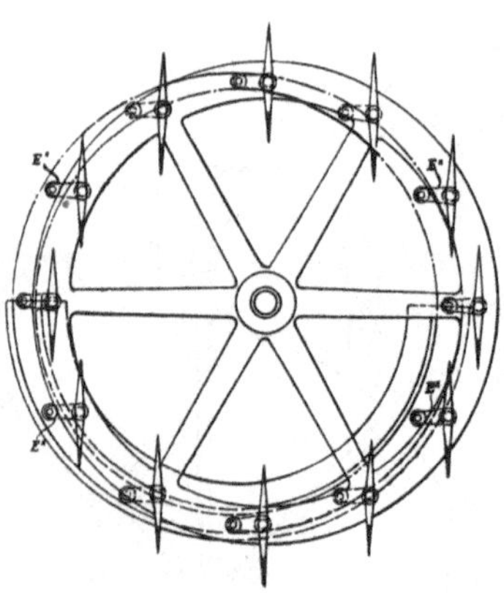

Fig. 40.

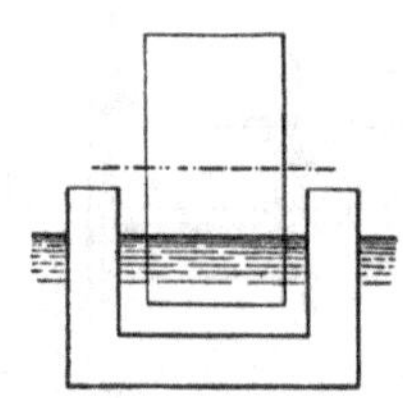

Fig. 41.

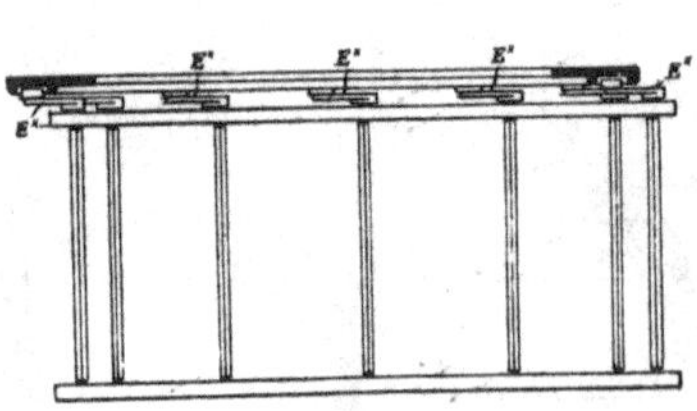

Fig. 42.

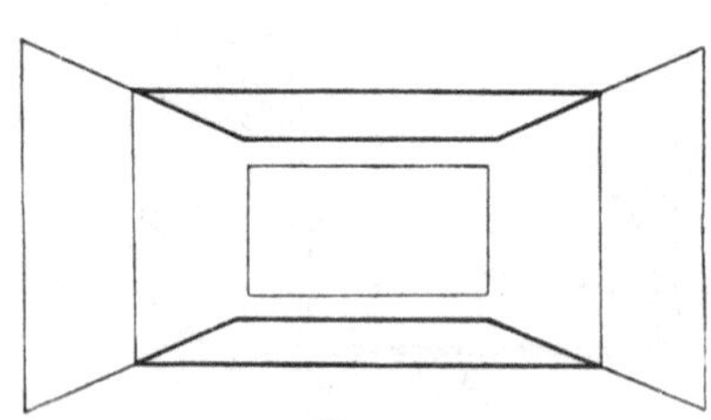

Fig. 43.

D. R. P. Nr. 20775 Augustus Figge in London.

Das verstellbare Wasserrad System Th. Bühlmann, Berlin, Nr. 86694, läßt sich in einem Gestelle der Höhe nach und durch Schrauben in der Richtung des Wasserlaufs verstellen, so daß bei wechselndem Wasserstand und Stauungen

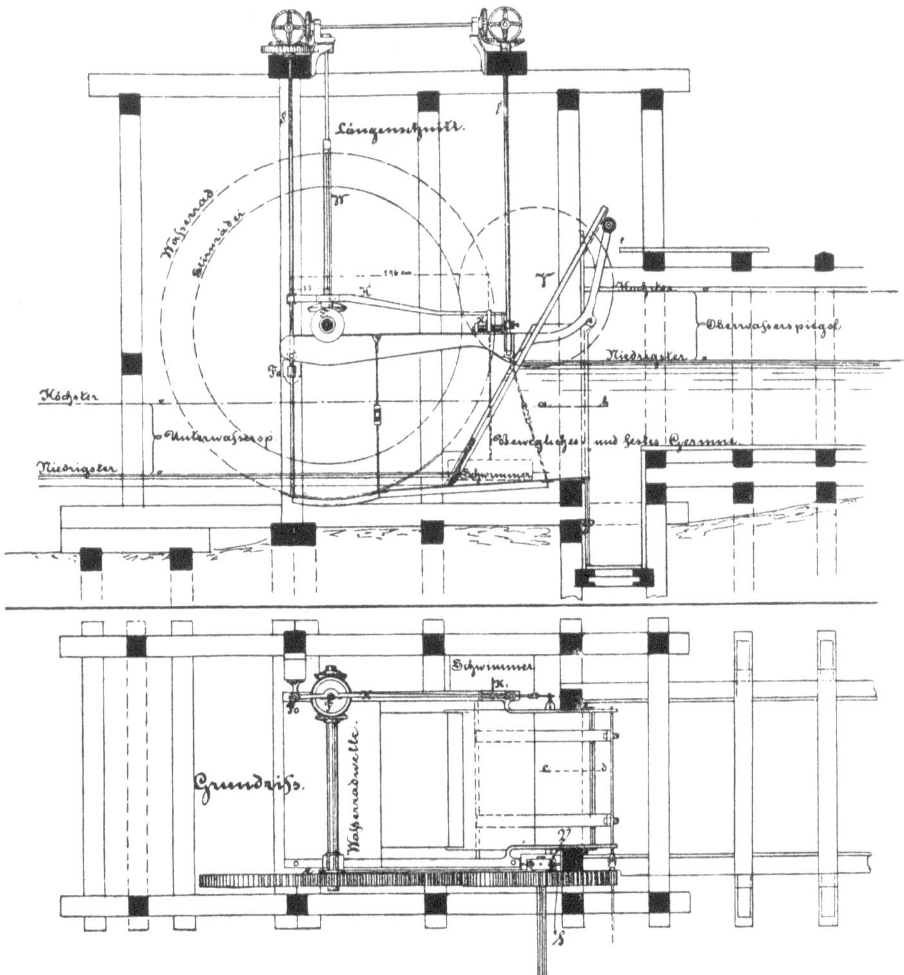

Fig. 44.

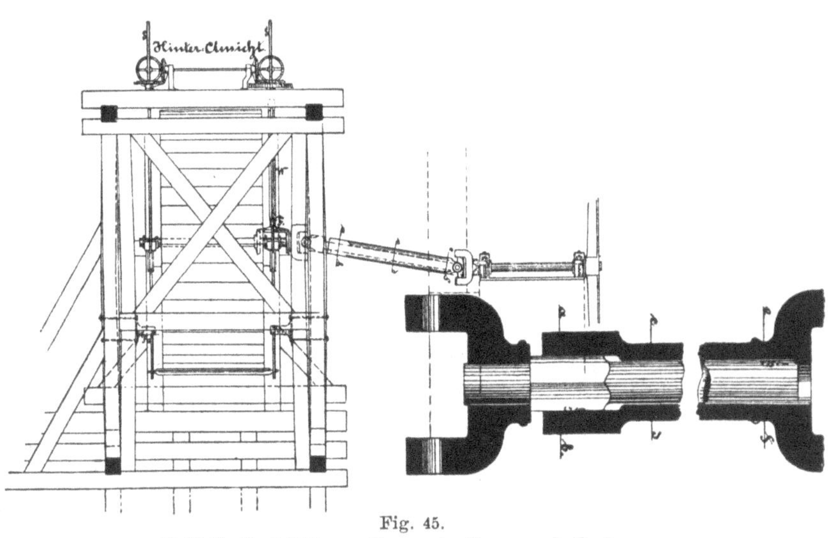

Fig. 45.

D. R. P. Nr. 24677 von Bergen in Crone a. d. Brahe.

die günstigste Art des Wassereintritts herbeigeführt und verschiedene Wassermengen vorteilhaft ausgenützt werden können. Das Rad besteht aus mehreren

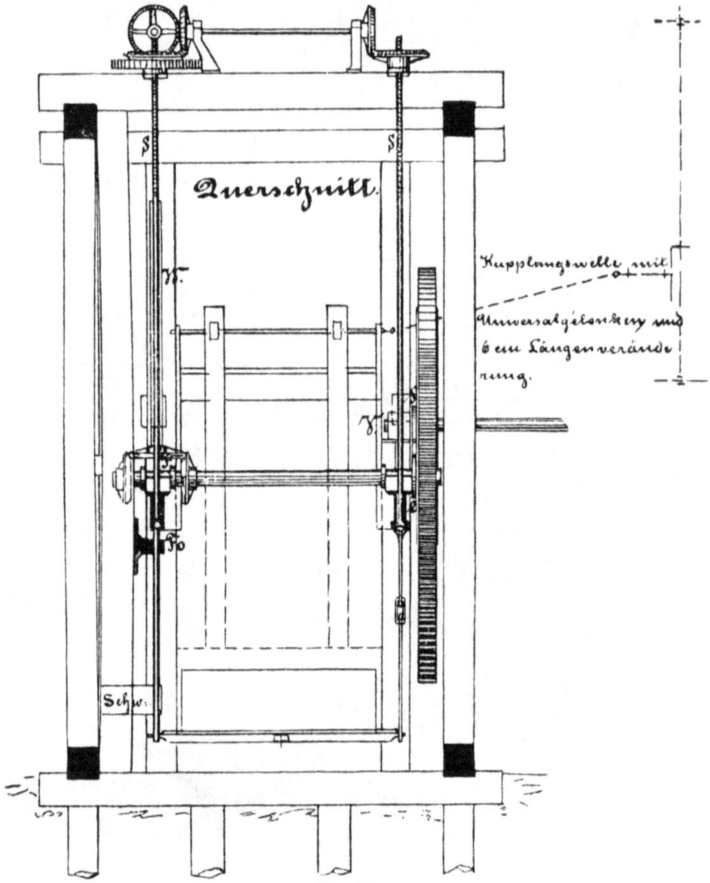

Fig. 46.

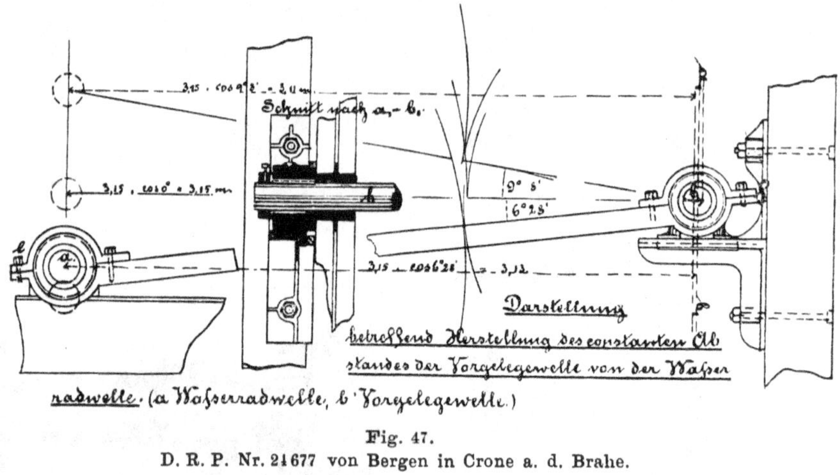

Fig. 47.
D. R. P. Nr. 24677 von Bergen in Crone a. d. Brahe.

Schaufelkränzen, hierzu gehörigen Schützen, die Schaufeln sind gegeneinander versetzt angeordnet, um den Wasserstoß beim Eintritt auf dem Umfang besser zu verteilen.

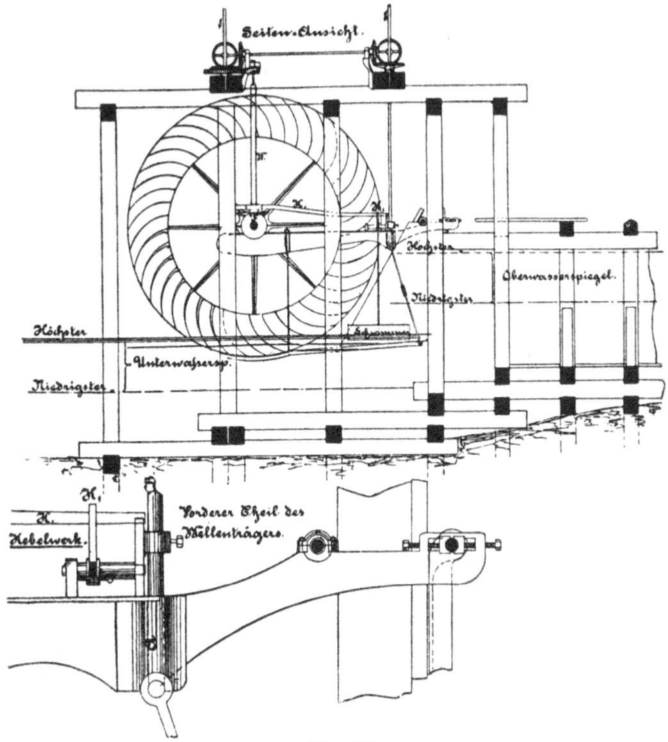

Fig. 48.
D. R. P. Nr. 24677 von Bergen in Crone a. d. Brahe.

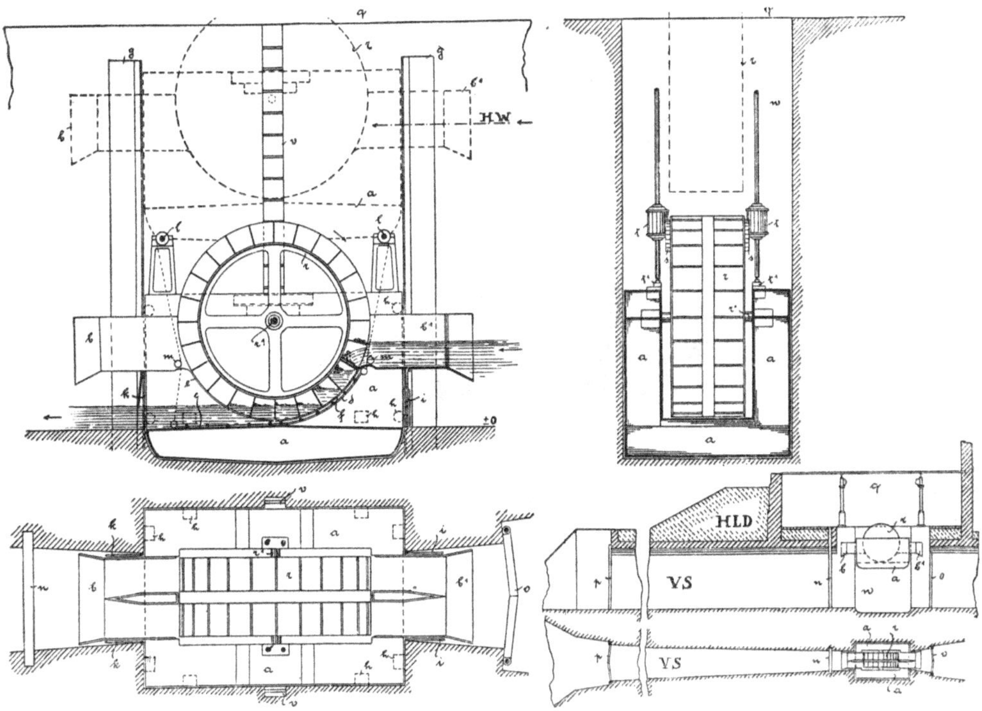

Fig. 49 u. 50.
D. R. P. Nr. 85027 Wasserrad für Ebbe und Flut.

Neben Turbinen, welche zur Benützung von Ebbe und Flut in Vorschlag gebracht wurden, ist unter Nr. 85027 auch ein Wasserrad patentiert worden. In dem das Meer mit dem Staubecken verbindenden Gerinne trägt ein Schwimmerkasten, der nach dem Wasserstand sich einstellt und in Rollenführung geht, ein Rad, dessen Ein- und Auslaufrinnen mit zwei unten befestigten, durch Winden bewegte Böden ein geschlossenes Gerinne bilden, so

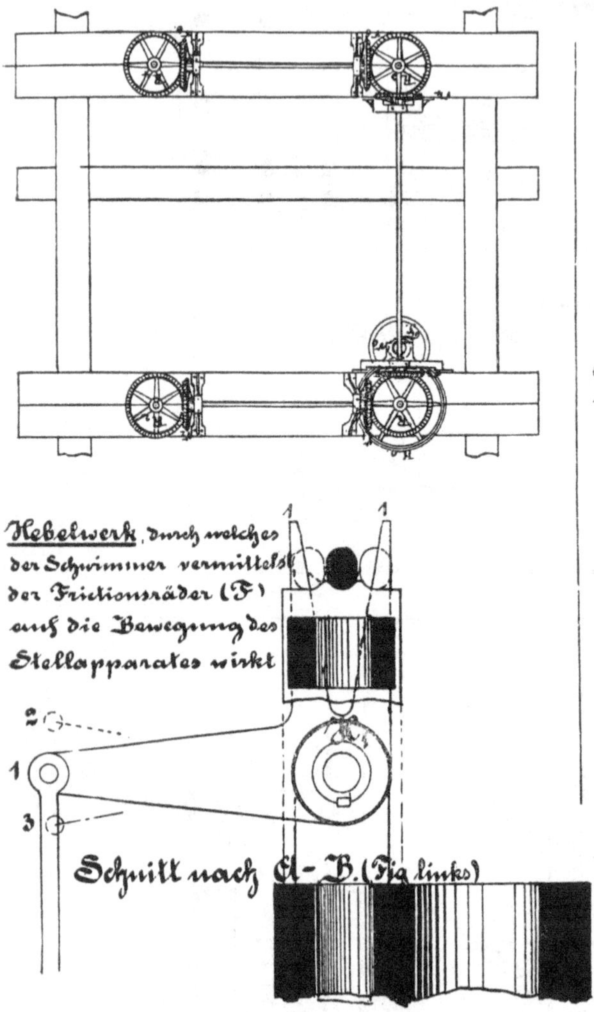

Fig. 52.

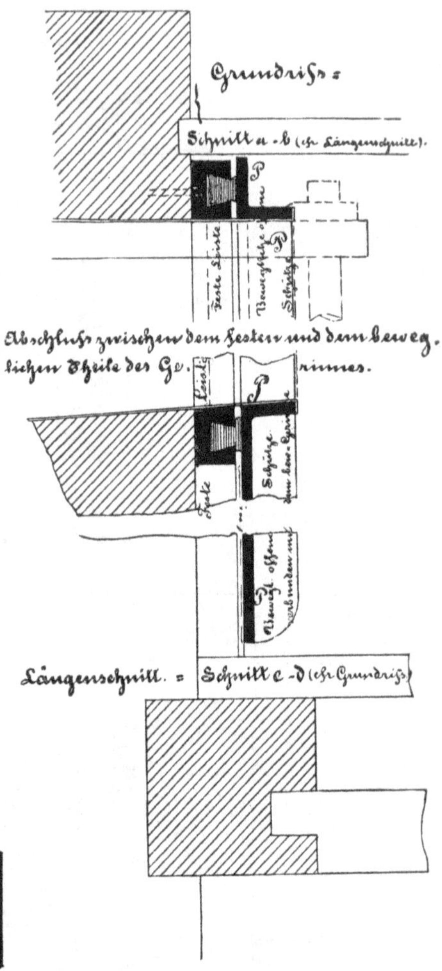

Fig. 53.

D. R. P. Nr. 24677 von Bergen in Crone a. d. Brahe.

daß das Rad sowohl vom hin- als auch vom herfließenden Wasser angetrieben werden kann.

Zwei weitere Patente Nr. 43337 Lefort, Paris, und Nr. 20775 Figge, London, sollen bezwecken, den Arbeitsverlust zu vermeiden, welcher durch Emporheben von Wasser beim Austritt der Schaufeln aus dem Unterwasser entsteht.

Bei ersterem Patent tritt die Schaufel mit geringer Neigung in das Unterwasser und bleibt in diesem senkrecht durch eine Gabel festgehalten stehen, kurz vor dem Austritt wird sie durch den Gegendruck des Wassers aus der Gabel ausgehoben, die Schaufel bleibt nun so lange frei senkrecht hängen, bis die Gabel mit einer Rolle zusammentrifft, welche den Bewegungsvorgang in gleichem Sinne wieder bewerkstelligt.

Beim zweiten Patent behalten die Schaufeln die senkrechte Stellung während des Umlaufs bei und zwar in der oberen Hälfte frei hängend, in der unteren gegen den Wasserdruck festgehalten.

Mit Patent Nr. 24677 Bergen, Crone, ist ein Pansterzeug zum Ausheben des Rades geschützt, durch welche Vorrichtung bezweckt wird, daß das Wasserrad sich mit einem Teil des Zuflußgerinnes während des Betriebs dem veränderlichen Unterwasserspiegel entsprechend hebt oder senkt.

Schiffsmühlräder.

Ein zu Bewässerungszwecken dienendes einfaches und billiges Rad ist mit Nr. 9345 Zeidler, Görlitz, patentiert. Die Schaufeln sind als hohle Kasten

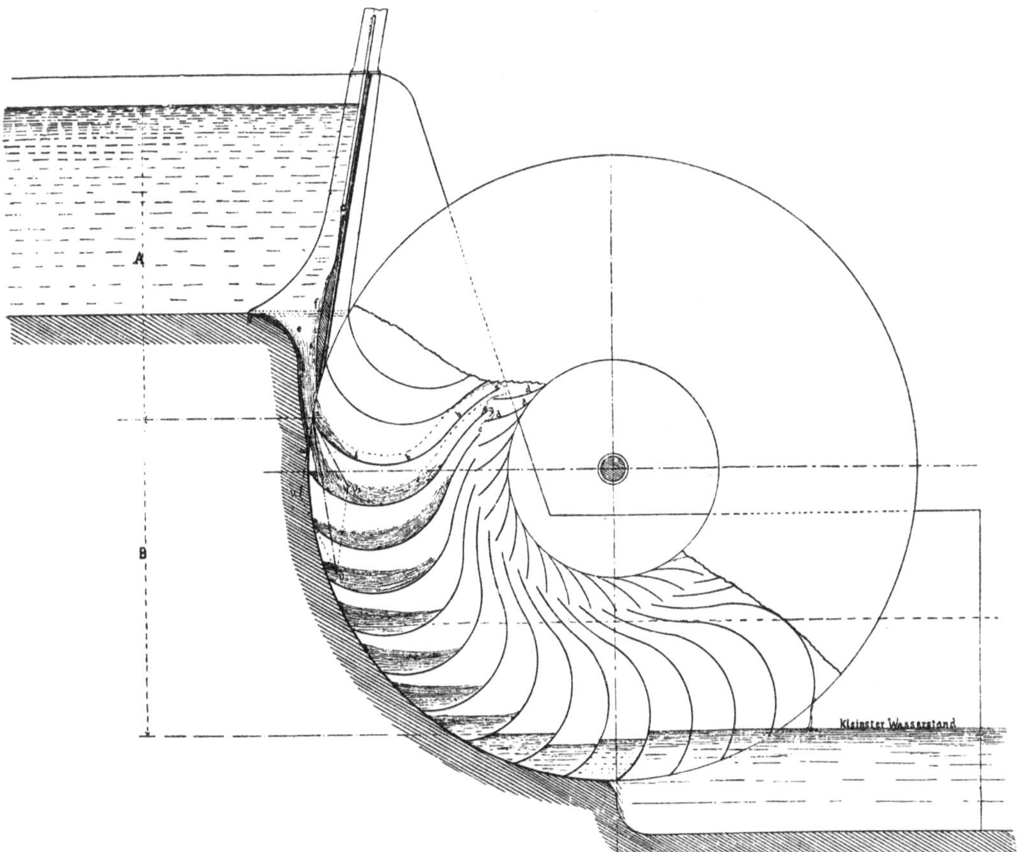

Fig. 54. D. R. P. Nr. 26039 Walter Zuppinger in Ravensburg.

in dreieckigem Querschnitt aus zugeschnittenen Brettern hergestellt. Das Rad bildet die Form eines Sterns und steht mit einem Schöpfrad in Verbindung.

Weitere Patente Nr. 39082 Schulze und Gornitzki und Nr. 27783 Pallausch u. a. zeigen Einrichtungen zum Feststellen der eintauchenden Schaufeln.

Das Rad Patent Nr. 5892 J. H. Müller, Hamburg, hat eine schiefstehende Achse, die nach Kreisbogen geformten Schaufeln stehen senkrecht auf der geneigt liegenden Radscheibe. Durch ein Zusatzpatent ist das für die Radwelle verschiebbare Spurlager geschützt. Eine ähnliche Radkonstruktion mit radialen Schaufeln ist mit Nr. 7200 patentiert. Bei einigen weiteren Patenten lassen die Inhaber die mit einer spezifisch schweren Flüssigkeit gefüllten Zellen in einer leichteren niedergehen, während andererseits die mit der leichteren Flüssigkeit gefüllten Radzellen durch den Auftrieb in der schwereren

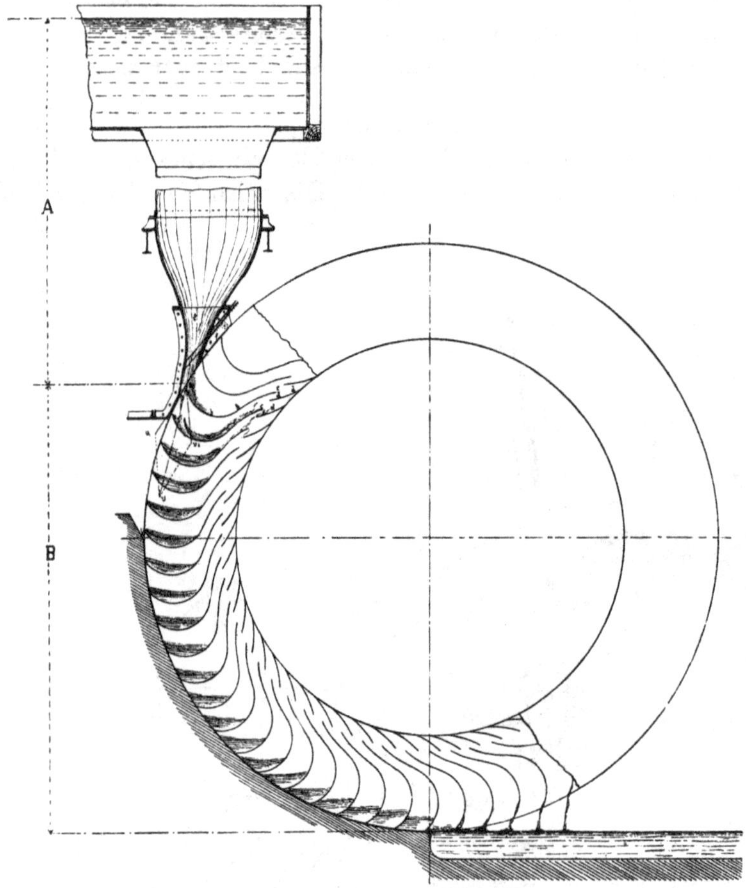

Fig. 55. D. R. P. Nr. 26039 Walter Zuppinger in Ravensburg.

gehoben werden sollen. Beim Patent Nr. 28714 kommt Wasser und Luft, beim Patent Nr. 10311 Wasser und Quecksilber zur Verwendung. Für die Praxis bleiben diese Erfindungen physikalische Spielereien.

Schließlich kommt noch das Rad Patent Nr. 26039 Zuppinger, Ravensburg, in Betracht, welches den Übergang zu den Turbinen bildet; das Gefälle wird hier in zwei Teile zerlegt, wobei die obere Gefällshöhe in Geschwindigkeit umgesetzt auf den Schaufeln zur Wirkung gelangt. Ist das Wasser zur Ruhe gekommen, so bleibt es bis zum Austritt als Gewicht in den Schaufeln.

Der Zeichnung in der Patentschrift nach zu urteilen ist das Rad seiner Größe, der tiefen und zahlreichen Schaufeln wegen zu schwer, um bei höherer

Umdrehungszahl nicht einen starken Reibungsverlust in den Zapfen zu verursachen, der den Wirkungsgrad wesentlich abschwächt. —

Die unveränderliche Verbindung der Radteile unter sich und des Radkörpers als Ganzes, gegenüber der starken Inanspruchnahme aller Konstruktionsglieder, hat sich den Erbauern dieser Motoren als vornehmste Aufgabe gezeigt. Die bei einzelnen Systemen auftretende starke Stoßwirkung, die pulsende Bewegung der Maschinen bei Staugang, ja schon die natürliche Elastizität des schmiedeeisernen Gerippes, haben lösbare Verbindungen an Wasserrädern (Schrauben) als untauglich erwiesen und für Befestigungsmittel rotwarmgeschlagene Vernietungen notwendig erscheinen lassen; dagegen vermögen Gelenke, Klappen und Hebel im Wasser, wegen starker Abnützung nicht dauernd standzuhalten. Man wird deshalb begreiflich finden, wenn wir den angestrebten Verbesserungen wenig Erfolg zusprechen und eine Weiterentwicklung der Radkonstruktionen in Bezug auf die Wasserwirkung eher nach der Seite der Verminderung der Stoßverluste, Reibungs- und Wasserverluste hin, erwarten.

Schutzrechen.

Zu den Hauptteilen der Zuflußkanäle zählen die Schützen und der Rechen. Die gewöhnlichen festen Schutzrechen werden aus Ovaleisen, wie solches von den Walzwerken gefertigt wird, meistens in den Dimensionen 32×16, Gewicht pro laufenden Meter 2,8 kg oder 36×14, Gewicht pro laufenden Meter 2,58 kg nach den in den Tafeln angegebenen Formen ausgeführt, die einzelnen Stäbe auf einer gemeinschaftlichen Grundschwelle in der Kanalsohle und mit ihren oberen Enden am Rechenbalken aufgenagelt oder aufgeschraubt. Sind diese Schwellen aus Façoneisen hergestellt, so erfolgt die Verbindung durch Nieten. Die obere halbkreisförmige Biegung der Stäbe erleichtert beim Reinigen das Durchziehen des Handrechens oder der Reinigungsstange, damit die vom Wasser mitgeführten Körper ohne Aufenthalt auf der Rechenbrücke abgelegt werden können.

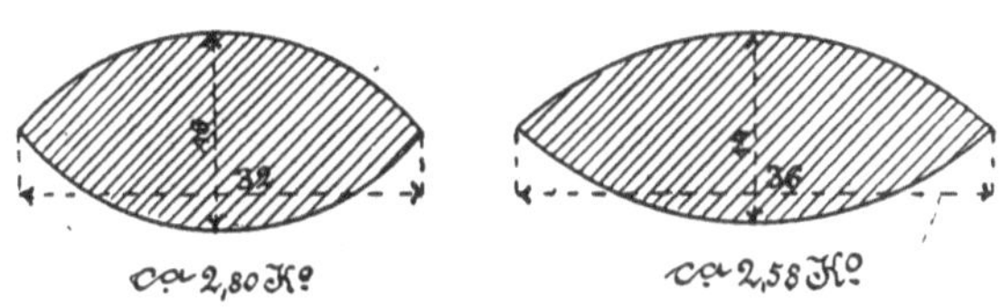

Fig. 56. Rechenstabprofile.

Die gebräuchliche Neigung des Rechens ist 60° und genügt Ovaleisen bezüglich Festigkeit bis zu etwa 1,75 m Stablänge. Die mittlere Entfernung der Stäbe richtet sich nach örtlichen Verhältnissen und den in einzelnen Ländern bestehenden voneinander abweichenden gesetzlichen Vorschriften. Bei Wasserrädern ist 60 bis 80 mm Stabteilung gebräuchlich, was einer Durchflußweite von 46 bis 64 mm gleichkommt; Turbinenanlagen erfordern eine wesentlich engere Rechenstellung.

Hohe und sehr breite Rechen finden sich allgemein aus dünnem Flacheisen in Dimensionen 6×100—8×70 gebildet, dabei müssen die Stäbe mehrmals mittels durchgehender Schrauben und eingelegter Rohrabschnitte unterstützt werden, um gegen seitliche Ausbiegungen gesichert zu sein. Manchmal findet sich in den etwa 100 mm weiten festen Rechen ein herausnehmbarer

Einsatz von gleicher Teilung eingelegt, um je nach der Jahreszeit vorübergehend ein weiteres Durchflußprofil zu schaffen.

Die Reinigung erfolgt in den meisten Fällen von Hand, obwohl die automatische Reinigung von seiten mehrerer Konstrukteure angestrebt wird. Eine neue Ausführungsart ist in folgendem Abschnitte eingehend besprochen.

Als leitender Grundsatz möge gelten, daß je einfacher der Rechen ausgeführt ist, desto weniger Zwischenfälle zu befürchten sein werden, auch sollte dieser Teil eines Wasserwerks die Gesamtanlagekosten nicht erheblich vermehren.

Rechen mit Reinigungsvorrichtung.

Von Friedrich Corell, Civilingenieur in Frankfurt a. M.

Die Vorrichtung bezweckt die im Wasser schwimmenden oder von diesem mitgerissenen, den Betrieb störenden Gegenstände, welche an dem Rechen hängen bleiben, von diesem ununterbrochen zu entfernen und auf der hinter dem Rechen angeordneten Bühne abzulagern.

Es giebt schon eine Anzahl demselben Zwecke dienender Apparate, die jedoch an verschiedenen Mängeln leiden, welche ihrer allgemeinen Einführung hindernd im Wege stehen. So liegen z. B. bei der einen Art die beweglichen, aus Ketten und Kettenrädern bestehenden Vorrichtungen im Wasser, bei der anderen, wobei Ketten und Kettenräder vermieden sind und die eigentlichen Bewegungsteile außerhalb des Wassers liegen, geht durch letzteres doch noch eine Spindel oder Zahnstange hindurch, welche den Reinigungskamm trägt, außerdem sind für diese Konstruktionen Wechselgetriebe unerläßlich, um dem Reinigungskamm zeitweise die erforderliche Auf- und Abwärtsbewegung zu erteilen. Ist schon die erste Art automatischer Reinigung mit den Bewegungsmechanismen im Wasser in der Anordnung vor, bezw. auf den Rechenstäben unbedingt zu verwerfen, da derartige Einrichtungen schon bei geringer Kälte nicht betriebsfähig bleiben, so ist die zweite Art, insofern bei ihr die Bewegungsspindel, bezw. die Zahnstangen in's Wasser eintauchen, aus gleichen Gründen ungeeignet. Außerdem tritt bei dieser Konstruktion noch der Mißstand hinzu, daß die Ausführungen durch erforderliche Wechselgetriebe, Umsteuerungsteile und sonstige sich aus der Natur der Sache ergebenden Einzelheiten außerordentlich teuer werden.

Vorliegende Konstruktion sucht die erwähnten Übelstände zu vermeiden, indem alle Betriebsmechanismen außerhalb des Wassers liegen, keine Wechselgetriebe und Umsteuerungsteile nötig und alle Ausführungsarten an jedem Rechen ohne wesentliche Betriebsstörung anzubringen sind.

Wie aus Fig. 57 bis 64 ersichtlich, kann das angestrebte Ziel auf verschiedene Weise erreicht werden. Allen Konstruktionen gemeinschaftlich ist, daß die Tragarme des Reinigungskammes, bezw. auch dieser selbst sich zwischen den sie bewegenden Ketten und den oberen letztere tragenden Kettenräder hindurch bewegen können.

Bei einigen Ausführungen, wobei die unteren Kettenräder auf einer durchgehenden gleichzeitig zum Antrieb dienenden Welle sitzen, kann sich der Reinigungskamm auch über letztere hinweg bewegen.

In den Figuren ist der eigentliche Rechen, bezw. dessen Stäbe mit *A*, die Bühne, an welche sich diese oben anlehnen, mit *B*, die Kanalsohle mit *C* und die Seitenwände des Gewindes mit *D* bezeichnet.

Von den allen dargestellten Ausführungsformen der neuen Reinigungsvorrichtung gemeinsamen Teilen sind die unteren Kettenräder mit *E*, die oberen mit *F*, und wo von letzteren je zwei nebeneinander vorhanden, diese noch mit *G*, die Ketten mit *H*, der Reinigungskamm mit *I*, die Arme, mit denen letzterer an den Ketten *H* befestigt ist, mit *K*, die Führungsschienen, welche den Reinigungskamm bei seiner Aufwärtsbewegung seitlich unterstützen, mit *L* und die Führungsschienen, welche denselben bei seiner Abwärtsbewegung

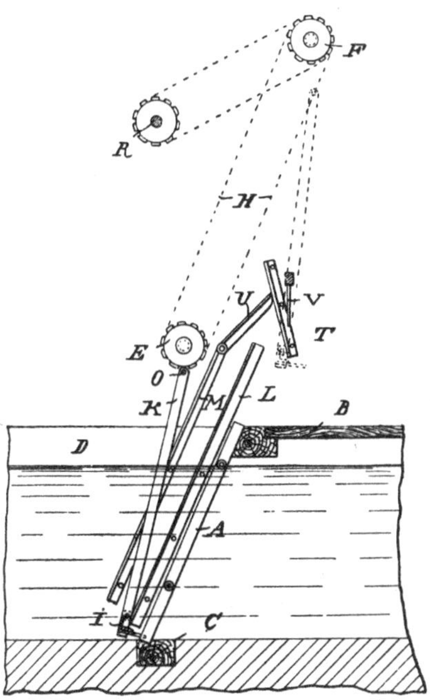

Fig. 57.

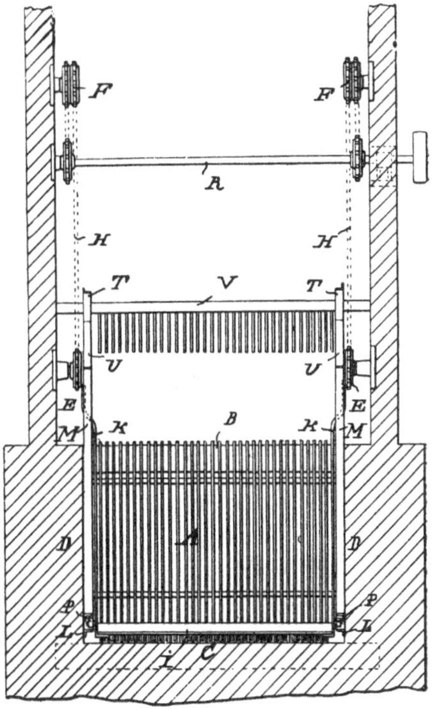

Fig. 58.

Rechen mit Reinigungsvorrichtung.

seitlich unterstützen, und dabei in einiger Entfernung vom Rechen *A* nach unten gelangen lassen, mit *M* bezeichnet.

Die Fig. 57 und 58 stellen eine Ausführungsform dar, bei welcher die unteren Kettenräder *E* auf der durchgehenden Antriebwelle *N* sitzen. Oben sind die Ketten *H* auf jeder Seite über je zwei Kettenräder *F* und *G* geführt. An entsprechenden Gliedern der zwei, zu jedem Apparat, bezw. Abteilung gehörigen Ketten *H* sind die beiden Arme *K*, welche den Reinigungskamm *I* tragen, um Zapfen *O* drehbar befestigt. Zu beiden Seiten sind an den beiden Armen *K* oder an dem Reinigungskamm *I* Rollen *P* angeordnet, welche sich auf den Führungsschienen *L* und *M* bewegen.

Endlich sind noch in einer bestimmten Lage hinter der Welle *N* Anschläge *Q* angebracht. Dreht sich die Antriebwelle *N*, so bewegen sich die

Ketten *H* und der Reinigungskamm *I* wird hierdurch über den Rechen *A* (aus der in Fig. 57 ersichtlichen Stelle) nach oben gezogen, wobei derselbe alle auf dem Rechen lagernden Verunreinigungen oder angesetztes Eis mit in die Höhe nimmt. Damit die Zähne des Reinigungskammes *I* nicht auf den Rechenstäben *A* schleifen, sind die Rollen *P* angeordnet, welche sich bei der vorerwähnten Aufwärtsbewegung des Reinigungskammes *I* auf den zu diesem Zwecke an den Seitenwänden *D* des Gerinnes, oder an besonderen Schilden angebrachten Führungsschienen *L*, nach oben bewegen.

Ist der Reinigungskamm *I* durch die Bewegung der Kette *H* soweit in die Höhe bewegt, daß die Rollen *P* an den oberen Enden der Führungs-

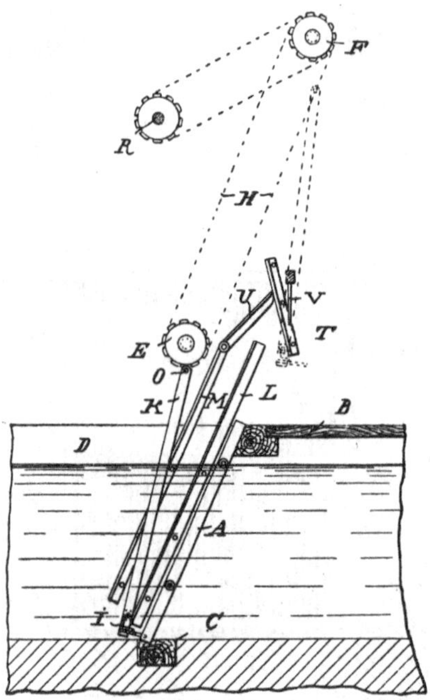

Fig. 59.

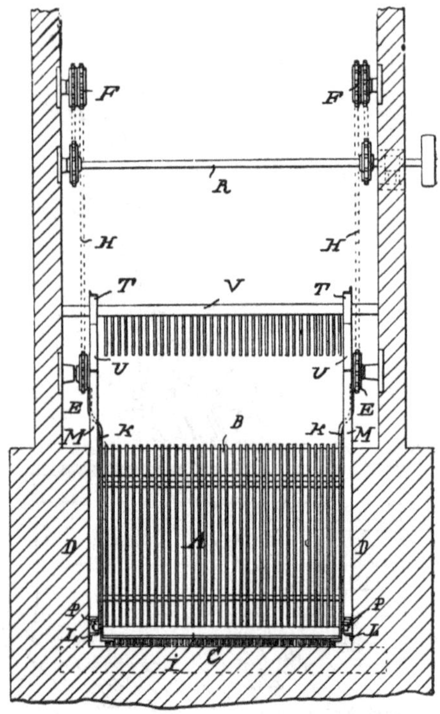

Fig. 60.

Rechen mit Reinigungsvorrichtung.

schienen *L* angelangt ihre Unterstützung durch diese verlieren, so bewegt sich der Reinigungskamm, seinem Bestreben senkrecht von den Ketten *H* herabzuhängen folgend, gegen die Bühne *B* zu. Hierbei stoßen die Tragarme *K* des Reinigungskammes *I*, wie in Fig. 57 punktiert dargestellt, derart gegen die entsprechend angeordneten Anschläge *Q*, daß angesammelte Verunreinigungen auf die Bühne abgeworfen werden.

Der so entleerte Reinigungskamm *I* wird hierauf durch die Bewegung der Ketten noch etwas angehoben, hängt sich an den Ketten *H* senkrecht und bewegt sich alsdann bei Vorwärtsbewegung der Ketten *H* von den Kettenrädern *F* nach den Kettenrädern *G*, über die oberen Enden der Führungsschienen *L* hinweg, zwischen den Ketten *H* und Kettenrädern *E* hindurch über die Antriebwelle *N* hinweg nach vorne und sobald die

Zapfen *O*, an denen die Arme *K* an den Ketten *H* befestigt sind, sich auf dem höchsten Punkte der Kettenräder *G* befinden, beginnt der Reinigungskamm *I* sich nach unten zu bewegen.

Hierbei gelangen die Rollen *P* auf die Führungsschienen *M*, hierdurch wird der sich nach unten bewegende Reinigungskamm *I* in einiger Entfernung vom Rechen *A* nach unten geleitet. Sobald der Kamm *I* bei dieser Abwärtsbewegung in seiner tiefsten Stellung angelangt ist, fällt er gegen das unterste Ende des Rechens *A*, da die Führungsschienen *M*, welche denselben bisher von letzterem entfernt hielten, in entsprechender Entfernung über den Boden *C* des Gerinnes aufhören.

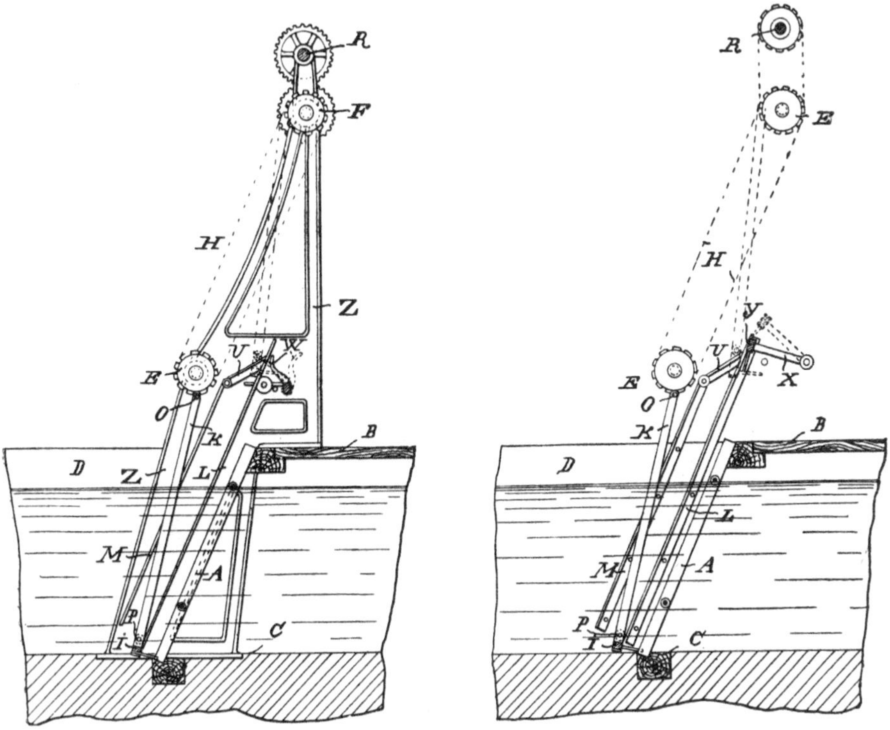

Fig. 61. Fig. 62.
Rechen mit Reinigungsvorrichtung.

Nunmehr beginnt das beschriebene Spiel von neuem. Figuren 59 und 60 zeigen eine Ausführungsform, bei welcher die unteren Kettenräder *E* gleich den oberen, von denen auf jeder Seite nur ein Kettenrad vorhanden ist, auf freistehenden Zapfen gelagert sind.

Die Ketten *H* erhalten bei dieser Ausführung die erforderliche gleiche Geschwindigkeit bei gleicher Bewegungsrichtung von einer beliebig gelagerten Welle *L* aus, durch Ketten oder Zahnräderübersetzung und dergleichen. Letztere Anordnung ist aus Figuren 61 und 64 ersichtlich.

Bei dieser Ausführung sind schräg über den oberen Enden der Führungsschienen *L* kurze Führungsschienen *T* angebracht, gegen welche sich drehbare Führungsstücke *U* legen, die an den oberen Enden der Führungsschienen *M* angelenkt sind.

Außerdem kann noch hinter den Führungsschienen *T* ein mit nach abwärts gerichteten Zähnen versehener Kamm *V*, zum Reinigen des Reinigungskammes *I* angeordnet sein.

Die Wirkungsweise einer nach dieser Konstruktion ausgeführten Kammreinigungsvorrichtung ist folgende: Der durch die Ketten *H* nach oben bewegte Reinigungskamm *I* fällt, sobald er an dem oberen Ende der Führungsschienen *L* angelangt ist, nach hinten und schlägt dabei mit den Rollen *P* gegen die Führungsschienen *T*, welche den Reinigungskamm *I* bei der nun folgenden

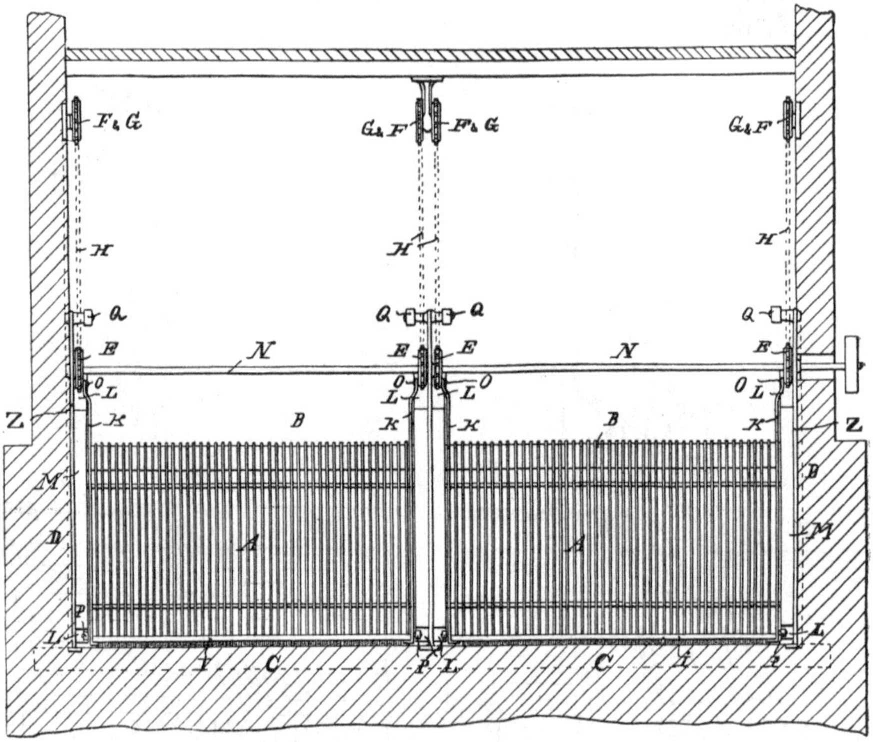

Fig. 63. Rechen mit Reinigungsvorrichtung.

weiteren Aufwärtsbewegung wieder nach vorne führen, um ihn durch Vermittlung der drehbaren Führungsstücke *U* bei der hierauf folgenden Abwärtsbewegung, auf die vorderen Schienen *M* gelangen zu lassen, durch welche der Kamm *I* in bekannter Weise, in einiger Entfernung vom Rechen nach unten geführt wird, um unten wieder von neuem seine Arbeit zu beginnen.

Der hinter den kurzen Führungsschienen *T* angebrachte, mit abwärts gerichteten Zähnen versehene Kamm *V* tritt bei entsprechender Stellung des Reinigungskammes *I* in die Zwischenräume der Zähne des letzteren ein und entfernt bei der hierauf folgenden, ansteigenden Bewegung des Reinigungskammes *I*, und seine gleichzeitige, durch die Schräge der Führungsschienen *T* und *V* erzielte, seitliche Verschiebung, sämtliche, auf dem Reinigungskamm *I* liegende und in den Zwischenräumen der Zähne desselben vorhandene Verunreinigungen, Eis u. dergl.

Fig. 61 und 62 zeigen zwei Ausführungsformen der neuen Reinigungsvorrichtung, bei welchen die hinteren Führungsschienen L so weit nach oben verlängert sind, daß die Rollen P des Reinigungskammes I diesen nie nach hinten fallen lassen. Hierbei wird die Überführung der Rollen auf die vorderen Führungsschienen M durch die drehbaren Führungsstücke U allein erzielt.

Bei beiden Anordnungen sind zwei verschiedene Arten von Reinigungsvorrichtungen für den Reinigungskamm I angewendet.

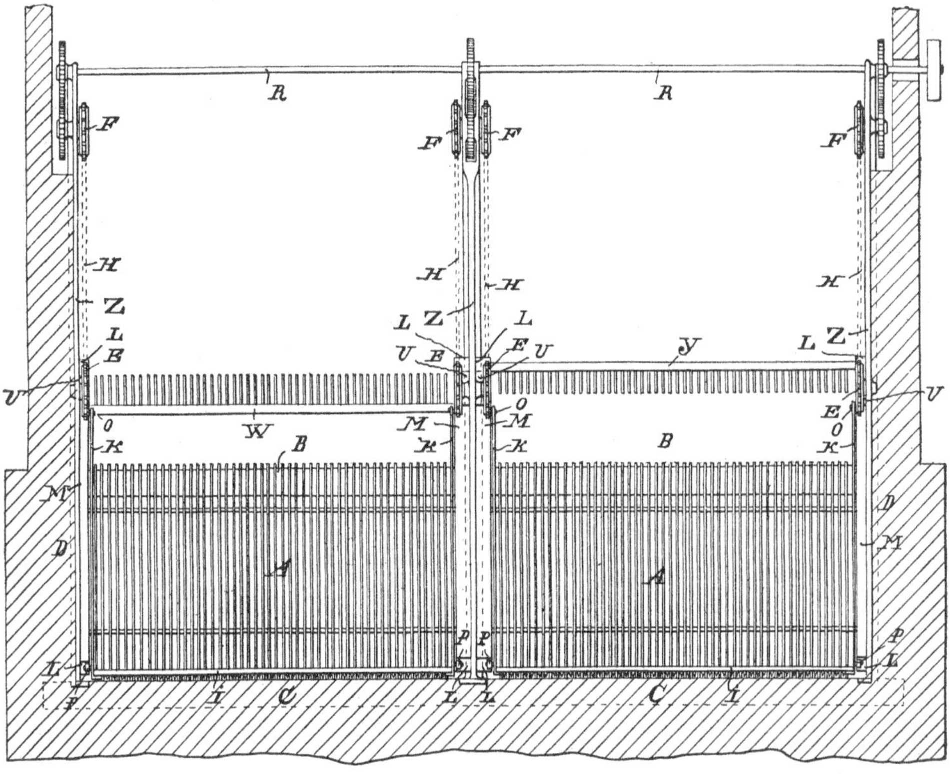

Fig. 64. Rechen mit Reinigungsvorrichtung.

Die in Fig. 61 dargestellte besteht aus einem drehbaren Kamm W, welcher bei Aufwärtsbewegung des Reinigungskammes I in die punktiert gezeichnete Lage, nach hinten geklappt wird, sich, sobald der Reinigungskamm I seine annähernd höchste Lage erreicht hat, in die ganz gezeichnete Stellung bewegt, um am hintersten Ende in die Zwischenräume der Zähne des sich nunmehr abwärts und dabei nach vorne bewegenden Reinigungskammes I einzugreifen, sämtlichen Schmutz von und aus den Zwischenräumen der Zähne des Reinigungskammes I zu entfernen und auf der Bühne B abzulagern.

Reinigungsvorrichtung Fig. 62 besteht aus einem, um Hebel X drehbaren Kamm Y der bei Aufwärtsbewegung des Reinigungskammes I in die punktierte Lage angehoben und bei hierauf folgender Abwärts- und Vorwärtsbewegung des Reinigungskammes I der ersteren folgt und dabei den Unrat nicht nur von den Reinigungszähnen des Kammes I entfernt, sondern auch deren Zwischenräume ausputzt.

Man erreicht dies durch einen Kamm Y der anstatt um Hebel X drehbar, in seitlichen Führungen auf- und abwärts verschiebbar angeordnet ist.

Fig. 63 stellt eine Ausführung nach den Fig. 57 und 58 für Wasserläufe von größerer Breite dar, bei welcher sämtliche Führungsschienen, die unteren Lager der Antriebwelle N sowie die Anschläge Q an Gußschilden Z angegossen oder sonstwie befestigt sind, während die oberen Kettenräder F und G an den Seitenwänden angebracht, gedacht sind.

Die Schilde Z können auch so weit nach oben verlängert werden, daß die Lagerung der oberen Kettenräder F und eventuell G auf, bezw. in diese zu liegen kommen. (Siehe Fig. 64.)

Fig. 64 zeigt endlich eine weitere Ausführung für breite Wasserläufe, nach der in den Fig. 58, 59, 60 und 61 gekennzeichneten Art mit dem in Fig. 61 veranschaulichten Antrieb, wobei als Reinigungsvorrichtungen in der linken Abteilung die Anordnung der Fig. 61 und in der rechten Abteilung die Anordnung der Fig. 62 gewählt ist.

Auch können bei dieser Ausführung, ebenso wie bei derjenigen der Fig. 59, 60, 61 und 62 die unteren Kettenräder E auf durchgehenden Wellen angebracht werden, welche alsdann zum Antrieb dienen, da die Reinigungskämme I bei ihrer Bewegung nicht soweit nach vorne kommen, um ein Zusammentreffen derselben mit den durchgehenden Wellen befürchten zu müssen. Fig. 61 veranschaulicht noch einen der Schilde Z der Fig. 64 in Seitenansicht.

Sechster Abschnitt.

Allgemeine Konstruktion der Wasserräder.

Diagonalverbände.

Sämtliche Verbindungen an eisernen Wasserrädern sollen reichlich bemessen und solid ausgeführt sein, insbesondere ist alle Sorgfalt auf Vernietung der einzelnen Teile zu verwenden. Verschraubungen sind so viel als möglich zu vermeiden, da dieselben kaum dauerhaft herzustellen sind und eine derart sorgfältige Ausführung erheischen, welche ihnen in den meisten Werkstätten doch nicht zu Teil wird.

Nachdem der Schaufelkranz als vollständiger Fachwerksträger ausgebildet ist, der genügend Steifigkeit gegen das verdrehende Kraftmoment des Wasserdruckes besitzt, sowie seitliche Schwankungen aufhebt, wie die Schaufelschnitte auf den Tafeln (II. Teil) erkennen lassen, tritt an den Konstrukteur die Aufgabe heran, das Schaufelsystem in gleich solider Weise mit den Armen zu verbinden.

Bei den Zellenrädern legen sich die Arme auf den Seitenwänden da an, wo die Kranzbleche zusammengestoßen und durch Überplattungen (sogenannte Laschen) verstärkt sind. Hier gestaltet sich die Sache ziemlich einfach, indem genügend starke Unterlagplatten (6 bis 7 mm dick) gewählt und in solcher Größe ausgeführt werden, welche eine ausreichende Zahl Nieten zuläßt.

Anders verhält es sich bei den Schaufelrädern, für welche bei mäßigen Kräften entweder ein einzelner Schaufelstiel, oder deren mehrere auf die Arme übergreifen, bei großer Kraftübertragung wird durch Armplatten die genügende Verbindung des Schaufelkranzes mit den Armen hergestellt.

Hier ist besonders darauf zu achten, daß die Stützen sich in einfacher Weise an die Arme anlegen und wenig oder gar keine Zwischenplatten erforderlich machen. Bei stärker gebauten Rädern wird der Schaufelkranz als geschlossener Träger mit den Armen direkt an den Ringen verbunden. Manchmal findet sich innerhalb des Schaufelsystems noch ein Flacheisenring angeordnet, auf welchen die Schaufelstiele übergreifen und dadurch einen geschlossenen Gitterträger bilden.

Die Räder erhalten kräftige gegen Zug, Druck und Biegung widerstandsfähige Arme, durch welche der vom Wasser auf den Schaufelkranz ausgeübte Druck nach der Welle und von dieser auf die Räderübersetzung übertragen wird.

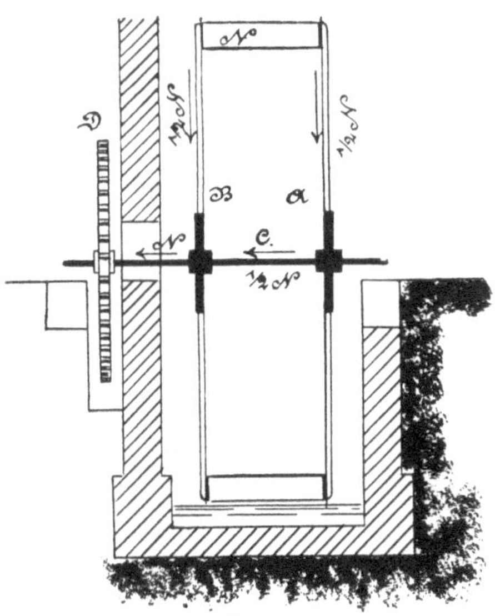

Fig. 65.

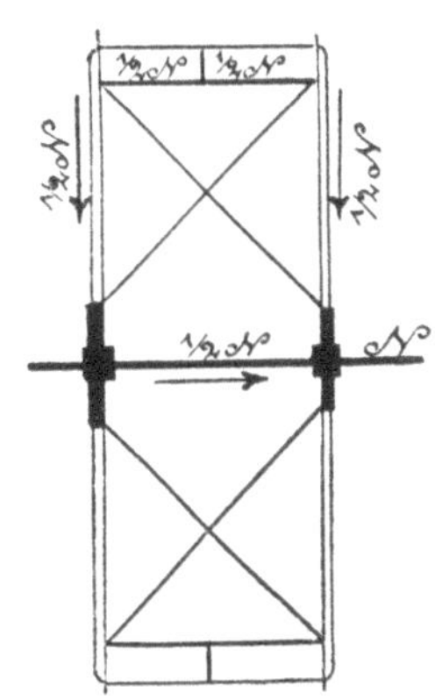

Fig. 66.

Hinsichtlich der Kraftübertragung auf die Transmissionswellen kann man die Bauart der Wasserräder folgendermaßen einteilen:

1. Räder mit auf der Wasserradwelle festgekeilten Zahnrädern.

   Hier wird der Effekt vom Radumfang durch die Arme auf die Radwelle, von dieser auf das Zahnrad übertragen und durch den eingreifenden Trieb auf die Vorgelegwelle weiter geleitet.

2. Räder mit einem Zahnkranz, welcher entweder an einem Seitengetäfel oder an einem Armsystem befestigt ist.

   Bei ersterer Anordnung geht ein Teil des Effekts durch das dem Zahnkranz am nächsten liegende Armsystem auf die Radwelle, während ein Teil des Effekts selbst vom Radkranze direkt zum Zahnkranz übertragen wird.

Der an den Radkranz oder die Arme befestigte Zahnkranz leidet an einem erheblichen Mangel, denn es findet infolge der Elastizität eine Verdrehung des einen Armsystems gegenüber dem andern statt, woraus Nachteile

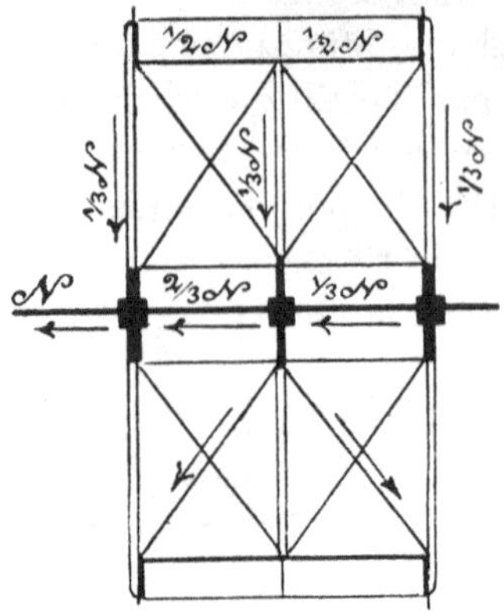

Fig. 67.

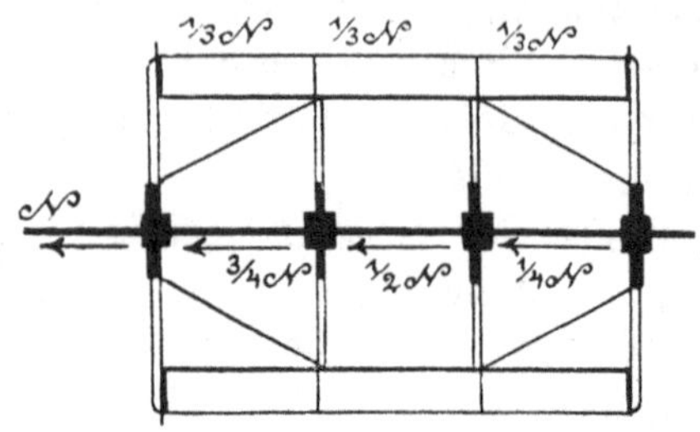

Fig. 68.

verschiedener Art entstehen: Loswerden der Rosetten, Lockerungen der Verbindungen, kurz gesagt, schwierig ausführbare Reparaturen.

Werden zwei Zahnkränze angewendet, so vermehren sich die Mißstände noch, da Zahnräder mit genau gleichen Durchmessern, wenn auch herzustellen,

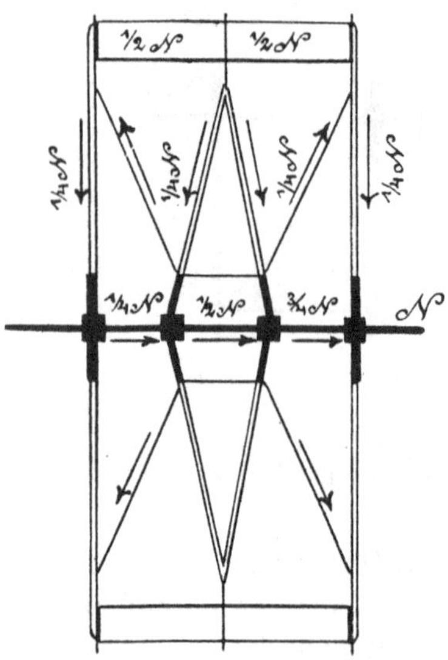

Fig. 69.

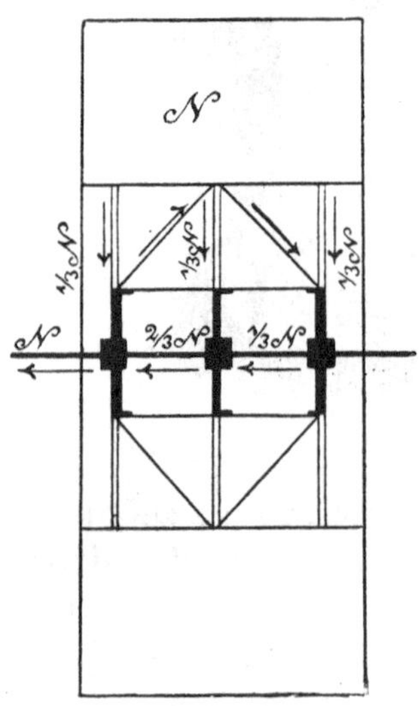

Fig. 70.

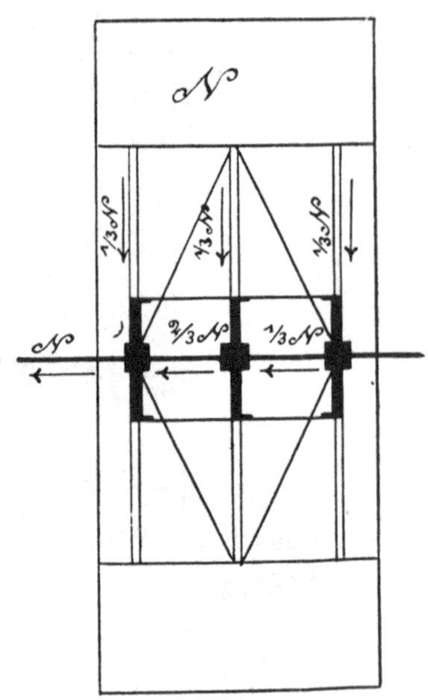

Fig. 71.

so doch kaum infolge der ungleichen Abnützung unter gleichem Zahndruck zu erhalten sind; abgesehen davon, daß die doppelte Anzahl Getriebe unnötige Kosten verursachen.

Vorzuziehen sind in allen Fällen Räder mit auf der Welle sitzendem Stirnrade (Fig. 65), wobei sich die vom Wasser erzeugte Kraft zur Hälfte durch das Armsystem A, zur Hälfte durch das Armsystem B auf die Welle C und durch letztere auf das eingreifende Getriebe D überträgt.

Bei mäßigen Kräften und Rädern in normalen Dimensionen können diagonale Verbindungen der Armsysteme auch weggelassen werden. Voraussetzung dabei ist jedoch, daß ein genügend steifer Kranz eine nahezu gleichmäßige Verteilung des Drehmoments auf alle Arme ermöglicht und daß letztere genügenden Querschnitt aufweisen, um seitliche Schwankungen aufzuheben.

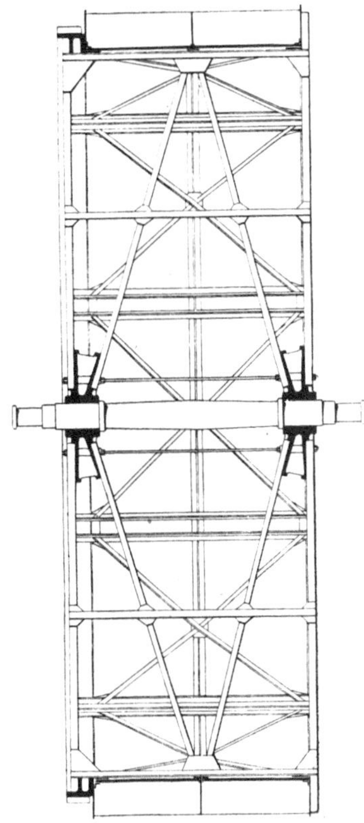

Fig. 72.
Oberschlächtiges Wasserrad mit Zahnkranz und Diagonalverstrebungen. (Heuberg-Rad.)

Räder, welche eine zum Durchmesser verhältnismäßig geringe Breite haben, bedürfen jederzeit einer Kreuzverbindung der Arme. Bei größeren Kräften sind diese Verbände in allen Fällen nötig und fordern zu ihrer zweckentsprechenden Anordnung Erfahrung und Berücksichtigung der die einzelnen Teile beanspruchenden Kräfte.

Die Streben sollen stets als steife Träger ausgeführt sein, Spannstangen in Form von Schrauben sind verwerflich.

Schwache Streben können nicht genügend mit dem Radkörper verbunden werden und versagen auch den Dienst; kräftig gehalten und gut verbunden, rufen solche sekundäre Spannungen hervor, welche für die Rosetten verderblich auftreten.

Es bewahrheitet sich auch hier der Satz: „Die Verstrebung ist der Konstruktion ihr schwächster Punkt“. Wo die Radverhältnisse keine außergewöhnlichen sind und kräftige Arme genügende Sicherheit gegen Vibrationen bieten, können die Streben an den Armen weggelassen werden; dagegen sollten bei Schaufelrädern die Ringsysteme einen leichten Kreuzverband erhalten, da das Radgerippe, ehe die Schaufeln aufgeschraubt sind, gegen einen Druck parallel zur Achse vollständig nachgiebig ist.

Radarme.

Um nicht für jedes Wasserrad neue Rosettenmodelle anfertigen zu müssen, verwendet man für die Arme je nach Größe und Leistung der Räder bestimmte Profile und zwar kommen:

für kleinere und schwächere Räder	N. P. Nr. 12—16,
für mittlere Räder	N. P. Nr. 18—20,
für besonders schwere Räder	N. P. Nr. 22

in Betracht, welche passende Querschnittsdimensionen aufweisen und bei verhältnismäßig geringem Gewicht die günstigsten Abmessungen bieten.

Normalprofile für [-Eisen.

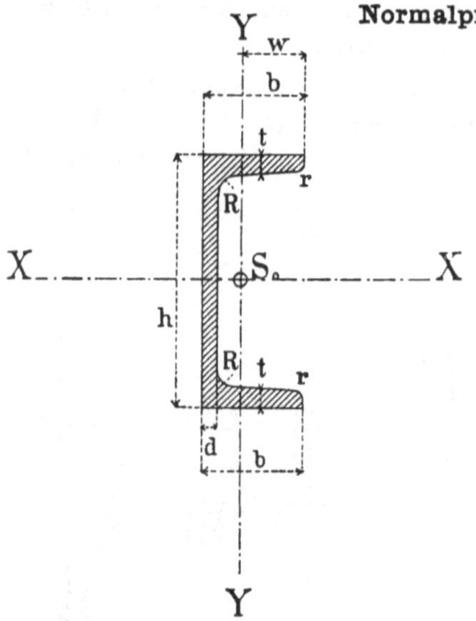

Fig. 73.

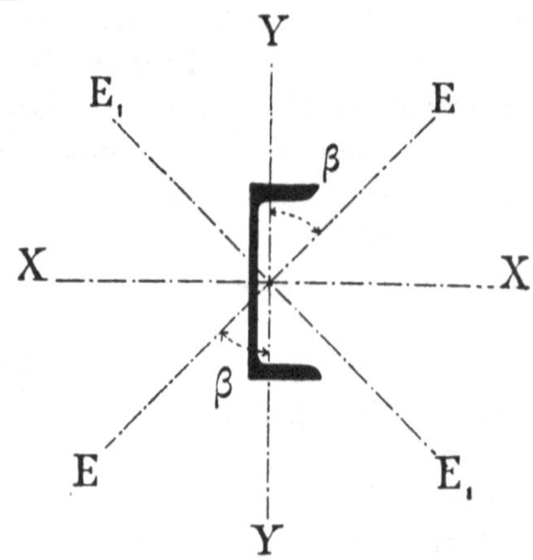

Fig. 74.

Profil-nummer	Dimensionen Millimeter			Quer-schnitt	Gewicht 1 Meter	Momente (in cm) f. d. YY-Biegungsebene		Momente (in cm) f. d. XX-Biegungsebene	
						Träg-heits-moment	Wider-stands-moment	Träg-heits-moment	Wider-stands-moment
	h	b	d	F qcm	G kg	T_y	W_y	T_x	W_x
12	120	55	7	17,04	13,3	368	61,3	49,2	13,1
14	140	60	7	20,4	15,9	609	87,0	71,2	17,4
16	160	65	7,5	24,1	18,8	932	117	97,4	21,7
18	180	70	8	28,0	21,9	1364	152	130	26,6
20	200	75	8,5	32,3	25,2	1927	193	171	32,2
22	220	80	9	37,6	29,3	2712	247	226	39,9

Die Profile werden durch aufgenietete Blechunterlagen von 6—10 mm Dicke an denjenigen Stellen verstärkt, woselbst die Arme in den Rosetten oder an den Radkränzen durchbohrt sind.

Schmälere Profile als mit 120 mm Breite sind wegen Einbringen der Nieten nicht wohl verwendbar. Zur Verbindung der Radfelgen mit den Böden und Zellen, sowie letzterer mit den Winkeleisen setzt man starke Nieten ein, und sollen insbesondere die Arme eine ausreichende Anzahl Nieten erhalten. Die Vernietung der Seitenwände, der Zellenwinkel und der Arme mit den Rosetten wird rotwarm geschlagen, diejenige an den Zellen erfolgt in kaltem Zustand.

Zellenwinkel.

Winkeleisen für Verbindung der Zellen mit den Seitenwänden wählt man passend

Nr. 62 ∟ $35 \times 35 \times 4^1/_2$ pro Meter = 2,7 kg
Nr. 11 ∟ $40 \times 40 \times 5$ „ „ = 2,9 „

desgleichen für die Seitenkränze mit den Böden

Nr. 9 ∟ $50 \times 50 \times 6$ pro Meter = 4,3 kg.

Die Dimensionen der Nieten finden sich bei einzelnen „Beispielen aus der Praxis" verzeichnet, ebenso sind die üblichen Blechstärken nach den im Abschnitt „Schaufelform" angeführten Formeln 29 u. 30 zu bestimmen.

Rosetten.

An Wasserrädern bilden den am meisten in Anspruch genommenen, erfahrungsgemäß schwächsten Teil der ganzen Konstruktion die gußeisernen Radnaben oder Rosetten; dieselben verursachen die meisten Schwierigkeiten und Reparaturen. Schon beim Gießen entstehen durch ungleiche Abkühlung Risse, die ohne sorgfältige Untersuchung nicht sofort zu erkennen sind, Aussparungen an Rosetten werden deshalb vermieden und die Wand als geschlossene Scheibe ausgebildet. Der Konstrukteur hat auf günstige Querschnittsverhältnisse, welche gesunden, porenfreien Guß ohne Materialspannung erwarten lassen, und besonders auch darauf zu achten, daß diese Teile des Wasserrades mit größter Sorgfalt hergestellt werden. Der Guß soll nicht wie bei anderen Maschinenteilen im Mittelpunkt, sondern gleichzeitig von mehreren Stellen des Umfanges aus erfolgen, dadurch kühlt das flüssige Eisen bis es zur Mitte gelangt etwas ab und schwindet infolgedessen weniger stark, als wenn sich die Eisenmasse von der Nabe aus nach den schwächeren Stellen ausbreitet. Der Schmelzmasse wird etwas Schmiedeeisen zugesetzt, um Zähigkeit des Materials zu erzielen.

Noch in der Form sucht man die Abkühlung der inneren Teile durch Aufdecken zu beschleunigen, auch den Kern der Nabe früher auszustoßen, bevor das Gußstück aus dem Sand genommen wird.

Übermäßige Stärke der Radnabe wirkt äußerst schädlich, die Wanddicke des Rings, der die Wasserradwelle umschließt, soll selbst bei Rädern für große Kräfte 7—8 cm nicht übersteigen. Verfasser zieht auf die Naben stets schmiedeeiserne Ringe auf, um gegen Risse, welche beim Aufkeilen entstehen können, gesichert zu sein.

Die Nabenlänge soll ausreichend bemessen sein, um dem Radkörper gegen seitliche Schwankungen genügende Auflage zu bieten. Die Hülsen für die Arme werden bearbeitet und die U-Eisenprofile mit der Feile eingepaßt. Außer Vernietungen kommen auch Verschraubungen vor, doch ist man bei letzterer Art Befestigung gegen Lockerungen nicht vollständig gesichert. Die Schrauben mit konischen Schaft müssen mittels Reibahle eingepaßt werden, die Muttern erhalten Sicherung gegen Abfallen.

Bei Vernietung der Arme mit den Rosetten ist die Nietstärke so zu bemessen, daß die Nietreibung allein allen Kräften widersteht, zur Sicherheit sind die Arme noch mit je zwei Keilen an vorstehenden Nasen der Rosettenscheibe eingespannt und könnte diese Verbindung für sich allein die Kraft übertragen. Um bei nötig werdender Auswechslung die Arbeit zu erleichtern, empfiehlt sich eine zweiteilige Herstellung der Rosetten nach der Konstruktion auf Tafel XII. Diese Ausführungsart wird auch dann gewählt werden müssen, wenn es sich um den Versand eines Wasserrades auf größere Entfernung handelt, wobei der Radkörper in den Werkstätten so vollständig als möglich zusammengebaut werden soll, damit am Aufstellungsplatz nur noch die Schlußverbindungen einzubringen sind.

Für den äußeren Durchmesser der Radrosetten läßt sich eine allgemeingiltige Formel nicht aufstellen, da die Leistung der Räder bei annähernd gleichem Durchmesser doch sehr verschieden sein kann. Beträchtlicher Durchmesser dieses Gußstückes wirkt nachteilig wegen übergroßem Gewicht und Auftreten von Materialspannungen; zu klein bemessen bietet dieser Teil zu wenig Auflagfläche in den Armhülsen oder Armschuhen, auch mit Rücksicht auf ausreichende Verbindungen.

Mittlere Verhältnisse vorausgesetzt, kann der Rosettendurchmesser etwa genommen werden $= \frac{D}{5}$ bis $\frac{D}{5,5}$ ($D =$ Wasserraddurchmesser) . . . (36)

Radwellen.

Die Belastung ist bei Wasserradwellen auf mehrere Tragpunkte verteilt, der Querschnitt wird kreisförmig gebildet, die Graphostatik leistet bei Berechnung wesentliche Dienste. Die Zahl der Tragpunkte finden sich oft bis zu vier ausgedehnt, auch freitragende Schenkel angewendet, für den Fall, daß das die Kraft aufnehmende Stirnrad fliegend auf der Welle sitzt.

Als Material zu Wasserradachsen bei Stärken über 18—20 cm eignet sich am besten Flußeisen oder Martinstahl; der „Bochumer Verein für Bergbau und Gußstahlfabrikation“ verwendet zur Herstellung von Wasserradwellen je nach Vorschrift entweder Siemens-Martinstahl mit einer Festigkeit von 40—45 kg oder Tiegelstahl mit einer Festigkeit von 45—50 kg pro □mm. Die zulässige Biegung und Torsion richtet sich nach Dimensionen und Beanspruchung der in Frage kommenden Wellen. Tiegelgußstahl ist bis zu $^1/_3$ teurer als Martinstahl, käme somit nur bei außergewöhnlichen Verhältnissen in Betracht.

Bessemerstahl ist härter und wird mehr zur Herstellung von Eisenbahnmaterial (Schienen und Radsätze) genommen.

Das „Gußstahlwerk Witten“ giebt an, daß die Zerreißfestigkeit des Materials seiner Wellen ca. 45—50 kg pro □mm betrage.

Die Bruchfestigkeit wird allgemein zu 2500 kg pro □cm und bei 5facher Sicherheit zu 500 kg pro □cm gesetzt. Die folgenden nach der graphischen Methode berechneten Beispiele aus der Praxis geben über die maßgebenden Einzelheiten Aufschluß.

Für schwächere Achsen genügt Walzeisen, Gußeisen wird nicht mehr verwendet, Holzwellbäume mit gußeisernen Ring- oder Kreuzzapfen kommen nur unter ganz außergewöhnlichen Umständen zur Anwendung. Verfasser findet es sonderbar, daß die gußeisernen Wasserradwellen nicht aus der Fachlitteratur verschwinden wollen und Figuren mit den schönen Bezeichnungen „Reiner Kreuz-Querschnitt,“ „sternförmiger Querschnitt,“ „die beränderte Flügelachse“, von einem Lehrbuch ins andere wandern, während es doch keinem Praktiker mehr beikommt, Wasserradwellen in Gußeisen auszuführen, zu einer Zeit, in welcher Schmiedestücke in allen Dimensionen hergestellt werden und von den Stahlwerken zu bescheidenen Preisen erhältlich sind.

An Stellen, woselbst Rosetten aufsitzen, rundet man die berechnete Wellenstärke nach oben auf und giebt einen Zuschlag von mindestens 1 cm; am Wellenschaft für Triebräder beträgt der Zuschlag verhältnismäßig mehr. Die

Verstärkung läßt sich auch rechnerisch bestimmen, indem man das durch Keilnuten in Wegfall kommende Material dem Kreisquerschnitt wieder zuschlägt.

Die Lagerzapfen an Wasserradwellen (Endzapfen) können nach folgender Formel berechnet werden.

Das Gesamtgewicht des Rades sei $= P$. Dieser Druck verteilt sich (Fig. 65) auf die beiden Stellen A und B, an welchen die Rosetten aufsitzen, zu

$$P_1 + P_2 = P \text{ kg} \quad \ldots \ldots \ldots \ldots \quad (37)$$

Der Zapfen bei A ist nur auf Biegung beansprucht, die Dicke desselben wird

$$d_1 = 0{,}16 \sqrt{P_1} \quad \ldots \ldots \ldots \ldots \quad (38)$$

$$\text{Länge des Zapfens } l = 1{,}5 \,.\, d_1 \quad \ldots \ldots \ldots \ldots \quad (39)$$

Zapfen bei D ist belastet mit der Radhälfte P_2 und dem Gewicht des Stirnrades G_s

Der Durchmesser soll hier sein $d_2 = 0{,}16 \sqrt{P + G_s}$

Mittlere Verhältnisse vorausgesetzt, werden Endzapfen jedoch in gleicher Stärke angefertigt, wofür praktische Rücksichten (einfachere Herstellung und Montierung und um gleiche Lager zu bekommen) sprechen.

Die Zapfenlänge l bei sehr dicken Wellen findet sich mit

$$l = 1{,}2 \times d \quad \ldots \ldots \ldots \ldots \quad (40)$$

ausgeführt.

Wasserradwellen werden auf Torsion und Biegung beansprucht, für ihre Berechnung sei auf die Beispiele Seite 128—132 verwiesen.

Die Erfahrung zeigt, daß die Wasserradwelle nicht schwächer, sondern eher stärker genommen werden soll, als die Berechnung ergiebt, indem dieselbe außer der normalen Beanspruchung auch noch unberechenbaren Stößen unterworfen und Zufälligkeiten ausgesetzt ist (Belastung durch Eis, Einwirkung außergewöhnlich hoher Wasserstände), ihr Ersatz wäre nur mit unverhältnismäßigem Aufwand zu bewerkstelligen, eine vermeintliche Ersparnis an diesem Glied äußert sich mit der Zeit in nachteiliger Weise am ganzen Radkörper.

Brandes & Comp. in Dortmund geben für Thomas- und Martin-Flußeisen und Flußstahl folgende Härteskala für ihre Erzeugnisse.

Nr. 2 weicher Stahl, kaum schweißbar, kaum härtbar für Schmiedestücke-Achsen:

Kohlenstoffgehalt	Festigkeit	Dehnung auf 100 mm
0,20 %	48 kg pro □mm	24 %

Die bisherigen Angaben beziehen sich auf kreisrunden vollen Querschnitt der Wellen.

Der „Bochumer Verein" liefert ausgebohrte Wellen bis zu den größten Dimensionen, welche in einzelnen Fällen auch für Wasserradachsen bei gleichhoher Beanspruchung und vorgeschriebenem Gewicht in Betracht kommen können.

Für Wellen mit einem äußeren Durchmesser von 200 mm empfiehlt das Bochumer Werk eine Bohrung von 40—50 mm und für solche mit einem Durchmesser von 350 mm eine Bohrung von 80—100 mm. Eine feste Regel für die Größe der Bohrung läßt sich nicht aufstellen, indem das Verhältnis des äußeren zum inneren Durchmesser von den jeweiligen konstruktiven Rücksichten abhängt. Unter solchen Umständen kann das Verhältnis des äußeren zum inneren Durchmesser bis 10 : 4 betragen.

Berechnung der Radwelle für ein oberschlächtiges Wasserrad.

Dimensionen des Rades.

Raddurchmesser = 7000 mm, Radbreite 1300 mm, Schaufelzahl = 60, Wasserquantum i. d. Sekunde = 300 l, Tourenzahl i. d. Minute = 4, Leistung in Pferdekräften = 22.

Gewichte.

Welle	= 1150 kg
Rosetten	= 800 „
Eisenteile	= 300 „
Holzteile	= 4800 „
Wassergewicht	= 2400 „
Stirnrad	= 1650 „

Analytische Berechnung der Auflagedrücke.

Drehpunkt B.

$$A\,365 = 1900 \,.\, 317 + 4600 \,.\, 198 + 4600 \,.\, 52$$

$$A = \frac{602300 + 910800 + 239200}{365}$$

$$= 4800 \text{ kg.}$$

Drehpunkt A.

$$B\,365 = 4600 \,.\, 313 + 4600 \,.\, 167 + 1900 \,.\, 48$$

$$A = \frac{1439800 + 768200 \,.\, 91200}{365}$$

$$= 6300 \text{ kg.}$$

Torsionsmomente.

Formel: $Mt = 71620 \frac{N}{n}$

$$Mt_1 = 71620 \frac{22}{4}$$

$$= 393910 \text{ cm/kg}$$

$$Mt_2 = 71620 \frac{22}{4}$$

$$= 393910 \text{ cm/kg}$$

$$Mt_3 = 71620 \frac{11}{4}$$

$$= 196955 \text{ cm/kg.}$$

Abgerundete Torsionsmomente.

$Mt_1 = 394000$ cm/kg

$Mt_2 = 394000$ „ „

$Mt_3 = 197000$ „ „

Analytische Berechnung der Biegungsmomente.

$$M_1^b = 4800 . \; 48 = 230400 \text{ cm/kg}$$
$$M_2^b = 4800 . 167 - 1900 . 119 = 801600 - 226100$$
$$= 575500 \text{ cm/kg}$$
$$M_3^b = 4800 . 313 - 1900 . 265 - 4600 . 146$$
$$= 1502400 - 503500 - 671600$$
$$= 327600 \text{ cm/kg.}$$

Abgerundete Biegungsmomente.

$$M_1^b = 230400 \text{ cm/kg}$$
$$M_2^b = 575500 \;\;,, \;\;,,$$
$$M_3^b = 327600 \;\;,, \;\;,,$$

Zusammensetzung der Momente.

$$Sb = \frac{Mb}{W} \qquad St = \frac{Mt}{Wp}$$
$$W = \frac{d^3}{10} \qquad Wp = \frac{d^3}{5}$$
$$Sr = {}^3/_8\, Sb + {}^5/_8 \sqrt{Sb^2 + 4\, St^2}$$

$$\text{I. } 500 = \frac{3 . 230400 . 10}{8\, d^3} + \frac{5}{8} \sqrt{\frac{(230400 . 10)^2}{d^3} + 4\, \frac{(39400 . 5)^2}{d^3}}$$
$$= \frac{6912000}{8\, d^3} + \frac{5}{8} \sqrt{\frac{5308416000000 + 15523600000000}{d^6}}$$
$$= \frac{29733065}{8\, d^3}$$
$$d = \sqrt[3]{\frac{29733065}{8 . 500}}$$
$$= 19{,}52 \text{ cm} \quad 200 \text{ mm.}$$

$$\text{II. } 500 = \frac{3 . 575500 . 10}{8\, d^3} + \frac{5}{8} \sqrt{\left(\frac{575500 . 10}{d^3}\right)^2 + 4 \left(\frac{394000 . 5}{d^3}\right)^2}$$
$$= \frac{17865000}{8\, d^3} + {}^5/_8 \sqrt{\frac{33120025000000 + 15523600000000}{d^6}}$$
$$= \frac{52737490}{8\, d^3}$$
$$d = \sqrt[3]{\frac{52737490}{500 . 8}}$$
$$= 23{,}62 \text{ cm} \quad 240 \text{ mm.}$$

$$\text{III. } 500 = \frac{3 . 327600 . 10}{8\, d^3} + \frac{5}{8} \sqrt{\left(\frac{327600 . 10}{d^3}\right)^2 + 4 \left(\frac{197000 . 5}{d^3}\right)^2}$$
$$= \frac{982800}{8\, d^3} + {}^5/_8 \sqrt{\frac{10732176000000 + 3880900000000}{d^6}}$$
$$= \frac{28941750}{8\, d^3}$$

$$d = \sqrt[3]{\frac{28941750}{500.8}}$$
$$= \sqrt[3]{7235}$$
$$= 19{,}34 \text{ cm} \quad 200 \text{ mm.}$$

Graphische Bestimmung der Biegungsmomente.

Formel: $M = z \,.\, H.$

	Strecke	Größe	Berechnung
H	15 cm	15.500 = 7500 kg	
z_1	1,54	1,54.20 = 30,8 cm	30,8.7500 = 231000 cm/kg
z_2	3,84	3,84.20 = 76,8 „	76,8.7500 = 576000 „ „
z_3	2,18	2,18.20 = 43,6 „	43,6.7500 = 327000 „ „

Berechnung der Radwelle für ein Überfall-Wasserrad.

Dimensionen des Rades (Schaufelrad). (Tafel X.)

Raddurchmesser = 6400 mm, Radbreite = 2250 mm, Schaufelzahl = 42, Wasserquantum i. d. Sekunde = 900 bis 1200 l, Tourenzahl i. d. Minute = 3,5, Leistung in Pferdekräften = 20 bis $27^1/_2$.

Gewichte.

Radkörper	=	3200 kg
Rosetten	=	930 „
Welle	=	1150 „
Schaufeln	=	5300 „
Wasser	=	1400 „
Zusammen	=	11980 kg
rund	=	12000 „

Analytische Berechnung der Auflagedrücke.

Drehpunkt A.

$$310\, B = 400.347 + 6000.225 + 6000.75 - 1200.40$$
$$B = \frac{400.347 + 6000.225 + 6000.75 - 1200.40}{310}$$
$$= 6100 \text{ kg.}$$

Drehpunkt B.

$$310\, A = 1200.350 + 6000.235 + 6000.85 - 400.37$$
$$A = \frac{1200.350 + 6000.235 + 6000.85 - 400.37}{310}$$
$$= 7500 \text{ kg.}$$

Graphische Bestimmung der Biegungsmomente.

Formel: $M = z \,.\, H.$

	Strecke	Größe	Berechnung
H	15	15.500 = 7500 kg	
z_1	0,32	0,32.20 = 6,40 cm	6,40.7500 = 48000 cm/kg
z_2	2,82	2,82.20 = 56,4 „	56,4.7500 = 423000 „ „
z_3	3,13	3,13.20 = 62,6 „	62,6.7500 = 469500 „ „
z_4	0,10	0,10.20 = 2 „	2 .7500 = 15000 „ „

Analytische Bestimmung der Biegungsmomente.

$M_1 = 1200 . 40 = 48000$ cm/kg
$M_2 = 1200 . 115 + 7500 . 75 = 423500$ cm/kg
$M_3 = 1200 . 265 + 7500 . 225 - 6000 . 150 = 469500$ cm/kg
$M_4 = 1200 . 350 + 7500 . 310 - 6000 . 235 - 6000 . 85 = -15000$ cm/kg.

Abgerundete Biegungsmomente.

$M_1 = 48000$ cm/kg
$M_2 = 424000$ „ „
$M_3 = 470000$ „ „
$M_4 = 15000$ „ „

Torsionsmomente.

Formel: $Mt = 71620 . \frac{n}{N} \cdot$

$$Mt_1 = 71620 . \frac{10}{3,5} = 204630 \text{ cm/kg}$$
$$Mt_2 = 71620 . \frac{12,5}{3,5} = 255780 \text{ „ „}$$
$$Mt_3 = 71620 . \frac{15}{3,5} = 306940 \text{ „ „}$$
$$Mt_4 = 71620 . \frac{15}{3,5} = 306940 \text{ „ „}$$

Abgerundete Torsionsmomente.

$Mt_1 = 204700$ cm/kg
$Mt_2 = 255800$ „ „
$Mt_3 = 307000$ „ „
$Mt_4 = 307000$ „ „

Zusammensetzung der Momente.

$$Sb = \frac{M}{W} \qquad St = \frac{Mt}{Wp}$$
$$W = \frac{d^3}{10} \qquad Wp = \frac{d^3}{5}$$
$$Sr = {}^3/_8\, Sb + {}^5/_8 \sqrt{Sb^2 + 4\, St^2}$$

$$\text{I. } 500 = \frac{3 . 48000 . 10}{8 d^3} + {}^5/_8 \sqrt{\left(\frac{48000 . 10}{d^3}\right)^2 + 4\left(\frac{204700 . 5}{d^3}\right)^2}$$
$$= \frac{1440000}{8 d^3} + {}^5/_8 \sqrt{\frac{230400000000 + 1047552250000}{d^6}}$$
$$= \frac{7092325}{8 d^3}$$
$$d = \sqrt[3]{\frac{7092325}{8 . 500}}$$
$$= 12,1 \text{ cm.}$$

$$\text{II.}\ 500 = \frac{3.424000.10}{8d^3} + \frac{5}{8}\sqrt{\left(\frac{424000.10}{d^3}\right)^2 + 4\left(\frac{255800.5}{d^3}\right)^2}$$

$$= \frac{12720000}{8d^3} + {}^5/_8\sqrt{\frac{17977600000000 + 6543364000000}{d^6}}$$

$$= \frac{37479325}{8d^3}$$

$$d = \sqrt[3]{\frac{37479325}{8.500}}$$

$$= 21{,}09 \text{ cm.}$$

$$\text{III.}\ 500 = \frac{3.470000.10}{8d^3} + \frac{5}{8}\sqrt{\left(\frac{470000.10}{d^3}\right)^2 + 4\left(\frac{307000.5}{d^3}\right)^2}$$

$$= \frac{14100000}{8d^3} + \frac{5}{8}\sqrt{\frac{22090000000000 + 9424900000000}{d^6}}$$

$$= \frac{42169065}{8d^3}$$

$$d = \sqrt[3]{\frac{42169065}{8.500}}$$

$$= 21{,}92 \text{ cm.}$$

$$\text{IV.}\ 500 = \frac{3.15000.10}{8d^3} + \frac{5}{8}\sqrt{\left(\frac{15000.10}{d^3}\right)^2 + 4\left(\frac{307000.5}{d^3}\right)^2}$$

$$= \frac{450000}{8d^3} + \frac{5}{8}\sqrt{\frac{22500000000 + 9424900000000}{d^6}}$$

$$= \frac{15912290}{8d^3}$$

$$d = \sqrt{\frac{15812290}{8.500}}$$

$$= 15{,}8 \text{ cm.}$$

Infolge der Durchbiegung, welche nicht ausreichend bemessene Wellen an Wasserrädern fortwährend erleiden, sind die Konstruktionsglieder des Radkörpers ungünstig beansprucht, Lockerung der Verbindungen und in der Bohrung ausgeschlagene Rosetten, die nicht mehr dauernd festgebracht werden können, müssen als unausbleibliche Folgen eines solchen Fehlers mit in Kauf genommen werden.

Die Endzapfen finden sich in der Praxis meistens nicht nach Berechnung ausgeführt, sondern entsprechend der Stärke der Radwelle ausgebildet. Es wird noch auf genügende Anlaufhöhe an der Lagerschale gesehen und geben die Beispiele auf den Tafeln ausreichende Anhaltspunkte.

Wasserradlager.

Der untere Teil des Lagerkörpers erhält ein Bronzefutter, die sogenannte Lagerschale, welche gut eingepaßt und auf den Zapfen tuschiert wird; der Lagerdeckel, wenn ein solcher vorhanden, ist aus Gußeisen hergestellt. Mehrere Werkstätten legen nur eine Schutzhaube auf. Bei dem langsamen Gang der Räder verursacht der verstärkt ausgeführte Zapfen keine wesentlich höhere

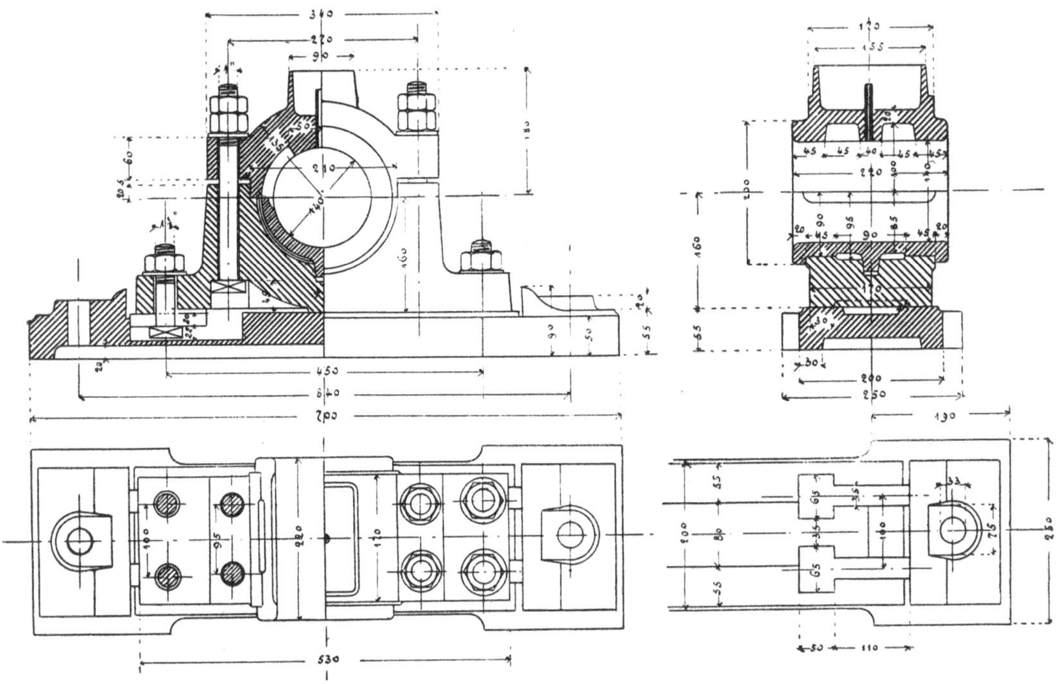

Fig. 75. Wasserradlager mit 140 mm Bohrung.

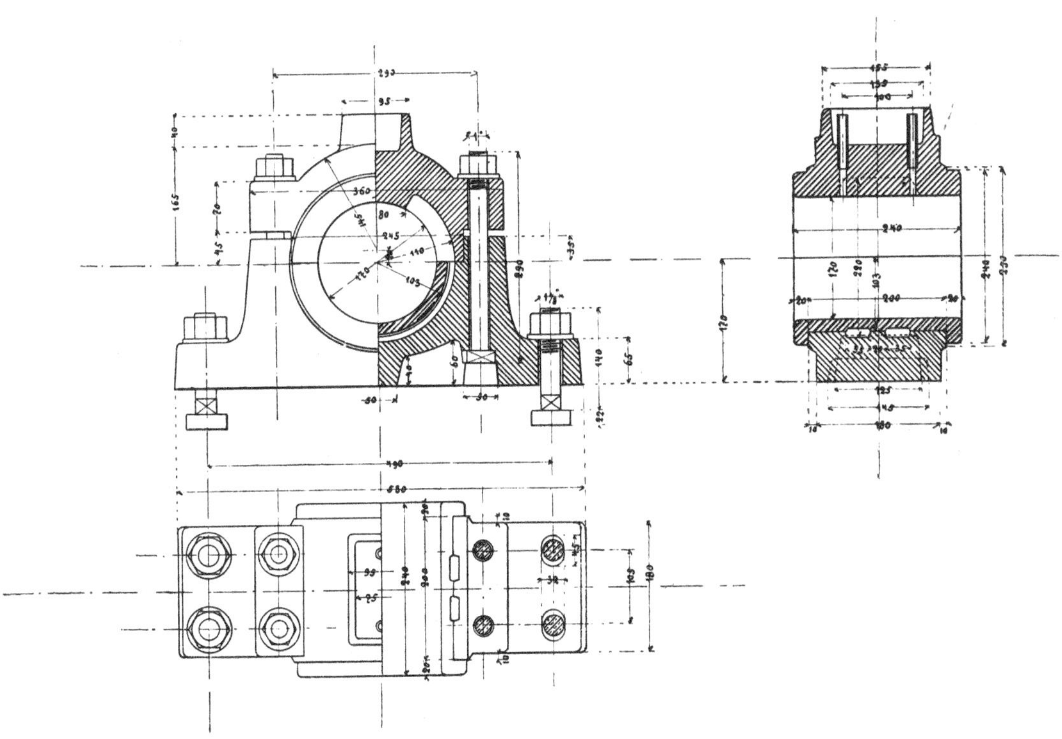

Fig. 76. Wasserradlager mit 170 mm Bohrung.

Reibung, als wenn der Durchmesser desselben rechnungsgemäß hergestellt würde. Da die Lager während des Betriebs in der Wartung mancher Vernachlässigung und Überflutung durch Hochwasser ausgesetzt sind, daher in einzelnen Fällen nachgedreht werden müssen, erscheint die übernormale Ausführung jedenfalls gerechtfertigt. Sohlplatten unter die Lager sind stets erforderlich, um die Lage der Wasserradwelle in horizontaler Richtung verändern zu können, was sich mit Bezug auf den Zahneingriff des ersten Räderpaares manchmal als notwendig erweist. Die Entfernung der Schraubenbolzen vom Rande des Auflagepfeilers beträgt je nach Größe und Schwere der Räder = 18 bis 36 cm, für mittlere Verhältnisse = 25 cm.

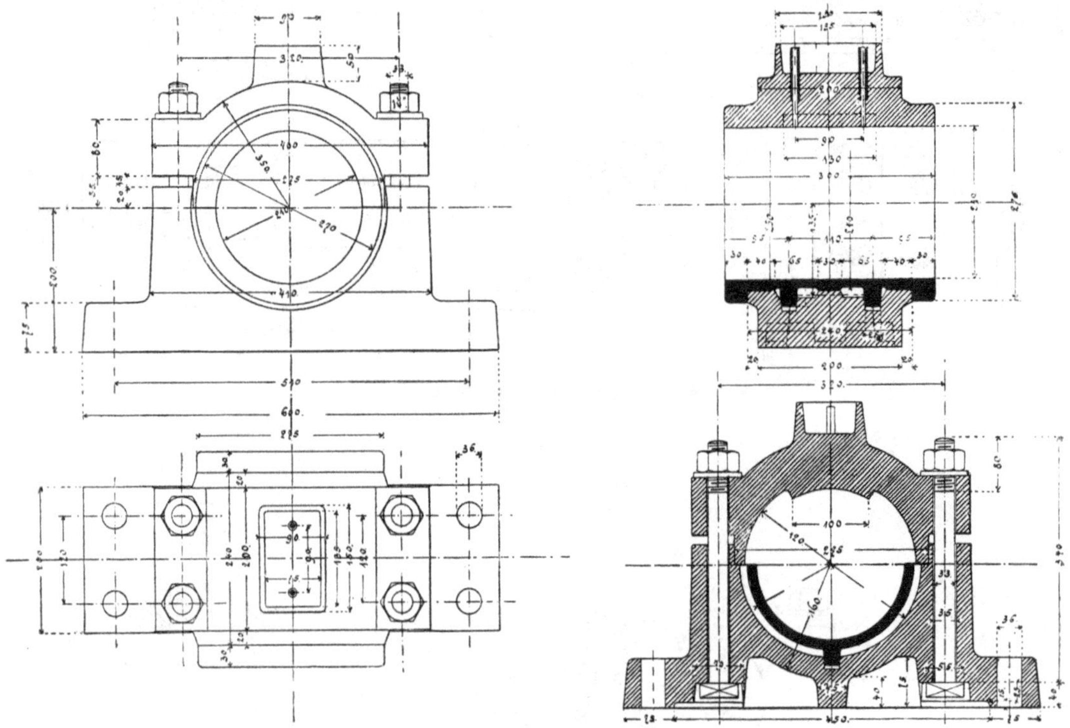

Fig. 77. Wasserradlager mit 210 mm Bohrung.

Pockholz als Lagermaterial.

Vorrichtungen, um die Reibung zweier sich aufeinander bewegender Flächen zu vermindern, sind sehr zahlreich und gründen sich beinahe alle auf die Anwendung von Antifrictionsmetallen, aus welchen die reibenden Flächen gemacht werden. Ingenieur BIGOT will diese Metalle durch Einsätze von Pockholz in eine der Lagerschalen ersetzen. Man hat mit diesem sehr harten und dichten Holze interessante Versuche angestellt und fand dabei sein mittleres spezifisches Gewicht zu 1,33 und eine Widerstandsfähigkeit gegen Zerdrücken, wie folgt: 1. ein Würfel von 10 cm Seitenlänge widerstand einem Drucke von 530 kg senkrecht und von 820 bis 865 kg parallel zu den Fasern, während Eichenholz unter denselben Verhältnissen nur einen Druck von 360 bezw. 660 kg aushielt; 2. eine Kugel von 4 cm Durchmesser widerstand einer Totalbelastung von 1200 kg. Die Formveränderung betrug $^1/_{800}$, $^1/_{600}$ und $^1/_{33}$ des Durchmessers bei einem Drucke von 100 kg, 300 kg und 1200 kg. Diese große Festigkeit gegen Zerdrücken, verbunden mit der Eigenschaft, daß das Holz eine harzartige Masse enthält, welche die Reibung vermindert und selbst ein Warmlaufen nicht zuläßt, wenn die eigentlichen Schmiermittel fehlen, macht dasselbe vorzugsweise zu dem erwähnten Gebrauche geeignet. Form und Größe der Einlagen dieses Holzes in die Reibungsflächen richten sich nach der Art der Lager, bei denen es angewendet werden soll. Für Achslager verwendet man kleine Cylinder von 10 bis 22 mm Durchmesser, welche möglichst fest in die Lagerschalen eingetrieben werden und zwar so, daß diese Cylinder regelmäßig verteilt, etwa $^2/_5$ der reibenden Fläche ausmachen.

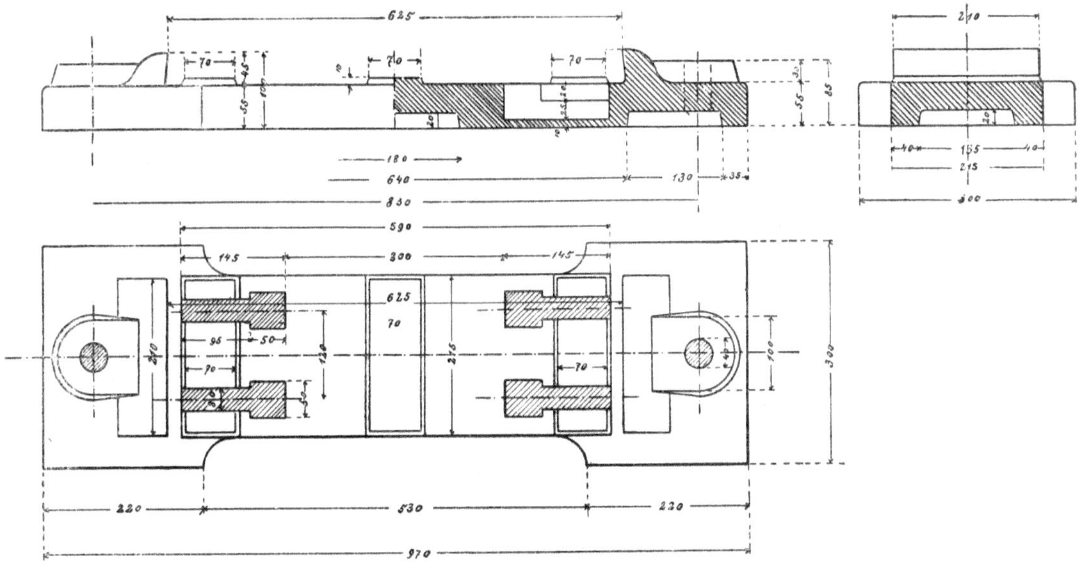

Fig. 78. Sohlplatte für Wasserradlager mit 210 mm Bohrung.

In der Versuchsstation des Ackerbauministeriums in Paris wurde nach dem „Anzeiger für die Draht-Industrie“ vom 25. September 1894 festgestellt, in welchem Verhältnisse sich die Reibung durch Anwendung dieses Holzes vermindert. Hierzu wurden zwei Lager von Bronze, wovon das eine mit Hohlcylindern versehen war, unter gleicher Belastung gepreßt. Bei einer Belastung von 100 kg ergab sich, die Reibung bei dem gewöhnlichen Bronzelager = 1 gesetzt, für das mit Pockholz versehene zu 0,661. Für eine Belastung von 150 kg stellte sich das Verhältnis wie 1:0,748 und für 200 kg wie 1:0,785. Während sich bei diesen Versuchen das Bronzelager erhitzte, blieb das mit Pockholz ausgebüchste vollständig kalt. Aus diesen Ergebnissen folgt, daß thatsächlich durch Pockholzeinlage erzielt wird: 1. eine Verminderung der Reibung und dadurch auch eine solche der Abnutzung der reibenden Flächen; 2. beinahe vollständiges Aufhören des Warmlaufens. Aus 1 und 2 geht hervor, daß 3. die Überwachung in Betreff des Schmierens der beweglichen Teile eine weniger strenge sein darf.

Ausführung der Triebwerksteile und Anforderungen des Betriebs.

Über Triebräder auf Wasserradwellen ist zu bemerken, daß solche, wenn irgend möglich, nicht in der Wasserstube unterzubringen, sondern in die Fabrikräume oder Mühllokale zu verlegen sind. Hier laufen dieselben im Trockenen, sind während des Betriebs leicht zu überwachen und imstandzuhalten, auch gegen Witterungseinflüsse mehr geschützt. Spritzwasser und Feuchtigkeit sind in Motorenräumen selten vollständig zu vermeiden, hauptsächlich trifft dies bei oberschlächtigen Rädern zu, woselbst eine mit Wasserdunst gesättigte Luft vorherrscht. Bei strenger Kälte entsteht an nicht geschützten Teilen Eisansatz, wodurch Gußeisen in gefrorenem Zustande außerordentlich an Festigkeit verliert, abgesehen davon, daß Eis innerhalb der Zwischenräume der Zähne zu Zahnbrüchen und Zerstörung des Räderwerks führen kann. Wo es jedoch infolge Platzmangel unmöglich zu umgehen ist, das Triebrad neben dem Motor anzubringen, muß dasselbe durch eine dichtschließende manchmal aus Schmiedeeisen hergestellte Abschlußwand (Verschalung) vom Wasserrad getrennt werden.

Das eingreifende Getriebe auf der Vorgelegwelle ist stets nach der Seite zu legen, an welcher das Wasser anfließt, damit der Zahndruck im Vorgeleglager von oben nach unten wirkt.

Zahndruck P ist allgemein:

$$P = \frac{7500 . 60}{2\pi} . \frac{N}{n . R} \text{ kg pro } \square \text{ cm} \quad \ldots \ldots \quad (41)$$

Der Zahndruck entlastet bei vorstehend empfohlener Anordnung den Wasserradzapfen annähernd um das Gewicht des Zahnrades, das neben dem Lager auf der Wasserradwelle sitzt. In umgekehrtem Falle ist der Zahndruck des Triebs nach dem oberen Teil des Lagers gerichtet, wodurch unruhiger Gang, selbst Stöße hervorgerufen werden. Durch Vorrichtungen, mit welchen der Lagerdeckel stärker angepreßt wird, sucht man diesem Übelstand zu begegnen, bei größeren Kräften ist jedoch demselben auf die Dauer nicht abzuhelfen. Ähnliche Gesichtspunkte sind bei Anordnung weiterer Vorgelege zu beachten.

Um zu untersuchen, ob das gewählte Zahnrad stark genug ist, die verlangte Kraftleistung zu übertragen, besteht die Beziehung:

$$N = \frac{i^3 k . z . n}{2 . 71260} \quad \ldots \quad (42)$$

wobei

$$i = \frac{t}{\pi} \text{ in cm} \quad \ldots \ldots \quad (43)$$

$k = 400$ bis 600 „Eisen in Eisen“ und

$k_1 = 150$ „ 250 „Holz in Eisen“.

Die Zahnbreite beträgt in der Regel 7 bis $8 . i$.

Beim ersten Getriebe wird, wenn nicht besondere Verhältnisse vorliegen, Verzahnung „Eisen in Eisen“ angewendet; der Kolben sollte nicht unter 36 Zähne bekommen.

Das Material der Zähne kann bis zu 2 m Umfangsgeschwindigkeit „Eisen in Eisen“ und bis zu 10 m Umfangsgeschwindigkeit i. d. Sek. „Holz in Eisen“ sein, darüber hinaus sind elastische Übertragungsmittel, Riemen oder Seile anzubringen, wodurch höhere Umdrehungszahlen vorteilhafter zu erreichen sind als durch Anwendung mehrerer Zahnräderpaare.

Was die Größenverhältnisse anbetrifft, so gilt als Regel, daß bei fortschreitender Übertragung die Durchmesser der Triebräder stetig abnehmen und dementsprechend die Übersetzungsverhältnisse ebenfalls in absteigender Reihenfolge gewählt werden. Als Anhaltspunkt möge ferner dienen, daß das erste Hauptrad mindestens halb so groß als der Durchmesser des Wasserrades sein sollte. Bei der zunehmenden Umfangsgeschwindigkeit weiterer Räder würden übergroße Durchmesser durch Auftreten unvermeidlicher Stöße und stärkere Abnützung schädlich wirken.

Für einen Motor von 5,50 m Durchmesser wird das erste Hauptrad etwa mit 3 m Durchmesser angenommen und im Verhältnis 1:4 übersetzt; beim zweiten Räderpaar erhält das Stirnrad 2,50 m Durchmesser und ein Übersetzungsverhältnis 1 : 3; eine etwaige dritte Übertragung wird im Verhältnis 1 : $2^1/_2$ mit einem Durchmesser des Triebrades von ca. 2 m gewählt, daß bei dreimaliger Räderübersetzung 1 : 4, 1 : 3, 1 : $2^1/_2$ die Gesamtübertragung ins Schnelle etwa 1:30 beträgt. Vollzieht der Motor 5 Umdrehungen i. d. Minute, so entspricht dies einer Geschwindigkeit von 180 Umdrehungen i. d. Minute an der dritten Welle.

Womöglich vermeidet man jedoch die dritte Räderübersetzung und legt bei mäßigen Kräften Riementrieb, bei stärkerer Kraftübertragung Seiltrieb an.

Die Zahnflanken sind aufs sorgfältigste zu bearbeiten.

Haupttriebräder sind aus Rücksicht für geringere Gußspannung, einfacheren Transport, bequemes Einbringen und leichte Auswechslung stets geteilt auszuführen.

In der Praxis hat sich die Cykloidenkurve vorzugsweise zur Bildung der Zahnflanken eingebürgert und bewährt.

Die Radarme werden in normaler oder senkrechter Lage zur Drehrichtung in ├──┤ - Form ausgeführt.

In Betracht kommende Schmiermittel sind für Wasserradlager und Triebräder Starrschmiere, für Vorgeleglager Ölschmierung. Durch große Zähflüssigkeit der Starrschmiere verbleibt dieselbe beim Stillstand an ihrer Stelle und bewahrt den Zustand fertiger Schmierung für längere Zeit. Im Winter ist der Starrschmiere etwas Mineralöl beizufügen.

Das Öl fließt selbstthätig den Gleitflächen zu, was bei schnell laufenden Maschinenteilen notwendig ist; bei Wasserradwellen handelt es sich um langsamlaufende Maschinen mit geringer Umlaufzahl; hier dürfte der Starrschmiere der Vorzug zu geben sein.

Vorgelege und Lager.

Die Vorgelegwellen fallen in der Regel verhältnismäßig kurz aus und tragen meistens schwere Getriebe, infolgedessen empfiehlt es sich, auch diese Maschinenelemente mit Vorsicht zu bemessen.

Der theoretische Wellendurchmesser ergiebt sich aus der Formel:

$$d = 15 \sqrt[3]{\frac{N}{n}} \quad . \tag{44}$$

worin bedeutet:

d = Wellendurchmesser
N = Anzahl der zu übertragenden Pferdestärken
n = Umdrehungszahl i. d. Minute.

Soll die Vorgelegwelle nach dem verdrehenden Moment berechnet werden, welches sie auszuhalten hat, so ist zu nehmen:

$$M = 72000 \cdot \frac{N}{n}$$

$$d = 0{,}29 \sqrt[3]{M} \quad . \; . \; . \; . \; . \; . \; . \; . \; . \; . \; . \; . \; . \tag{45}$$

Siemens Martin-Flußeisen und Stahl, weich, nicht härtbar, für Wasserradachsen und Transmissionswellen verwendet, zeigt folgende Eigenschaften:

Kohlenstoffgehalt %	Festigkeit pro □ mm in kg	Dehnung %
0,25 bis 0,35	50 bis 60	15 bis 20

Die Lager an den ersten Triebwellen werden mit festliegenden Schalen womöglich vierschraubig ausgeführt; es ist stets dafür zu sorgen, daß der Zahndruck der eingreifenden Getriebe, zwecks stoßfreien Ganges, wie schon bemerkt, nach unten gegen das Fundament gerichtet ist, keinesfalls jedoch in entgegengesetzter Richtung erfolgt.

Die Phosphorbronze-Lagerschalen sollen sich durch Zähigkeit, porenfreie Dichtigkeit und Härte auszeichnen, welche Eigenschaften neben der sachgemäßen Zusammensetzung durch die ausschließliche Verwendung der besten im Handel erhältlichen Rohmetalle bedingt sind. Aus Metallabgängen hergestellte minderwertige Legierungen dieser Art können hinsichtlich ihrer Eigenschaften niemals mit denselben unter höherer Belastung und langsamem Gang wie bei Wassermotoren in Vergleich kommen. Die Schalen sollen mindestens 80 % reines Kupfer enthalten.

Neben Phosphormetallen als Legierung werden in neuerer Zeit für besonders stark beanspruchte Wellen Lagerkompositionen aus Weißmetall, bestehend aus 75 bis 85 % Zinn, Rest Antimon, Kupfer und Phosphor, sowie für Wellen unter hohem Druck Babbittsmetall nach englischer Originallegierung angefertigt. Gutes Lager-Weißmetall ist leicht flüssig, zäh und hart und ergiebt wenig Schmelzverlust. Der Schmelzpunkt liegt bei ca. 350°.

Zur Befestigung von Wasserradrosetten und Zahnrädern werden ausschließlich Nutenkeile verwendet. Zwei Keile sind unter 90°, drei Keile unter 120° zu einander gesetzt. Die am Schlusse angefügte Keiltafel giebt Abmessungen für normale Bohrungen an. Bei Wellen, welche durch Ansätze verstärkt sind, können die Keilstärken auch nach den ursprünglichen Bohrungen genommen werden.

Der Anzug der Keile beträgt 1 % der Länge, die Nutenlänge mindestens doppelte Keillänge. (Vergl. Normal-Tabelle über Wellen und Keile S. 141.)

In den meisten Lehrbüchern findet sich hervorgehoben, daß der durch Wasserräder gegenüber Turbinen erzielte höhere Wirkungsgrad in den nötigen weiteren Vorgelegen wieder verloren gehe, doch kann es sich im Vergleich mit einer Turbinenanlage fast immer nur um ein weiteres Vorgelege handeln, um welches der Abtrieb weitläufiger wird.

Theoretische Rechnungen der Zahn- und Lagerreibung ergeben hierbei ein erheblich günstigeres Resultat zu Gunsten einer Turbine; in der Praxis beziffert sich jedoch der Arbeitsaufwand für den Leergang der Vorgelege bei einem Wasserrad (wegen geringer Geschwindigkeit) auf wenige Prozent und sind für je ein Räderpaar einschließlich der Lager nicht mehr als höchstens 2 % Kraftverlust durchschnittlich zu rechnen. Nach Ergebnissen bei Kraftmessungen mit dem Zaum reicht bei mittleren Verhältnissen schon ein Abzug von $1^1/_2$ % für jedes Vorgelege aus. Den durch Riemengleiten entstehenden Verlust an Kraft und Geschwindigkeit nehme man bei höheren Umlaufzahlen zu 3 bis 4 % an. Das Übersetzungsverhältnis bei Riementrieben sei nicht höher als 1:4.

Genaue und sorgfältige Ausführung der Wasserradanlage vorausgesetzt, stellt sich als wichtigste Anforderung des Betriebs die Regulierung bei veränderlichem Wasserzufluß und wechselndem Kraftbedarf heraus. Die Schützenstellung wird jeweils dem erforderlichen Kraftbedarf entsprechend geregelt. Dies geschieht mit der Hand oder durch einen automatischen Regulator, welcher entweder auf die Schütze, d. h. auf die verbrauchte Wassermenge einwirkt, um die Umdrehungszahl möglichst konstant zu erhalten, oder durch ein Bremswerk, das die überschüssige Geschwindigkeit bezw. Kraft zu vernichten strebt. Arbeitet der Wassermotor mit Dampfkraft zusammen, so übernimmt der Regulator der Dampfmaschine allein die Regulierung bei veränderlichem Kraftbedarf.

Jede Transmissionsanlage erleidet Betriebsstörungen und Pausen, wobei auf ein stoßfreies Ein- und Ausrücken von Wellenleitungen beim Entwurf Rücksicht zu nehmen ist und die Abstellung einzelner Zweige ermöglicht, so daß nicht die ganze Kraftanlage stillgelegt werden muß.

Man bedient sich deshalb, um ein stoßfreies Ein- und Ausrücken während des Betriebs vornehmen zu können, der lösbaren Reibungskupplungen, wie sie sich in der Praxis ausgebildet haben und von leistungsfähigen Fabriken in großer Anzahl und verschiedener Konstruktion gebaut werden. (Siehe hierüber: Prof. Ad. Ernst, Ausrückbare Kupplungen für Wellen und Räderwerke.) Oder es wird zwischen die einzelnen Wellenleitungen Riementrieb mit Leerscheiben eingeschaltet, um bei Auslösungen nicht den Stillstand des Betriebsmotors zu veranlassen.

Es unterliegt keinem Zweifel, daß nach den jetzigen Erfahrungen der Riementrieb auch für bedeutendere Kräfte vorteilhaft ist und kann die Verwendung von Riemen nicht genug empfohlen werden. (Vergl. auch: Anleitung zur Einrichtung und Instandhaltung von Triebwerken [Transmissionen] von der Berlin-Anhaltischen Maschinenbau-Aktien-Gesellschaft in Dessau.)

Beim Aufstellen von Projekten wollen wir dem Konstrukteur als leitenden Grundsatz noch anheimgeben, daß Wassermotoren nicht unnötigerweise schwer und teuer sein sollen. Bei den heutigen Produktionsverhältnissen spielen Anlagekosten und Unterhaltung des Werks eine wichtige Rolle, weshalb bei Entwürfen das Geld meistens die entscheidende Stimme führt.

Es ist auf Stau sowie auf unreines Wasser Rücksicht zu nehmen, wobei in letzterem Falle ein Einlauf von möglichst einfacher Konstruktion anzuwenden ist, ebenso bleibt zu beachten, bis zu welchem Grad höhere Wasserstände noch verarbeitet werden sollen, ohne den Motor zu überfluten. Kurz gefaßt muß der Natur der in Frage kommenden Wasserkraft ebenso der künftigen Erweiterung des Betriebs, dem der Motor dienen soll, in vollkommenster Weise Rechnung getragen werden. Es handelt sich nicht allein darum, das Beste und Zweckmäßigste herzustellen, sondern auch für seine Erzeugnisse Abnehmer zu finden und deren Zufriedenheit zu erlangen.

Sobald die Gestehungskosten einer Wasserwerksanlage einen gewissen Durchschnittspreis für die Pferdekraft überschreiten, nähern solche sich der Grenze, wo der Wasserbetrieb gegenüber Dampfkraft keinen wesentlichen Vorteil mehr bietet.

Schließlich ist hervorzuheben, daß die Herstellung dieser, starken Einwirkungen elementarer Kräfte unterworfenen Kraftmaschinen nicht in handwerksmäßiger Weise erfolgen darf und der Wasserräderbau keinesfalls als ein Gebiet betrachtet werden kann, auf dem für jeden Maschinenbauer Erfolge zu erzielen sind. Selbst größere, mit guter Einrichtung ausgerüstete Geschäfte haben in dieser Richtung schon schlimme Erfahrungen gemacht. Zweckmäßige und richtige Konstruktion vorausgesetzt, wird der Ingenieur nur dann mit seinen Ausführungen anerkennenswerte Leistungen zu verzeichnen haben, wenn er über einen zuverlässigen, gut geschulten Arbeiterstand verfügt, der meistermäßige Arbeit liefert, welche allein die geforderte Betriebssicherheit dieser Motoren verbürgt.

Das weite Arbeitsfeld, welches sich durch Einführung der Elektrizität für Kraftmaschinen eröffnet hat und wodurch Wasserkräfte höhere Beachtung und Bewertung erfahren haben, wird auch für den Bau hydraulischer Motoren eine wesentliche Steigerung des Bedarfs hervorrufen.

Tabelle V.

Normal-Tabelle

über

Wellen

Keile

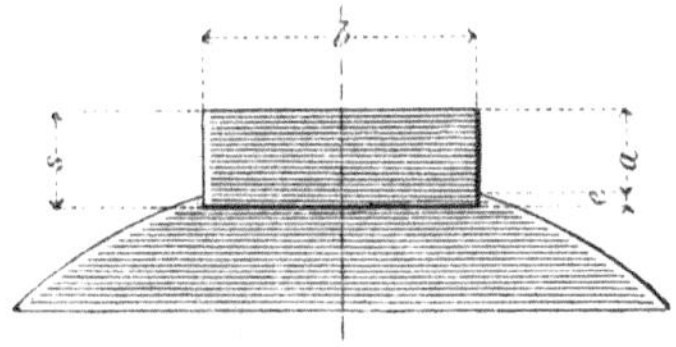

Wellen-durchmesser	Größte Lager-entfernung m	Auf Festigkeit PR.	Auf Festigkeit $\frac{N}{n}$	Auf Verdrehung PR.	Auf Verdrehung $\frac{N}{n}$	Gewicht kg p. lauf. Meter	Nuten-Flach- und Hohlkeil: Keilbreite *b*	Stärke *s*	*a*	*e*
30	1,70	32968	0,046	2776	0,004	5,50	12	6	5	1
35	1,80	50511	0,071	5142	0,007	7,49	12	6	5	1
40	1,90	75398	0,105	8773	0,012	9,78	14	7	6	1
45	2,00	107354	0,150	14053	0,020	12,38	16	7	5	2
50	2,10	147263	0,206	21418	0,030	15,30	18	8	6	2
55	2,15	196096	0,274	31359	0,044	18,50	18	8	6	2
60	2,20	254470	0,355	44413	0,062	22,00	20	9	7	2
65	2,25	323536	0,452	61173	0,085	25,82	20	9	7	2
70	2,30	404088	0,564	82280	0,115	29,95	22	10	8	2
75	2,35	497012	0,694	108430	0,151	34,40	22	10	8	2
80	2,40	603187	0,842	140367	0,196	39,15	24	11	9	2
85	2,50	723501	1,010	178888	0,250	44,20	24	12	10	2
90	2,60	858835	1,199	224842	0,314	49,50	26	13	10	3
95	2,70	1010073	1,411	279126	0,390	55,20	28	14	11	3
100	2,80	1178100	1,645	342694	0,478	61,15	30	15	12	3
110	2,90	1568051	2,19	501738	0,71	74,00	32	16	13	3
120	3,00	2035756	2,84	710610	0,99	88,10	34	17	14	3
130	3,10	2588286	3,61	978768	1,37	103,30	36	18	15	3
140	3,20	3232706	4,51	1316493	1,84	119,90	38	19	15	4
150	3,30	3976088	5,55	1734888	2,42	137,65	40	20	16	4
160	3,40	4825498	6,74	2245879	3,14	156,65	42	21	17	4
170	3,50	5788005	8,08	2862215	4,00	176,80	44	22	18	4
180	3,60	6870679	9,59	3597465	5,02	198,20	46	23	19	4
190	3,70	8080588	11,28	4466022	6,24	220,82	48	24	20	4
200	3,80	9424800	13,16	5483104	7,66	244,78	50	25	21	4
210						269,75	52	26	21	5
220		12541231	17,51	8027813	11,21	296,12	54	27	22	5
230						323,66	56	28	23	5
240		16286054	22,74	11369764	15,88	352,41	58	29	24	5
250						382,39	60	30	25	5
260		20706285	28,91	15660293	21,87	413,58	62	31	26	5
270						446,00	64	32	27	5
280		25861651	36,11	21063892	29,41	480,00	66	33	28	5
290						514,52	68	34	29	5
300		31808700	44,41	27758214	38,76	550,62	70	35	29	6
310						587,94	72	36	30	6
320						626,48	74	37	31	6
330						666,25	76	38	32	6
340						707,24	78	39	33	6
350						749,46	80	40	34	6

Anmerkung über Keile!

Für dazwischenliegende Wellenstärken kommt die schwächere Keilstärke zur Anwendung. Auf 100 mm Keillänge 1 mm Anzug. Nutenlänge mindestens doppelte Keillänge.

Tabelle VI.

Normal-Tabelle
über
Stellringe

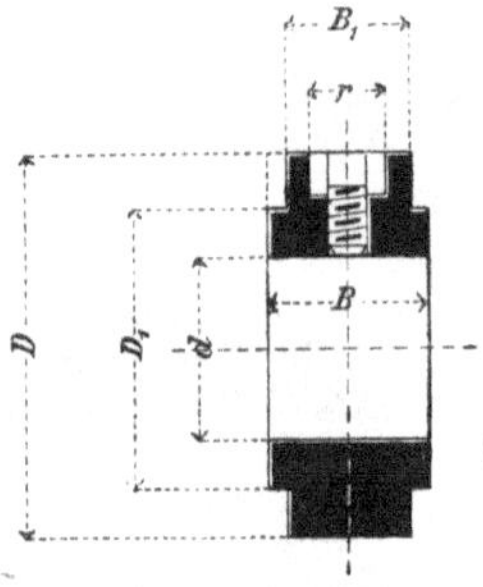

Gußeisen

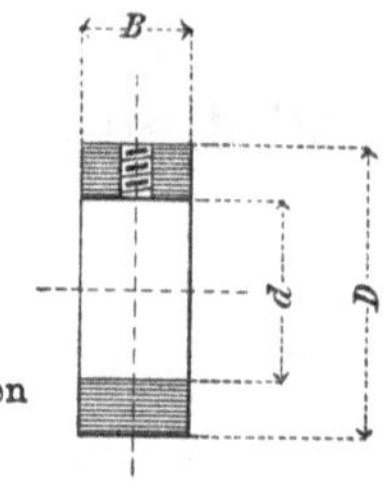

Schmiedeeisen

Wellen-durchmesser	Durchmesser		Breite		Loch-durchmesser r	Zahl der Schrauben	Schrauben-durchmesser		Gewicht	Durchmesser	Breite	Gewicht
	D	D_1	B	B_1			mm	Zoll engl.	kg			kg
30	70	50	35	28	20	1	9,5	3/8	0,7	70	30	0,7
35	75	55	40	30	20	1	9,5	3/8	0,8	75	30	0,8
40	80	60	40	30	20	1	9,5	3/8	0,9	80	30	0,9
45	90	70	45	32	25	1	13	1/2	1,3	85	35	1,1
50	100	75	50	35	25	1	13	1/2	1,7	90	35	1,2
55	105	85	50	35	25	1	13	1/2	1,9	95	35	1,3
60	115	90	55	40	25	1	13	1/2	2,5	105	40	1,8
65	125	95	60	45	25	2	13	1/2	3,2	110	40	1,9
70	135	100	60	45	25	2	13	1/2	3,8	115	40	2,0
75	145	105	65	45	25	2	13	1/2	4,5	120	45	2,4
80	155	115	65	50	25	2	13	1/2	5,6	125	45	2,5
85	165	120	70	50	35	2	16	5/8	6,4	130	50	2,9
90	175	125	70	50	35	2	16	5/8	7,2	140	50	3,5
95	185	130	75	55	35	2	16	5/8	7,7	150	50	4,1
100	195	140	80	55	35	2	16	5/8	10,1	165	55	5,8
110	210	150	85	60	35	2	16	5/8	12,3	180	55	6,7
120	225	165	90	60	35	2	16	5/8	14,5	195	60	8,6
130	240	180	95	65	40	2	19	3/4	17,7	205	60	9,2
140	260	190	100	65	40	3	19	3/4	21,0	220	60	10,5
150	275	205	110	70	40	3	19	3/4	25,4	230	70	12,9
160	290	220	110	75	40	3	19	3/4	30,0	240	70	13,7
170	310	230	120	75	48	3	22	7/8	34,8	250	70	14,3
180	330	240	120	80	48	3	22	7/8	40,2	260	80	18,2
190	345	255	130	85	48	3	22	7/8	47,2	275	80	19,4
200	360	270	140	90	48	3	22	7/8	55,0	290	80	21,5

Litteraturnachweis.

Bach, C. v., Baudirektor, Die Wasserräder. Stuttgart 1886.

Bernoulli, Vademecum des Mechanikers. Stuttgart 1897.

Beyrich, F., Ing., Berechnung und Ausführung der Wasserräder. Hildburghausen 1898.

Ehemann, G. Adolf, Ing., Bau und Anwendung der Wassermotoren. Leipzig 1893.

Grashof, F., Dr. und Prof., Theorie der Kraftmaschinen. Hamburg und Leipzig 1890.

Hart, Prof., Konstruktionen aus dem Maschinenbau: Wasserräder und Turbinen. München 1877.

Hatton de la Goupilliere, Hydraulische Motoren. Übersetzt von Victor Rauscher. Leipzig 1887.

Henne, Heinrich, Civilingenieur, Wasserräder und Turbinen. Weimar 1898.

„Hütte", Jahresbericht des Vereins. Stuttgart 1893.

Kessler, Jos., Ing., Berechnung und Konstruktion der Turbinen. Hildburghausen 1896.

Meissner, G., Hydraulische Motoren. Zweite Auflage, bearbeitet von Nowack und Hederich. Jena 1897.

Pechan, Prof., Die Motoren. Zweite Auflage. Reichenberg 1890.

Radinger, Die Motoren. Offizieller Bericht über die Weltausstellung in Wien 1873.

Redtenbacher, F., Prof., Theorie und Bau der Wasserräder und Turbinen. Mannheim 1858 und 1860.

Rühlmann, Moritz, Professor, Hydromechanik. Hannover 1880.

Sagebien, M., Civilingenieur, Expériences sur la roue hydraulique Sagebien. Paris.

Stühlen, P., Ingenieur-Kalender 1897.

Uhland, W. H., Civilingenieur, Handbuch für den praktischen Maschinenkonstrukteur: Die Motoren. Leipzig 1883.

Verhandlungen des Vereins zur Beförderung des Gewerbfleißes. Berlin 1892.

Wiebe, F. K. H., Prof., Skizzenbuch für den Ingenieur und Maschinenbauer. Berlin.

Zeitschrift des Vereins deutscher Ingenieure.

Zuppinger, W., Baurat, Über Wassermotoren, ein Vortrag. Leipzig.

Buchdruckerei Julius Klinkhardt, Leipzig.

Buchdruckerei Julius Klinkhardt, Leipzig.

MIX
Papier | Fördert gute Waldnutzung
FSC® C083411

Zeitfracht Medien GmbH
Ferdinand-Jühlke-Straße 7
99095 Erfurt, Deutschland
produktsicherheit@kolibri360.de